屠立德 王丹 金雪云 编著

操作系统基础

（第4版）

清华大学出版社

北京

内 容 简 介

操作系统作为核心的系统软件，负责控制和管理整个系统的资源并组织用户高效协调地使用这些资源。本书是在《操作系统基础(第 3 版)》的基础上修订而成的。与第 3 版相比，第 4 版在结构、内容上都做了调整、修改和增删。

本书阐述了操作系统的基本工作原理以及设计方法，力求将现代操作系统的典型特征，即多线程、微内核、分布式系统、客户/服务器模型与经典的操作系统原理紧密结合。

全书共 13 章，主要介绍了操作系统的基本概念和运行环境、进程和线程、处理器调度与死锁、存储管理、设备管理、文件管理、分布式系统，最后介绍了 Windows 和 Linux 操作系统的结构和实现。每章后面都有本章小结及难度适宜的习题，便于读者自学或巩固所学的知识。

本书内容丰富，结构清晰，突出基础，注重应用，强调理论与实践的结合，适合作为高等院校计算机专业或相关专业操作系统课程的教材，也可以作为从事操作系统设计与系统内核开发的技术人员的参考书籍。

图书在版编目(CIP)数据

操作系统基础/屠立德等编著. —4 版. —北京：清华大学出版社，2014(2024.7重印)

ISBN 978-7-302-36106-0

Ⅰ. ①操… Ⅱ. ①屠… Ⅲ. ①操作系统－高等学校－教材 Ⅳ. ①TP316

中国版本图书馆 CIP 数据核字(2014)第 069697 号

责任编辑：梁 颖 薛 阳

封面设计：常雪颖

责任校对：白 蕾

责任印制：丛怀宇

出版发行：清华大学出版社

网 址：https://www.tup.com.cn, https://www.wqxuetang.com

地 址：北京清华大学学研大厦 A 座 **邮 编**：100084

社 总 机：010-83470000 **邮 购**：010-62786544

投稿与读者服务：010-62776969，c-service@tup.tsinghua.edu.cn

质量反馈：010-62772015，zhiliang@tup.tsinghua.edu.cn

课件下载：https://www.tup.com.cn，010-83470236

印 装 者：三河市君旺印务有限公司

经 销：全国新华书店

开 本：185mm×260mm **印 张**：21.25 **字 数**：519 千字

版 次：1999 年 1 月第 1 版 2014 年 8 月第 4 版 **印 次**：2024 年 7 月第10次印刷

定 价：55.00 元

产品编号：048885-02

前 言

首先要衷心感谢广大读者的厚爱和支持，本书出版二十几年来，已印刷二十多次，发行数十万册。广大读者把他们积累的经验和体会无私地贡献给我们，为本书的改进和提高做出了贡献，在此向广大读者表示深深的敬意和感谢。

此次修订出版的第4版以经典操作系统基本原理和概念为框架和基线，以密切反映现代操作系统技术的新发展和新特征为重点。因为几十年来，操作系统经历着日新月异的变化，尽管现代操作系统以多线程、微内核、SMP多处理器系统、客户/服务器模式和分布式、网络系统为特征，但操作系统的基本原理和概念不但没有什么变化，而且更趋成熟，它依然是操作系统的基本骨架。在此基础上，多线程机制、微内核与客户/服务器模式、分布式系统等仍是当前发展的热点，本书通过在专门章节中加以研讨，或者将其融合在全书之中加以介绍。

本书目录中画有*号部分，授课教师可以根据教学计划进行变动，并鼓励读者通过自学(课内学时有限)来掌握它。本书内容阐述深入浅出，适合自学。

本书以现代操作系统的典型系统Windows NT、UNIX和Linux系统作为全书的范例，并将近代UNIX系统(如Solaris等)的先进技术和机制分散到各章中作为该章的典型范例来使用，以收到与全书内容紧密结合的效果，便于读者领会和理解该章所述的内容。Windows NT和Linux作为一个系统范例自成一章，便于读者从系统整体角度来认识和理解一个操作系统。建议读者在阅读各章时也参考Windows NT和Linux的相关内容。

本书第9章、第10章、第12章由屠立德老师编写，第5章、第7章、第8章、第11章由金雪云老师编写，其他部分由王丹老师编写。屠立德教授负责全书的审阅、校核和定稿。由于时间仓促以及作者水平所限，错误和不妥之处在所难免，恳请读者批评指正。

作　者

2014年6月

目录

目 录

目录

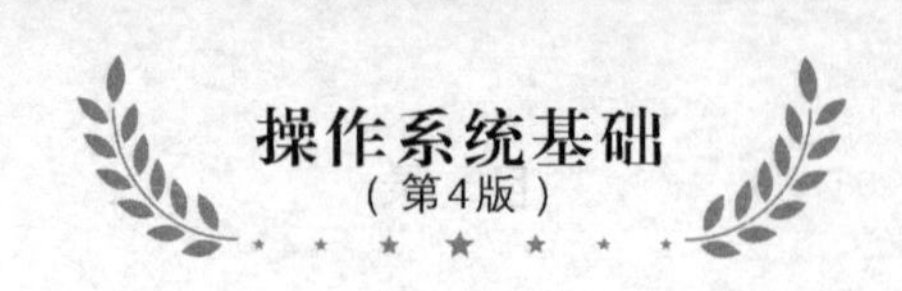

第1章 引 论

1.1 计算机系统概述

一个完整的计算机系统,均由两大部分组成,即计算机的硬件部分和计算机的软件部分。通常的硬件部分是指计算机的各种处理器(如中央处理器、输入输出处理器和包含在该计算机系统中的其他处理器)、存储器、输入输出设备和通信装置。计算机软件部分是指计算机系统中安装的所有软件。包括由计算机硬件执行的、可以完成一定任务的程序及其数据和相关文档。如各种语言的编译程序、解释程序、汇编程序、连接和装入程序、用户应用程序、数据库管理系统、数据通信系统和操作系统。那么,计算机系统的各硬件部分是如何连接以构成一个完整的计算机,各软件部分的关系如何,硬件和软件之间又是怎么的关系呢?

1.1.1 计算机的硬件组织

计算机的基本组成如图1.1所示,通常也称为冯·诺依曼结构,它由输入设备、输出设备、运算器、控制器、存储器5部分组成。最初的冯·诺依曼结构的计算机是以运算器为中心的。随着计算机体系结构的不断发展,已逐渐演变到现在的以存储器为中心的结构。

计算机各硬件部件之间通过总线相连。数据和指令通过总线传送。图1.2是以存储器为中心的双总线结构。

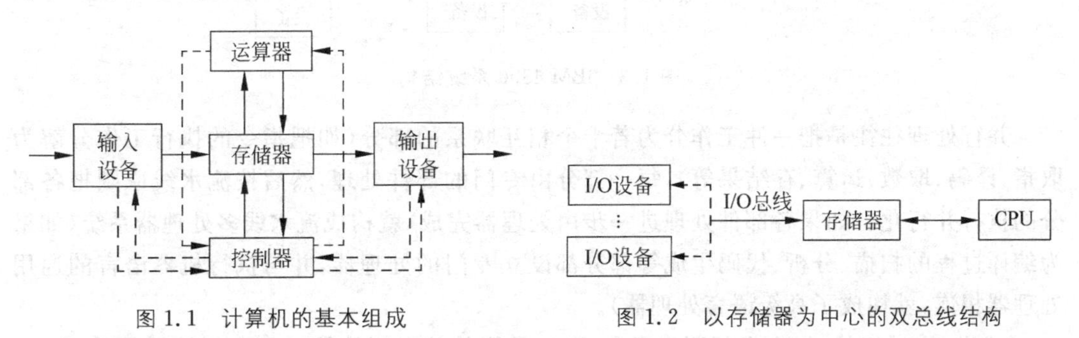

图1.1 计算机的基本组成　　图1.2 以存储器为中心的双总线结构

至今为止,计算机的发展已经历了以下几代。第一代是电子管计算机,第二代是晶体管计算机,第三代是集成电路计算机,第四代是大规模集成电路计算机,第五代计算机是把信息采集、存储、处理、通信同人工智能结合在一起的智能计算机系统。除了能进行数值计算或处理一般的信息外，主要是面向知识处理，具有形式化推理、联想、学习和解释的能力，能够帮助人们进行判断、决策、开拓未知领域和获得新的知识。在计算机发展过程中，计算机性能指标的提高，总是伴随着系统结构的发展而发展的。早期，由于硬件价格过高，设计硬件时，往往将许多工作留给软件去做，这导致了软件的复杂、价格昂贵，以致引起了软件危机。现在硬件已经非常便宜，所以计算机结构的发展，在增强功能的前提下，更关注其处理器的效率，因而并行性成为推动计算机系统结构发展的重要因素之一，即使原有部件尽可能并行运行。改进后的冯·诺依曼计算机从原来的以运算器为中心的结构演变为以存储器为中心。从系统结构上讲，主要是通过各种并行处理手段提高计算机系统性能。这方面一个重要进展就是通道的出现。通道实际上是一个专用的输入输出（I/O）处理器，由它负责和控制 I/O 设备的工作，从而较多地节省了 CPU 时间，提高了 CPU 效率。图 1.3 是一个典型的以存储器为中心的、具有通道的双总线结构。

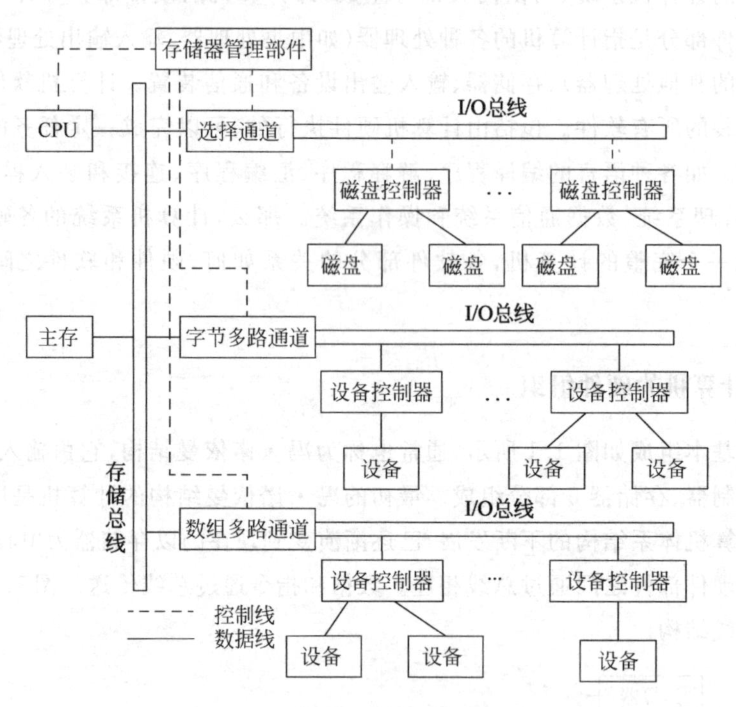

图 1.3　IBM 4300 系统结构

并行处理往往是把一件工作分为若干个相互联系的部分（如把指令的执行工作分解为取指、译码、取数、运算、存结果等），每一部分由专门的部件处理，然后按流水线原则把各部分的执行并行化。如果各部件处理进一步由处理器完成，就构成流水线多处理器系统（如果为编译过程的扫描、分析、代码生成等部分都设立专门的处理器，并与执行机器语言的通用处理器相连，就构成了高级语言处理器）。

20 世纪 80 年代，微型机得到了很大发展，最简单的微型计算机的典型结构是如图 1.4 所示的单总线结构，它是一种以总线为纽带构成的计算机系统。微处理器和存储器、存储器和输入输出设备，以及微处理器和输入输出设备之间都要经过总线来交换信息。无论哪个设备,如果需要使用总线与另一个设备交换信息,就必须先请求总线使用权,在获得总线使用权后才能进行通信。在通信双方使用总线期间,其他设备不能插入总线操作。这是其特点之一。其次,数据流的路线也有其特点,这主要表现在微处理器与输入输出设备交换数据时的两种不同的路线。当微处理器与慢速的输入输出设备(如打印机或者终端等设备)交换数据时是不经过存储器的,而是直接从(或向)输入输出设备接口(控制器)中的数据寄存器中读(或写)。当微处理器与高速的输入输出设备(如磁盘)交换数据时,这些输入输出设备在控制器的控制下首先将数据(通常是一组数据)送往存储器(或从存储器取数据),也就是说微处理器与高速输入输出设备交换数据时,必须经由存储器。这样两种不同的数据交换路线是由微型计算机的组织结构所决定的。

如图 1.4 所示的单处理器的系统通常用于比较简单的环境。目前许多微型计算机系统已经具有很复杂的、功能很强的处理能力,在这种情况下的微型计算机系统是多处理器的操作方式。

综上所述,无论是大型和小型计算机,以及功能强大的微型计算机都向着多机系统发展。这主要是由于信息爆炸时代,单 CPU 计算机系统已远远不能满足超高速、大容量、高可靠性等方面的要求。

多处理器系统指包含两个以上 CPU 的整体计算机系统,Enslow 把它定义为具有两个或者两个以上 CPU、共享存储器、I/O 通道和 I/O 设备,并由一个操作系统控制的计算机系统。多处理器系统类型很多,图 1.5 是一个对称多处理器系统的结构示意图。

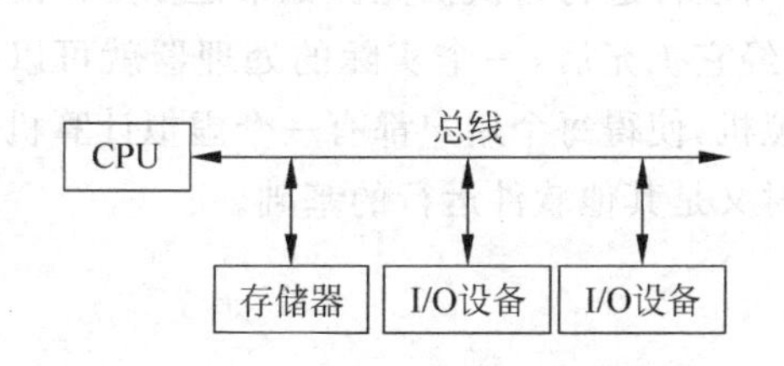

图 1.4　微型计算机的典型组织

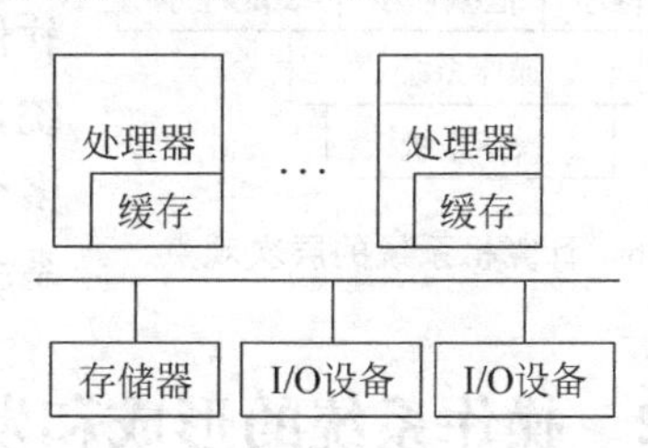

图 1.5　多机系统的结构

随着现代计算技术的发展,并行处埋、超前处理、流水线技术等已经打破了单一中央处理器完成所有计算机操作的局面。处理器发展至今,时钟频率已经接近现有生产工艺的极限,通过提高频率提升处理器性能基本走到了尽头。为提升运行效率,出现了多核处理器。多核处理器技术是 CPU 设计中的一项先进技术。它把两个以上的处理器核集成在一块芯片上,以增强计算性能。通过在多个 CPU 核上分配工作负荷,并且依靠内存和输入输出的高速片上互联和高带宽管道对系统性能进行提升。多核处理器,较之单核处理器,能带来更多的性能,因而正成为一种广泛普及的计算模式。

1.1.2　软件的层次与虚拟机的概念

一个计算机系统除了硬件部分以外还有许多软件系统。一般将软件系统分为两大类,即系统软件和应用软件。系统软件用于计算机资源的管理、维护、控制和运行,以及对运行的程序进行翻译、装入、多媒体服务、网络通信等服务工作。系统软件一般包括操作系统、语言处理系统和常用的服务例程。语言处理系统包括各种语言的编译程序、解释程序和汇编程序。服务例程的种类很多，通常包括库管理程序、连接编辑程序、连接装配程序、诊断排错程序、合并/排序程序以及不同的外部存储介质间的复制程序等。应用软件是指那些为某一类的应用需要而设计的程序，或者用户为解决某个特定问题而编制的程序或者程序系统，如航空订票系统就是一个例子。

那么，计算机系统中的硬件和软件以及软件的各部分之间是怎样一种关系，或者说是怎样组织的呢？如果用一句话来回答，就是它们是层次结构的关系。计算机的硬件通常称为裸机，一个裸机的功能即使再强，如果没有软件系统的支持，也不能充分发挥作用。软件系统是在硬件基础上使硬件系统的功能得以充分发挥，并加以扩充、完善的。举例来说，用户想要在裸机上运行程序时，就必须用机器语言来编写程序。用户要在裸机上输入一个数据，就要编写上千条指令的输入输出程序，这显然会使用户感到十分不便。再者，如果给一个只有定点运算功能的裸机配上浮点运算的软件，计算机就具有了浮点运算功能，这就是用软件来扩充和完善硬件功能。软件之间的关系也是这样，一部分软件的运行要以另一部分软件的存在并为其提供一定的运行条件为基础，而新添加的软件可以看作在原来那部分软件基础上的扩充与完善。因此一个裸机每加上一层后，就变成了一个功能更强的机器，通常把这“新的更强功能的机器”称为“虚拟机”。图 1.6 中表示了计算机中硬件（裸机）和各类软件之间的层次关系。由图 1.6 可以看出，操作系统是紧挨着硬件层的第一层软件，它对硬件进行首次扩充。如果是多用户的操作系统，那么经它扩充后，一个实际的处理器就可以扩充成多个虚拟机，使得每个用户都有一个虚拟计算机。操作系统同时又是其他软件运行的基础。

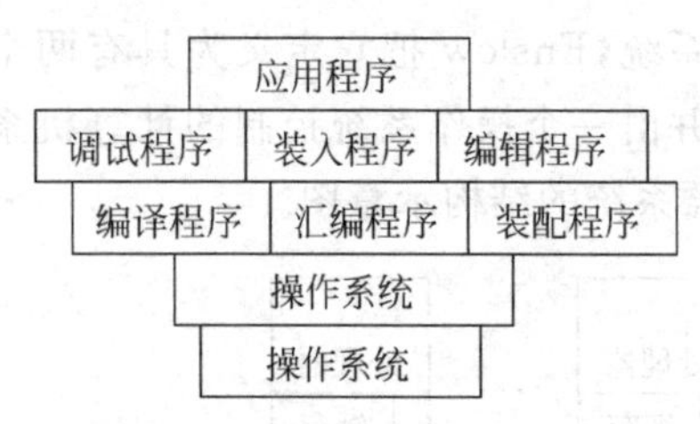

图 1.6　计算机系统的层次观点

1.2　操作系统的形成和发展

1.2.1　什么是操作系统

由上可知，操作系统是系统软件中最基本的部分，其主要作用如下。

(1) 管理系统资源，这些资源包括中央处理器、主存储器、输入输出设备和数据文件等。

(2) 使用户能安全方便地共享系统资源，并对资源的使用进行合理调度。

(3) 提供输入输出的便利，简化用户的输入输出工作。

(4) 规定用户的接口，发现并处理各种错误。

虽然操作系统已经存在了几十年，但至今世界上还没有一个被普遍接受的对操作系统的定义。通常把操作系统定义为“用以控制和管理系统资源、方便用户使用计算机的程序的集合”。从此定义中可以看出，一方面操作系统要管理计算机软硬件资源的使用，同时还应为用户方便地使用计算机提供更友好的接口和服务。Windows 等操作系统提供的界面深受用户的欢迎，方便了用户的使用。

1.2.2 操作系统的形成和发展

从1946年底第一台计算机问世到1955年，这期间称为第一代电子管计算机时代(1946—1955)。那时并没有操作系统，甚至没有任何软件、没有文件管理和存储功能，命令是一些二进制机器码。当时在使用方式上是单用户独占，即每次只能由一个用户使用计算机，一切资源都由该用户占有，并且在一个作业运行过程中，以及在作业完成后转换到另一作业都需要很多人工的干预。到了20世纪50年代，随着处理器速度的提高，这种手工操作所浪费的机时变得尖锐起来(如一个作业在每秒一千次的机器上运行，需要30min才能完成。而用手工来进行装入和卸载作业等人工干预需要3min，若机器速度提高10倍，则作业所需要的运行时间缩短为3min，而手工操作时间仍然需要3min。这使得一半的机时被浪费了)。人们就想在作业转换过程中排除人工干预，使之自动转换。于是，出现了早期的"批处理系统"。基本做法是把若干个作业合成一批，用一台或者多台小型的卫星机把这批作业输入到磁带上，然后再把这盘磁带装到主机的磁带机上，由主机的监督程序(最早的操作系统雏形)把磁带上的第一个作业调入主存中执行，该作业终止后(正常完成或者非正常终止)，再依次调入下一个作业……这就出现了第二代(1955—1965)晶体管和批处理时代。

第二代(1955—1965)是晶体管计算机时代，晶体管开始用于计算机制造，同时计算机中广泛采用了磁芯存储器和磁鼓存储器装置，机器的体积和性能都有了一定的改进。计算机内部具备了批处理任何补充的能力，系统中配有Fortran语言和汇编语言。用户作业可以以批的方式提交给计算机。同时，计算机系统中有一个监控程序对提交的作业进行处理。现在人们往往把当时监控程序的功能看成操作系统的雏形，因为它已经具备了对程序运行的简单管理功能。

第三代(1965—1980)是集成电路时代，集成电路技术已经步入实用阶段，计算机的体积、可靠性和可适应性大大增强。同时，硬件技术取得了两个方面的重大进展。一是通道技术的引进，二是中断技术的发展，使得通道具有中断主机工作的能力。这就导致操作系统进入了多道程序设计系统阶段。所谓通道是专门用来控制输入输出设备的处理器，称为输入输出处理器(I/O处理器)。通道比起主机来说，一般速度较慢，价格较便宜。它可以与中央处理器(CPU)并行工作。这样，当需要传输数据时，CPU只要命令通道去完成就可以了。当通道完成传输工作后，由中断机构向CPU报告完成情况，这样就可以把原来由CPU直接控制的输入输出工作转移给通道，使得宝贵的CPU机时全部用来进行主要的数据处理工作。

但是，如果仍然沿用过去的操作方式，主存中只存放一个用户作业在其中运行，那么，在CPU等待通道传输的过程中，仍然因无工作可做而处于空闲状态。若是我们在主存中同时存放多个作业，那么CPU在等待一个作业传输数据时，就可转去执行主存中的其他作业，从而保证CPU以及系统中的其他设备得到充分利用。在主存中同时存放多个作业，使之同时处于运行状态的系统称为多道程序系统。由于在主存中同时存放多个运行作业，就给系统带来了一系列复杂的问题，我们将在以后各章详细阐述。这时操作系统的功能已变得十分丰富。

所以粗略地讲，操作系统的发展是由手工操作阶段过渡到早期单道批处理阶段而具有其雏形，然后发展到多道程序系统时才逐步完善的。于是发展了以充分提高计算资源利用率和并行性的多道批处理系统。也就是在那个时代，许多用户为了方便程序调试，希望能以交互的方式，而不是以批处理的方式使用计算机，于是开发出了第一个严格的分时系统(Compatible Timesharing System，CTSS)。

20 世纪 80 年代后，随着大规模集成电路的成熟和发展带动了计算机的快速发展，迎来了第四代个人计算机时代(1980—1990)，计算机开始从巨型、大型向小型、微型转变。在结构和功能上，个人计算机与小型机并无多大差别而价格却相差甚远。个人计算机的操作系统最初是一个单用户的交互式操作系统，它特别重视使用方便简单，不考虑资源的充分利用。这个时期操作系统主要解决的问题包括如何对不同的硬件平台运行同一种操作系统，如何将大型机上成熟的操作系统移植到小型机或者个人机上。这个时期，出现了多种成熟的商用操作系统，包括 UNIX、MS-DOS、Windows 等。

随着个人计算机的发展，它的功能不断增强。在企业、大学和政府部门安装的最强功能的个人计算机往往称为工作站，它们实际上已是大型的个人计算机，其操作系统也已发展为功能强大的现代操作系统，其代表是 Windows NT。

在 20 世纪 80 年代中期，伴随着网络通信技术的发展出现了网络操作系统(Network Operating System)和分布式操作系统(Distributed Operating System)。

1990 年以后的发展时代，计算机行业在软硬件方面都取得了许多惊人的成就。业界并没有将这个时代严格定义为计算机发展的第五代。人们普遍认为它应该是一种有知识、会学习、能推理的计算机，能够理解自然语言、多媒体信息(文字、图形、图像)。尤其是近年来，计算机处理器发展很快，32 位、64 位、双核、多核技术快速更新。同时操作系统技术方面也取得了快速发展，网络操作系统、分布式操作系统、多处理操作系统、嵌入式操作系统以及虚拟化技术、多核管理技术等层出不穷。

1.3 多道程序设计的概念

1.3.1 多道程序设计的引入

多道程序设计技术是现代计算机系统的一个关键技术。通常多道程序设计是指在主存中同时存放多道用户作业，使之同时处于运行状态，并共享系统资源。为什么要采用多道程序设计技术呢？正如上面所提到的，由于通道技术的出现，CPU 可以把直接把输入输出的工作转给通道来完成。CPU 之所以将这个工作转交给通道，根本原因是 CPU 与常用的输入输出设备(如打印机、读卡机等)之间速度的差距过大。例如，一台每分钟打印 1200 行的行式打印机打印一行要用 50ms，而即使只有百万次的计算机在此期间也大致可以执行数万条指令。如果由 CPU 直接控制打印机，那么在打印一行字符期间，CPU 就不能进行其他工作了，这将耽误数万条指令的执行。所以人们就把直接控制输入输出的工作交给速度较慢、比较便宜的通道去做。为使 CPU 在等待一个作业的数据传输过程中，能运行其他作业，人们在存储器中同时存放多道作业。当一个在 CPU 上运行的作业要求传输数据时，CPU 就转去执行其他作业的程序。

1.3.2 多道程序设计的概念

所谓多道程序设计，是指"把一个以上的作业放入主存中，并且同时处于运行状态。这些作业共享处理器时间和外部设备等其他资源"。

对于一个单处理器的系统来说，"作业同时处于运行状态"显然是一个宏观的概念，其含义是指每个作业都已经开始运行，但尚未完成。微观上来说，在任一特定时刻，在处理器上运行的作业只有一个。

引入多道程序设计的根本目的是：提高 CPU 的利用率、充分发挥并行性，这包括程序之间、设备之间、设备与 CPU 之间均可以并行工作。图 1.7 表示单道程序系统运行情况。图 1.8 表示两道程序系统的运行情况。

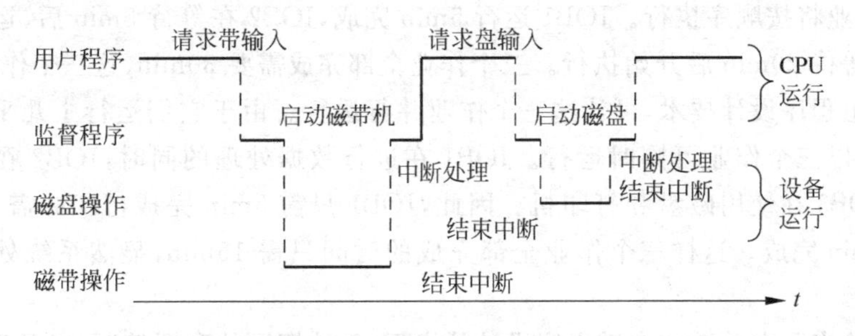

图 1.7 单道程序运行情况

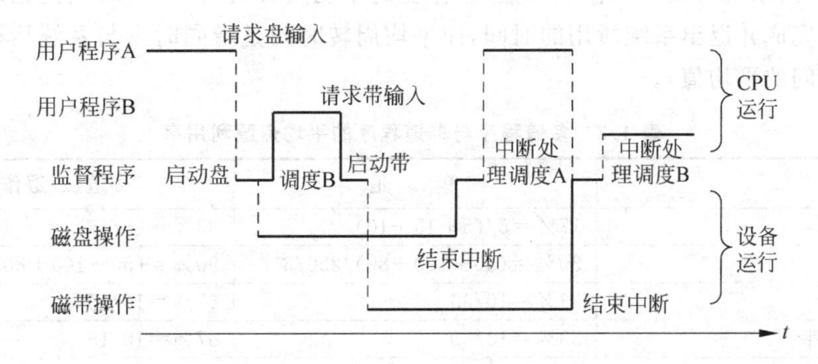

图 1.8 两道程序运行情况

在单道程序系统中，没有任何并行性存在。在任一特定时刻，只有 CPU 或者某一个设备在工作。而在多道程序系统中，随着主存中程序道数的增加，可以提高系统中所有设备和 CPU 的并行性和利用率，尤其是提高 CPU 的利用率。从理论上讲，如果主存中的作业道数无限增加(实际上是不可能的，主存的容量是有限的)，CPU 的利用率应能达到百分之百。

为了说明多道程序的优点，不妨参考 R Turner 提出的例子。设某计算机系统，有 256KB 的主存(不包含操作系统)、一个磁盘、一个终端和一台打印机。同时提交的三个作业分别命名为 JOB1、JOB2、JOB3。各作业运行时间分别为 5min、15min 和 10min。它们对资源的使用情况如表 1.1 所示。

表 1.1　三个作业的执行要求

作　业　名	JOB1	JOB2	JOB3
作业类型	CPU 型	I/O 型	I/O 型
所需主存/KB	50	100	80
所需磁盘	不用	不用	需要
所需终端	不用	需要	不用
所需打印机	不用	不用	需要
运用时间/min	5	15	10

假定 JOB1 主要使用 CPU 处理数据，JOB2 主要使用终端进行作业的输入，JOB3 运行时主要使用磁盘和打印机，后面的两个作业都只需要较少的 CPU 时间。对于简单批处理情况，这些作业将按顺序执行。JOB1 运行 5min 完成，JOB2 在等待 5min 后，运行 15min 完成，JOB3 在等待 20min 后开始执行。三个作业全部完成需要 30min（这三个作业是一批）。

采用多道程序设计技术，可让这三个作业并行运行。由于它们运行中几乎不同时使用同一资源，所以三个作业可同时运行。JOB1 在进行数据处理的同时，JOB2 在终端上进行作业输入，JOB3 在使用磁盘和打印机。因此，JOB1 只需 5min 完成，JOB2 需 15min 完成，JOB3 需 10min 完成。这样三个作业全部完成的时间只需 15min，显然系统处理效率明显提高。

表 1.2 给出了在单道和多道程序设计技术下，系统资源的利用情况，以及系统的吞吐量（指单位时间内系统所处理的作业个数）和作业的平均周转时间（周转时间是指从作业进入系统到作业完成并退出系统所用的时间，而平均周转时间是指同时参与系统运行的几个作业的周转时间的平均值）。

表 1.2　多道程序与单道程序的平均资源利用率

	单　道	多道（三道作业）
CPU 利用率	17%＝5/(5＋15＋10)	33%＝(5/15)
主存利用率	30%＝(50＋100＋80)/256/3	90%＝(50＋100＋80)/256
磁盘利用率	33%＝10/30	67%＝10/15
打印机利用率	33%＝10/30	67%＝10/15
全部作业完成时间/min	30＝5＋15＋10	15
吞吐量/(作业·h^{-1})	6＝3/(30/60)	12＝3/(15/60)
平均周转时间/min	18＝(5＋20＋30)/3	10＝(5＋15＋10)/3

1.4　操作系统的功能和特性

1.4.1　操作系统的功能

由操作系统定义可知，操作系统主要有两大作用：一是控制和管理系统资源，二是方便用户使用计算机。这就是常说的对操作系统的两种观点，即操作系统作为资源管理者的观点与操作系统作为用户与计算机的接口的观点。被广泛使用的实际操作系统，毫无例外都充分地具有这两方面的功能。

1. 操作系统作为用户与计算机的接口(用户的观点)

由图1.6可以看到,操作系统是紧挨着硬件的软件层,所有的应用程序和系统程序只有通过操作系统才能使用计算机,所以操作系统是用户与计算机的接口。操作系统如果不能方便用户使用计算机,或者说不好用,那么操作系统就会卖不出去。可是操作系统怎样才算是好用的呢?固然操作系统首先要把它作为资源管理者的本职工作做好,另外就是要尽量满足用户的要求。

在当前个人计算机深入到人们生活各个方面的信息时代,人们共同的要求就是自己开发自己业务领域的有关处理程序。面对这样一些计算机水平较低的本领域专家,就要求操作系统帮助这些人建立和开发程序、运行维护程序。这正是操作系统作为用户接口所做的工作,也就是操作系统要提供给用户一个能为其自动生成软件系统的软件开发环境。

综上所述,现在的操作系统为了方便用户使用,已经做到了以下几点。

(1) 操作系统不但本身具有优良的图形用户界面,而且与用户界面生成环境一体化,可为用户自动生成图形用户界面。

(2) 操作系统系统与软件开发环境一体化,可按用户要求建立、生成、运行和维护应用程序。

(3) 与数据库系统一体化。

(4) 与通信功能和网络管理一体化。

2. 操作系统作为资源管理者

如果把计算机系统内部比喻为国家,那么操作系统就是政府部门,它控制和管理所有程序的运行,管理和调度程序运行中所需的资源。一般来说,计算机系统中的资源有处理器、存储器、输入输出设备、数据信息(文件)4种。因此,操作系统主要负责管理这些系统资源,并调度各类资源的使用。具体来说,其主要功能有以下几种。

(1) 处理机管理。对系统中的各处理器及其状态进行登记,管理各程序对处理器的要求,并按照一定的策略将系统中的各台处理器分给要求的用户作业(进程)使用。

(2) 存储器管理。用合理的数据结构形式记录系统中的主存的使用情况,并按照一定的策略在提出存储请求的各作业(进程)间分配主存空间,保护主存储器中的信息不被其他人员的程序有意或无意地破坏或者偷窃。

(3) 输入输出设备管理。记录系统中各类设备及其状态,按各类设备的特定和不同的策略把设备分给相应的作业(进程)使用。许多系统还十分注意优化设备的调度,以提高设备的有效使用率。

(4) 信息管理。在当前的信息社会中,对信息储存和管理受到计算机系统的重视,计算机系统都有较为完善的文件系统。不少微型机还具有数据库管理系统,这都属于信息管理的范畴。操作系统中的信息管理功能主要涉及文件逻辑组织和物理组织、目录的结构以及对文件的操作等,近年来尤其注意对文件中信息的保护和保密措施。

1.4.2 操作系统的特性

多道程序(设计)系统的很大优点是它可以使CPU和输入输出设备以及其他系统资源得到充分利用,但也带来不少新的复杂问题。多道程序的操作系统具有如下一些明显的特性。

(1) 并发性(concurrency):是指内存中的多个进程在宏观上同时执行,但在微观上是串行执行的。因为对于单处理器系统来说,处理器只有一个,因此只能有一个获得处理器执行的进程处于执行状态,而其他申请处理器执行的进程只能等待。由于主存中存放着多道程序,并同时处于运行状态,一个程序在某个时刻进行可能在CPU上运行,也可能不在其上运行,而是正在等待数据传输。

就各个系统来说,由于计算机和输入输出操作并行,因此操作系统必须能控制、管理并调度这些并行的动作。除此之外,操作系统还需要协调主存中各个程序(进程)之间的动作以免互相发生干扰,造成严重后果,这就是同步(见第5章)。总之操作系统要充分体现并行性。

(2)共享性:在主存中并行运行的程序可要求共享所有的系统资源。

① 操作系统要管理并行程序对CPU的共享,即负责在并行程序间调度对CPU的使用。

② 管理对主存的共享。

③ 管理对外部存储器的共享使用以及对系统中数据(或文件)正确的共享,维护数据的完整性。

资源使用的共享有两种不同的方式。一是互斥共享,被共享的资源一个时刻只能被一个进程使用。二是同步共享,如可重入代码、磁盘文件等资源可以被多个进程同步共享。

(3) 虚拟性。通过某种资源共享技术(如SPOOLing技术,见第9章),将独占的物理设备转换为逻辑上可供多个申请进程共享的设备,一个物理设备可以映射为若干个对应的逻辑设备。虚拟设备的引入大大提高了设备资源的利用率,方便了用户对设备的使用。

(4) 异步性。进程推进的异步性是指多个进程在内存中的运行速度和计算机结果不可预知。多个进程在内存中并发执行,"走走停停",无法预知每个进程的运行推进快慢,也难以预知系统在某个时刻的当前状态。然而在设计与实现操作系统时必须专门考虑这一问题,保证多个进程的执行可以得到准确的结果。

多道程序系统由于其并行性、共享性等特点给操作系统带来了许多复杂的问题,这些问题将在以后各章中加以研究。

1.5 操作系统的类型

当前计算机已经广泛深入到人类生活的各个领域,从办公自动化到为人们看家、做饭,从工业控制到科学计算机,无孔不入。当然,在如此广泛的使用领域中,人们对计算机的要求是不同的。于是对计算机上的操作系统的性能要求、使用方式也是不同的。因此,对操作系统的类型进行分类的方法也很多。例如,可以按照机器硬件的大小而分为大型机操作系统、小型机操作系统和微型机操作系统。由于大型机性能较强，附属设备较多，所以价格比较昂贵。大型机主要关心的是如何使所有硬件设备得到充分使用，也就是希望机器有较大的工作负荷，并要求其能适应各种类型和性质的工作(如科学计算、数据处理、数据库管理和网络服务等)。所以如何很好地调度和管理系统资源就成为大型机操作系统的主要任务，而资源使用的有效性及机器的吞吐量(指固定时间间隔内机器所完成的作业数)是大型机操作系统所追求的主要目标。若按资源共享的级别可分为单任务、多任务、单用户、多用户、单道、多道操作系统；按所允许的交互类型可分为多道批处理操作系统、分时操作系统、个人计算机操作系统、实时操作系统。

下面我们将从操作系统发展中的主要分类谈起，并介绍不同操作系统的特点和作用。

1.5.1 多道批处理操作系统

多道批处理操作系统与单道批处理系统的主要区别如下。

(1) 作业道数。单道批处理系统中只有一道作业在主存中运行。而多道批处理系统中同时有多道作业在运行。

(2) 作业处理方式。单道批处理系统是将多个用户作业形成一批，由卫星机、主机之外的计算机将这些作业输入磁带中，然后主机再从该磁带中依次将作业一个一个读入主存进行处理。作业完成后，将结果也都输出到另一个磁带中去，当这批作业全部完成后，再由卫星机把此磁带上的结果通过相应的输出设备输出。处理完一批作业后再处理另一批作业。而在多道批处理系统中(包括网络中的远程批处理)，作业可随时(不必集中成批)被接收进入系统，并存放在磁盘输入池中形成作业队列。然后操作系统按一定的原则从作业队列中调入一个或者多个作业(视主存自由空间大小而定)进入主存运行。所以“批”的概念已不十分明显。批处理的操作方式描述如下。用户同其作业之间没有交互作用，不能直接控制其作业的运行，一般称这种方式为脱机操作或者批操作。与之相对应的概念是联机操作，指用户在控制台或者终端前直接控制其作业的运行，也就是说用户和其作业之间有交互作用。

多道批处理系统一般用于计算机中心较大的计算机系统中。由于它的硬件设备比较全，价格较高，所以此类系统十分注意CPU及其他设备的充分利用，追求高的吞吐量。故多道批处理系统的特点是其对资源的分配策略和分配机构，以及对作业和处理器的调度等功能均经过精心设计，各类资源管理功能既全又强。

1.5.2 分时操作系统

早期的单道批处理和多道批处理的出现导致了程序员和操作员两种工作的分工，程序员主要是编制、开发程序，操作员在机房运行程序，从而使得程序员不必进入机房，但是在程序开发过程中，这种批处理的操作方式给程序员的开发工作带来了很大的不便。首先是因为程序运行时，一旦系统发现其中有错误，就停止该程序运行，直到改正错误后，才能再次上机运行。而新开发的程序难免有不少错误或者不适当之处需要修改。这就要多次送到机房上机运行，以便进行调试。这样就大大延缓了程序的开发进程。程序员早就希望自己能直接控制程序运行，随时改正错误，以及研究改变某些参数所产生的影响等(这在最初的手工操作阶段是可以做到的)。这就导致了人们去研究一种能够提供用户和程序之间有交互的系统。因此,在20世纪60年代初期,美国麻省理工学院建立了第一个分时系统(CTSS)。

所谓分时是指多个用户分享使用同一台计算机,也就是说把计算机的系统资源(尤其是CPU时间)进行时间上的分割,即将整个工作时间分成一个个的时间段,每个时间段称为一个时间片,从而可以将CPU工作时间分别提供给多个用户使用,每个用户依次轮流使用时间片。分时系统具有以下特征。

(1) 多路性。一台计算机周围连上若干台远程、近程终端,每个用户通过终端可以同时使用计算机。

(2) 交互性。分时系统用户通过终端可以直接控制程序运行,同其程序之间可以进行"会话"(交互作用)。这样程序员就可以把自己的想法通过计算机进行检验,并得到进一步发展。同时,用户只要有请求就可以向系统发出,系统处理后可以立即向用户反馈结果。

(3) 独占性。分时系统往往用来开发程序、处理数据等,在其上处理的作业一般不需要很多连续的CPU时间。虽然我们对CPU的时间及其他系统资源按时间片进行分割,轮流分给终端用户使用,但由于用户从键盘输入输出比较慢,有时还要停下来思考,而CPU处理速度很快,所以尽管CPU按时间片为多个,甚至几十个用户轮流服务,每个用户仍然感觉自己好像独占着计算机系统,丝毫也没有因为有多个用户共享而延缓其作业的处理速度的感觉。

(4) 及时性。用于每一个用户请求至多只需等待一个时间片的时间就可以得到响应,因此系统对用户请求的响应时间比较短。及时响应是分时操作系统最根本的追求目标。响应时间要足够短。影响响应时间的因素包括机器的处理能力、请求服务时间、系统的终端个数以及时间片长短、进程调度算法等。由于分时系统的主要目的是及时响应和服务于联机用户,因此,分时系统设计的主要目标是对用户响应的及时性。

1.5.3 实时系统

计算机不但广泛用于科学计算和数据处理,也广泛用于工业生产中的自动控制、实验室终端和实验过程控制、导弹发射的控制、票证预订管理等方面,通常称为实时控制。"实时"是指对发生的外部事件做出及时的响应并对其进行处理,在严格规定的时间内完成对该事件的处理,并控制所有实时设备和实时任务协调一致地工作。所谓外部是指来自计算机系统相连接的设备所提出的服务要求。这些随机发生的外部事件并非由于人为启动和直接干预而引起的。实时系统就是以此种方式工作的控制和管理系统。因此,实时操作系统追求的目标是:对外部请求在严格的时间范围内做出反应,系统具有高可靠性。为达到这些目的,实时操作系统应具有实时时钟管理、过载保护、高度可靠性和安全性等功能。

实时系统通常包括实时过程控制和实时信息处理两种系统。

那么,实时系统与批处理系统和分时系统有何不同呢?

(1) 无论批处理系统,还是分时系统,基本上都是多道程序系统,是属于处理用户作业的系统。系统本身没有要完成的作业,它只是起着管理调度系统资源、向用户提供服务的作用。这类系统可以说是"通用系统"。而许多实时系统则是"专用系统",它为专门的应用而设计。在此种系统中,系统本身就包含控制某实时过程和处理实时信息的专用应用程序。

所以往往也无所谓“作业”和“道”的概念，而只有固定队列和若干“任务”程序。

(2) 实时系统用于控制实时过程，所以要求对外部事件的响应要十分及时、迅速。外部事件往往以中断的方式通知系统，因此，实时系统要有较强的中断处理机构、分析机构和任务开关机构。为了能迅速处理外部中断，常用的中断处理程序及有关的系统数据集最好常驻主存储器中。

(3) 可靠性对实时系统十分重要。因为实时系统的控制、处理对象往往是重要的经济和军事目标，同时又是现场直接控制处理，任何故障往往都会造成巨大的损失，所以重要的实时系统往往采用双机系统，以保证系统的可靠性。

(4) 实时系统的设计常称为“队列驱动设计”和“事件驱动设计”。其工作方式基本上是接收来自外部的消息(事件)、分析这些消息，然后调用相应的消息(事件)处理程序进行处理。

上面讲到的是专用实时系统。但许多计算机系统常常把实时系统同批处理系统结合为通用实时系统。在这些系统中，实时处理作为前台作业，批处理作为后台作业。前、后台作业的区别在于：只有前台作业不需要使用处理器，后台的作业才能得到处理器的控制权。一旦前台的作业可以开始工作，后台作业就须立即让出处理器供其使用。

实际的操作系统往往兼有多道批处理、分时处理和实时处理三者或其中两者的功能。在此种情况下，批处理作业往往作为后台任务。

在上述几种典型的操作系统设计成功并得到广泛应用后，随着用户需求的提高以及软硬件技术的发展，新的操作系统不断涌现。下面我们继续对其中几种进行介绍。

1.5.4 网络操作系统

过去所谓的网络操作系统实际上往往是在原机器的操作系统之上附加具有实现网络访问的功能模块。在网络上的计算机由于各机器的硬件特性不同，数据表示格式及其他方面要求的不同，在互相通信时为能正确进行并相互理解通信内容，相互之间应有许多约定。这些约定称为协议或者规程。因此，通常将网络操作系统(Nctwork Operating System，NOS)定义为：使网络上各计算机方便有效地共享网络资源、为网络用户提供所需的各种服务的软件和有关规程的集合。

网络操作系统除了具有通常操作系统应具有的处理器管理、存储器管理、设备管理和文件管理外，还应具有以下两大功能。

① 提供高效、可靠的网络通信能力。

② 提供多种网络服务功能，包括远程作业录入并进行处理的服务功能、文件传输服务功能、电子邮件服务功能、远程打印服务功能。

总而言之，要为用户提供访问网络中计算机各种资源的服务。

那么网络软件具体应做些什么呢？先考察一下一台计算机是如何请求网络服务的。假定一台机器上的某用户应用程序提出网络服务请求(通常是I/O请求)，将其请求传送给另一台远程计算机并在该远程计算机中执行请求，然后将结果返回第一台机器。现在假定该请求是“从机器 A 上读文件 B 中的 N 个字节”。那么网络软件要做的工作是：

（1）将这个请求按要求格式组装后，解决如何送到网络上的问题。

（2）决定怎样达到机器 A？因为按网络的拓扑结构，到机器 A 的链路可能不止一条。

（3）机器 A 理解什么样的通信软件。

（4）为在网络中传送，必须改变请求形式（如把信息分为几个短的信息包）。

（5）当请求到达机器 A 时，必须检查它的完整性，对它译码，然后送到机器 A 的操作系统中执行该请求。

（6）机器 A 对请求的应答必须经过编码以便通过网络送回去。

国际标准化组织为了对网络软件实行标准化并进行集成，定义了一个开放系统互联参考模型（OSI）。该模型定义了 7 个软件层，如图 1.9 所示。

按此模型一台机器上的每层都假定它与另一台机器上的同层“对话”（图中用虚线表示，称为虚拟通信）。模型中最下面 4 层又称为通信子网。驻留于上三层的软件称为通信子网络的用户。网络软件应实现各层应有的功能，并遵照各层间的通信协议（请参阅有关网络方面的书籍）。

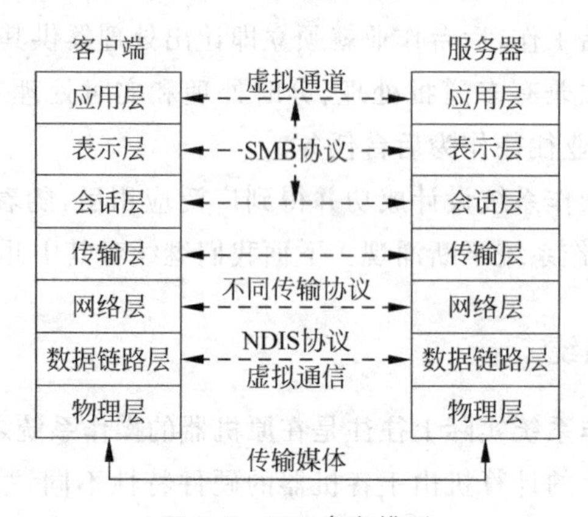

图 1.9　OSI 参考模型

1.5.5　多处理操作系统

随着对处理性能和能力要求的增加和微处理器成本的不断下降，计算机厂商推出了多处理器系统。多处理器系统由两种模式：一种是对称多处理系统（SMP）。SMP 是指“由两个或者两个以上的处理器共享主存、I/O 设备，这些处理器用总线或者其他内部连接模式相连接”。对称多处理器的优点是：

① 高性能。当一个任务可以分成几个独立部分时，他们可以并行运行，比单处理器有更高的性能。

② 高可靠性和可用性。在 SMP 模式的系统中，所有处理器处于相同地位，执行相同功能。这样当一个处理器损坏时，不会引起整个系统崩溃，增加了可靠性和可使用性。

非对称多处理模式（Asymmetric Multiprocessing）是一种主从模式，主处理机只有一个，配置操作系统，从处理机可有多个。

1.5.6 分布式操作系统

分布式操作系统是由一群分离的计算机通过网络相连接的多机系统，每个计算机有自己的主存、辅存储器和I/O设备，详见第11章。

1.5.7 嵌入式操作系统

嵌入式操作系统(Embedded Operating System)是一种支持嵌入式系统应用的操作系统软件，它是嵌入式系统的重要组成部分。它可以在一些限定资源要求的硬件平台上运行。嵌入式操作系统具有通用操作系统的基本特点，如任务调度、同步机制、中断处理，能够有效管理复杂的系统资源，具有一定的实时性和一些特殊的外设接口。例如，实时嵌入式操作系统主要面向控制、通信等领域，如WindRiver公司的VxWorks、ISI的pSOS、QNX系统软件公司的QNX、ATI的Nucleus等。非实时嵌入式操作系统主要面向消费类电子产品。这类产品有PDA、移动电话、机顶盒、电子书、WebPhone等，如微软面向手机应用的Smart Phone操作系统，以及运行在掌上机或者个人数字助理(Personal Digital Assistant，PDA)上的系统等。

由于嵌入式系统一般都与一个特定的应用相结合，因此，嵌入式系统中的硬件平台需要考虑实际的应用需求。另外，对于可移动设备上的嵌入式操作系统，还要适应便携能源的要求以及系统资源有限的特点。因此，需要根据实际情况裁剪各种功能，同时在代码设计中要考虑代码设计质量，使用较少的代码量达到比较优良的系统功能和性能。

1.5.8 多核系统

多核是指在一枚处理器中集成两个或多个完整的计算引擎(内核)。多核处理器是单枚芯片(也称为“硅核”)，能够直接插入单一的处理器插槽中，但操作系统会利用所有相关的资源，将它的每个执行内核作为分离的逻辑处理器。通过在两个执行内核之间划分任务，多核处理器可在特定的时钟周期内执行更多的任务。

多核技术能够使服务器并行处理任务，而在以前，这可能需要使用多个处理器；多核系统更易于扩充，并且能够在更纤巧的外形中融入更强大的处理性能，这种外形所用的功耗更低、计算功耗产生的热量更少。在采用多核技术的时候，操作系统管理内核的基本方式有两种：第一种是对称多处理(SMP)，由一个操作系统来控制多个内核。只要有一个内核空闲可用，操作系统就在线程等待队列中分配下一个线程给这个空闲内核来运行。第二种是非对称多处理(AMP)，每个内核上都运行各自的操作系统。

多核系统并不是直接把多个芯片的多处理器浓缩到单一芯片中这么简单。实际上，多核系统和多处理器系统之间存在着许多重要的区别，导致不能把多处理器系统上的软件直接移植到多核系统上来。如在多处理器系统中，CPU之间的界线是比较清晰的。在典型的多处理器情况下，多个CPU通过总线连接起来，即便是共享外部存储器，这些CPU基本上也都是独立运行的。在多核系统中，情况就有所不同。不论采用何种架构，在多核系统中被共享的东西都非常多。

运行在多处理器系统中的程序是多线程的程序。这种程序必须是可重入的，即程序代码能够被重叠地启动并且同时运行在多个上下文中，这些运行上下文构成多个线程。

目前，多核下操作系统调度的研究热点包括程序的并行执行、任务的分配与调度、缓存的错误共享、一致性访问研究、进程间通信、多处理器核内部资源竞争等。因为在单核环境下只有一个核的资源可以使用，不存在核的任务分配问题；在多核环境下，则需要考虑：多个进程如何在各个核中分配？各个核的调度算法如何？进程是否可以在多个核间迁移？系统是否要进行负载均衡？

1.6 操作系统的设计

操作系统作为一个软件系统来说，比一般的应用软件要复杂得多。毫无疑问今天操作系统的开发应遵循软件工程的原则和方法。

1.6.1 设计的目标和原则

软件开发是当今世界最大的产业之一。软件产品是为了销售，所以产品的设计目标植根于市场需求，必须从分析市场需求出发才能确定相应的设计目标。对于操作系统和其他软件产品来说，通常具有以下的设计目标。

(1) 可维护性和可扩充性。软件是必定要被修改的，容易修改与否称为可维护性，常分为三种维护情况。

① 改错性维护。软件开发中免不了出错，改正已发现的错误称为改错性维护。

② 适应性维护。修改软件使之能适应新的运行环境(包括硬件环境和软件环境)，通常所说的移植性是指整体规模上的适应性。

③ 完善性维护。修改软件使之增加新的功能，即通常所谓的可扩充性。

(2) 可靠性。软件可靠性包括两方面的含义：一是正确性。软件能正确地实现用户所要求的功能和性能。二是稳健性。软件能按预定方式对任何意外(硬件故障和误操作等)做出适当处理。

(3) 可理解性。软件产品要经过测试、要被人维护、要被人阅读或者交流，所以要易于被人理解才能方便容易地进行测试、维护和交流。

(4) 有效性。一个软件产品应有效地使用资源，尤其是不过分地使用时空资源(指CPU时间和主存空间)。对操作系统来说，其有效性不但表现在计算机各种资源的充分利用上，而且还要提高系统所做的有用工作(指为应用程序用户提供资源服务的生产性工作)的比例、降低系统本身在为用户提供服务中的非生产性开销比例。

为达到上述目标，在操作系统软件设计中应遵循以下软件工程原则。

(1) 抽象原则。所谓抽象是指提取事物的共性。要将客观世界中一个复杂的问题用软件来解决。首先要为问题建立一个求解的模型，在软件工程中常称为逻辑模型。毫无疑问，这需要对问题中各方面的事物进行概括和综合，按某种观点提取其共性，也就是抽象，以导出问题求解的逻辑模型；其次，抽象不是最终目的，抽象是为了便于将复杂问题分解为一个个较为简单的部分，以便对每个简单的部分逐个进行解决。所以抽象是解决复杂问题的有力工具,是分解的有效手段。

(2) 信息隐藏和信息局部化。这是软件工程中两个相关联的原则。信息隐藏是指"一个模块内的信息(过程和数据)对于不需要这些信息的模块来说,是不能访问的"。这有什么好处呢？首先是便于修改,改善可维护性,使得修改一个模块的功能及其实现方法时,不会影响其他模块；其次是使程序员只需了解其他模块能为其提供什么样的服务功能,不需要了解这些功能如何实现的细节,从而可使程序员把精力集中在设计的主要方面。

信息局部化是指把一些关系密切的软件元素(如数据以及施加于该数据的各种操作)物理地彼此靠近：放在一个模块中或一个程序包中。显然,局部化有助于实现信息隐藏。

在面向对象的设计技术中的对象类具有很好的信息隐藏和信息局部化特性。在面向对象的技术中称为封装性,其含义是把数据及其属性以及施加于数据的操作,像信封一样全部封装在对象类里面,对象外部不能随便了解,只能通过对象提供的操作请求给予服务。

(3) 模块化。是把程序按模块独立性原则划分为若干个模块,使每个模块成为单入口、单出口单一功能的程序单元——模块,其主要目的是降低程序开发的复杂性、提高软件的可维护性、可靠性和可理解性。

其他原则是一致性,即完整性和确定性,在此不再一一赘述。

1.6.2 操作系统设计

大型软件开发过程遵循软件生命周期模型,该模型将软件生命期(Life Cycle,是指从软件开发任务提出到软件最终废弃不用这整个阶段)大致划分为5个阶段：①需求分析阶段,②设计阶段,③实现阶段,④测试阶段,⑤运行和维护阶段。

但由于在软件开发过程中,所采用的软件方法学的不同,①、②两个阶段的具体实现差别较大。传统的操作系统大多采用基于结构分析和结构设计(SA-SD)方法。近年来,操作系统倾向于面向对象(Object-Oriented)的方法。在操作系统设计中,大致划分为以下5个阶段：

① 系统分析和总体功能设计阶段；

② 系统设计与结构设计阶段；

③ 实现阶段；

④ 测试阶段；

⑤ 维护和运行阶段。

下面大致描述①、②阶段的主要工作。

1. 系统分析和总体功能设计阶段

操作系统的设计对于软件设计人员来说是不同于一般大型软件设计的。在通常的软件开发任务中,软件工程师们是用软件解决其他应用领域(如金融财会)的问题。软件工程师对此领域问题几乎完全不熟悉,所以需求分析任务是繁重而又艰难的。但操作系统的设计者们面临一个自己十分熟悉的领域,他们了解操作系统应具有的功能、操作系统是如何工作的以及操作系统的各种基本组成成分……所以,需求分析工作要简单得多。但是设计操作系统是需要相当多的精力和经费的,所以这绝不是一个演练性质的任务,它必定是针对当前操作系统的不足和市场需要所发生的变化而提出的设计任务。所以需求分析仍然是必须进行的。通常这个阶段要做以下工作。

(1) 需求分析。通过分析确定需求或者修订需求语句，开发出系统目的、范围和所需功能。

(2) 信息分析。通过数据流图或者实体关系图，确定在系统内的实体以及实体之间的关系。在此基础上再确定系统对象(哪些实体描述共同构成了某对象)，并建立起系统的静态结构-对象模型。

(3) 事件分析。把系统看成对外部事件的响应机，以响应一系列外部事件。其目的是以外部观点来捕捉和分析系统的行为，并确定对象的行为、刻画对象的时序性质，用系统或者对象的状态转换图来建立系统的动态模型。

(4) 功能分析。按对象的操作刻画如何由输入得到输出的功能模型。这方面的图像工具是功能流图。系统分析完成后，建立起系统模型和系统规格说明书，详细描述系统的功能和性能要求。

2. 系统设计与结构设计阶段

这部分工作是建立在前一阶段的工作基础上的，常包括以下几个方面。

(1) 对前一阶段工作的精细化。在有些软件方法学中把这个阶段称为细化结算。如果说前一阶段是在系统的顶层或者高层进行的系统分析并建立了系统模型和功能流图，则这一阶段的工作就要更精细化并向深层次进行。在此过程中调整和细化系统模型和各种图形和文字的描述文档。

(2) 调整和精细化功能分配。如内核完成哪些功能、提供哪些支持、每种功能实现的事件或者活动链以及全局性的数据结构设计。特别注意各事件的行为特性(顺序或并行)以及同步机制。

(3) 用快速原型技术建立模型，以改善调度算法和功能实现机制的性能和效率。例如进程之间的通信方式由于需要在进程间切换、对效率影响到什么程度、如何改善、效果如何，均需要通过模型试验。

(4) 在层次结构的部分，将功能模块分配在相应的层次，并检查各功能路径的工作是否能很好地实现。

通常(1)、(2)两步骤需要反复进行。对实现阶段和测试阶段，由于问题比较单一，不再讨论。

1.7 操作系统的结构

由于操作系统是一个特殊、复杂、功能强大的软件系统，因此在设计一个操作系统时，为达到操作系统的功能要求，应充分考虑操作系统的结构设计方法，考虑选择哪一种合适的结构。本节将讨论关于操作系统结构方面的有关问题。常见的操作系统结构设计方法有模块接口法、层次结构法、微内核结构法、虚拟机结构法。

1.7.1 模块接口法

早期开发操作系统时，注意力都放在功能的实现和提高效率方面，操作系统是为数众多

的一组过程的集合，各过程之间可以相互调用，在操作系统内部不存在任何结构，即操作系统是无结构的，也有人把它称为整体系统结构。

这是操作系统最早采用的一种结构设计方法。在1968年软件工程出现以前的早期操作系统(如IBM的操作系统)，以及目前的一些小型操作系统(如DOS操作系统)均属于此类型。

什么是模块？通常定义为“命名的一段程序语句”，可理解为“子程序”。模块是构成软件的基本单位。软件工程技术出现后，要求模块应是单入口、单出口和单一功能的。但以前的模块常不具有这种特性，而是多入口、多出口的，模块中具有多个功能。

操作系统中往往具有大量的模块。操作系统为了完成用户所要求的服务，通常要若干个模块共同完成，如为用户建立一个进程，则要调用那个“创建进程”模块，而创建进程模块还要调用“分配主存”模块为新进程分配进程控制块(PCB)的主存空间，以及调用“将一个进程插入队列”模块，以便把新创建的进程的PCB插入就绪队列。所以模块间的调用关系是复杂的。在两个模块相互调用的过程中，要有输入和输出参数的传送(如调用分配主存模块要传送给它输入参数—主存大小，分配主存模块要返回给调用者输出参数—主存地址或说明分配无法满足的状态参数)，通常把这种情况称为模块间的接口关系。接口关系有简单和复杂之分。这取决于三个因素：模块间的调用方式(直接引用和过程调用)、模块间参数的作用(是起控制作用，还是作为数据使用)、相互间传送参数的数量。

一个模块如果是多入口和多出口的，自然是多个进入和离开该模块的渠道，该模块与其他模块联系就多。调用方式是直接引用(即不是通过过程调用语句，而是通过go to语句或转移指令直接进入模块内部)。一个模块如果具有多个功能，调用者必然要有参数传给该模块指出要用哪个功能，所以传送的参数是起控制作用的开关量。这种情况称为模块接口关系复杂，软件工程术语中称为“模块间耦合紧密”。

以上介绍了什么是模块接口法，那么模块接口法有什么特点呢？

(1) 模块之间的调用关系如图1.10所示，也就是对模块间调用关系没有限制，可以任意调用。所以有人也把模块接口法称为无序调用法。

(2) 模块之间耦合紧密。早期的操作系统中对模块独立性未给予充分的注意，使模块间接口关系多而复杂。

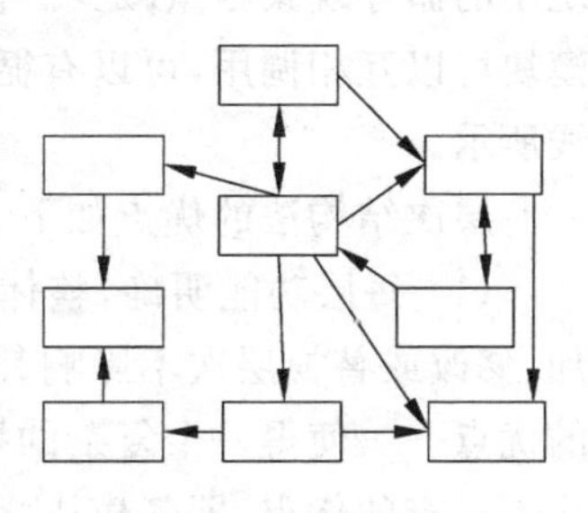
图1.10 模块接口

由于以上两个特点，近年来许多人把模块接口法称为单模块。因为紧密的耦合和错综复杂的调用关系使得这些模块如同形成了一个坚实的整体。单块式的名称勾画了这种方法的本质。这种结构方式给操作系统设计带来了以下缺点。

1) 系统的结构关系不清晰

这种方法使得各模块之间构成了如图1.10所示的复杂的网络关系，这种网络是一个相当复杂的有向图，无规律地相互调用、相互依赖，使得人们难以对结构做出清晰的了解和判断，也难以对系统进行局部修改，因为很可能会造成牵一发而动全身的连锁式修改，因而使系统的易懂性、可适应性变差。

2) 使系统的可靠性降低，可移植性差

因为这种复杂的网络关系，使得各模块之间互相调用，以致构成了循环。这样的情况，弄得不好就容易使系统陷于死锁。又由于在操作系统的总体功能设计和分配阶段，以非常粗略和比较模糊的方式把系统划分为若干个功能模块，并规定了模块间的接口，然后各模块齐头并进地进行设计。这样，更加强了系统循环调用的危险性，很难保证每个模块设计的正确性，使得系统的可靠性降低。

1.7.2　层次结构设计法

显然，要清除模块接口法的缺点就必须减少各模块之间毫无规则地互相调用、相互依赖的关系，特别是清除循环现象。层次结构设计方法正是从这点出发的，它力求使模块间调用的无序性变为有序性。因此所谓层次结构设计方法，就是把操作系统的所有功能模块，按功能流图的调用次序，分别将这些模块排列成若干层。各层之间的模块只能是单向依赖或者单向调用(如只允许上层或者外层模块调用下层或者内层模型)关系。这样不但能使操作系统的结构清晰，而且不构成循环，图 1.11 表示了这种调用关系。

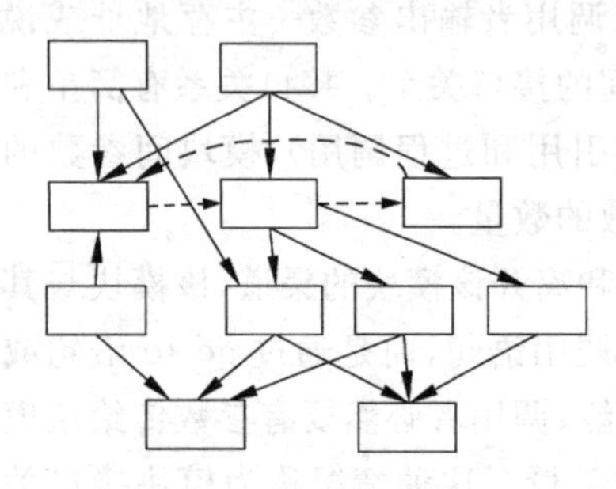
图 1.11　层次结构关系

在一个层次结构的操作系统中，若不仅各层之间是单向调用的，而且每一层中的同层模块之间也不存在互相调用的关系，则称这种层次结构关系为全序的层次关系，如图 1.11 中实线调用关系所示。但是在实际的大型操作系统中，要建成一个全序的层次结构关系是十分困难的，往往无法完全避免循环现象(请注意，循环调用和循环等待不一定就发生死锁，循环等待在死锁研究中只是个必要条件而不是充分条件，所以尽管存在循环现象，只要小心加以控制是可以避免死锁的)，此时我们应使系统中的循环现象尽量减少。例如可以让各层之间的模块是单向调用的，但允许同层之间的模块可以互相调用，可以有循环调用现象，这种层次结构关系称为半序的，如图 1.11 中的虚线所示。

层次结构法的优点如下。

(1) 每层功能明确，整体问题局部化，系统的正确性可通过各层的正确性来保证。增加、修改或替换层次不影响其他层次，有利于系统的维护和扩充。因此，它具有模块接口法的优点——使得一个复杂的操作系统分解成许多功能单一的模块，同时它又具有模块接口法不具有的优点，即各模块之间的组织结构和依赖关系清晰明了。

(2) 增加了系统的可懂性和可适应性。因为很容易对操作系统增加或者替换掉一层而不影响其他层次，便于修改、扩充。因为层次结构是单向依赖的，上一层各模块所提供的功能(以及资源)是建立在下一层的基础上的。或者说上一层的功能是下一层功能的扩充和延续。最内层是硬件基础——裸机，裸机的外层是操作系统最下面(或内层)的第一层。按照分层虚拟机的观点，每加上一层软件就构成了一个比原来机器功能更强的虚拟机，也就是说进行了一次功能扩充。而操作系统的第一层是在裸机的基础上进行第一次扩充后形成的虚拟机，以后每增加一层软件就是在原机器上的又一次扩充，又称为一个新的虚拟机。因此只要下层的各模块设计是正确的，就为上层功能模块的设计提供了可靠基础，从而增加了系统的可靠性。

但是，层次结构是分层单向依赖的，必须要建立模块（进程）间的通信机制，系统花费在通信上的开销较大，系统的效率也就会降低。

层次结构的操作系统的各功能模块应放在哪一层，系统一共应有多少层，必须要依据总体功能设计和结构设计中的功能流图和数据流图进行分层，大致的分层原则如下。

(1) 为了增加操作系统的可适应性，并且方便于将操作系统移植到其他机器上，必须把与机器特点紧密相关的软件，如中断处理、输入输出管理等放在紧靠硬件的最底层。这样经过这一层软件扩充后的虚拟机，硬件特性就被隐藏起来了，方便了操作系统的移植。

(2) 对于一个计算机系统来说，往往具有多种操作方式（例如可以在前台处理分时作业，又可以在后台以批处理方式运行作业，也可进行实时控制）。为了便于操作系统从一种操作方式转变到另一种操作方式，通常把三种操作方式共同要使用的基本部分放在内层，而把随三种操作方式而改变的部分放在外层，如批处理调用程序和联机作业调度程序、键盘命令解释程序和作业控制语言解释程序等。这样操作方式改变时仅需改变外层即可，内层部分保持不变。

(3) 当前操作系统的设计都是基于进程的概念的，进程是操作系统的基本成分。为了给进程的活动提供必要的环境和条件，必须要有一部分软件，如系统调用，来为进程提供服务，通常这些功能模块（各系统调用功能）构成操作系统内核，放在系统的内层。内核中又分为多个层次，通常将各层均要调用的那些功能放在更内层，如

- 把与机器硬件有关的程序模块放在最底层。
- 反映系统外特性的软件放在最外层。
- 按照实现操作系统命令时模块间的调用次序或按进程间单向发送信息的顺序来分层。
- 为进程的正常运行创造环境和提供条件的内核程序应该尽可能放在底层。

下面以 THE 为例进行说明。THE 系统是第一个层次结构设计方法，如图 1.12 所示。第零层完成中断处理、定时器管理和处理器调度。第一层内存和磁鼓管理，为进程分配内存空间，并自动实现内存和磁鼓对换区的数据交换。第二层处理进程与操作员间的通信，为每个进程生成虚操作员控制台。第三层 I/O 管理，管理信息缓冲区。第四层用户（进程）层。第五层系统操作员（进程）层。

硬件层	
内层	中断管理
	低级调度
	输入输出启动
	进程控制
	进程通信
中层	输入输出控制和加工
	文件管理
	存储管理
外层	作业调度
	虚空间分配
	操作命令解释

图 1.12　THE 分层

1.7.3 微内核结构

微内核结构是现代操作系统的一个趋势，它将操作系统中的大部分代码分离出来，放到更高的层次——用户层中去，在用户模式（用户空间）下运行，只留下一个尽量小的内核，它们完成操作系统最基本的核心功能，称为微内核（microkernel）技术。是什么原因驱使它们要努力实现微内核呢？

自20世纪50年代以来，操作系统的设计已经历了几个过程。最早是所谓单体式的操作系统结构。那时的操作系统是一系列的集合。每一个过程可以任意调用其他过程。系统的结构关系不清晰，基本上是没有结构的。不过由于当时人们缺乏对设计大的软件系统的经验，产生这种情况并不奇怪。在认识到这种无序调用可能导致模块间关系错综复杂、难以开发、扩充、修改和维护，并可能引起循环调用和死锁的情况下，1968年荷兰科学Dijkstra首先与他的学生构造了第一个层次结构的操作系统——THE系统。在这些传统的操作系统结构中，通常把操作系统的全部或者大多数功能作为操作系统的内核（它们的层次关系主要表示为调用关系，并非说明是否在内核之中与外面的含义），因此是一个相当大的内核。这就使得操作系统修改困难、可适应性差。微内核结构打破了这种传承，它的设计思想是：把那些最基本和最本质的操作系统功能留在内核中，把其他的功能移到内核之外。

但是什么是最基本和最本质的功能呢？不同的设计者的观点是不同的。尽管对这个界线的划分各个系统是不同的，但在以下方面的做法是一致的，即所有设计者都把客户/服务器模式作为微内核的设计和技术，并且：

- 把那些最基本的、最本质的操作系统功能保留在内核中。
- 把大部分操作系统的功能移到内核之外，并且每一个操作系统功能均以单独的服务器形式存在并提供服务，例如文件服务器、I/O服务器、存储服务器、终端服务器、窗口服务器、数据库服务器等。
- 在内核之外的用户空间包括所有操作系统服务进程，也包括用户的应用进程，这些进程之间是客户/服务器模式，即所有要求提供服务的进程称为客户进程（包括用户进程和要求服务的服务器进程）。它们以发送消息的方式通过微内核向服务器进程提出服务请求，服务器进程在处理服务请求之后，也以发送消息的形式通过微内核把结果返回客户进程。

另外，微内核除了处理客户与服务器之间的通信、检查合法性，并传送它们之外，还要负责实施服务器进程访问硬件的操作。因为服务器进程不能直接访问硬件，所以有些工作是活动在用户态的进程所办不到的。例如把有关的I/O命令和参数传送到有关设备控制器的寄存器中之类的事情，用户态的进程是无法做的。怎么办呢？一是让需要直接与硬件打交道的服务器进程活动在内核态，也就是整个移动内核以便其访问硬件，二是把实现操作系统每一种功能的机制和功能实现策略或者算法分离。把必须访问硬件和内核数据结构（是指从系统保护和安全性考虑，必须把那些只能由内核访问，不允许用户态进程和服务器访问的数据放在内核之中）实现该功能的基本机制放在微内核中，而把实现该功能的算法和策略留给用户态的服务器进程。例如，存储管理功能中的页表、段表或段页表以及其上的操作则是实现相应存储管理功能的基本机制，而取页策略和页面置换策略的实现功能由相应的存储服务器去完成。把机制和策略分离是操作系统中经常使用的重要概念。

综上所述,一般在微内核中包含有以下成分:中断和异常处理机制、进程间通信机制、处理器调度机制、有关服务功能的基本机制。

微内核有很多好处,前面已经充分介绍了,但是微内核技术也给系统性能带来了不利的影响。这就是在一次系统服务过程中需要更多的模式转换(用户态和核心态之间)和进程地址空间的转换,这增加了开销,影响了执行速度。例如,Windows 考虑了性能和执行速度,把本来放在微内核之外的窗口管理和图形设备驱动程序又移入微内核,当然 Windows 不是纯微内核结构的。但是在操作系统设计时,既要考虑微内核应包含哪些成分,也要综合考虑性能要求,既要考虑速度,也要考虑安全性等方面。

也许有人会问,既然增加了模式转换次数,为什么客户进程不直接发送消息给服务器进程,而要通过内核来发送消息给服务器进程呢?这是因为内核中有服务功能的基本机制,要完成服务功能,必须要微内核中的基本机制提供支持。

微内核结构可以适应新型操作系统的以下几个特点。

(1) 安全可靠。计算机安全性中有“最小特权原则”,这原则也包含着“使用尽量少的具有特权者的成分”。操作系统内核具有很大特权,它可以访问所有主存;它使固定页面不可被换出;它的执行通常不可被中断(现代操作系统内核提供了中断点),不可被抢占。这是应该被保证的特权。但是使用大内核,使得许多操作系统功能和成分不必要地都拥有这些特点,将使系统性能下降,例如大内核不可中断,不可抢占的特性将使系统对实时应用响应性变差,影响系统的吞吐量,尤其是系统的安全性更易受到恶意用户的攻击(因为大而复杂的内核可使用户可以找到更多的漏洞)。除此之外,大而复杂的内核,当一个功能程序(如文件系统)出现问题时,可能会引起系统瘫痪。而在微内核情况下,每个功能程序以一个服务器进程的形式存在,当它出现问题时,不会引起系统其他部分出现问题,问题仅局限于单个功能部分。

(2) 一致性的接口。因为在微内核下,大部分的操作系统功能被移到内核之外,并以服务器进程形式存在于用户空间(以用户模式进行活动)。每当用户进程提出服务器请求时,均是以消息通信方式经由内核向服务器进程提出的,因此进程间面对的是统一一致的进程通信接口方式。

(3) 系统的可扩充性。操作系统作为一个大型软件系统其生存周期一般较长,在其生命周期中可能出现新的硬件和软件技术。因此,用户通常要求操作系统能不断进化,把新的软件、硬件技术和功能扩充进来。这种要求在传统操作系统结构下不易办到。而在微内核结构中,由于大部分操作系统功能以服务器进程模式在用户态下进行活动,因此很容易把新的技术和功能,以与其他服务器进程完全相同的方式添加到系统中来。这种添加不会影响操作系统的其他部分,无须做什么修改(仅需对内核做很少的修改)。

(4) 系统灵活性较好。由于微内核结构和客户/服务器模式,能使操作系统功能以服务器进程方式提供服务。操作系统具有良好的模块化结构,因此可以独立地对模块进行修改,也可随意对系统功能进行增加和删除,因而操作系统可以按用户的需要进行裁剪。

(5) 具有良好的兼容性。许多系统希望能运行在若干不同的处理器平台上。这在微内核结构下也是比较容易实现的,因为所有与处理器相关的代码都在微内核中,因此在微内核设计时,把几个预定要运行的处理器平台的特性设计为几个不同的逻辑组,安装运行时按需要进行转换,其涉及的工作量是不大的。

(6) 提供了对分布式系统的支持。应该说不是微内核结构本身提供了对分布式系统的支持,而是在微内核结构下,操作系统必须采取客户/服务器模式,这种模式适合于分布式系统,可以对分布式系统提供支持。

1.7.4 微内核的实现

为客户和服务器提供通信服务是微内核的主要功能之一,也是内核实现其他服务的基础。图 1.13 是单机系统中的客户/服务器通信模式,图 1.14 表示分布式系统中客户/服务器通信模式。从图中可以看出,无论是发送请求消息和服务器的回答消息都是要经过内核的。进程的消息通信一般是通过端口的。一个进程可以有一个或多个端口,每个端口实际上是一个消息队列或消息缓冲区,它们都有一个唯一的端口 ID(端口标识)和端口权力表,该表指出本进程可以和哪些进程交互通信。端口 ID 和端口权力表由内核维护。一个进程可以发消息给内核来访问自己,要求内核为之建立新的端口权利表。

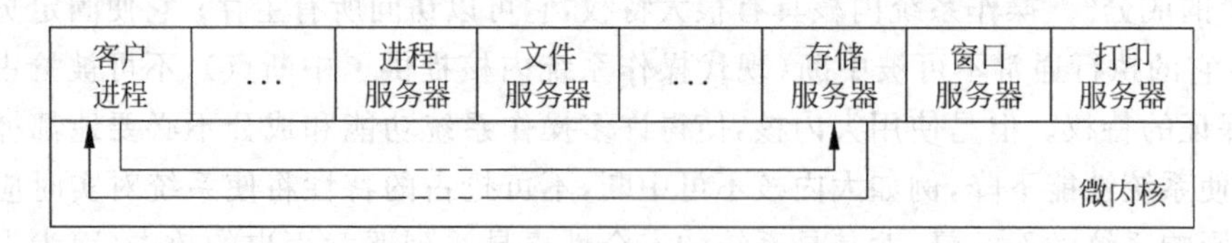

图 1.13 单机中客户/服务器通信模式

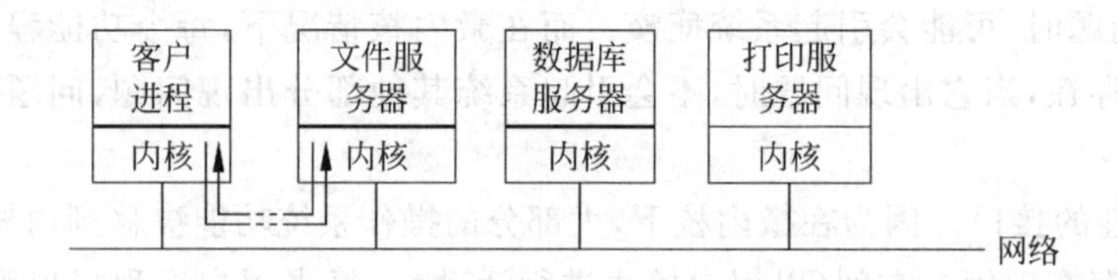

图 1.14 分布式系统中客户/服务器通信模式

下面以中断为例进行说明。操作系统中的中断处理非常重要,一般都是内核中的重要组成部分。但在微内核结构中将中断机制与中断处理分离,即把中断机制放在微内核中,而把中断处理放到用户空间相应的服务进程中。微内核的中断机制,主要负责以下工作:当中断发生时识别中断;通过内核数据结构把该中断信号映射到其相关的进程;内核只识别和映射中断,并不管理中断;把中断转换成一个消息;把消息发给用户空间中相关进程的端口,但内核不涉及任何中断处理。

因此我们可以看到,内核看待中断如同一个消息和用户空间中的端口,处理方式也如同进程间服务请求的消息通信。

有些系统调用用线程来实现中断,把硬件看作有唯一标识的线程集合(硬件线程),这些线程是内核线程。当中断发生时相应的内核硬件线程发一个消息(可以简单地只包含硬线程 ID)给用户空间相应的软件线程。该软件线程识别此消息是否来自中断,并处理相应中断,该软件线程工作过程如下。

① 等待消息。

② 发送者是自己的硬件中断线程吗?

③ 如果是,则读、写端口、恢复硬件中断。

④ 处理中断。

⑤ 返回①。

上面使用中断作为例子来剖析操作系统每个具体功能的机制与策略分离的概念和实现。当然,每种新技术都会有优点和不足,需要设计者加以综合考虑和应用。

客户/服务器结构模式的操作系统有卡内基梅隆大学研制的Mach操作系统和美国微软公司研制的Windows操作系统,它们的共同特点是操作系统由以下两大部分组成。

(1) 运行在核心态的内核(Mach中称为微内核,Windows NT中称为NT执行体)。

它提供所有操作系统基本都具有的那些操作,如线程调度、虚拟存储、消息传递、设备驱动以及内核的原语操作集合中断处理等。这些部分通常采用层次结构并构成了基本操作系统。

(2) 运行在用户态的并以客户/服务器方式活动的进程层。

这意味着除内核部分外,操作系统所有的其他部分被分成若干个相对独立的进程,每个进程实现一组服务,称为服务器进程(用户应用程序对应的进程,虽然也以客户/服务器方式活动于该层,但不作为操作系统的功能构成成分看待)。这些服务器进程可以是各种应用程序接口(API)或者文件系统以及网络等(Mach操作系统)。服务器进程的任务是检查是否有客户提出要求服务的请求,在满足客户进程的请求后将结果返回。而客户可以是一个应用程序,也可以是另一个服务器进程。客户进程与服务器进程之间的通信是通过发送消息进行的。这是因为每个进程属于不同的虚拟地址空间,它们之间不能直接通信,必须通过内核进行,而内核则被映像到每个进程的虚拟地址空间内,它可以操纵所有进程。客户进程发出消息,内核将消息传给服务器进程。服务器进程执行相应的操作,其结果又通过内核用发送消息的方式返回给客户进程,这就是客户/服务器的运行模式。

这种模式的优点在于,它将操作系统分成若干个小的并且是自包含的分支(服务器进程),每个分支运行在独立的用户态进程中。相互之间通过规范一致的方式接口——发现消息,从而把这些进程链接起来。这种模式的直接好处有以下几点。

(1) 可靠性好。由于每个分支是独立自包含的(分支之间耦合最为松散),所以即使某个服务器失败或产生问题,也不会引起系统其他服务器和系统其他组成部分的破坏或者崩溃。

(2) 易扩充性。便于操作系统增加新的服务器功能,因为它们是自包含的,且接口规范。同时修改一个服务器的代码不会影响系统其他部分,可维护性好。

(3) 适宜于分布式处理的计算环境。因为不同的服务器可以运行在不同的处理器或者计算机上,从而使操作系统自然而然地具有分布式处理的能力。

本章小结

本章主要介绍了操作系统的基本概念、发展历史,阐述了操作系统的功能和主要特征,分析了几种典型操作系统及其特征,讨论了操作系统的设计方法和结构模型。理解和掌握这些内容对于后续的学习十分有益。

操作系统是一种系统软件。它对内管理计算机系统的各种资源，扩充硬件的功能；对外提供良好的人机界面，方便用户使用计算机。因此，它在整个计算机系统中具有承上启下的作用。操作系统资源管理的功能主要包括处理器管理、存储管理、设备管理、文件管理和网络与通信管理。从虚拟机的观点来看，操作系统把硬件的复杂性与用户使用设施隔离开来，通过在硬件上加上一层层软件来改造和增强计算机硬件的功能，因此，在硬件上配置操作系统后，就为用户提供了一台比物理计算机效率更高、更容易使用的虚拟计算机。同时，操作系统是一个大型复杂的并发系统，并发性、共享性、随机性和虚拟性是它的重要特征。其中，并发性和共享性又是两个最基本的特征，并发和共享虽能改善资源利用率和提高系统效率，但却引发了一系列问题，使操作系统的实现复杂化，因而，设计操作系统时引进了许多概念和设施（如进程和线程）来妥善解决这些问题。

计算机硬件技术、软件技术和应用需求推动着操作系统的发展，从操作系统的发展过程中，人们可以了解操作系统的历史和进展，以及当前使用的操作系统的水平。充分利用硬件功能，提供更好的服务是操作系统的根本设计目标。操作系统的基本类型有三种：批处理系统、分时系统和实时系统。凡具备全部或兼有两者功能的系统称为通用操作系统。随着硬件技术的发展和应用深入的需要，已形成的操作系统有：微机操作系统、网络操作系统、分布式操作系统和嵌入式操作系统等。

操作系统在设计方面体现了计算机技术和管理技术的结合。常见的操作系统结构设计方法有：整体式结构、层次式结构、虚拟机结构，微内核结构。一个微内核操作系统包含一个非常小的在内核模式下运行的内核，该内核仅含最基本最关键的操作系统功能，其他系统功能都在用户模式下作为服务器运行，且使用最基本的内核服务，客户/服务器及微内核结构设计产生了灵活性高、模块化好的操作系统实现方法，但这种结构的性能问题还有待改进。

习题

1.1 微型计算机与大型计算机的硬件组织有何不同特点？

1.2 试述虚拟处理器的概念。

1.3 操作系统与系统中的其他软件和硬件是什么关系？

1.4 列举操作系统必须与之接口的所有实体，简要描述每种接口的性质。

1.5 定义并比较下列名词。

(1) 联机 (2) 分时 (3) 实时 (4) 交互式计算

1.6 什么是操作系统，它的主要作用和功能是什么？

1.7 什么是多道程序设计技术，引入多道程序设计技术的起因和目的是什么？

1.8 试画出三道作业的运行情况。

1.9 多道程序系统具有哪些特性，并设想一下这些特性对操作系统的设计将带来什么影响？

1.10 为何要引入分时系统，分时系统具有什么特性？

1.11 比较批处理系统、分时系统和实时系统的特点。

1.12 什么是网络操作系统，它与通常的操作系统有何不同？

1.13 现代操作系统具有哪些特点？

1.14 什么是微内核，微内核中通常包含哪些功能？微内核的优劣如何评价？

1.15 试述单机中和分布式系统中客户/服务器模式的概念。

1.16 以中断和页面分配为例说明微内核的机制和策略分离原则。

1.17 操作系统的设计目标有哪些？为什么？

1.18 层次结构法有何优点？

1.19 什么叫客户/服务器模式？有哪些好处？

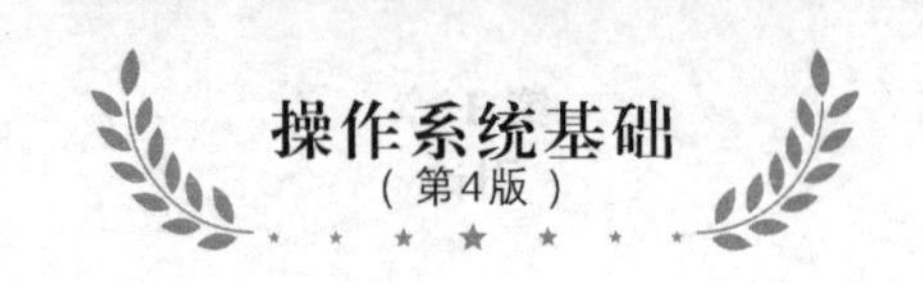

第2章　操作系统的运行环境

操作系统是管理、调度系统资源、方便用户使用的程序的集合，而一个程序要在计算机上运行要满足一定的条件，或者说要有一定的环境，例如应有处理器、主存以及输入输出设备和相关系统软件等。而操作系统作为系统的管理程序，为了实现其预定的各种管理功能，更需要有一定的条件，或称为运行环境来支持其工作。由图1.6可以看出，操作系统的运行环境主要包括系统的硬件环境和由其他的系统软件组成的软件环境，同时操作系统与使用它的用户之间也有相互作用。本章主要讨论操作系统对运行环境的特殊要求。

2.1　硬件环境

任何系统软件都是硬件功能的延伸，并且都是建立在硬件的基础上的，离不开硬件设备的支持。而操作系统更是直接依赖于硬件条件，与硬件的关系尤为密切。操作系统同硬件的接口不像编译程序那样整齐、统一。对编译程序来说，一套指令就是其工作硬件基础，而操作系统中除通道和中断技术比较集中外，它所要求的其他硬件环境则以比较分散的形式同各种管理技术相结合。所以本节只讨论各种管理技术均要用到的基本硬件技术和概念，而将与操作系统管理功能密切相关的硬件条件放在以后各章来讨论。

2.1.1　中央处理器

操作系统作为一个程序要在处理器上执行。如果一个计算机系统只有一个处理器，我们就称为单机系统。如果有多个处理器（不包括通道）就称为多机系统。

1. 特权指令

每个处理器都自己的指令系统，对于微处理器来说，它的指令系统的功能相对来说比较弱。对于一个单用户、单任务方式下使用的微计算机，它的指令系统中的全部指令，一个普通的非系统用户通常也都可以使用。但是如果某微型计算机使用于多用户的多道程序设计环境中，那么它的指令系统中的指令就必须要区分成两部分：特权指令和非特权指令。所谓特权指令是指在指令系统中那些只能由操作系统使用的指令，这些特权指令是不允许一般用户使用的。因为这些指令（如启动某设备指令、设置时钟指令、控制中断屏蔽的某些指令、清内存指令、建立存储保护指令等）如果允许用户随便使用，就有可能使系统陷入混乱。所以一个使用多道程序设计技术的微型计算机的指令系统必须要区分为特权指令和非特权指令。用户只能使用非特权指令，只有操作系统才能使用所有的指令（包括特权指令和非特权指令)。指令系统没有特权和非特权之分的微型计算机是难以在多道环境下运行的。

那么CPU怎么知道当前是操作系统还是一般用户在其上执行呢?这依赖于处理器状态的标识。

2. 处理器的状态

对处理器运行设定不同的状态可以为操作系统管理提供有力的保障。

对微处理器来说,自Intel 386以后处理器中就实现了4个特权级模式,其中操作系统、设备驱动程序是运行在特权级0(Ring 0)上的,使得它们可以访问系统内部的指令子集,由于这些指令集合对系统的影响很大,不允许一般用户访问,只允许有特殊需要的用户使用。这样就把OS定义为只允许在核心态下运行的程序。而最低特权级3(Ring 3)是留给普通用户程序使用的,规定用户程序只允许在这个级别上运行。这样可以有效保证系统程序的正常运行,提高系统的可靠性和安全性。

在有特权级别管理的处理器中,运行于内核态的代码基本上不会受到系统的任何限制,它们被允许访问任何有效地址,对端口直接进行读写。而运行于用户态的代码则需要受到处理器内部的多项检查,如只能访问进程地址空间的内容、只能对任务状态段(TSS)中的I/O许可位图(I/O Permission Bitmap)中规定的可访问端口进行直接访问。这些规定的实现可以通过将处理器状态和控制标志寄存器EFLAGS中的IOPL位标记为0来表示,有这些标志时,说明当前可以进行直接I/O访问的最低特权级别是Ring 0。

但是,对于实模式的操作系统(如DOS系统)无效,因为实模式操作系统中没有实现这种保护机制,系统中的代码都被看作运行在一种状态下(即核心态)。

用户态切换到内核态通常可以通过以下三种方式实现。

① 系统调用。用户态进程通过系统调用,申请使用操作系统提供的服务程序完成工作,比如进程创建的fork()函数实际上就是执行了一个创建新进程的系统调用。而系统调用机制的核心是使用操作系统为用户特别开放的一个中断来实现的,例如Linux的int 0x80H中断。

② 异常。当CPU在执行运行在用户态下的程序时,发生了某些事先不可知的异常,这时会触发由当前运行进程切换到处理此异常的内核的相关程序中,也就是转到了内核态,比如缺页异常。

③ 外围设备的中断。当外围设备完成用户请求的操作后,会向CPU发出相应的中断信号,这时CPU会暂停执行下一条即将要执行的指令,转去执行与中断信号对应的处理程序。如果先前执行的指令是用户态下的程序,那么这个转换过程自然也就发生了由用户态到内核态的切换。比如硬盘读写操作完成后,系统会切换到硬盘读写的中断处理程序中,执行后续操作等。

从用户模式转向内核模式的转换是由计算机提供的一条特权指令称作加载程序状态字(IBM 370为load PSW指令,Intel x86为iret指令),用来实现从系统(核心态)返回用户态,控制权交给应用进程。

处理器有时执行用户程序,有时执行操作系统程序。在执行不同程序时,根据运行程序对资源和机器指令的使用权限而将此时的处理器设置为不同状态。目前,多数操作系统将处理器工作状态简单划分为管态(一般指操作系统管理程序运行的状态)和目态(用户程序运行的状态），有时称为系统态和用户态。

当处理器处于管理态时可以执行全部指令（包括特权指令），使用所有资源，并具有改变处理器状态的能力。当处理器处于目态时，只能执行非特权指令。

3. 程序状态字 PSW

如何知道处理器当前处于什么工作状态，它能否执行特权指令呢？以及处理器何以知道它下次要执行哪条指令呢？为了解决这些问题，所有的计算机都有若干特殊寄存器。如用一个专门的寄存器来指示下一条要执行的指令称为程序计数器（PC）。同时还有一个专门的寄存器用来指示处理器状态，称为程序状态字（PSW）。所谓处理器的状态通常包括条件码，它反映指令执行后的结果特征；中断屏蔽码，它指出是否允许中断，有些机器（如 PDP-11）使用中断优先级；CPU 的工作状态是管态还是目态，用来说明当前在 CPU 上执行的是操作系统还是一般用户，从而决定是否可以使用特权指令或者拥有其他的特殊权利。

不同机器程序状态字的格式，以及其包含的信息都不同，Windows NT 和 UNIX（奔腾处理器使用 32 位寄存器，叫做 EFLAGS）。现以微型计算机 M68000 的程序状态字为例来加以介绍。图 2.1 为其程序状态字（在 Intel 8088 中称为 FLAG），其中各位的含义如下。

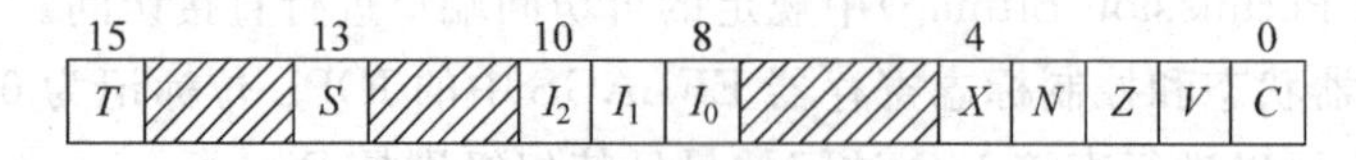

图 2.1　M68000 的程序状态字

C 为进位标志位，*V* 为溢出标志位，*N* 为负数标志位，*Z* 为零标志位。

以上 4 位为标准的条件位，几乎所有微型计算机的 PSW 中都有此 4 位标志位。

$I_0 \sim I_2$ 为中断屏蔽位，它建立 CPU 中断优先级的值为 0～7，只接受优先级高于此值的那些中断。

S 为 CPU 的状态标志位，该位为 1 时说明 CPU 处于管态，为 0 说明 CPU 处于用户态（目态）。

T 为自陷（Trap）中断指示位，该位为 1 时，则在下一条指令执行后引起自陷中断，这主要用于连接调试排错。

M68000 还有一个 32 位的程序计数器（PC）。

其他微型计算机的格式大致上都差不多。但是我们前面已经说过，一般用于非多道环境中的微型计算机是不区分特权指令与非特权指令的，所以处理器也不分管理态与用户态，自然也就不需要上述的 *S* 标志位。

对于大型机来说，它的程序状态字中包含更多的信息。例如 IBM 370 的程序状态字，其格式如图 2.2 所示，我们也对其做一粗略的介绍。

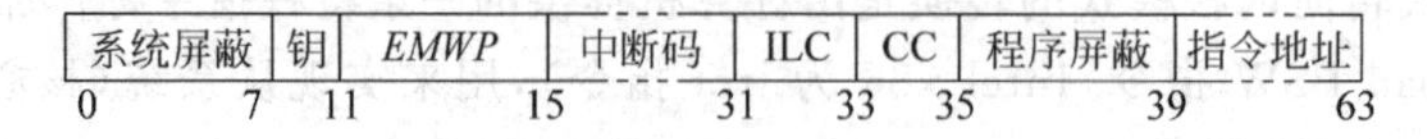

图 2.2　IBM 370 的程序状态字（PSW）

其中第一字节是系统屏蔽码字段，用于指出 CPU 是否接受特定通道的中断。而 PSW 的第五字节中的右 4 位是程序屏蔽码字段，用于说明 CPU 是否接受某种程序性中断。

PSW 中第二字节的右 4 位是 *EMWP* 字段，其中 *E* 位用以指示机器控制方式（基本控制方式和扩展控制方式），*M* 位是机器校验方式位，*W* 位是等待状态位，*P* 位是处理器工作状态位（0 表示管态、1 表示目态）。*W* 位指出 CPU 当前正在运行某个程序（*W*=0）还是处于停止状态并等待中断信号的到来（*W*=1）。

第三、第四字节为中断码字段，其中含有最近接收到的中断编码信息。

第二字节的前 4 位是存储钥字段，是存储保护用的。ILC 字段包含上一次被执行的指令长度、使程序员能回溯一条指令。CC 字段是条件码字段，含有条件码的当前值。

第六～第八字节是指令地址字段，指出将要被执行的下一条指令的地址。

4. 寄存器

寄存器是处理器内部的存储功能部件，不同的处理器提供的寄存器个数有很大的差异。它们用来暂时存放指令在处理器执行过程中需要的临时数据、访问地址以及指令信息本身。通过访问寄存器可以提高指令执行的速度和效率，并减少指令对主存的访问次数，加快指令的执行速度。但是造价高，容量一般都很小。

处理器除了上述的条件和状态寄存器、程序状态字（PSW）外，还有很多寄存器（典型的有 32 个，有些 RISC 超过 100 个），这些寄存器分为两类。一类是用户可见的寄存器，常称为通用或者专用寄存器，在汇编语言和机器编程时用来存放参数和地址，如段指针、堆栈指针、数据线地址。另一类是用来控制处理器的操作和操作系统的子程序控制程序的执行。这类寄存器除上面讲的程序状态字（PSW）外，还有：

- 程序计数器（PC），包含要取的下一条指令的地址。
- 指令寄存器（IR），包含新近取来的指令。
- 主存地址寄存器（MAR），存放 CPU 将要访问的主存单元地址。
- 主存缓冲寄存器（MBR），存放写入主存中或者从主存中读取的数据。
- I/O 地址寄存器，标明某个特定的 I/O 设备。
- I/O 缓冲寄存器，用于 I/O 设备与处理器交换数据。

2.1.2 主存储器

一个作业必须把它的程序和数据存放在主存中才能运行。在多道程序系统中，有多道作业的程序和数据要放入主存。操作系统不但要管理这些程序、保护这些程序及其数据不受到破坏，而且操作系统本身也要在主存中存放并运行。因此，主存储器以及与存储器管理有关的机构是支持操作系统运行硬件环境的一个重要方面。

1. 存储器类型

在微型计算机中使用的半导体存储器有若干种不同的类型，对存储器的分类方法也很多。下面按常用的分类方法对存储器进行分类。

(1) 按存储介质划分，存储器分为

- 半导体存储器。用半导体器件组成的存储器。
- 磁介质存储器。用磁性材料做成的存储器。
- 光存储器。常见的有 VCD、DVD 等。

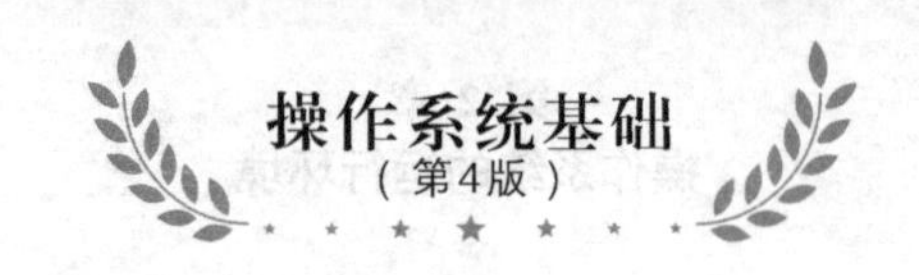

(2) 按存储方式划分，存储器分为

• 随机存储器。存储器中任何单元的内容都可以被随机存取，而且存取时间与存储单元的物理位置无关。

• 顺序存储器。只能按某种顺序访问存储器，存取时间与存储单元的物理位置有关。

(3) 按存储器的读写功能划分，存储器分为

• 只读存储器，我们仅能从其中读出数据，但不能随意地用普通方法向其中写入数据（向其中写入数据只能在制造该存储器芯片时进行）。这种类型的存储器常被称为ROM(Read-Only Memory)。作为其变型，还有PROM和EPROM，这是一种可编程的只读存储器，它可由用户使用特殊PROM写入器向其中写入数据，而EPROM是使用特殊的紫外线照射此芯片，以"擦去"其中的信息位使之恢复原来的状态。

• 随机读写存储器(RAM)。既能进行读操作又能进行写操作的半导体存储器。

总的来讲，基本上可划分成两类。一类是读写型存储器，即可以把数据存入其中任一地址单元，并且可在以后的任何时候把数据读出来，或者重新存入别的数据，这种类型的存储器常被称为RAM(Random Access Memory)。另一类是只读型存储器，即其中的信息只能读出，一般不能写入，这种类型的存储器，常被称为RROM(Roml Read Only Memory)。

2. 存储分块

存储的最小单位称为"二进制"，它包含的信息为0或1。存储器的最小编址单位是字节，一个字节一般包含8个二进制位。在PDP-11系列中，两个字节组成"字"，而在IBM系列中一个字是4个字节。

为了简化对存储器的分配和管理，在不少计算机系统中把存储器分块。在为用户分配主存空间时，以块为最小单位。PDP-11以64字节作为一块，而在IBM中以2KB为一块。

3. 存储保护

存放在主存的用户程序和操作系统，以及它们的数据，很可能受到正在CPU上运行的某用户程序的有意或者无意的破坏，这可能会造成十分严重的后果。例如，该用户程序若向操作系统区写入了数据，将会造成系统瘫痪。所以需要对主存中的信息加以严格的保护，使操作系统及其他程序不被错误的操作所破坏，是其正确运行的基本条件之一。下面介绍几种最常用的存储保护机构。

1) 界地址寄存器(界限寄存器)

界地址寄存器是被广泛使用的一种存储保护技术。这种机构比较简单，易于实现。其方法是在CPU中设置一对界限寄存器来存放该作业在主存中的下限和上限地址，分别称为下限寄存器和上限寄存器。也可将一个寄存器作为下限寄存器，另一个寄存器作为长度寄存器(指示存储区长度)的方法来指出程序在内存的存放区域，每当CPU要访问主存时，硬件自动将被访问的主存地址与界限寄存器的内容进行比较，以判断是否越界。如果未越界，就按此地址访问主存，否则将产生程序中断——越界中断(存储保护中断)。

2) 存储键

在IBM 370系统中，除上述存储保护外，还有"存储保护键"结构来对主存进行保护。

前面已经提到，在 IBM 中是把主存储器划分成 2KB 的存储块。为了存储保护的目的，每个存储块都有一个与其相关的由 5 位二进制组成的存储保护键（如图 2.3 所示）。这 5 位是附加在每个存储块上的，不属于编址的 2KB 块之内。5 位中最左边的存储保护键（以下简称“存储键”），可由操作系统使用特权指令将其设置为 0～15 的正整数存储键号。当一个用户作业被允许进入主存时，操作系统分给它一个唯一的与其他作业不相同的存储键号（1～15），并将分配给该作业的各存储键也设置成同样的键号。当作业被操作系统选中到 CPU 上运行时，操作系统同时将它的存储键号放入程序状态字（PSW）的存储键（钥）字段中。这样每当 CPU 访问主存时，都将该主存块的存储键与 PSW 中的钥进行比较。如果相匹配，则允许访问。通常，用户使用 1～15 之间的存储键号，而将 0 号键留给系统使用，俗称“万能键”。所以当系统程序在 CPU 上运行时，CPU 状态为管态，其存储键为 0 号键，此时即使与要访问的存储块的存储键不相匹配，也可进行访问。故操作系统可以访问整个主存。

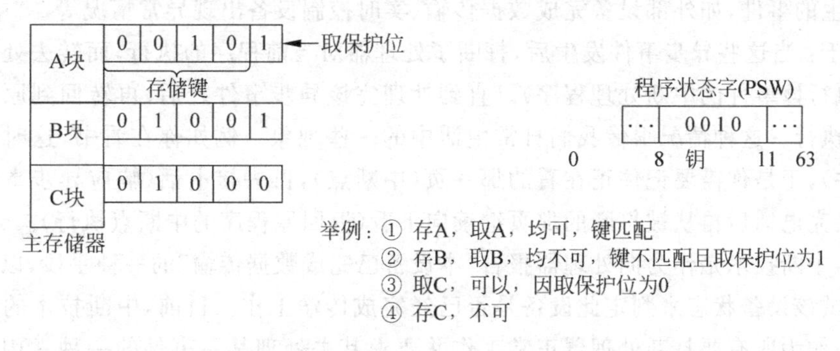

图 2.3　IBM 370 存储保护举例

最右边的一位是“取保护位”。当该位为 0 时，即使存储键不匹配，也允许对该块内的数据进行读访问（取数据），但不允许写访问。这为实现在几个用户之间共享信息提供了方便。此时，即使键不匹配，其他用户也可读该块中的信息（如图 2.3 中的 C 块所示）。当该位为 1 时，在键不匹配的情况下，禁止对该块进行任何访问，不能进行共享，只能供用户自己访问（读、写均可以）。

2.1.3　缓冲技术

缓冲是外部设备在进行数据传输时专门用来暂存这些数据的区域。例如，当从某输入设备输入数据时，通常是经过通道先把数据送入缓冲区中，然后 CPU 再把数据从缓冲区读入用户工作区进行处理和计算。那么，为什么们不直接送入用户工作区，而要设置缓冲区来暂存呢？最根本的原因是 CPU 处理数据的速度与设备传输数据的速度不相匹配，用缓冲区来缓解其间的速度矛盾。这就和我们先把货物装入集装箱，然后再装进船舱的道理相似。如果把用户工作区直接作为缓冲区则有许多不便。首先当从工作区向（从）设备输出（入）时，工作区被长期占用而使用户无法使用。其次为了便于缓冲区的管理，缓冲区往往是与设备相联系的，而不直接同用户相联系。再者也为了减少输入输出的次数，以减轻对通道和输入输出设备的压力。缓冲区信息可供多个用户共同使用和反复使用。每当用户要求输入数据时，先从这些缓冲区中去找，如果已在缓冲区中，就可减少输入次数。若将工作区作缓冲区用，就难以提供此种便利。

为了提高设备利用率，通常使用单个缓冲区是不够的，因为在单缓冲区的情况下，设备向该缓冲区输入数据直到装满后，必须等待 CPU 将其取完，才能继续向其中输入数据。当有两个缓冲区时，设备利用率可大大提高。

2.1.4 中断技术

前面已经多次提到中断技术。中断对于操作系统的重要性就像机器中的齿轮一样，所以许多人将操作系统称为“中断驱动”的系统。

1. 中断的概念

所谓中断，是指 CPU 对系统中发生的异步事件的响应。异步事件是无一定时序关系的随机发生的事件，如外部设备完成数据传输、实时控制设备出现异常情况等。“中断”这个名称来源于：当这些异步事件发生后，打断了处理器对当前程序的执行，而转去处理该异步事件(即执行该事件的中断处理程序)。直到处理完该异步事件之后，再转回到原程序的中断点继续执行。这种情况很像我们日常生活中的一些现象。例如你在看书，这时电话响了(异步事件)，于是你需要记住正在看的那一页(中断点)，再去接电话(响应异步事件并进行处理)。接完电话后再从被打断的那页继续向下看(返回原程序的中断点执行)。

最初，中断技术是作为向处理器报告“本设备已完成数据传输”的一种手段，以免处理器不断地测试该设备状态来判定此设备是否已经完成传输工作。目前，中断技术的应用范围已经扩大，作为所有要打断处理器正常工作并要求其去处理某一事件的一种常用手段。我们把引起中断的那些事件称为中断事件或者中断源，而把处理中断事件的那段程序称为中断处理程序。一台计算机中有多少中断源，要视各个计算机系统的需要而安排。

由于中断能迫使处理器去执行各中断处理程序，而这个中断处理程序的功能和作用可以根据系统的需要、想要处理的预定异常事件的性质和要求，以及输入输出设备的特点进行安排设计。所以中断系统对于操作系统完成其管理计算机的任务是十分重要的，一般来说中断具有以下作用。

(1) 能充分发挥处理器的使用效率。因为输入输出设备可以用中断的方式同 CPU 通信，报告其完成 CPU 所要求的数据传输情况和问题，这样可以免除 CPU 不断地查询和等待，从而大大提高处理器的效率。

(2) 提高系统的实时处理能力。因为具有较高实时处理要求的设备，可以通过中断方式请求及时处理，从而使处理器立即运行该设备的处理程序(也是该中断的中断处理程序)，所以目前的各种微型机、小型机以及大型机均有中断系统。

2. 中断逻辑与中断寄存器

如何接受和响应中断源的中断请求，这在总线结构的微型计算机中和非总线结构的大型计算机中是有些不同的。图 2.4 表示的是 IBM-PC 的中断源及中断逻辑。在 IBM-PC 中有可屏蔽的中断请求 INTR，这类中断主要是输入输出设备的 I/O 中断。这种 I/O 中断可以通过建立在程序状态字(PSW)中的中断屏蔽位加以屏蔽，此时即使有 I/O 中断，处理器也会予以响应。另一类中断是不可屏蔽的中断请求,这类中断属于机器故障中断,包括内存奇偶校验错以及掉电,使得机器无法继续操作下去等中断源。这类中断是不能被屏蔽的,一旦发生这类中断,处理器不管程序状态字中的中断屏蔽位是否置位都要响应这类中断并进行处理。

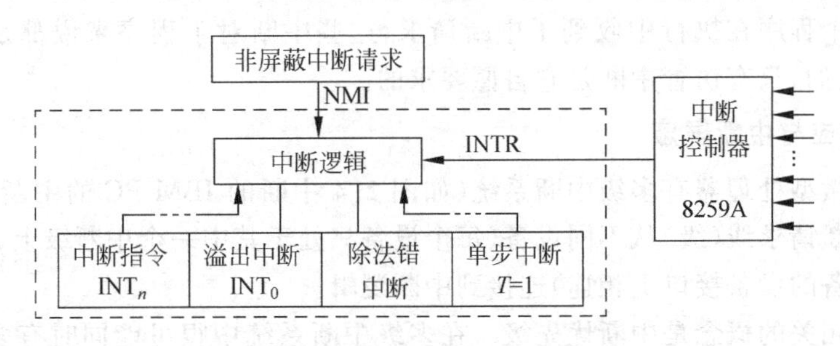

图 2.4　IBM-PC 中断逻辑和中断源

此外,还有由程序中的问题所引起的中断(如溢出、除法错误都可引起中断)和软件中断等,由于 IBM-PC 中具有很多中断源请求,它们可能同时发生,因此需由中断逻辑按中断优先级加以判定,究竟响应哪个中断请求。

而在大型计算机中为了区分和不丢失每个中断信号,通常对每个中断源都分别用一个固定的触发器来寄存中断信号,通常规定其值为 1 表示该触发器中有中断信号,为 0 表示无中断信号。这些触发器的全体称为中断寄存器,每个触发器称为一个中断位。所以中断寄存器是由若干个中断位组成的。

中断信号是发送给中央处理器并要求它处理的,但处理器又如何发现中断信号呢?为此,处理器的控制部件中增设了一个能检测中断的机构,称为中断扫描机构。通常在每条指令执行周期内的最后时刻扫描中断寄存器,询问是否有中断信号到来。若无中断信号,就继续执行下面的指令。若有中断到来,则中断硬件将该中断触发内容按规定的编码送入程序状态字(PSW)的相应位(IBM-PC 中是第 16～31 位),称为中断码。

3. 中断类型

无论是微型计算机或是大型计算机,都有很多中断源,这些中断源按其处理方法以及中断请求响应方式等方面的不同划分为若干中断类型,如 IBM-PC 的中断可分为可屏蔽中断(I/O 中断),不可屏蔽中断(机器内部故障、掉电中断),程序错误中断(溢出、除法错等中断)、软件中断(Trap 指令或者中断指令 INT)等。

一般把中断划分为 5 类。

(1) 机器故障中断。如电源故障、机器电路检验错、内存奇偶校验错等。

(2) 输入输出中断。用以反映输入输出设备和通道的数据传输状态(完成或者出错)。

(3) 外部中断。包括时钟中断、操作员控制台中断、多机系统中其他机器的通信要求中断。

(4) 程序中断。由程序问题引起的中断,如错误地使用指令或数据、溢出等问题;存储保护、虚拟存储器管理中的缺页、缺段等。

(5) 访管中断。用户程序在运行中经常要请求操作系统为其提供某种功能服务(如为其分配一块主存、建立进程等)。那么用户程序是如何向操作系统提出服务请求的呢?

用户程序和操作系统间只有一个相通的“门户”，这就是访管指令（在大型机中该指令的记忆码是 SVC，所以常称为 SVC 指令，在小型和微型计算机中的自陷指令，Trap 指令也具有类似的功能），指令中的操作数规定了要求服务的类型。每当 CPU 执行访管指令时，即引起中断（称访管中断或者自陷中断）并调用操作系统相应的功能模块为其服务。

如果说一个程序在执行中收到了中断请求，这些中断对于程序来说都是外界（程序之外）强迫其接受的，只有访管中断是它自愿要求的。

4. 中断响应与中断屏蔽

目前多数微型处理器有多级中断系统（如图 2.4 中断的 IBM-PC 的中断逻辑所示），即可以有多根中断请求线（级）从不同设备（每个设备只处于其中一个中断级上，只与一根中断请求线在该设备的设备接口上相连）连接到中断逻辑。

与中断级相关的概念是中断优先级。在多级中断系统中很可能同时有多个中断请求，这时 CPU 接受中断优先级最高的那个中断（如果其中断优先级高于当前运行程序的中断优先级时），而忽略中断优先级较低的那些中断。

如果在同一中断级的多个设备接口中都有中断请求，中断逻辑又怎么办呢？这时有两种办法可以采用。

(1) 固定的优先数。每个设备接口被安排一个不同的、固定的优先数顺序。在 PDP-11 中是以该设备在总线中的位置来定的，离 CPU 近的设备，其优先级高于离 CPU 远的设备。

(2) 轮转法。用一个表，依次轮转响应，这是一个较为公平合理的方法。

CPU 如何响应中断呢？有两个方面的问题。

(1) CPU 何时响应中断。通常在 CPU 执行了一条指令以后，更确切地说是在指令周期的最后时刻接受中断请求。在大型计算机中则是在此时扫描中断寄存器。

(2) 如何知道提出中断请求的设备或者中断源呢？因为只有知道中断源或者中断设备是谁，才好调用相应的中断处理程序到 CPU 上执行。这也可以有两种方法。一是用软件指令去查询各设备接口。这种方法比较费时，所以多数微型机对此问题的解决方法是使用第二种称为“向量中断”的硬件设施方法。当 CPU 接受某优先级较高的中断请求时，该设备接口给处理器发送一个具有唯一性的“中断向量”，以标识该设备。“向量中断”设施在各计算机上实现的方法差别比较大。中断请求的设备接口为了标识自己，向处理器发送一个该设备在中断向量表中表目地址的地址指针。

在大型机中，中断优先级按中断类型划分，以机器故障中断的优先级最高，程序中断和访管中断次之，输入输出中断的优先级最低。

有时在 CPU 上运行的程序，由于种种原因，不希望其在执行过程中被别的事件所中断，这种情况称为中断屏蔽。通常在程序状态字（PSW）中设置中断屏蔽码以屏蔽某些指定的中断类型。在微型计算机中，当其程序状态字中的中断禁止位被置位后，则屏蔽中断（包括不可屏蔽的那些中断）。如果程序状态字中断的中断禁止位未被置位，则可以接受其中断优先级高于运行程序的中断优先级的那些中断，另外在各设备接口中也有中断禁止位可用来禁止该设备的中断。

5. 中断处理

微型计算机和大型计算机的中断处理大致相同，都是由计算机的硬件和软件（或者固件)配合起来处理的。中断处理过程大致如下。

当处理器接受某中断请求时,首先由硬件进行以下操作。

(1) 将处理器的程序状态字(PSW)压入堆栈。

(2) 将指令指针(相当于程序代码段的段内相对地址)和程序代码段基地址寄存器CS的内容压入堆栈,以保存被中断程序的返回地址。

(3) 取来被接收的中断请求的中断向量地址(其中包含有中断处理器程序的IP、CS的内容),以便转入中断处理程序。

(4) 按中断向量地址把中断处理程序的程序状态字取来,放入处理器的程序状态字寄存器中。

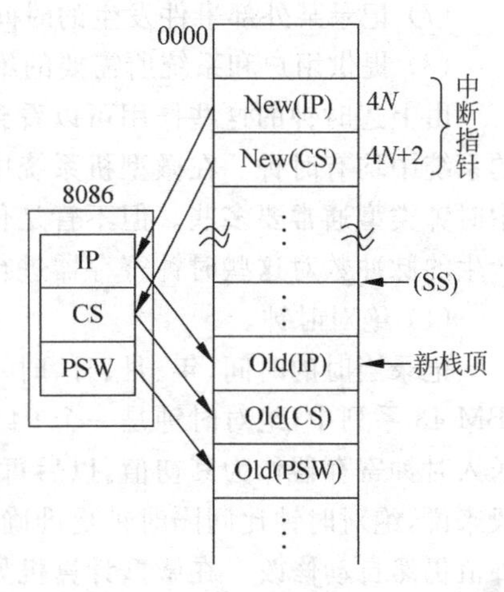

图2.5 中断处理

中断处理的硬件操作如图2.5所示,其主要作用是保存现场并转入中断处理程序进行中断处理。当中断处理完成后,恢复被中断程序现场,以便返回被中断程序,即把原来压入堆栈的PSW、IP、CS的内容取回来。

大型机的中断处理如图2.6所示。

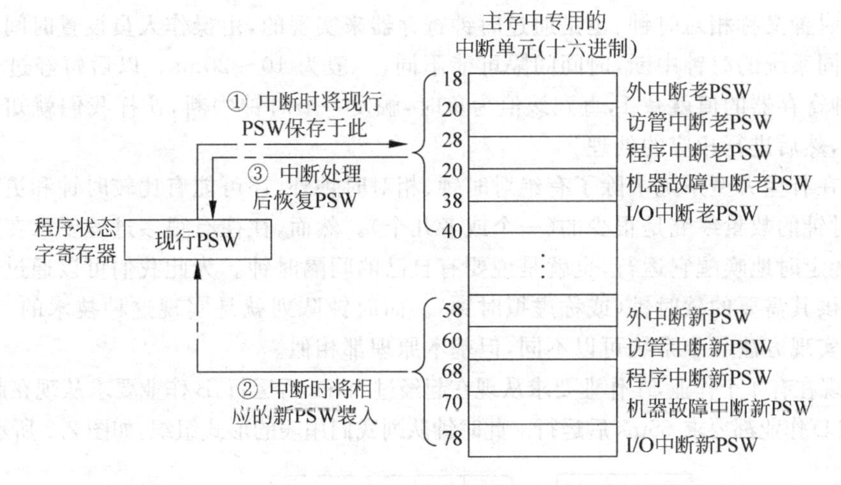

图2.6 IBM大型机的中断处理

2.1.5 时钟、时钟队列

在计算机系统中,设置时钟是十分必要的,因为时钟具有很重要的作用。

(1) 在多道程序运行的环境中,它可以为系统发现一个陷入死循环(编程错误)的作业,从而防止机时的浪费。

(2) 在分时系统中,用间隔时钟来实现用户作业间按时间片轮转。

(3) 在实时系统中,按要求的时间间隔输出正确的时间信号,并传递给一个实时控制设备(如A/D转换设备)。

(4) 定时唤醒那些要求延迟执行的各个外部事件(如定时为各进程计算优先数、银行系统中定时运行某类结账程序等）。

（5）用作可编程的波特速率发生器。

（6）记录用户使用各种设备的时间。

（7）记录某外部事件发生的时间间隔。

（8）提供用户和系统所需要的绝对时间，即年、月、日、时、分、秒。

由上述时钟的这些作用可以看到，时钟是运行操作系统必不可少的硬件设施，所以现在的系统中均有时钟。在微型机系统中，通常只有一个间隔时钟（也用作绝对时钟），在大型机中时钟类型通常要多些。但不管是什么时钟，实际上都是硬件的时钟寄存器，按时钟电路所产生的脉冲数对这些时钟寄存器进行加 1 或减 1 的工作。

（1）绝对时钟。

记录当时的时间（年、月、日、时、分、秒），以便打印统计报表和日志用。在 IBM 370 和 IBM 43 系列中，绝对时钟是一个 64 位的寄存器。它的操作是由操作员将当时的正确时间送入时钟寄存器作为其初值，以后每隔 1μs 自动加 1，故其可记录的时间大约是 148 年。一般来说，绝对时钟比间隔时钟更准确。当计算机停机时，间隔时钟值不再被修改，而绝对时钟值仍然自动修改。在微型计算机如 IBM-PC 中，只有一个 16 位的寄存器，每次开机时由用户输入时间作为初值。

（2）间隔时钟。

间隔时钟又称相对时钟，也是通过时钟寄存器来实现的，由操作人员设置时间间隔的初始值。不同系统的时钟中断，时间间隔可能不同，一般为 10～20ms。以后每经过一个单位时间，时钟寄存器的值就减 1，直到该值为负时，触发一个时钟中断，这样我们就知道设置的时间到了，然后进行相应的处理。

尽管在有些大型系统中除了有绝对时钟、相对时钟外，还可能有比较时钟和更准确的计时器，但时钟的数量终究是很少的（一个或者几个）。然而，往往有很多进程要求在某时间间隔后、或者定时地唤醒它运行，也就是说要有自己的间隔时钟。为此我们可以通过软件为每个进程提供其需要的软时钟（或称虚拟时钟）。而时钟队列就是实现这种技术的一种方法。尽管具体实现方法各个系统可以不同，但基本原理都相似。

假定现在有 4 个作业，A 作业要求从现在起经过 50ms 后运行，B 作业要求从现在起过 60ms 运行，C 和 D 作业都要求 65ms 后运行。此时钟队列我们用表的形式组织，如图 2.7 所示。

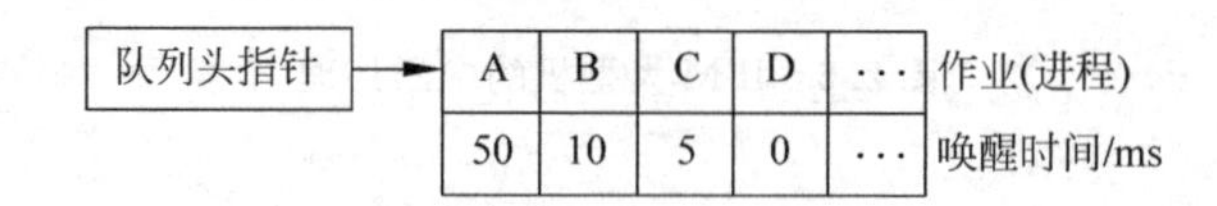

图 2.7 时钟队列组织

时钟队列指针指出时钟队列在主存中的地址。时钟队列的唤醒时间是采取时间增量的方法来登记的。每当时钟经过 1ms 时，时钟中断程序就把时钟队列第一个作业的时间增量减 1，直到该值为零时，唤醒作业 A 运行。同时，作业 B 成为时钟队列中的第一个作业（队列头指针指向作业 B）……若作业 A 在 50ms 后还要运行，则按时间先后插入队列。若作业 D 是队尾，则 A 在 D 之后重新排队，其时间增量为 50－10－5＝35(ms)，即将作业再次运行的时间间隔减各作业时间增量之和。

在系统中实现时钟的方式也有多种，大致可分为硬件实现方式和软件实现方式。

(1) 硬件实现方式。用时钟电路和寄存器进行时间计时的设置，在电路中根据计算机系统脉冲频率定时对寄存器做加1或减1操作，以达到计时目的。

(2) 软件时钟方式。通过编程使用相对时钟时，设计一个程序循环处理的环来产生软件时钟，即用内存单元模拟时钟初值，通过循环程序的指令对这一单元进行加数、减数操作，每次运算后判断这一单元是否为0，如果为0，则跳出循环执行相应中断处理，否则仅需执行循环。这样也可以实现一个不是非常准确的计时功能。

2.2 操作系统与其他系统软件的关系

操作系统是整个计算机系统的管理者，是系统的控制中心，它不但控制、管理着其他各种系统软件，而且与其他系统软件共同支持用户程序的运行。可以说操作系统和这些软件构成一个以OS为中心的"环境"，以便于用户程序运行。

既然是共同构成一个环境，那么操作系统的功能设计就必须受这些系统软件的功能强弱和完备与否的影响。所以也可把其他系统软件看作操作系统运行环境的一部分。本节只涉及操作系统中常用的一些软件技术。

2.2.1 作业、作业步、进程的关系

前面已经不加区分地多次提到用户、作业、程序等。所谓用户，是指要计算机为他工作的人，而作业是用户在一次上机活动中，要求计算机系统所做的一系列工作的集合(也称作任务)。一个作业一般可以分成几个必须顺序处理的工作单位(或步骤)，称作业步。例如，一个用高级语言写的用户作业，它的运行要分成三步。第一步是编译；第二步是将编译后的主程序中所用到的库程序和子程序都连接装配成一个完整的程序；第三步是运行该装配好的程序。而一个作业步又可分为若干个作业步任务——进程，而一个进程又可能要执行多个线程(见第3章)，因此，其具体关系如图2.8所示。

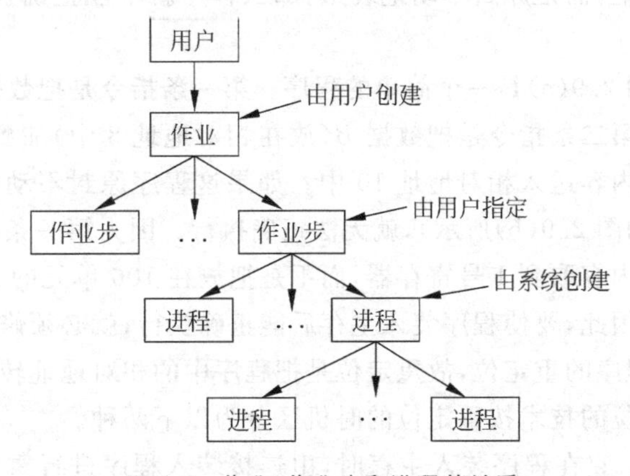

图2.8 作业、作业步和进程的关系

2.2.2 重定位的概念

重定位的概念是多道程序系统中最基本的概念。为了弄清什么是重定位，我们必须先区分绝对地址、相对地址和逻辑地址空间等概念。

1. 绝对地址、相对地址和逻辑地址空间

绝对地址是指存储控制部件能够识别的主存单元编号（或字节地址），也就是主存单元的实际地址。

相对地址是指相对于某个基准量（通常用零作基准量）编址时所使用的地址。相对地址常用于程序的编写和编译过程中。由于程序要放入主存中才能执行，因此指令、数据都要与某个主存绝对地址发生联系，即放入该主存单元。但是由于多道程序系统中，主存将存放多道作业，因此，程序员在编写程序时，事先不可能了解自己的程序将放在主存的何处运行，也就是说程序员不可能用绝对地址的地址来编写程序。因此往往用相对于某个基准地址的地址来编写程序、安排指令和数据的位置。这时用的地址即是相对地址。所以相对地址是适用于程序编写和编译的地址系统。

逻辑地址空间是指一个被汇编、编译或连接装配后的目标程序所限定的地址的集合。由于编译程序对一个源程序进行编译时，总是相对于某个基准地址（通常是 0）来分配程序的指令和数据的地址的，即相对地址而不是绝对地址（同程序员编写程序）。我们把程序中这些相对地址的全体称为相对地址空间（或者逻辑地址空间，用户地址空间）。这是相对于实际的主存地址空间（又称物理地址空间）而言的。引入逻辑地址空间主要是为了在多道程序系统中研究如何把逻辑地址空间变换（或称映射）为实际的主存地址空间的子集，或者把某个相对地址映射为主存绝对地址。

2. 静态重定位

在多道程序环境下，用户不可能决定自己使用的主存区，因而在编制程序时常按（以零作为基准地址）相对地址来编写。这样，当程序放入主存时，如果不把程序中与地址有关的“项”变成新的实际地址，而是原封不动地装入，那么程序就不能正确执行（除非有动态地址变换机构）。

如图 2.9 所示，图 2.9(a)是一个简单的程序。第一条指令是把数据 A（放在相对地址 6 中）取到 1 号寄存器，第二条指令是把数据 B（放在相对地址 8 中）加到 1 号寄存器，第三条指令是把 1 号寄存器内容送入相对地址 10 中。如果这程序原封不动地装入主存自 100 号单元起的存储区中（如图 2.9(b)所示），就无法正确执行。因为第一条指令的含义是把绝对地址为 6 的单元中的内容取到 1 号寄存器，而不是把放在 106 单元的 A 取来。其他两条指令也有同样的问题。因此，要使程序装入主存后能正确执行，就必须修改程序中所有与地址有关的项，这就叫做程序的重定位，故重定位是把程序中的相对地址转换为绝对地址。

对程序进行重定位的技术按重定位的时机区分为以下两种。

(1) 静态重定位。它在程序装入主存时，由连接装入程序进行重定位。程序开始运行前，程序中各与地址有关的项均已重定位完（即已将程序中的相对地址转换成绝对地址了）。

(2) 动态重定位。重定位不是在程序装入过程中进行的，而是在处理机每次访问主存

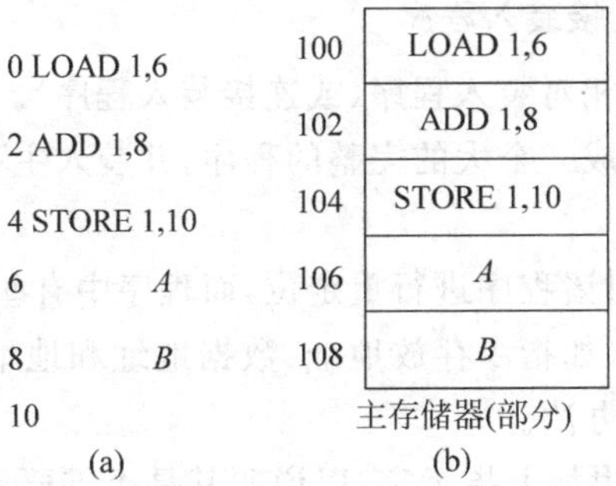

(a)		(b) 主存储器(部分)	
0 LOAD 1,6		100	LOAD 1,6
2 ADD 1,8		102	ADD 1,8
4 STORE 1,10		104	STORE 1,10
6	*A*	106	*A*
8	*B*	108	*B*
10			

图2.9　程序装入举例

时，由动态地址变换机构(硬件)自动把相对地址转换为绝对地址。

静态重定位是要把程序中所有与地址有关的项在程序运行前(确切地说是在程序装入主存时)修改好。程序中与地址有关的项都包括什么呢？这要包括指令、数据和地址指针。其中数据项与地址的关系只表现该数据项存放的位置而不是数据项的内容。而地址指针的存放位置与内容都与地址有关，指令中含有操作码和操作数。其中操作数可能是直接数、寄存器号和操作数的存放地址。也就是说，指令中的各项并非都与地址有关，只有指令本身存放的地址和操作数存放的地址是与地址有关的。因此当操作系统为某目标程序分配了一个以 B 为起始地址的连续主存区后，重定位过程就是把每个与地址有关的项都加上 $B-R$(设 R 是该程序编址时的基准地址，通常 $R=0$)即可。

2.2.3　绝对装入程序与相对装入程序

假如运行小的源程序，此时，编译后立即执行，不需要装入程序来做任何工作。实际上许多用户的程序往往要调用许多过程和子程序。过程和子程序首先要同主程序装配起来，形成一个完整的大程序才能运行。过程和子程序很可能不是同一次编译的，因此它们的地址空间之间不会已建立好某种正确关系，往往都是“可浮动”的相对地址空间。

这就需要系统提供把这些过程和子程序找出来(从库中)，并把它们同主程序装配起来的功能，这就是连接-装入程序，也叫连接程序、装入程序或者连接编辑程序等的功能。

此外，由于用户程序往往很大很复杂，编译完了后或者不想马上运行，或者要多次运行。于是下次运行时就要把上次已按相对地址编译(或者装配)好的目标程序重新装入运行。这任务也要由装入程序来完成。因此，对于一个计算机系统来说，连接装入程序是不可缺少的，它与编译或者汇编程序的功能密切相关。通常，连接装入程序可分为两类：绝对装入程序和相对装入程序。

1. 绝对装入程序

在个人计算机中，用户能使用的主存起始地址是可以知道的。这种机器上的编译和汇编程序往往把源程序翻译成绝对地址形式的目标程序(以该机器的用户可用的起始地址作为基准地址)。因此，当需再次装入目标程序时，就十分简单，没有什么重定位问题，只要按其给出的起始地址，依次读入即可。

2. 相对装入程序——连接装入程序

多数多道程序系统使用相对装入程序(或连接装入程序)。其主要功能是把主程序同被其调用的各子程序连接装配成一个大的完整的程序,并装入主存运行(重定位)。但这里有两个具体问题。

首先,由于装入程序要对诸程序进行重定位,而程序中有些项与地址无关(如直接数、寄存器号),有些项与地址有关(如指令存放地址、数据地址和地址指针等)。那么装入程序如何识别它们呢?通常有两种办法。

(1) 对程序中各数据项附加上指示字,以说明其是否需要重定位。

(2) 使用一个与该程序相关联的重定位表,依次给出那些需要重定位的数据项。

无论哪种办法都对编译或汇编程序提出了附加要求,因为这些工作都要由它们的编译或汇编过程中来完成。

其次,将主程序同各程序段连接起来。这个过程比较复杂。下面通过例子来说明其基本原理。

有一个程序 P(如图 2.10 所示),它既可以被其他程序调用(通过用符号定义的入口点如 P、e、d),也可以调用别的程序模块。前一种情况称为内部定义符号,后一种情况称为外部调用符号。一个源程序经编译或汇编后生成的可重定位目标模块必须明显地给出这些内部符号和外部符号,以供连接装入程序使用。因此与每个可重定位目标段相关联的除重定位表(又称重定位词典)或指示字外,还应有一张内部定义符号表和外部调用符号表(如图 2.11 所示)。

在内部定义符号表中要依次给出每个内部符号名和它在本程序中的相对地址(当该段被连接装入程序重定位时,该相对地址就重定位成绝对地址)。外部调用符号表要包含本程序中所调用的全部外部符号名。当该程序进行重定位时,可把程序中的所有外部符号调用处,用间接寻址方法处理(间接地址指向外部调用符号表中的相应表目)。外部符号被定义后,将其绝对地址填入外部符号表即可。

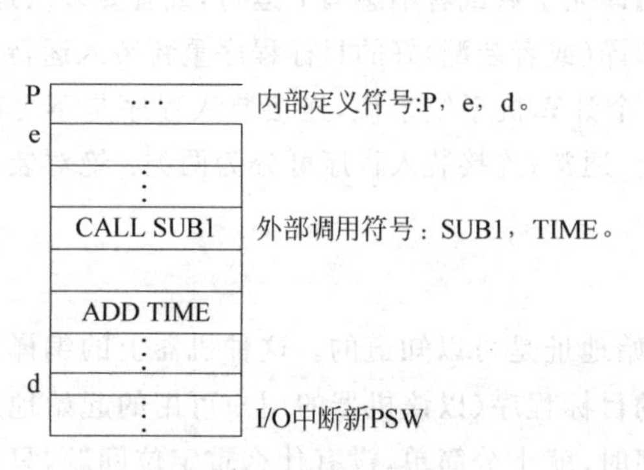

图 2.10　程序调用例子

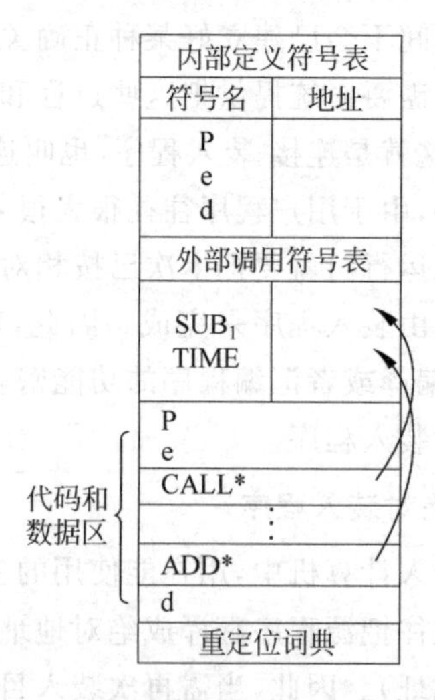

图 2.11　目标模块的结构(与图 2.10 对应)

以上是程序在连接前所必须做的准备工作，在进行具体连接和装入时，可用两套技术来完成。两套技术有下列步骤。

1）第一套

(1) 找到下一个要连接的程序段P(该段应是可重定位的目标程序)；

(2) 重定位并装入P；

(3) 用P的内部定义符号修正全程符号表(全程符号表是被连接的各程序段所定义的符号全体)；

(4) 对每个程序段都重复(1)～(3)步。

2）第二套

(1) 找到要连接程序段P的外部调用符号表；

(2) 从全程符号表中找出该符号的地址填入程序P的外部符号表中；

(3) 对每一个被连接的程序段P重复(1)、(2)步。

这个连接过程类似于标准的两趟汇编程序中所使用的处理过程。

2.3 操作系统与用户的接口

无论在联机操作还是在脱机操作的情况下，用户除了有程序需要计算机运行外，还应告诉计算机如何来运行自己的程序。例如该程序要不要编译，用哪种语言编译程序，是否要连接，编译时出现各种不同错误如何处理等。这在脱机批处理情况下更为需要。为此每个计算机的厂商都提供给用户使用程序运行意图的说明手段——键盘命令和(或)作业控制语言。所以通常操作系统与用户的接口有两个方面。

(1) 用户程序。用户通过程序中的指令序列让机器为其完成要求的工作。在程序中用户也可以要求操作系统的某些功能模块给予服务。这时它通过访管指令(SVC)进入操作系统。

(2) 作业控制说明。用户用作业控制语言编写作业说明卡(书)来告诉操作系统其对程序的运行意图。在联机操作情况下，使用键盘命令和图形用户接口(GUI)。由于各计算机系统的作业控制语言相差极大，至今没有形成统一的标准版本，所以在此只做一些简单介绍。

2.3.1 作业控制语言

目前存在两种形式的作业控制语言，一种相当于汇编语言(如IBM 370的作业控制语言)，另一种类似于高级算法语言(如1900系统的George语言)。本节只通过IBM作业控制说明的例子来介绍其主要的常用语句。

一个IBM的脱机作业卡片包含三种类型的卡片。

(1) 作业控制卡。其上装有作业控制命令的卡片，所有作业控制卡的第一、第二列为“/”。

(2) 源语句或目标语句卡。其中各卡片上为程序语句或者机器指令。

(3) 数据卡。包含程序所用的数据(如果有数据时)。

下面是Donovan所著《操作系统》一书中所用的典型例子。

```
//          JOB           NAME=DONOVAN,
                          ACCOUNT=6.251,
                          TIMELIMIT=5,
                          PRIORITY=8,
//STEP1     EXEC    PL1                                  ┐
//OUTPUT    DD      UNIT=TAPE9,                          │
                    VOLUME=SER=0123,                     │
                    DCB=(RECFM=FB,                       ├ 第一作业步,PL/I编译
                    LRECL=80,BLKSIZE=800)                │
//INPUT     DD      *                                    │
                    PL/I 程序                            ┘
/*
//STEP2      EXEC   LINKER,COND=(4,LT,STEP1)   ┐ 第二作业步,将 PL/I 的输出与库程
//OUTPUT     DD     DSNAME=REAL.LIVE.FILE      │ 序相连接(仅当上一步没有 4 级以
//INPUT      DD     DSNAME=&STEP1.OUTPUT       │ 上严重编译错误时才执行该作业步)
//SYSLIBDD          DSNAME=PL1.LIBRARY         ┘
*
//STEP3     EXEC          REAL.LIVE.FILE,MEMOR Y=100K
//OUTPUT DD                       UNIT=PRINTER
//INPUT  DD                       *
//      …                         输入数据 ┐
/                                          ├ 第三作业步,执行用户程序
                                           ┘
```

其中所用到的作业控制命令语句如下。

(1) 作业标识命令。用以标识一个作业的开始。它作为一个作业卡片的第一张,一般格式为

```
//[作业名]    JOB    操作数(以逗号分隔)
```

[ ]中的内容可缺省。* * 表示空格。

操作数。用以说明该作业的一些参数。通常包括账户、用户名、作业类型,估计的运行时间、主存空间要求和优先数等。

(2) 执行命令。用以标识一个作业步的开始,并指出要执行的程序名,其一般格式为

```
                    ┌PROC = 过程名┐
//[作业步名]    EXEC┤程序名       ├其他参数
                    └PGM = 程序名 ┘
```

{ }中的内容必须选其中一种。

例子中的三个执行语句分别标识了作业步1、作业步2、作业步3(即STEP1、STEP2、STEP3)。第一个执行语句说明执行PL/I编译程序。第二个执行语句说明执行LINKER(连接)程序,并用COND参数说明执行的条件是STEP1作业步没有4级以上的编译错误。第三个执行语句说明执行第二作业步的输出文件REAL. LIVE. FILE。而MEMORY参数说明主存大小的要求。

(3) 数据定义命令。用来描述作业所使用的数据文件。

//数据集名　　DD　　以逗号分开的操作数

操作数字段包括数据文件的名字、属性、要求的输入输出设备以及所需的外部存储器空间等。以第一作业步中的数据命令语句为例,UNIT参数说明使用的输入输出设备。VOLUM参数说明数据集所占用的文件卷的序列号为0123。DCB参数说明执行数据集的物理形式。RECFM=FB参数是说明数据集的记录格式是定长记录、成块形式(若干个记录合成磁带上一个数据块)。LRECL=80说明逻辑记录长为80个字节,BLOCKSIZE=800说明数据块大小为800字节(这部分内容参见第9章)。DSNAME参数说明数据集的名字。*参数指示此卡片后面的诸卡片即为数据卡。

(4) 定界命令。用以标识一个数据文件的结束,其一般格式为/*。

2.3.2 联机作业控制

用户在分时系统的终端上工作,直接通过键盘输入命令来控制其作业的运行,这种方式称为联机作业控制方式。它不需要像脱机批处理作业那样,除程序外还要提交一份作业控制说明来控制作业运行。但用户必须借助终端命令或图形用户接口(GUI)与操作系统通信,把用户意图告诉系统,以完成计算任务。

1. 终端命令

终端命令也是一种语言,但不同于一般程序设计语言,也没有标准化。因此各个系统往往按照自己的设计构成一套命令。按功能来说大致都包含以下几类命令:系统访问命令、程序运行命令、程序开发命令、文件操作命令、资源分配命令、前后台作业转换命令、系统管理命令。

系统访问命令为用户提供进入及退出系统的手段。用户进入系统时还要输入账号和口令,以便系统检验其进入要求的合法性。

程序运行命令通常包括编译、装入目标程序、执行程序、停止运行、继续运行和运行服务程序等命令。

程序开发命令主要指用户在终端前开发新的程序所使用的命令。一般来说,其开发步骤是首先利用编辑程序建立起正确的源程序文本并存入盘中。其次,通过编译程序编译后得到目标程序文件,然后由连接程序将所需的各目标模块连接成一个可运行的程序文本,再进行运行及联机调试。PDP-11中用New命令建立新的文件,用Run＄ EDT命令进行编辑。

文件操作命令包括建立新的文件、删除文件、列出文件目录、改变文件名称、复制和比较文件等命令。

资源分配命令通常包括分配设备和主存等命令。但对于资源全部由系统控制的系统无须此类命令。

前后台作业转换命令用于对终端用户的作业转换控制。在分时与批处理并存的系统中，称在终端上联机工作的作业为前台作业，而把批处理控制下的作业称为后台作业。有时终端用户的作业投入运行后，不需要用户在终端前进行干预，它可要求脱离终端而运行。为此，需要设备把作业从前台转为后台（转为批处理控制下的作业）或者从后台转向前台的命令（重新要求变成联机作业）。

系统管理命令是为操作员在控制台发出的一些命令，以成生一个合适的系统（系统功能可按需要在生成时加以裁剪），进行日常的管理和维护（记账、统计、改变口令、清理磁盘目录等），以及关闭系统。

有关这方面详细的具体内容请参阅机器的用户指南。

2. 图形用户接口(GUI)

以终端命令和命令语言方式来控制程序的运行虽然有效，但给用户增加了很大的负担，即用户必须记住各种命令，并从键盘键入这些命令以及所需的数据，以控制他（她）们的程序的运行。随着大屏幕高分辨率图形显示和多种交互式输入输出设备（如鼠标、光笔、触摸屏、图形板控制杆等）的出现，于是要求改变这种“记忆并键入”的操作方式，以达到对用户更友好、使接口图形化这一目标在 20 世纪 70 年代的国际会议上被多次讨论，并于 20 世纪 80 年代后期广泛推出。这种图形用户接口的目标是通过对出现在屏幕上的对象直接进行操作，以控制和操纵程序的运行的。例如，用键盘和鼠标对菜单中的各种操作进行选择，从而命令程序执行用户选定的操作，极大地方便了用户；用户也可以用鼠标拖动屏幕上的对象（如某图形或图符）使其移动位置或旋转、放大和缩小。这种图形用户接口大大减少或免除了用户的记忆工作量。其操作方式从原来的“记忆并键入”改为“选择并点取”，极大地方便了用户使用，受到普遍欢迎。目前图形用户接口(GUI)是最为常见的人机接口（或用户界面）形式。支持 GUI 的系统称为窗口系统，它已成为操作系统的一个重要组成部分。

国际上为了促进 GUI 的发展于 1988 年制定了 GUI 标准，该标准规定 GUI 由以下部件构成。

① 窗口。在终端屏幕上划分出的一个矩形区域以实现用户与系统的交互，窗口由标题条、菜单条、边框、控制按钮和用户区组成。应用程序可同时打开多个窗口，窗口是彼此独立的。

② 菜单。是一系列可选的命令和操作的集合。

③ 列表盒。用以显示一组较长或变长的选择项。由标题、包含列表的窗口和水平与垂直滚动杆三部分组成。

④ 表目盒。用于输入字符串。

⑤ 对话盒。有两类对话盒，一类是消息对话盒，用以显示信息或者请求信息；另一类是通用对话盒，用以输入文件名、命令或者选择项。

⑥ 按钮。与平常的按钮相似，用来控制程序。

⑦ 滚动杆。通过滑动滑动块使选择表目滚动，以便快速浏览选择项。

有些系统例如 Windows NT 可以按应用程序需要为其生成两种类型的应用程序：基于图形用户接口(GUI)的应用程序和基于控制台（终端命令）的应用程序。

基于GUI的应用程序采用图形界面，生成主窗口，由菜单驱动，可使用对话框作为用户界面。

基于控制台(终端命令)的应用程序，它的输出是基于文本的，不用生成窗口来处理信息。尽管在屏幕中基于控制台的应用程序是包含在一个窗口中的，但窗口只显示文本字符。有时在有些系统中两者可以结合使用。

2.4 固件——微程序设计概念*

自从微程序设计技术进入实用阶段以后，硬件和软件之间的界面变得越来越模糊，硬件环境和软件环境自然也不能截然分开。许多原属于软件的功能，通过微程序设计技术可以转化为硬件，也就是通常所说的固化，故称这些具有软件功能的硬件为固件。由于现在绝大多数微型机和所有的大型机均采用微程序设计技术，并且被广泛应用于操作系统设计中，所以本节简单介绍微程序设计的概念。

2.4.1 微程序设计的概念

一台计算机可以看成由两种线路组成，数据流线路和控制流线程。数据流线路包括导线与存储元件。在它上面流动着表示数据的电信号。一般在数据流线路中包含大量的分支和通路。控制线路则译出计算机中的指令，并在复杂的数据流线路中确定要用哪条数据通路。因此计算机的设计主要反映在数据流线路和控制流线路的设计中。

早在20世纪50年代初，剑桥大学数学系的M. V. Wiles教授就认识到计算机控制线路的操作是由一系列基本动作组成的，其形式很像计算机中的程序，并提出一种微程序设计的概念，人们把这些基本的动做称作微程序或微指令。一般来说，每条微指令都是计算机硬件中最基本的操作。例如：

- 将主存储器的缓冲寄存器中的一个字节送累加器。
- 清除加法器。
- 将指令地址寄存器增加一个固定值(通常为1)。
- 将加法器中的内容送累加器。

控制器完成的每一个操作都要用到类似上述微指令组成的微程序。而每执行一条机器指令将包含若干个控制器操作。例如一条简单的加法指令就需要一段微程序来执行取指令操作、控制运算部件操作、控制逻辑部件操作等。所谓**微程序设计**是指计算机控制器的操作，用微指令编成程序来实现(每一条微指令都是计算机硬件中最基本的操作)。微程序并不是在主存中运行的，而是在高速控制存储器(控存)中运行的，如把ROM、EPROM、PROM用作控存。

微程序设计的优点如下。

(1) 机器控制线路的设计可以标准化，既方便又节省时间。

(2) 便于修改、维护、检查(微诊断)。这是因为用微程序控制，避免了过去在组合逻辑控制中所存在的微操作控制杂乱无章、很不规则的状况以及线路像一个凌乱的树状网络的缺点，从而带来了设计方便、修改、维护和检查容易等优点。

(3) 一组指令系统可以通过微程序来适合多种型号的计算机，实现了兼容，方便了用户使用，并为发展系列机创造了良好的条件。

(4) 一台计算机通过微程序可以包含若干组指令系统，这样可以实现仿真处理，而且还能使用户对“老”机器上的程序不做任何修改就可以在“新”机器上运行。

微程序设计的缺点是效率、性能都低于直接用硬件线路实现控制（组合逻辑控制）的计算机，成本也略高些。但其优点还是为广大计算机制造厂家所接受。所以目前大多数机器都采用微程序设计技术。

2.4.2 微程序设计与操作系统

在操作系统中有许多功能要被经常调用，例如在交互作用的事务处理系统中，调度程序（它负责挑选下一个要在 CPU 上运行的作业）可能一秒要运行数百次，因此要求其运行效率要高，那么如果把调度程序做成微程序——固件来实现，则比用软件实现在速度上要快得多。除此之外，操作系统中的以下功能也常用微程序实现：中断管理；表格、队列、链表数据结构的管理和维护、控制对共享数据和资源的同步原语（见第 5 章）；多道程序系统中的处理器调度；过程的调用和返回；允许进行“位”操作的那些特定的字的管理和维护。

用微程序来执行操作系统的功能不但可以改善系统性能，降低程序开发的成本，而且还能改善系统的保密性。

本章小结

任何系统软件都是硬件功能的延伸，并且都是建立在硬件的基础上的，离不开硬件设备的支持。而操作系统更是直接依赖于硬件条件，与硬件的关系尤为密切。操作系统的运行环境主要包括系统的硬件环境和由其他系统软件组成的软件环境，以及操作系统和使用它的用户之间的关系。操作系统是整个计算机系统的管理者，是系统的控制中心，它不但控制、管理着其他各种系统软件，而且与其他系统软件共同支持用户程序的运行。可以说操作系统和这些软件构成了一个以操作系统为中心的“环境”，以便于用户程序运行。OS 的功能设计必然受这些系统软件的功能强弱和完备与否的影响。

处理器有时执行用户程序，有时执行操作系统的程序。为识别当前使用者是操作系统还是一般用户，系统将处理机工作状态划分为管态和目态。一般指操作系统管理程序运行的状态，简称管态，即 OS 运行态，此时可使用特权指令和非特权指令。而用户程序处于运行态时，简称目态，只允许访问用户程序自己的存储区域。如果用户程序在执行时，企图访问 OS 所在的区域或想使用某个特权指令（如改变指令计数器的内容），将立即被捕获，而被迫中止执行，然后由 OS 处理这一事件，这样保证了 OS 的权利和使其程序不会被破坏。当处理机处于目态时，不可使用特权指令。CPU 具体是通过访问程序状态字（PSW）来识别处理器的状态的。

主存储器是支持 OS 运行的硬件环境中的一个重要方面，因为一个进程必须把它的程序和数据存放在主存中才能运行。缓冲区是外部设备在进行数据传输期间专门用来暂存这批数据的主存区域，由于 CPU 处理数据的速度与设备传输数据的速度不相匹配，因此，用缓冲区来缓解速度的矛盾,可以提高CPU利用率。

用户在分时系统的终端上工作,直接通过键盘输入命令来控制其作业的运行,这种方式称为联机作业控制方式。它不需要像脱机批处理作业那样,除程序外还要提交一份作业控制说明来控制作业运行。但用户必须借助终端命令或图形用户接口与操作系统通信,把用户意图告诉系统,以完成计算任务。

作业是用户要求计算机给予处理的一个相对独立的任务(也称作任务)。一个作业一般可以分成几个必须顺序处理的工作单位(或步骤),该工作单位称为作业步。一个作业步又可分为若干个作业步任务——进程,进程是一个具有一定独立功能的程序关于某个数据集合的一次运行活动。而一个进程又可能要执行多个线程。线程是进程内的一个相对独立的可调度的执行单元。

习题

2.1 操作系统运行环境指什么?

2.2 现代计算机为什么设置目态、管态这两种不同的机器状态?现在的Intel 80386设置了4级不同的机器状态(把管态又分为三个特权级),你能说出自己的理解吗?

2.3 什么叫特权指令?为什么要把指令分为特权指令和非特权指令?

2.4 说明以下各条指令是特权指令还是非特权指令,并说明理由。

(1) 启动磁带机　(2) 求 π 的 n 次幂　(3) 停止CPU

(4) 读时钟　(5) 清主存　(6) 屏蔽中断

(7) 修改指令地址寄存器的内容

2.5 CPU如何判断可否执行当前的特权指令?

2.6 什么是程序状态字?主要包括什么内容?

2.7 存储保护的目的是什么?常用的存储保护机构有哪两种?指出它的要点。

2.8 存储保护键的取“保护位”是做什么用的?如何起作用?

2.9 什么是缓冲技术?引进缓冲技术有什么好处?

2.10 CPU如何发现中断事件?发现中断事件后应做什么工作?

2.11 说明中断屏蔽的作用。

2.12 何谓中断优先级?为什么要对中断事件分级?

2.13 CPU响应中断时,为什么要交换程序状态字?怎样进行?

2.14 什么是软时钟(虚拟时钟)?有何作用?

2.15 什么叫重定位?有哪几种重定位技术?有何区别?

2.16 对比绝对地址装入程序与连接装入程序。

2.17 说明硬件、软件与固件的区别,固件对操作系统的意义何在?

2.18 硬件必须具备哪些条件,操作系统才可能提供多道程序设计的功能?

第3章　进程管理

目前大多数个人计算机操作系统的设计仍然基于进程的概念。本章的研究对操作系统的理解和设计均很重要。本章将重点介绍进程的概念、进程的内部表示、进程的状态变化、进程控制等。

3.1　进程的概念

3.1.1　进程的引入

进程是操作系统中最基本、最重要的概念。它是在多道程序系统出现后，为了刻画系统内部出现的情况，描述系统内部各作业的活动规律而引进的一个新的概念。由于进程的概念是对程序的抽象，所以不十分直观，需要读者用心加以体会。

首先，多道程序系统的特点是并行性。为了充分利用系统资源，在主存中同时存放多道作业运行，所以各作业之间是并行的。“中断”技术是用于解决并行和同步问题的重要手段。通道和中断技术还使全部外部设备和主机均可并行工作。在主存的所有用户程序、各种中断处理程序、各类设备管理程序、高级调度程序（又称作业调度程序，负责挑选作业进入系统运行）、低级调度程序（又称进程调度程序，负责挑选就绪进程到处理器上运行）等都可并行运行。这种情况使得系统中各种程序具有的特性之一就是它们的并行性，并行性是现代操作系统的重要特征之一。

其次，各程序由于同时存在于主存中，因此它们之间必定会存在着相互依赖、相互制约的关系。例如，几个独立运行的用户程序，可能因竞争同一资源（如处理器、外部设备）而相互制约，获得资源者就能继续运行，而未获得者只好等待资源变为可用。通常称此类关系为间接制约关系。因为它是通过中间媒介——资源而发生的关系；另外一种制约关系称为直接制约关系，这是由于各并行程序间需要相互协作而引起的。例如用户程序要求输入输出时，它就直接受到输入输出程序何时完成其要求的制约，所以制约性是这些程序的另一个特性。

最后，不论是系统程序还是用户程序，由于它们并行地在系统中运行，并且有着各种相互制约关系，所以它们在系统内部所处的状态不断地改变，时而在处理器上运行，时而因等待某事件发生（如等待某个中断或等待某资源可用）而无法运行。于是我们说系统中各程序的另一特性是它们在系统中所处的状态不断变化的动态性。

由于处在这样一个多道程序系统所带来的更为复杂的环境中，程序具有了并行、制约、动态的特征。这就使得原来的程序概念已难以刻画和反映系统中的情况了。首先，程序本身完全是一个静态的概念(程序是完成某个功能的指令的集合),而系统及其中的各程序实际上是处于不断变化的状态的,程序概念反映不了这种动态性;其次,程序概念也反映不了系统中的并行特性。例如,假设主存中有两个编译C源程序的作业,它们的编译工作可以同时由一个C编译程序完成。在这种情况下,如果用程序概念来理解,就会认为主存中只有一个编译程序在运行(被编译的两个源程序只是编译程序加工的数据),而无法说清主存中运行着的两个任务,即程序的概念刻画不了这种并行情况。

综上所述,静态的程序概念已不足使用,需要引进一个新的概念——人们称为"进程"。

3.1.2 进程的定义

进程(process)这个名词最早是由MULTICS系统于1960年提出的。直至目前关于进程的定义及其名称也未统一。在有些系统中也把进程称为任务(task)。

对进程的定义有以下几种。

(1) 程序在处理器上的一次动态执行。

(2) 进程是一个可调度的实体。

(3) 进程是逻辑上的一段程序,它在每一瞬间都含有一个程序控制点,指出现在正在执行的指令。

(4) 顺序进程是一个程序及其数据在处理器上顺序地执行时所发生的活动。

(5) 进程是这样的计算部分,它可以与别的进程并行运行。

上述这些描述是从不同的角度对进程所提出的看法。有些是相近的,有些可看作相互的补充。进程这一概念至今虽未形成公认的严格定义,但进程却已广泛而成功地被用于许多系统中。

国内对进程概念的描述,多数认为"进程是一个具有一定独立功能的程序关于某个数据集合的一次运行活动"(1978年全国操作系统会议)。

从所有对进程的描述来看,进程既与程序有关,而又与程序不同,是对程序进一步抽象的描述。进程和程序之间一般认为有以下区别。

(1) 进程是程序的执行,故进程属于动态概念,而程序是一组指令的有序集合,是静态概念。

(2) 进程既然是程序的执行,或者说是"一次运行活动",那么它就是有生命过程的。从投入运行到运行完成,或者说进程存在诞生(建立进程)和死亡(撤销进程)。换言之,进程的存在是暂时的,而程序的存在是永久的。

(3) 进程是程序的执行,因此进程的组成应包括程序和数据。除此之外,进程还由记录进程状态信息的"进程控制块"组成。

(4) 一个程序可能对应多个进程。如有多个C源程序同时进行编译工作,那么,该编译程序对每个源程序进行的编译,都可看作该编译程序在不同数据(源程序)上的运行(进行编译——数据加工),所以根据进程定义应是多个不同的进程,这些进程都运行同一个编译程序。

(5) 一个进程可以包含多个程序。因为主程序执行过程中可以调用其他程序,共同组成"一个运行活动"。

3.2 进程的状态

3.2.1 进程的状态及其变化

由于系统中各进程并行运行及相互制约的结果，使得进程的状态不断发生变化。系统中不同的事件均可引起进程状态的变化。通常一个进程至少可划分为三种基本状态。

(1) 运行状态(Running)。当一个进程正在处理器上运行时，称此进程处于运行状态。

(2) 就绪状态(Ready)。一个进程获得了除处理器外的一切所需资源，一旦得到处理器即可运行，则称此进程处于就绪状态。

(3) 等待状态(Blocked)，又称阻塞状态。一个进程正在等待某一事件(如等待某资源变为可用，等待输入输出完成或等待其他进程给它发来消息)发生而暂时停止运行。这时即使把处理器分配给该进程也无法运行，则称此进程处于等待状态(或称阻塞状态)。

(4) 新建状态(New)。一个进程正在被创建，还没有转到就绪状态之前的状态。

(5) 结束状态(Exit)。一个进程正在从系统中消失时的状态，这是由进程结束或者其他原因所致的。

创建状态和结束状态对系统进程管理也是非常有用的。新建态是对应于进程刚刚被创建时没有被提交的状态，并等待系统完成创建进程的所有必要信息。进程正在创建过程中，还不能运行。操作系统在创建状态要进行的工作包括分配和建立进程控制块表项、建立资源表格(如打开文件表)并分配资源、加载程序并建立地址空间表等。创建进程时分为两个阶段，第一个阶段为一个新进程创建必要的管理信息，第二个阶段让该进程进入就绪状态。由于有了新建态，操作系统往往可以根据系统的性能和主存容量的限制推迟新建态进程的提交。

同样，当进程到达自然结束点结束或者某种错误或者由其他授权进程结束时，进程不再能够运行，系统需要逐步释放系统资源，最后释放进程控制块。因此，首先系统必须设置该进程处于结束状态，再进一步做信息统计、资源释放工作，并让其他进程从进程控制块中收集有关信息(如记账和将退出代码传递给父进程)，最后将进程控制块表格清零，并将表格存储空间返还系统。

在不同的系统中，出于调度策略的考虑，把进程的状态进一步细分为更多的状态。

进程在运行过程中其状态可以动态变化。进程各状态的变化如图 3.1 所示，由图中可看出以下状态的变化。

(1) 就绪-运行。处于就绪状态的进程被进程调度程序选中后，就被分配到处理器来运行，于是进程状态由就绪变为运行。

(2) 运行-阻塞。处于运行状态的进程在其运行过程中需等待某一事件发生后，才能继续运行，于是该进程由运行状态变为阻塞状态(等待状态)。

(3) 运行-就绪。处于运行状态的进程在其运行过程中，因分给它的处理器时间量(时间片)已用完而不得不让出处理器，于是进程由运行状态变为就绪状态。

(4) 阻塞-就绪。处于阻塞状态的进程，若其等待的事件已经发生，进程就由阻塞状态变为就绪状态。

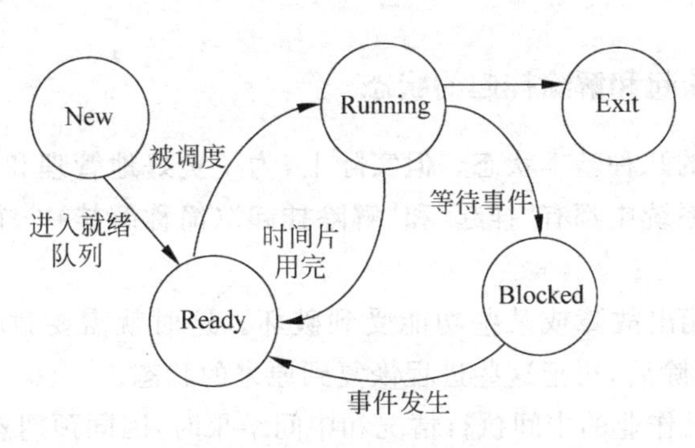

图 3.1　进程状态变化图

(5) 创建状态-就绪状态。当进程初始化后，一切就绪，准备运行时变到就绪状态。有些操作系统为了使系统资源不过分分散到各个进程，通常限制从创建状态进入就绪状态的进程数量，这样做可以使系统主存、内核表格空间等系统资源集中给有限的进程使用。因此可能进程已进入创建状态，但是很长时间不能进入就绪队列，等操作系统把它选中时才可以分配好所有资源，使其进入就绪状态。

现代操作系统常常依靠队列把相关的进程链接起来，以节省系统查找进程的时间。图 3.2 示意了进程创建后状态变化时操作系统管理用的队列结构和变化情况。

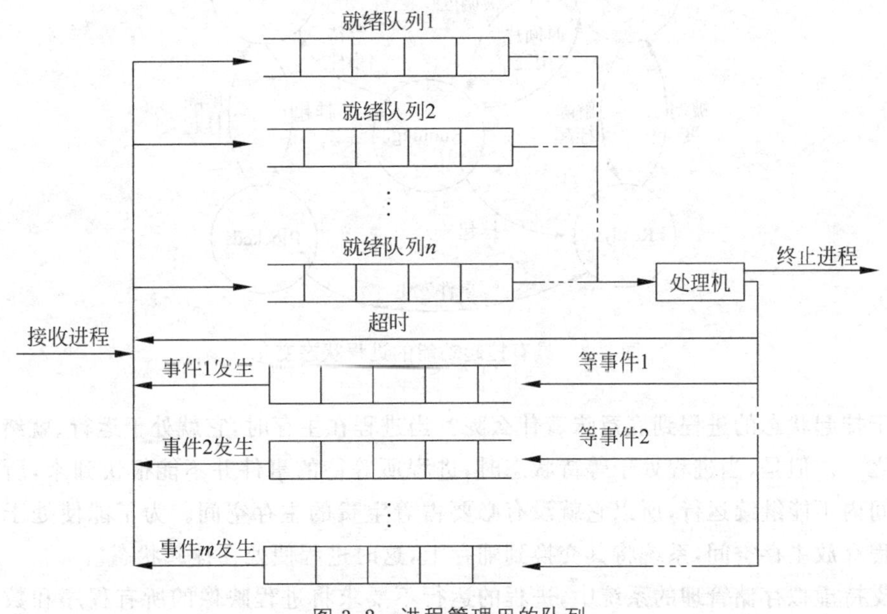

图 3.2　进程管理用的队列

系统按进程优先级数设立几个就绪进程队列，同一优先级进程在同一队列中。系统首先取最高优先级的队列队首进程占用处理机，当时间片到来时往往重新计算优先级再将进程放回相应就绪队列中。当要等待事件时，将其挂到相应的事件等待队列中。如果某个事件发生，系统从相应等待队列中选取队首进程，并重新计算优先级，挂到就绪队列中。

3.2.2 进程的挂起和解除挂起的状态

前面介绍了进程的几种基本状态。但实际上，为了更好地管理和调度进程及适应系统的功能目标。在许多系统中都有“挂起”和“解除挂起”（简称解挂）一个进程的功能，这是出于以下原因。

(1) 系统有时可能出故障或某些功能受到破坏。这时就需要暂时将系统中的进程挂起，以便系统把故障消除后，再把这些进程恢复到原来的状态。

(2) 用户检查自己作业的中间执行情况和中间结果时，因同预期想法不符而产生怀疑。这时用户要求挂起他的进程，以便进行某些检查和改正。

(3) 系统中有时负荷过重（进程数过多），资源数相对不足，从而造成系统效率下降。此时需要挂起一部分进程以调整系统负荷，等系统中负荷减轻后再将恢复被挂起进程的运行。

图 3.3 表示在具有挂起和解除挂起功能的系统中进程的状态划分。在此系统中，进程增加了两个新的状态：挂起就绪（记为 Readys ）和挂起等待（记为 Blockeds）。为易于区分起见，把原来的就绪状态称为“活动就绪”（记为 Readya）和“活动等待”（记为 Blockeda）。

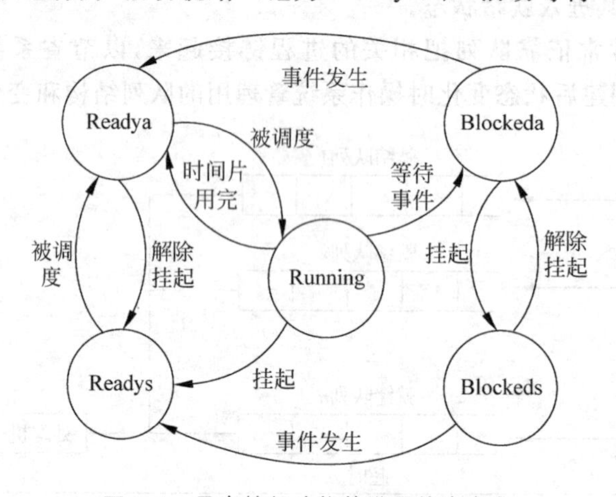

图 3.3 具有挂起功能的进程状态变化

处于挂起状态的进程到底意味着什么呢？当进程在主存时，它就处于运行、就绪或者等待状态之一。但是，当进程处于等待状态时，进程所等待的事件并不能很快到来，所以进程在短时间内不能继续运行，所以它就没有必要占着宝贵的主存空间。为了能使处于等待状态的进程释放主存空间，系统将其交换到辅存上，这时进程便处在挂起状态。

在支持虚拟存储管理的系统中，进程的运行不要求将进程映像的所有程序和数据放入主存，只要求马上要运行的程序段和数据段在主存中，这时同样多的物理主存可以容纳更多的进程存在，但反映进程映像位置的数据结构“页表”以及进程控制块的一些信息也需要占用物理主存。虽然所有要访问的程序或者数据都可以在要访问时才占用主存，但如果每个进程占用一点物理主存，当进程达到一定量时，主存也会显得不够用，会出现每个进程都申请主存，但系统已经没有空闲的主存，要求每个进程释放已经占用的主存的情形。系统性能也会有很大的损失，会引起主辅存频繁地交换（因为释放已占用主存要求将主存数据交换到

辅存中，以备下次使用时将其调入主存)，因此支持虚拟存储管理的系统中也需要进程交换功能。这时，处于挂起状态的进程意味着没有占用任何主存。如在UNIX中，处在系统空间中的该进程页表以及部分进程控制块也交换到辅存，系统不会访问处于挂起状态的进程页表和那些交换出主存的进程控制块信息，直到进程被解挂。

此时进程的状态变化如图3.3所示。如果一个进程原来处于运行状态或活动就绪状态，此时可因挂起命令而由原来的状态变为挂起就绪状态，此时它不能参与争夺处理器，即进程调度程序不会选择处于挂起就绪状态的进程来运行。当处于挂起就绪状态的进程接到解除挂起命令后，它就由原状态变为活动就绪状态。如果一个进程原来处于活动阻塞状态，它可因挂起命令而变为挂起等待状态，直到解除挂起命令才能把它重新变为活动等待状态。处于挂起等待状态的进程，其所等待的事件(如正在等待输入输出工作完成，或等待别的进程发给它一个消息)在该进程挂起期间并不停止这些事件的进行。因而当这些事件发生后(输入输出完成，消息已发送来了)，该进程就由原来挂起阻塞状态变为挂起就绪状态。

挂起命令可由进程自己或其他进程发出，而解除挂起命令只能由其他进程发出。

系统对于进程状态的划分，可按系统设计目标安排。以上两种进程状态的设计，用于不同的系统。下面再总结一下几种比较重要的状态转换。

(1) 等待→挂起等待。如果没有就绪进程，则至少一个等待进程被换出，为另一个没有等待的进程让出空间。如果操作系统确定当前正在运行的进程，或就绪进程为了维护基本的性能要求而需要更多的内存空间，那么，即使有可用的就绪态进程也可能出现这种转换。

(2) 挂起等待→挂起就绪。如果等待的事件发生了，则处于挂起等待状态的进程可以转换到挂起就绪状态。注意，这要求操作系统必须能够得到挂起进程的状态信息。

(3) 挂起就绪→就绪。如果内存中没有就绪态进程，操作系统需要调入一个进程继续执行。此外，当处于挂起就绪态的进程比处于就绪态的任何进程的优先级都要高时，也可以进行这种转换。这种情况的产生是由于操作系统设计者规定调入高优先级的进程比减少交换量更重要。

(4) 就绪→挂起就绪。通常，操作系统更倾向于挂起等待态进程而不是就绪态进程，因为就绪态进程可以立即执行，而等待态进程占用了内存空间但不能执行。但如果释放内存以得到足够空间的唯一方法是挂起一个就绪态进程，那么这种转换也是必需的。并且，如果操作系统确信高优先级的等待态进程很快将会就绪，那么它可能选择挂起一个低优先级的就绪态进程，而不是一个高优先级的等待态进程。

还需要考虑的几种其他转换有以下几种。

(5) 新建→挂起就绪以及新建→就绪。当创建一个新进程时，该进程或者加入就绪队列中，或者加入就绪/挂起队列中。无论哪种情况，操作系统都必须建立一些表以管理进程，并为进程分配地址空间。操作系统可能更倾向于在初期执行这些辅助工作，这使得它可以维护大量未阻塞的进程。通过这个策略，内存中经常会没有足够的空间分配给新进程，因此使用了(新建→挂起就绪)转换。另一方面，我们可以证明创建进程的适时(just-in-time)原理，即尽可能推迟创建进程以减少操作系统的开销，并在系统被阻塞态进程阻塞时允许操作系统执行进程创建任务。

(6) 挂起阻塞→阻塞。这种转换在设计中比较少见，如果一个进程没有准备好执行，并且不在内存中，调入它又有什么意义呢？但是考虑到下面的情况，一个进程终止，释放了一些内存空间，挂起阻塞队列中有一个进程比挂起就绪队列中的任何进程的优先级都要高，并且操作系统有理由相信等待进程的事件很快就会发生，这时，把等待进程而不是就绪进程调入内存就是合理的。

(7) 运行→挂起就绪。通常当分配给一个运行进程的时间期满时，它将转换到就绪态。但是，如果由于位于挂起阻塞队列的具有较高优先级的进程变得不再被阻塞，操作系统抢占这个进程，也可以直接把这个运行进程转换到就绪/挂起队形中，并释放一些内存空间。

(8) 各种状态→退出。在典型情况下，一个进程在运行时终止，或者是因为它已经完成，或者是因为出现了一些错误条件。但是，在某些操作系统中，一个进程可以被创建它的进程终止，或当父进程终止时终止。如果允许这样，则进程在任何状态时都可以转换到退出态。

3.3 进程的描述和管理

3.3.1 进程的描述

操作系统负责控制和管理计算机内部的所有事件，而进程定义为程序在处理器上的执行，“执行”是个动态概念，也就是进程应表示该程序执行的有关动态信息。在多道程序设计环境中有多道程序在运行，因而就有很多进程。这样操作系统就必须管理和控制所有进程，按照操作系统惯例，就要用一个数据结构来描述进程。为此，我们考察进程描述应包含些什么信息和内容。

首先进程是程序关于数据的一次执行，因而它包含一个或多个程序以及数据。这些程序和数据要有充分的主存来分配给进程、装入它们。程序运行时通常还需要有一个堆栈来保存过程调用现场信息和过程间传递的参数。除此之外，进程描述还应包含一些进程有关情况的属性信息，例如执行情况、资源使用情况等。为了便于操作系统对进程进行控制管理，通常操作系统用一个称为进程控制块(Process Control Block，PCB)的数据结构来记录进程的属性信息。不同的操作系统对进程控制块(PCB)的设计是不同的，一般PCB应包含以下三类信息：进程标识信息、处理器状态信息、进程控制信息。

1. 进程标识信息

- 本进程的标识ID。通常用系统中唯一的数字作为标识，该数字实际是该进程的PCB在系统的PCB表中的表目序号。
- 建立本进程的进程(父进程)的标识ID。
- 用户标识。

2. 处理器状态信息

- 用户使用的寄存器。
- 控制和状态寄存器，包括程序计数器(PC)和条件寄存器(或程序状态字即PSW)。
- 堆栈指针。

以上内容实际上在中断处理中被称为中断点现场信息或上下文信息。

3. 进程控制信息

- 调度和状态信息，包括进程的状态、进程的调度优先级、与调度有关的信息（这与系统所用的调度算法有关，一般常包括进程已等待的时间和已使用的处理器时间等）。
- 进程在有关队列中的链指针。
- 进程间的通信信息，包括标志位、信号或信号量、消息队列等。这些信息在有些系统中是放在PCB中的，但有些系统不是放在PCB中的。
- 主存使用信息，包括分给进程的主存大小和位置（在虚拟存储中则是进程的段表、页表地址）。
- 进程使用的其他资源信息。
- 进程得到的有关服务的优先级。

进程控制块（PCB）是操作系统中最重要的数据结构之一。PCB的作用不但是记录进程的属性信息，以便操作系统对进程进行控制和管理。而且PCB标志着进程的存在，操作系统根据系统中是否有该进程的进程控制块（PCB）而知道该进程的存在与否。系统在建立进程的同时就建立该进程的PCB，在撤销一个进程时也就撤销其PCB。所以说进程的PCB对进程来说是它存在的具体的物理标志和体现。PCB对操作系统来说，也是调度进程的主要数据基。

由此我们可以看出，进程的概念虽然是抽象的，但也可以用它的PCB、与进程关联的程序和数据，物理地表征一个进程。图3.4(a)表示与进程相关的程序和数据集中放在一个内存区中。而图3.4(b)表示其程序与数据放在不同的内存区的情形。

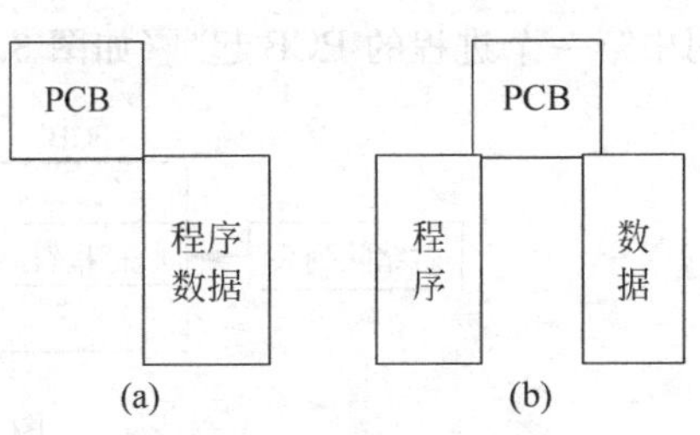

图3.4 进程的物理表征

3.3.2 进程管理

系统中有许多进程。它们有的处于就绪状态，有的处于阻塞状态，而且阻塞的原因各不相同。因此为了调度和管理进程方便，常将各进程的进程控制块（PCB）用适当的方法组织起来。一般来说，大致有以下几种方法。

(1) 把所有不同状态的进程的PCB组织在一个表格中，这种方法最为简单，适用于系统中进程数目不多的类型，如UNIX系统。其缺点是调度进程时，往往要查找整个PCB表。

(2) 分别把有着相同状态的进程的PCB组织在同一个表格中。于是分别有就绪进程表，运行进程表（多机系统中），各种等待事件的等待进程表。系统中的一个些固定单元分别指出各表的起始地址（如图3.5所示）。

(3) 分别把具有相同状态的所有进程的PCB按优先数排成一个或多个（每个优先级一个）队列。这就分别形成了就绪队列、等待在不同事件上的各等待队列（等待队列一般不按优先级组织，通常按其到达的先后次序排列），如等待打印机的进程队列、等待主存的进程队列等。采用队列形式时，每个进程的PCB中要增加一个链指针的表项，以指向队列中下一

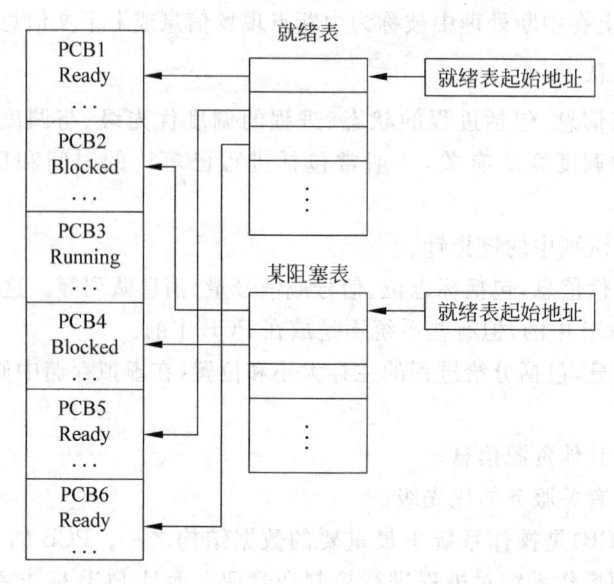

图 3.5　PCB 的表格结构

个进程的 PCB 起始地址。同表格形式一样，系统要设置固定单元以指出各队列的头，即队列中第一个进程的 PCB 起址（如图 3.6 所示）。

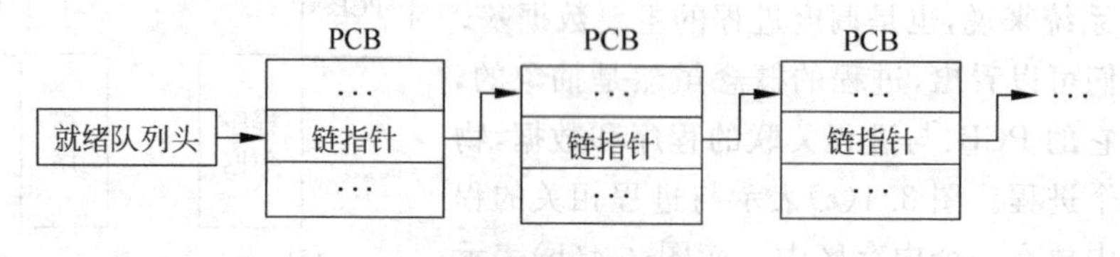

图 3.6　PCB 的队列结构

3.4　进程控制

3.4.1　进程的控制原语

为了对系统中的进程进行有效的管理，通常系统都提供了若干基本的操作，这些操作通常被称为原语。原语（Primitive）是由若干条指令组成的，用于完成一定功能的一个过程。它与一般过程的区别在于：它们是“原子操作”，即不可分割、不允许中断、常驻内存。

常用的进程控制原语有：建立一个进程原语、撤销一个进程原语、挂起一个进程原语、解除挂起进程原语、改变优先数原语、阻塞一个进程原语、唤醒一个进程原语、调度进程运行原语。

1. 建立进程原语

一个进程如果需要，它可以建立一个新的进程。被建立的进程称为子进程，而建立进程的称为父进程。所有的进程只能由父进程建立，不是自生自灭的。因此系统中有所谓的“祖先"进程。而"祖先"进程是在系统初始化时通过初始化"祖先"进程的进程控制块建立的。

在UNIX系统中,操作系统初始化时所创建的1号进程是所有用户进程的祖先,1号进程为每个从终端登录系统的用户创建一个终端进程,这些终端进程又会利用"进程创建"系统调用创建子进程,从而系统中的所有进程就形成了进程间的层次(家族)体系——进程树或称进程族系。

各系统的建立进程原语就是供进程调用,以建立子进程使用的,该原语的主要工作如下。

(1) 接收新建进程运行的初始值、初始优先级、初始执行程序描述等由父进程传来的参数。通常父进程调用该原语时应提供以下参数:进程名(外部标识符)、处理器的初始状态(或进程运行现场的初始值,主要指各寄存器和程序状态字初始值)、优先数、父进程分给子进程的初始主存区和其他资源清单(多种资源表)等。

(2) 为被建立进程建立起一个进程控制块(PCB),并填入相应的初始值。其主要操作过程是先向系统的PCB空间申请分给一个空闲的PCB,然后根据父进程所提供的参数,将子进程的PCB表目初始化,最后返回一个进程内部名。

(3) 产生描述进程空间的数据结构,如页表,用初始参数指定的执行文件初始化进程空间,如建立程序区、数据区、栈区等。

(4) 用进程运行初始值初始化处理机现场保护区。构造一个现场栈帧。等该进程第一次被调度后会从该栈帧恢复现场,从而能够进入用户程序的入口点运行。

(5) 置好父进程等关系域。

(6) 将进程置成就绪状态。

(7) 将PCB表挂入就绪队列,等待被调度运行。

2. 挂起进程原语

执行挂起命令的功能模块是挂起原语,调用挂起原语的进程只能挂起它自己或它的子孙,而不能挂起其他族系的进程,否则就认为该命令非法。挂起命令的执行可以有多种方法。

(1) 把发本命令的进程挂起。

(2) 把具有指定标识符的进程挂起。

(3) 把某进程及其全部或部分(如具有指定优先数)的子孙进程一起挂起。

挂起过程如下。

(1) 检查被挂起进程的状态并进行相应操作。

(2) 为便于用户或父进程考查该进程的运行情况,把该进程的PCB复制到某指定的内存区域。为了能在需要时进一步挂起该进程的"子孙",同时也为了允许一个挂起者检验被挂起进程的状态,应把该进程的PCB副本复制到主存的某区域a,以便检查。调用挂起命令时,所需提供的参数是被挂起进程的标识符n和存储区a。

(3) 若被挂起的进程正在执行,则转向调度程序重新调度,从而将处理机重新分配。

3. 解除挂起原语

调用解除挂起原语来恢复一个进程的活动状态是比较简单的。一个进程只能将自己的子孙进程解挂，而不能解挂别的族系进程。一个进程可以将自己挂起，却不能将自己解挂。

假如解挂后的状态是“活动就绪”，则由于此进程挂起了很长时间，其优先数可能改变，所以这时调用处理器调度程序来为高优先数进程抢占一个低优先数进程占用着的处理器。

4．撤销进程原语

当一个进程在完成其任务后，应将该进程撤销，以便及时释放出它所占用的资源。

同挂起操作情况相同，撤销原语也可采取两种策略。一种是只撤销一个具有指定标识符的进程（其子进程），另一种是撤销它的一个子进程及该子进程的所有子孙。若采取前一种策略，进程树的层次关系就很容易断开、分离。这会导致在系统中留下一些孤立隔绝的进程，从而失去对它们行为的控制，因此多采取第二种策略。被撤销进程的所有系统资源（主存、外设）全部释放出来归还系统。

撤销原语的参数是被撤销进程的外部名。撤销原语一般由其父进程或祖先发出，不会自己撤销自己。考虑到被撤销进程可能正在某处理器上运行，因此撤销时还应调用处理器调度程序以将处理器分给其他进程。当被撤销进程不是运行状态时，就不需要调用处理器调度程序。为标识这两种情况，在撤销原语中设置了一个调度标志位。若标志位的值为真，则调用处理器调度程序。

5．改变进程优先数原语

进程的优先数表示进程的重要性及运行的优先性，供进程调度程序（在多机系统中为处理器调度程序）调度进程运行时使用。为了防止一些进程因优先数较低而长期得不到运行（有时一个作业因优先数过低，以至很长时间也未能轮上运行，操作员甚至怀疑该作业丢失了）的情况，许多系统采用动态优先数，即进程的优先数不是固定不变的，而是按一定原则变化的。通常进程的优先数与以下因素有关。

(1) 与作业开始时的静态优先数有关。作业的优先数取决于作业的重要程度，用户为作业运行所付出的价格和费用大小、作业的类型（联机作业的优先数大于脱机批处理作业的优先数）等因素。

(2) 与进程的类型有关。一般系统进程的优先数大于用户进程的优先数，输入输出型进程（主要是指数据处理型的进程，输入输出量大而计算工作量小）的优先数大于 CPU 型的进程（指主要工作是在 CPU 上计算，输入输出工作量少的进程），这是为了充分发挥系统输入输出设备的效能。

(3) 与进程所使用的资源量（CPU 机时、主存和其他资源）有关。随着使用 CPU 时间越多，其优先数越来越低。对其他资源使用情况的考虑也类似，但往往同系统中资源的配置及其使用的紧张情况有关。

(4) 与进程在系统中等待的时间有关。等待时间越长，优先数就越高。

改变某进程 n 的优先数的原语大致可描述如下。

(1) 程序首先根据进程外部名 n 找出其内部名 i，然后调用计算优先数公式算出优先数并登记到进程 i 的 PCB 中。

(2) 当该进程状态为活动就绪时，一方面将进程 i 按其优先数插入就绪队列的适当位置，并将该进程的优先数与所有正在处理器上运行的进程（假定多机系统）优先数进行比较，以决定是否可能抢占某个处理器使用。

6. 进程结束

操作系统能够为用户提供系统调用服务用于结束进程，以释放进程所占用的所有系统资源。进程可以请求操作系统结束自己。进程结束处理主要是释放进程所占用的系统资源，进行有关信息的统计工作，理顺当本进程结束后其他相关进程的关系，最后要调用进程调度程序选取高优先级就绪进程运行。

进程终止有以下几种情况。

(1) 正常终止。该进程已完成所要求的功能而正常终止。

(2) 异常结束。由于某种错误导致非正常终止。

(3) 外界干预。祖先进程要求撤销某个子进程。

进程结束时，操作系统的处理过程如下。

(1) 首先检查 PCB 进程链或进程家族，寻找所要撤销的进程是否存在。如果找到了所要终止的进程的 PCB 结构，则撤销原语释放该进程所占有的资源之后，把对应的 PCB 结构从进程链或进程家族中摘下并返回给 PCB 空队列。如果被撤销的进程有自己的子进程，则撤销原语先撤销其子进程的 PCB 结构并释放子进程所占用的资源之后，再撤销当前进程的 PCB 结构和释放其资源。

(2) 关闭所有打开使用的文件、设备。

(3) 脱离用户进程与其所执行程序文件的映射关系。

(4) 进行相关信息统计，将统计信息记入日志文件或进程控制块中。

(5) 清理其相关进程的链接关系。如在 UNIX 中，监管该结束进程的所有子进程链接到 1 号进程，作为 1 号进程的子进程，并通知父进程自己结束。

(6) 释放进程空间和进程控制块空间。

(7) 调用进程调度程序，将处理机转到其他进程运行。

进程的其他控制原语(阻塞进程原语、唤醒进程原语和调度一个进程原语)，在此不再一一赘述。

3.4.2 操作系统与进程控制的执行

操作系统是管理和控制进程执行的。操作系统本身是程序的集合，它与用户程序一样需要使用处理器来执行操作系统程序。这里有两个问题：首先操作系统如何才能得到对处理器的控制，其次是操作系统得到控制后，它以什么方式在系统中运行，是作为进程吗？

1. 操作系统得到控制与进程间的开关

操作系统是以“中断驱动”的。这就是说，操作系统是经由中断方式才得到对处理器的控制的。当进程在处理器上执行时，处理器运行在用户模式(用户态或目态)。当中断发生时，当前进程的执行被打断。如果中断不被屏蔽，中断硬件就自动把运行程序的中断现场保存在老程序状态字和堆栈中，并且把相应的中断处理程序的程序状态字或程序计数器、条件寄存器等内容取到了系统的现行 PSW 和 PC 等寄存器中，从而执行操作系统相应的中断处理程序，于是操作系统得到了对处理器的控制，直到处理完成后，操作系统才把处理器的控制权或交还给原来被中断进程，或交给其他就绪进程运行。

表3.1列出了所有引起打断进程执行、把控制转给处理器的事件机制。

表3.1 打断进程执行的机制

机　　制	使　用　于
中断	外部的随机事件
trap	错误或者异常条件管理
访问管理程序SVC	调用操作系统功能

表3.1中常见的一些情况，描述如下：

1）时钟中断

当前运行进程时间片到时钟中断处理程序，或定时时钟唤醒实时进程或延迟处理进程，这时中断处理程序将调用进程调度程序调度其他进程来执行。

2）I/O设备中断

如果中断处理程序发现I/O正常完成，并有一个或多个进程正被阻塞，等待该I/O中断，那么中断程序就要把这些阻塞进程的进程状态改为就绪，并把它们从阻塞队列移到就绪队列中去，最后调用进程调度程序决定是由原来的进程还是由其他进程来运行。

3）存储访问故障中断

如果进程要访问的地址不在主存中（如缺页等），则需要把它们调入主存，这涉及等待时间较长的I/O操作。于是中断管理程序通过进程调度程序调度其他就绪进程运行，即引起处理器在进程间开关。

4）访问管理程序中断

当处理器发现用户程序中的指令是访管指令，则自动触发本中断。访管指令的中断管理程序调用相应管理程序为用户进程服务，如启动I/O、打开文件、分配主机等，通常会导致现行进程被阻塞。

通过以上讨论，我们注意到两件事情：一是处理器执行模式的开关，二是处理器在进程间的开关。

用户进程被中断或调用操作系统功能（访问管理程序）均引起处理器执行模式开关，即由用户模式（目态）⇆内核模式（管态）。模式开关会引起系统开销，但开销很小。因为处理器执行模式的标志位，有些系统是在程序状态字中，通过存、取PSW就执行了模式开关的。

另外一个问题是操作系统执行过程中引起进程之间的开关。在中断驱动，还有操作系统处理中断后，很多情况下，引起CPU在进程之间开关。进程间开关开销是比较大的。当一个运行进程在中断处理后，由于种种原因，操作系统把处理器的控制权交给其他的就绪进程。那么，开关进程需要做些什么工作呢？首先原来的运行进程状态要改为就绪或阻塞，那么它的PCB中的有关信息均应做相应变化，包括现场信息的保存，它的PCB将移到相应队列中去。其次需要将新选出的就绪进程的PCB改为运行状态，移出就绪队列，修改存储管理的有关表格，把新选出进程PCB中的寄存器和PSW中的值装入系统处理器的各寄存器和PSW中去（恢复该进程的现场）。进程开关的开销是比较大的，远比模式开关的开销要大，而且其中还未包括进程地址空间的变换开销。

2. 操作系统的执行方式

前面提出了操作系统是否以进程方式运行这一问题。在这个问题上，操作系统设计者们做了多种尝试，图3.7给出了典型的三种方案。

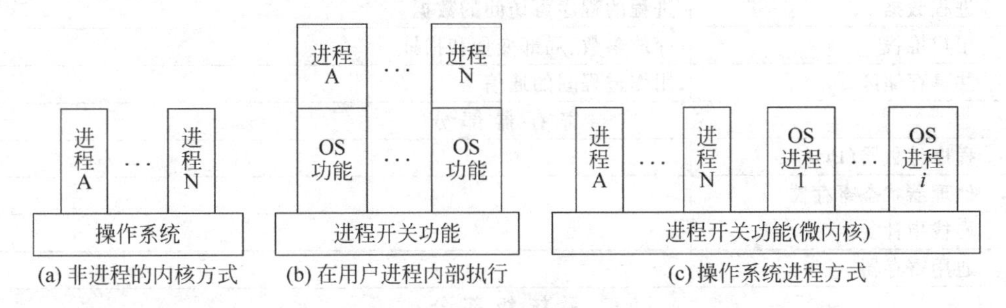

(a) 非进程的内核方式 (b) 在用户进程内部执行 (c) 操作系统进程方式

图3.7 操作系统与用户进程关系

1) 非进程的内核方式

如图3.7(a)所示，操作系统整个处于内核模式，执行于所有进程的外部，并与它们分离。每当运行的用户进程被中断，或者要求访问管理程序时，进程的现场信息被保存起来，控制转给操作系统，并执行内核模式。这种方式是多数老操作系统采用的方式，当时进程的概念只用于用户程序。

2) 在用户进程内部执行

这种方式多用于小型和微型机操作系统中(如图3.7(b)所示)。由于每个进程都要使用操作系统服务功能，于是采用与虚拟技术类似的假设——每个进程都有一个操作系统，认为操作系统与用户进程是上下文相关的，操作系统的地址空间被包含在每个进程的地址空间之内。每当进程被中断和调用管理程序功能时，操作系统均在该用户进程的地址空间内执行，但处理器的执行模式仍然由用户模式改为内核模式。这种方式的最大优点是，用户进程被中断或调用管理程序时，操作系统仍然在该进程地址空间内执行，没有进程之间的开关发生(仅有处理器执行模式的开关)。UNIX操作系统就属于这种方式，而图3.7(a)的方式，进程被中断和调用管理程序，当控制转给操作系统时，就已经从原来的进程转出来了。

3) 操作系统进程方式

图3.7(c)表示了这种方式，操作系统的各种功能作为系统进程运行，操作系统的实现，是这些系统进程的集合运行的结果，这些进程也称为服务器或服务器进程，与用户进程的关系构成客户/服务器模式。这种方式的优点是便于应用软件工程中的原则，设计操作系统的有关成分，使之具有高度模块独立性，高内聚、低耦合的模块，另外这种方式非常适合于多机系统和分布式环境。Windows NT可认为属于这种方式。

3.5 UNIX SVR4的进程管理*

在UNIX系统中，每个用户在自己的“虚拟计算机”上运行。虚拟计算机的当前状态称为一个“映像”(image)，每个映像的内容见表3.2。

表 3.2　UNIX 进程映像

用户级部分	
进程正文	用户程序可执行的机器指令
进程数据	进程的程序可访问的数据
用户堆栈	存放参数、局部变量和指针
共享存储区	用作进程间的通信
寄存器部分	
程序计数器(PC)	
处理器状态寄存器	
堆栈指针	
通用寄存器	
系统级部分	
进车表表目	描述进程状态
U 区(用户区)	内核执行进程上下文时所需的附加的控制信息
每个进程的域表	虚地址与实地址映像表，包含进程访问权限(仅读、读写、读执行)
内核堆栈	进程执行在内核模式时使用的堆栈

在 UNIX 中进程定义为"一个映像的执行"。

如同其他操作系统一样，UNIX 操作系统也是建立在进程的概念之上的，并以进程作为基本的组织概念，整个计算机系统是所有进程集合的活动。系统为了管理这些进程的活动，必须为每个进程设立一个进程控制块(PCB)来记录各个进程的状态以及进程映像中的一些数据，进程控制块也是进程存在的标志，是操作系统的重要数据集。通常 PCB 中包含的信息量很多，PCB 所占的空间很大。

UNIX 系统为了节省 PCB 所占的主存空间，把每个进程的 PCB 分为两部分。

(1) 常驻主存部分，称 proc 结构，其中包含进程调度时必须使用的一些主要信息。

(2) 非常驻主存部分，称 user 结构，这里登记着更多的进程运行时才要用到的信息，它随用户的程序和数据部分换进和换出主存。

整个系统有一个进程表，称为 proc 数组。每个进程的 proc 结构(PCB 的一部分)均为此数组的一个元素，称为进程表(或 proc 数组)的一个表目。

由前面可知，UNIX 把操作系统作为用户进程地址空间的一部分，所以 UNIX 使用两类进程：系统进程和用户进程。系统进程执行在内核模式且执行操作系统代码。用户进程执行在用户模式和用户程序，用户进程通过系统调用进入内核模式。所以在 UNIX 系统中，有时把进程 i 的用户程序部分称为用户进程 i，而把其中的核心程序部分叫做系统进程 i。实际上用户进程 i 和系统进程 i 都是进程 i 的一部分，这两个进程(用户和系统进程 i)的 PCB 是同一个(进程 i 的 PCB)。只是这两个进程所执行的程序不同，映射到不同的物理地址空间，使用不同的堆栈。一个系统进程的地址空间中包含所有的系统核心程序和各进程的进程数据区 ppda(Per Processor Data Area)，所以各进程的系统进程除 ppda 不同外，其余部分全是相同的(其物理地址空间也相同)。而各进程的用户进程部分则各不相同。

表 3. 3 列出了进程表表目内容(proc 结构)，表 3.4 列出了进程 user 结构内容。

表 3.3 UNIX 进程表目

进程状态	进程当前状态
指针	指向主存中正文区、数据区、堆栈和 user 结构
进程大小	分给进程多大空间
用户标识	实际用户标识和有效用户标识
进程标识	
事件描述	当事件发生时,进程状态变为准备运行状态
优先级	用于进程调度
信号	发送给进程的计数信号
计时信号	包括进程执行时间、内核资源利用、用户建立发送给进程唤醒信号的定时器
链指针	就绪队列链指针
存储状态	进程映像是否在主存

表 3.4 UNIX 的 user 结构

进程状态	进程当前状态
进程表指针	进程在 user 结构中相应表目
用户标识	实际和有效用户 ID,用以决定用户优先级
计时	记录进程在用户态和内核态的执行时间
信号管理数组	存储信号的数组
控制终端	进程 login 的终端
错误字段	记录系统调用时遇到的错误
返回值	系统调用的结果
I/O 参数	数据传送量、源(或目标)数据地址、文件偏移量
文件参数	当前目录、根目录
用户文件描述符表	记录进程已打开的文件
限制字段	对进程大小和进程可以写的文件大小的限制
屏蔽字段	进程建立文件的屏蔽码

在 UNIX 中进程共有 9 种状态,它们是:

(1) 用户运行。运行在用户模式。

(2) 内核运行。运行在内核模式。

(3) 准备运行在主存。调度程序立刻调度去运行。

(4) 在主存睡眠。直到事件发生后才能运行,进程在主存中。

(5) 准备运行,被交换。进程准备运行,但交换程序必须在内核调度它运行前,把进程交换进入主存。

(6) 睡眠,被交换。进程正等待事件,而且已经被交换到外存中。

(7) 被抢占。进程正从内核模式返回内户模式,但内核抢占它的执行,调度其他进程。

(8) 被建立。进程新被建立,尚未准备运行。

(9) 撤离。进程不再存在,但它给父进程留下一个记录,以便其收集。

在 UNIX 系统中,进程调度的功能是由一个专门的进程——0 进程来负责的。由于 UNIX 系统的进程调度的主要功能是响应分时用户,这主要由 0 号进程来负责,所以 0 号进程包括两部分任务。

(1) 把进程的映像从主存换出到磁盘。

(2) 分配处理器。

UNIX 系统的进程调度是按照其优先级的高低进行调度的。系统进程的优先级高于用户进程的优先级，其最初的优先级取决于进程所等待的事件，事件优先级的排列次序为：磁盘事件，终端事件，时钟事件和用户进程事件。用户进程的优先级是基于其所使用的处理器时间的多少而动态地变化的。优先级高的进程优先得到处理器。UNIX 每秒为每个用户进程计算一次优先数，优先数越小，优先级越高。

在分时系统中，各交互进程需要经常在主存和磁盘之间进行交换。一个在主存中处于非运行状态的进程，其进程的映像将从主存中换出而存入磁盘的交换区中。而一个被选中运行的磁盘上的就绪进程，其映像可以被换入主存。在这两种情况下，均有主存或磁盘空间的分配和释放问题。在 UNIX 中主存的磁盘空间的分配和释放模块是相同的，所使用的分配算法是"最先适应法"，其自由存储块数据基的组织是按地址排序的。

一个进程在运行过程中如果要求增加分给它的主存块数时，系统就重新分给它一块足够大的主存空间，并把旧的主存区中的内容复制到新分给的主存区中，同时释放旧的主存区。如果进程要求增加主存空间而系统不能满足其要求时，就将该进程换出主存而放入磁盘交换区中，直到以后有足够的主存时才将它重新换入主存。

所有进程的对换工作全是由 0 号进程负责的，其对换过程如下。当 0 号进程决定要从磁盘上换入进程时，它首先扫描系统的 PCB 表（proc 数组）以找出在磁盘上驻留时间最长的就绪进程并将其换入主存。为此要为其分配主存。如果主存不够，0 号进程要从进程表中查找在主存驻留时间最长，并正等待慢速事件的那些进程（像输入/输出之类）换出，以腾出更多的主存空间。进程被换入主存后，就同主存中的进程一起争夺对 CPU 的控制权。

本章小结

进程既是操作系统中的一个重要概念，又是系统进行资源分配和独立运行的基本单位。

引入进程是为了使内存中的多道程序能够正确地并发执行。进程具有动态性、并发性、独立性、异步性和结构特征。进程具有就绪、执行和阻塞三种基本状态。在一个进程的生命周期中，它可以随着自身的执行和外界条件的变化不断地在各种状态之间进行转换。为了描述和控制进程，操作系统必须为每个进程建立一个进程控制块。由于系统中的进程可处于不同的状态，为了调度和管理进程方便，常将各进程的进程控制块用适当的方法组织起来。为了对系统中的进程进行有效的管理，系统可通过原语进行控制，实现进程的创建、阻塞、唤醒等操作。

UNIX 操作系统也是建立在进程的概念之上的，并为每个进程设立一个进程控制块来记录各个进程的状态以及进程映像中的一些数据。UNIX 系统为了节省 PCB 所占的主存空间，把每个进程的 PCB 分为 proc 结构和 user 结构两部分。UNIX 系统的进程调度是按照其优先级的高低进行调度的。

第3章 进程管理

习题

3.1 为什么要引入进程概念？进程的基本特征是什么？它与程序有何区别？

3.2 解释以下术语。程序、过程、处理器、进程、用户、任务和作业。

3.3 为什么说PCB是进程存在的唯一标志？

3.4 建立进程的实质是什么？撤销进程原语完成哪些工作？

3.5 为什么要为用户应用程序和系统程序设置进程？你认为设置进程有哪些利弊？

3.6 为什么把阻塞队列中的进程按优先数排序是没有意义的？在什么情况下，这种做法是有用的？

3.7 在某些系统中，派生出来的进程在其父进程被撤销时也自动撤销；在另一些系统中，派生出来的进程独立于父进程工作，父进程撤销时子进程并不随之撤销，讨论两种方法的优缺点。

3.8 下述哪些情况是正确的？

(1) 进程由自己创建；

(2) 进程由自己阻塞；

(3) 进程由自己挂起；

(4) 进程由自己解除挂起；

(5) 进程由自己唤醒；

(6) 进程由自己撤销。

3.9 动态优先数有哪些优点？通常优先数与哪些因素有关？

3.10 试列举出进程状态转换的典型原因，详细列出引起进程调度的因素。

3.11 在哪些情况下，进程的执行将被打断？

3.12 在进程切换过程中有哪些开销？

3.13 操作系统对进程管理常使用进程队列和进程表，这两种方式都适用于什么情况？

3.14 进程创建和进程切换的主要工作有哪些？

第4章 多 线 程

线程(Thread)是操作系统中的一个非常重要的机制和技术，其重要程度一点也不亚于进程。线程机制可显著提高程序执行的有效性，而且也可方便用户编写程序。因此它不但适用于多机系统(尤其是对称多处理器系统，即 SMP)，而且对大多数单 CPU 的个人计算机也同样有好处。

4.1 线程的概念

4.1.1 线程的引入

当代计算机系统，无论是硬件系统，还是以操作系统为代表的软件系统都在努力提高内部各成分间的并行性。在硬件体系结构方面，出现了流水线计算机、数据流计算机、并行处理器和流水存储器、多体交叉以及多端口存储器等。而在操作系统方面，中断、通道、多道程序设计技术以及并发程序技术，都是为了提高程序运行的并行性。

本书中，以后对多处理器系统带来的物理并行称为并行性，用编程技术达到的虚拟并行性称为并发性，以示区别。

部分人以为，现在个人计算机已具有相当于过去中小型计算机的能力，而且个人独占计算机的使用，并行性对他们难道仍然那么重要吗？实际上由于多媒体技术和网络服务技术的发展，大型图表文件处理的普遍性，常常一个用户的应用，包含多个相对独立的子任务。例如使用 Web 浏览器的用户可能一边下载某个图形或程序，一边处理多媒体文件中的声音，或者还想打印屏幕。又如一个用户正打算用编辑程序编辑一个大文件，但在编辑前，他想先审查分析一下该文件，并且要复制一个该文件的副本。为了加快以上工作的执行，提高效率，有效的方法是并行运行以上各子任务。但是怎么实现呢？在过去只有进程机制的操作系统中，用户可以用并行程序设计语言来写此程序。大体上是为整个应用任务设置一个进程，然后该进程再为几个子任务调用 fork()原语生成几个子进程，也可以达到并发的结果。

但是这中间有个令人头痛的问题，那就是这些进程免不了在运行中要提出访问管理程序(系统调用)的要求，例如提出 I/O 要求，也可能由于时钟中断而打断了当前进程的运行，而调度其他就绪进程运行，也就经常会有进程开关问题。我们前面说过进程开关的系统开销不小，要占用不少 CPU 机时。如与进程运行有关的表格均要改(包括 PCB 表、各种队列即阻塞队列、运行队列或指针、就绪队列、存储管理有关的地址映射及表格，I/O 文件的表格等)，而更可观的开销是进程的地址空间要转换为新被调度的进程的地址空间，另外还有两次模式开关(用户模式→内核模式→用户模式)的开销。所有这些开销的总和，在一定程度上降低了并发进程所带来的利益。

人们正在研究是否有可能改善运行效率，如何改善？于是大家注意到进程在操作系统中担任着两个截然不同的角色。

(1) 进程是拥有自己资源的基本单位。一个进程被分给一个虚拟地址空间以容纳进程映像，并控制其他为进程运行所需要的I/O资源，包括I/O通道、I/O控制器和I/O设备。

(2) 进程是被调度分派在处理器上运行的基本单位。

上面的第(1)条要点是关于拥有资源的主权的，第(2)条要点是关于应用程序的执行的。以前的操作系统把这两条要点联系在一起而集中在进程身上。人们想，能把这两个要点分离开来，分别交由不同的实体来完成吗？于是引入了线程，并分派线程完成第(2)条要点的任务。当然进程就只剩下第(1)条要点的任务。除此之外，传统的进程概念有两个严重的局限性。

首先，许多应用想并发执行彼此间独立的任务，但又必须要共享一个公共的地址空间和其他资源，例如数据库管理服务器、事务处理监测程序以及中层和高层的网络协议。这些进程本质上是并行的。但传统的进程概念对以上的要求难以支持，往往把这些应用中独立的任务串行化，效率很低。其次传统的进程不能很好地利用多处理器系统。因为一个进程在某个时刻只能使用一个处理器。一个应用固然可以创建多个进程，并把它们分到多个处理器上执行，但如何做到使用相同的地址空间和资源呢？这些促使人们引出了线程机制。

4.1.2 线程的概念

什么是线程？这与进程的定义情况差不多，存在几种不同的提法。这些提法可以相互补充对线程的理解。

- 进程内的一个执行单元。
- 进程内的一个可调度实体。
- 线程是程序(或进程)中相对独立的一个控制流序列。
- 线程是执行的上下文(Context of Execution)，其含义是执行的现场数据和其他调度所需的信息(这种观点来自Linux系统)。

综上所述，我们不妨定义为：线程是进程内一个相对独立的、可调度的执行单元。

正如有些系统把进程(Process)称为任务(Task)一样。也有些系统把线程(Thread)称为轻质进程(Lightweight Process)。之所以称之为轻质进程，是因为它运行在程序(或进程)的上下文之中，并使用分给程序(或进程)的资源和环境。

根据线程定义可知线程有以下性质。

(1) 线程是进程内一个相对独立的可执行单元。因此不妨把线程看作应用中的一个子任务的执行。

(2) 线程是操作系统中的基本调度单元，因此线程中应包含调度所需的必要信息。

(3) 由于线程是被调度的基本单元，而进程不是调度的单元。所以每个进程在创建时，至少需要同时为该进程创建一个线程。也就是说进程中至少要有一个或一个以上的线程,否则该进程无法被调度执行。

(4) 需要时,线程可以创建其他线程。

(5) 进程是被分配并拥有资源的基本单元,同一进程内的多个线程共享该进程的资源。但线程并不拥有资源,只是使用它们。

(6) 由于共享资源(包括数据和文件),所以线程间需要通信和同步机制。

(7) 线程有生命期,有诞生和死亡,在生命期中有状态的变化。

现在有些语言和开发环境(如 Java)支持多线程机制。用户用这些语言编制基于线程的应用程序时,不会产生多大困难(具体细节参看有关语言)。

采用线程机制有些什么好处呢?对于多线程机制而言,一个进程可以有多个线程,这些线程共享该进程资源。这些线程驻留在相同的地址空间,共享数据和文件。如果一个线程修改了一个数据项,其他线程可以了解和使用此修改后的数据。一个线程打开并读一个文件时,同一进程中的其他线程也可以同时读此文件。总而言之,这些线程运行在同一进程相同的地址空间内,这有以下优点。

(1) 用于创建和撤销线程的开销比创建和撤销进程的系统开销(CPU 时间)要少得多。创建线程时仅需建立线程控制表相应表目,或有关队列。而在创建进程时要创建 PCB 表和初始化,进入有关进程队列,建立它的地址空间和所需资源等,要麻烦费事得多。撤销时的情况也一样。

(2) CPU 在线程之间开关时的开销也远比进程之间的开关开销小。因为开关的线程都在同一地址空间内,只需修改线程控制表或队列,不涉及地址空间和其他工作。

(3) 线程机制也增加了通信的有效性。如果是在进程之间通信,往往要求内核的参与,以提供通信机制和保护机制。而线程间通信是在同一进程的地址空间内,共享主存和文件,所以非常简单,无须内核参与。

(4) 方便和简化了用户的程序结构工作。用户在分析和设计程序结构时,考虑如何便于多线程机制的实现,客观上促使用户设计出边界清晰、模块独立性好的程序。

下面是几种在单用户多线程系统中使用线程的例子。

(1) 前台和后台工作情况。例如应用文件编辑程序,当用户在屏幕前进行修改工作时,由一个线程负责管理修改工作,另一个线程负责文件下一个段落的输入和分析审查工作,第三个线程负责打印或备份工作。

(2) 异步处理工作情况。系统和程序中常有一些异步处理的成分,特别适合用线程来执行,例如为了预防掉电故障带来的问题,往往安排一个备份程序,它每过一分钟就把写入 RAM 缓冲区的数据和信息写入磁盘。这个备份工作可以为它建立一个线程,定时调度它执行。

(3) 需要加快执行速度情况。多线程的进程能够在进程地址空间内并行运行,所以当一个线程在计算一批数据时,另一个线程可以从设备读入下一批数据。

(4) 组织复杂工作的程序。当一个程序要处理和涉及多个不同的工作、多个不同的数据源和从多个不同的设备输入和输出时,用线程机制能够便于设计和组织程序。

(5) 同时有多个用户服务请求情况。例如一个局域网上的文件服务器,当一个新的文件请求到来时，就为它创建一个新的线程为它负责文件管理等服务。因为往往有很多用户服务请求，所以在很短时间内往往有很多线程被创建和撤销。

4.2 线程的状态和线程管理

4.2.1 线程的状态

由于线程是调度和执行的基本单位，因此，与进程一样，线程在它的生存过程中有状态变化。所谓状态，是指线程当前正在干什么和它能干什么。实际上状态的划分和设计与系统的设计目标和调度方法紧密相关，因此各系统的状态设计不完全相同，但几个关键状态则是共有的。

(1) 就绪状态。线程已具备执行条件，等待调度程序分配给一个 CPU 运行。

(2) 运行状态。调度程序选择该线程并分配一个 CPU 给线程。运行状态是指线程正在 CPU 上运行。

(3) 等待状态(或阻塞状态)。线程正等待某个事件发生。

以上三个状态是基本的关键状态，与第 3 章中的进程状态类似，但是有几个问题需要说明。

首先，在进程中有挂起操作。由于多种原因需要挂起进程，这时该进程的映像会从主存撤出到磁盘。那么线程是不是也要有挂起操作呢？回答是否定的。因为线程不是资源拥有者，资源属于进程，所以线程不应有决定整个进程或自己从主存撤出的权力，挂起的概念属于进程一级的概念，只有进程级才能实行挂起操作，而由此操作引起的状态也作为进程级的状态，一般不作为线程的状态。

其次，进程中可能有多个线程，若其中一个线程在执行中要求系统服务(如 I/O 请求)，则该线程成为阻塞状态。那么在多线程的进程中，如果一个线程阻塞，是不是要阻塞整个进程，即使其他线程都就绪呢？显然这样做是不恰当的，这失去了多线程机制的优越性，并使系统失去了灵活性。因此多数系统并不阻塞整个进程，该进程中其他线程仍然可以参与调度运行。

最后，多线程进程中的进程状态应怎么考虑。由于进程已经不再是调度的基本单位，所以不少系统如 Windows NT 对进程的状态只划分为活动(可运行)和非活动(不可运行)状态，而挂起状态是不可运行的状态之一。这方面各系统也不尽相同。

上面说到各系统的线程状态设计不尽相同，图 4.1 给出的是“Java 运行时间系统(Run-Time System)”的线程状态图。一个 Java 线程在调用 Newthread()原语创建一个新线程时，该新建进程处于“新线程”状态，新线程在初建时几乎是空的。它的线程控制表或线程对象(现代操作系统多采用面向对象技术)中尚未示例化，没有具体内容。在调用 Start()原语时该线程被初始化，指出该线程的指令地址(即程序计数器内容)、其他现场信息内容(变量和参数)系统和用户堆栈指针、优先级等，此时线程具备了运行条件，从而进入“可运行状态”(就绪状态)。当线程调度程序选中该线程时，进入“运行”状态。一个处于运行状态的线程，由于以下情况之一：

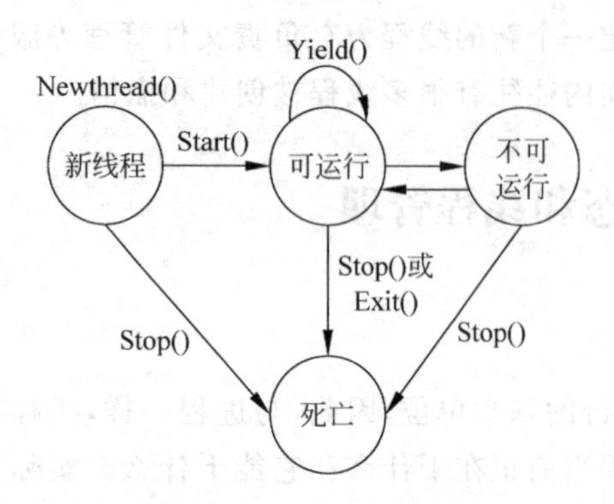

图 4.1 Java 的线程状态

• 其他线程使用 Sleep()原语；
• 因为“挂起”原语；
• 该线程自己“等待”某个条件(事件)；
• 该线程请求 I/O 服务；

而阻塞成为“不可运行状态”(阻塞状态)，直到有“唤醒”、“解除挂起”、“条件发生”、“I/O 完成”等情况之一发生时，该线程就又成为“可运行状态”。

一个线程可以由于以下两种情况之一而进入“死亡”状态。

(1) 线程自己由于完成而使用 Exit()原语而结束自己。

(2) 被其他线程使用 Stop()原语而突然结束。

在这两种情况下，该线程的控制块和相关表目和堆栈指针均被撤销。

4.2.2 线程的描述

在多线程环境中，一个进程既是一个保护体系，又是一个资源分配单元，也就是说一个进程是一个地址空间，其中装有进程的映像；又是一个保护体系，有控制有保护地访问包括处理器(一个或多个)、文件、I/O 设备(包括通道控制器)以及其他进程(进程间通信)。

而进程中有一个或多个线程，每个线程具有：

• 线程状态(就绪、运行、阻塞等)。
• 当线程不运行时，被保存的现场信息(程序计数器、程序状态字、通用寄存器和堆栈指针的数据)。所以常有人认为线程是运行在进程内独立的程序计数器，或称为上下文信息。
• 一个执行堆栈。
• 存放每个线程的局部变量的主存区。
• 访问被同一进程中所有线程共享的该进程的主存和其他资源。

为了对系统中的进程和线程进行管理，不但要有进程控制块(PCB)，而且要为每个线程均设置一个线程控制块(TCB)。这些 PCB 和 TCB 不但描述和记录了每个进程和线程的属性和调度所需的数据，而且是说明这些进程和线程存在的标志。

在现代操作系统中，进程控制块 (PCB)和线程控制块(TCB)均用进程对象和线程对象来描述。从这些对象中可以了解这些对象中包含哪些信息以及它们具有的操作能力。以下以 Windows NT 为例来研究进程对象和线程对象。

Windows NT 定义了一个进程对象类，表 4.1 列出了进程对象类所包含的属性。它定义了进程对象的数据及其属性和施加于其上的操作(服务)。

表 4. 1 中的对象属性说明如下。

进程 ID。系统中进程的唯一标识。

存取令牌。包含该进程所对应的已登录用户的安全信息对象。

基本优先级。该进程的线程的基线执行优先级。

默认处理器族。进程的线程所能运行的默认处理器族。

配额限制。一个用户进程所能使用的分页和非分页的系统主存，页面调度文件空间和处理器时间的最大数量。

执行时间。进程的所有线程的执行时间总量。

I/O 计数器。记录其所有线程所执行的 I/O 操作数和种类的变量。

VM 操作计数器。记录其所有线程所进行的虚拟存储操作数量和种类的变量。

异常情况/调试端口。进程间通信的信道。线程发生异常时，进程管理程序将向信道发消息。

退出状态。进程终止原因。

表 4.2 中表示的是线程对象类。

表 4.2 中的属性说明如下：

线程 ID。当线程调用一个服务时，ID 是标识该线程的唯一的值。

线程描述表(context)。定义线程执行状态数据，如程序计数器、程序状态字的内容和通用寄存器、堆栈指针等。

动态优先级。在给定时刻的线程的执行优先级。

基本优先级。线程动态优先级的最低限。

线程处理器族。线程可以运行的处理器集合，这个集合可能是线程所属进程的处理器族的全部或子集。

线程执行时间。线程在用户态和内核态已执行的时间的累计量。

报警信号状态。线程是否执行在异步过程调用的标志。

挂起记数。线程的执行没有被恢复的次数。

模仿令牌。允许线程在其他进程(用于 Windows NT 环境的子系统)中执行操作的临时性访问令牌。

终止端口。当线程终止时，发送给进程管理程序一个消息的进程间的通信通道(用于 Windows NT 环境的子系统)。

线程出口(Exit)状态。线程终止的原因。

值得注意的是，线程对象中的挂起操作并不是进程级挂起操作的含义，这里仅是把被挂起的线程改为等待状态(有些系统中改变线程为停止状态)。

表 4.1　进程对象类

对象类	进　程
对象属性	进程 ID
	存取令牌
	基本优先级
	默认处理器
	配额限制
	执行时间
	I/O 计数器
	VM 操作计数器
	异常情况/调试端口
	退出状态
服务	创建进程
	打开进程
	查询进程信息
	设置进程信息
	当前进程信息
	终止进程
	分配/释放虚拟主存
	读/写虚拟主存
	保护虚拟主存
	锁定/解锁虚拟主存
	查询虚拟主存
	刷新虚拟主存

表 4.2　线程对象类

对象类	进　程
对象属性	线程 ID
	线程描述表
	动态优先级
	基本优先级
	线程处理器族
	线程执行时间
	报警信号状态
	挂起记数
	模仿令牌
	终止端口
	线程退出(或出口)状态
服务	创建线程
	打开线程
	查询线程信息
	当前线程
	终止线程
	取得描述表
	设置描述表
	挂起
	恢复(或解除挂起)
	报警线程
	检测线程报警信号
	登记终止端口

4.2.3　线程的管理

如同在进程管理中一样，往往也用链指针将线程控制块(TCB)或线程对象，按它们所处的状态链接成相应的线程队列来加以管理。

操作系统的进程管理程序为某用户的应用程序创建进程时，同时为该进程创建第一个线程。以后在线程运行过程中，可以在需要时创建所需的线程。所以线程是由线程创建的，但并不提供父子关系的支持。

各操作系统为线程的管理和控制提供了不同的线程控制原语，但主要的控制原语有以下几种。

(1) 创建线程原语。不同系统采用不同名称的创建线程原语，多数使用 fork()形式。该原语使该线程得到一个 TCB 或线程对象，并初始化线程 ID、线程描述表(程序计数器(PC)、程序状态字(PSW)、通用寄存器、堆栈指针等)和其他有关项，然后进入相应就绪队列(在有些系统中，可能是由创建原语和初始化原语共同完成的)。

(2) 撤销线程原语。线程被撤销，可能是线程完成而正常退出，也可能是被强行杀死。在此情况下，撤销线程 TCB 或线程对象、线程堆栈和描述表。该操作可用原语 Finish、Exit、Stop 等完成。

(3) 阻塞或等待原语。当线程等待某事件发生时,它将成为阻塞或等待状态,并将该线程的现场数据保留在线程对象的线程描述表中,该操作可用原语 Block 或 Wait 完成。

(4) 挂起一个线程。使该线程状态变为"等待"或"停止"状态(不同系统使用不同名称,但共同点是使它不能运行)。如果该线程原来是运行状态,应保存现场信息于线程对象的线程描述表中或 TCB 中(该操作不同于进程级挂起操作的含义——撤出主存)。该操作可用原语 Suspend 完成。

(5) 恢复(或解除挂起)一个线程。将该线程状态恢复为就绪或其他对应状态。该操作对应于 Resume、Unblock、UnSuspend 等原语名称。

(6) 改变优先数(priority)。在有些系统(如 Java Run-Time System)中,为了管理线程方便,引入了线程组(Thread Group)的概念。在该系统中:

① 每个线程属于某个线程组。

② 当一个线程被创建时,用户可以显式地说明为它创建一个新线程组;也可以是默认情况(用户未加说明),系统自动把该线程归入创建该线程的线程所在的线程组。

③ 线程组是多个线程的集合,系统将这些线程归入一个单独的对象(称线程组对象,是线程组对象类的一个示例)中统一进行管理,而不是对它们分别进行管理。例如 Start()或 Suspend()可将线程组中的线程全部启动或挂起。

④ 可为线程组设置不同的特性和保密安全方法。

⑤ 一个线程在被创建后,不能移入其他线程组。

线程组概念以及在 4.3 节要探讨的线程库机制多用于用户级线程中。

4.3 多线程的实现

多线程机制是近年来在计算机科学方面的重大进展。为了使多线程机制不但在系统级而且在用户应用级都能得到更有利的应用和实现,本节将对有关问题进行讨论。

4.3.1 概述

基于多线程的操作系统是在进程机制操作系统的基础上发展而来的。从兼容的观点来看,我们也可把单纯基于进程的操作系统看成是具有线程支持的,只不过每个进程中只有一个线程(进程也就是线程)而已。于是我们从基于线程的观点可以把所有的操作系统分为以下 4 类。

1. 单进程和单线程系统

在这种操作系统中只有一个进程,而且每个进程中只有一个线程,如图 4.2(a)所示。这种系统的代表是 MS-DOS。

2. 多进程和单线程系统

在这种操作系统中有多个进程,是多进程操作系统。但每个进程中只有一个线程。图 4.2(b)表示了这种系统。该系统的代表就是传统意义上的 UNIX 操作系统。

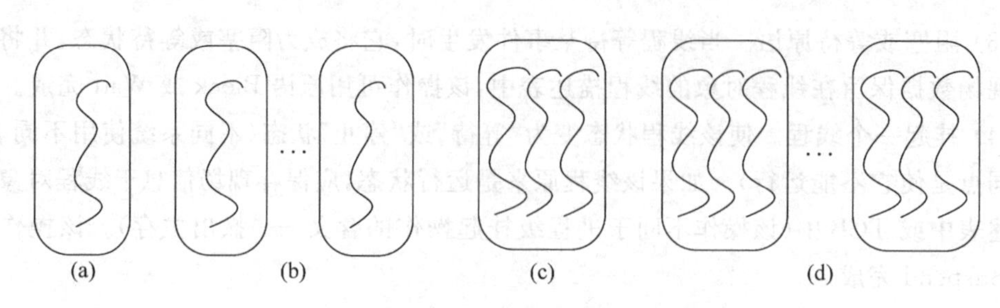

图 4.2　基于线程和基于进程的操作系统

以上两类是传统的操作系统，实际并没有线程概念。

3. 单进程和多线程系统

在这种系统中只有一个进程，但每个进程有多个线程，图 4.2(c)表示了这种系统。Java Run-Time System 可以认为是这种系统。

4. 多进程和多线程系统

在这种系统中有多个进程，每个进程中又有多个线程。图 4.2(d)表示了这种操作系统，是当前应用最为广泛的多线程操作系统。现代操作系统如 Windows NT 等几乎都是属于这种类型的。

但是我们下面的讨论将说明，用户的应用程序不但在后两类系统中可以充分得到多线程支持，获得使用多线程的便利和好处，而且在其他不基于线程的操作系统中，也可以使用线程库技术，使用户获得多线程的便利和好处。

4.3.2　用户级线程

用户级线程(User-Level Threads，ULT)，是指由用户应用程序建立的线程，并且由用户应用程序负责所有这些用户级线程的调度执行和管理工作。而操作系统的内核完全不知道这些线程的存在和管理，常说的"纯 ULT 方法"就是指这种情况。只有用户应用程序建立并管理的用户级线程，操作系统没有内核级线程，也就是说操作系统不是基于线程的。为什么会有这种用户级线程出现呢？

为了并行执行和提高用户应用程序的执行效率，人们开始考虑能否把多道程序设计技术用于应用程序内部？对此最基本的解决办法是将用户应用程序按多线程的方法来编程并运行该多线程应用程序。但是不幸的是，操作系统很可能是像 UNIX 那样的传统操作系统，它只支持进程，不支持线程。于是必须由用户应用程序来提供一个可以建立、调度和管理线程的运行环境。现代操作系统和某些语言如 Java，已为用户准备和提供了一个基于多线程的用户应用程序的开发环境和运行环境，称之为线程库(Threads Library)，它可以支持所有用户的创建、调度和管理线程工作。

当应用程序提交系统后，操作系统内核为它建立一个由内核管理的进程。该应用程序在线程库环境开始运行时，只有一个由线程库为之建立的线程。随着线程的执行(此时进程处于运行状态，应用程序和线程都是对应于该进程的)，线程可以创建一个新线程(所有创建的线程均运行在同一进程内)，于是调用线程库的(例如 fork())过程调用，该过程要为它建

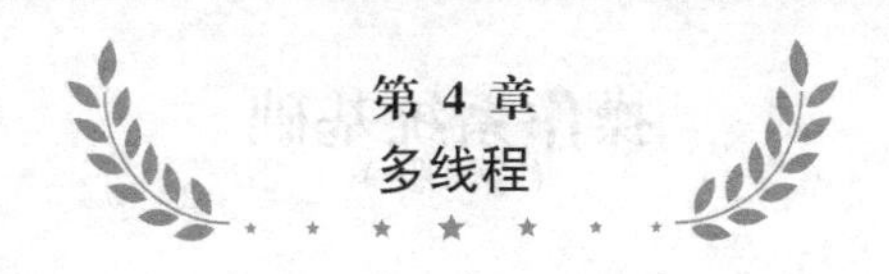

立一个新的数据结构 TCB 和用户堆栈，并置为就绪状态，由线程库按一定的调度算法挑选该进程的就绪线程运行，同时保存原运行线程的现场信息……

以上所有活动都发生在该进程的用户地址空间，内核完全不知道这些活动，内核只进行进程级的调度活动。

这种用户级线程与多线程操作系统的内核级线程执行相比有哪些优点呢？

(1) 用户应用程序中的线程开关(即控制从一个线程转到另一线程)的开销比内核线程开关的开销要小。因为所有线程管理的数据结构(TCB 表等)都在同一进程的用户地址空间内，管理线程开关的线程库也运行在用户地址空间，所以线程开关时没有处理器的模式转换，比内核级线程的线程开关省出了两次模式转换(用户态→内核态→用户态)的开销和内核资源(不使用内核堆栈，节省宝贵的内核堆栈空间)。

(2) 线程库的线程调度算法与操作系统的调度算法无关。因此可以提供几个线程库，每一个都适用不同类(如实时类、分时类)的应用，按应用程序的特性来提供相应的调度算法。完全可以做到某个应用程序使用“先进先出”的调度算法，而另一个应用程序则使用“基于优先级”的调度算法。因此更加灵活有效。

(3) 用户级线程方法可适用于任何操作系统，因为它不要求内核支持用户级线程(ULT)，而且线程库可以被所有应用程序共享。现代操作系统大多提供线程库的便利。

但是用户级线程方法也存在一些问题和缺点，让我们先考察以下情况。

(1) 假如应用程序中的线程 A 在执行过程(此时线程 A 是运行状态)中要求管理系统提供服务，例如请求 I/O。于是发生“访管中断”。中断管理程序把线程 A 对应的当前运行进程从运行状态改为阻塞状态(因为这是基于进程的普通操作系统)，并把控制转给其他就绪进程。然而线程 A 因等待 I/O，实际上是阻塞的，但它的状态仍然是运行状态。而该进程中的其他线程，尽管都不一定是阻塞状态，甚至都是可运行的就绪状态，但因进程被阻塞了，这些线程实际上也就被阻塞了。

(2) 如果操作系统调度进程的算法是按时间片轮转的，那么当线程 A 正在执行时(运行状态)若发生时钟中断，即线程 A 所对应的当前运行进程时间片用完了，操作系统的中断程序就会将该进程置为就绪状态，并把控制调度给其他就绪进程，而线程 A 仍然处于运行状态。

对于第(1)种情况，当线程 A 的 I/O 中断完成后，操作系统的进程调度程序可能调度线程 A 对应的进程运行，这时恢复原来的断点现场，线程 A 在运行状态接着运行。从以上讨论，可以看到纯 ULT 方法有以下缺点。

① 在一个典型的操作系统中，访管请求通常会导致阻塞。所以当一个线程执行了访管请求而被阻塞时，将使得进程中所有其他线程实际全被阻塞。但在内核级线程情况下就不会这样，因为后者是多线程操作系统，它的调度是基于线程的，只要进程中其他线程不是阻塞状态而是就绪状态，就仍然可以参与调度。而前者是基于进程的普通操作系统，进程阻塞了，进程中的其他即使就绪的线程也不能被调度运行。

② 上面第①种情况，关于线程 A 因请求 I/O 而导致相应的当前运行进程被阻塞。当 I/O 完成中断发生，进程又被调度运行，控制回到线程 A 执行。这种情况有可能导致线程独自垄断对处理器的控制，造成进程中其他线程得不到运行机会(所谓饥饿问题)。

③ 在纯 ULT 情况下，用户应用程序得不到在多机系统中多处理器的好处，因为普通基

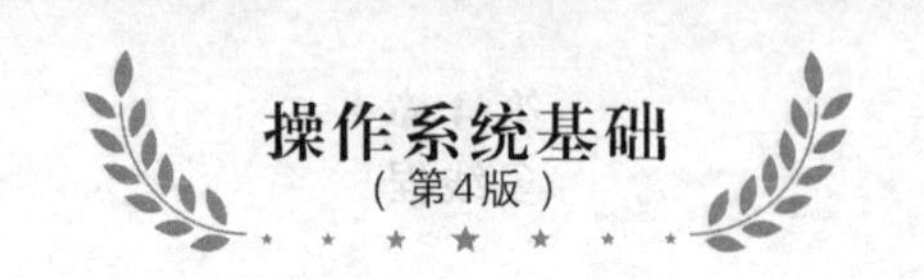

于进程的操作系统每次只调度一个进程到一个处理器上执行。也就是说，用户应用程序每次只有进程中的一个线程在一个 CPU 上执行。如果在基于多线程的操作系统上执行（即内核级线程方法），那么一个进程中的所有线程就可以在多个处理器上同时运行，用户程序的执行速度将可以大大提高。

如何解决以上问题呢？对于进程中一个线程独占处理器垄断情况的解决方法，是在线程库中设置一个监控程序，它有自己的虚拟时钟，当某线程对 CPU 的控制超过规定值时，就抢占它的运行，将 CPU 分给进程中的其他线程。对于阻塞了进程中其他所有线程问题的解决办法是，不让线程直接调用系统的 I/O 服务，而是调用线程库中专门编制的 I/O 程序。该程序测试 I/O 设备是否忙，如果忙，就将当前运行线程（线程 A）改为就绪状态，并由线程库调度进程中的另一就绪线程运行。若测试 I/O 设备不忙，则执行 I/O 操作。

用户线程存在的其他问题是由于内核完全不知道用户线程的情况，这样就不能使用保护机制来保护用户线程不被其他线程破坏，如内核保护进程之间的非授权访问，而线程之间无此保护。另一个问题是由于内核调度进程而线程库调度用户线程，由于没有内核显式地支持，用户线程可能改善并发性（指并发程序设计技术带来的虚拟并行），但是不能增加其在多处理器系统中的物理并行性，因为内核按进程只分配给一个处理器。一般来说用户线程比较适合使用于线程相对独立、线程间没有太多交叉作用的情况下。另外，线程大小（指线程用作一个单独实体时必须做的工作量）不宜太大，一般大小在几百条指令，通过编辑器辅助可以减少到不到 100 条。

图 4.3(a)表示的是纯 ULT 方法。

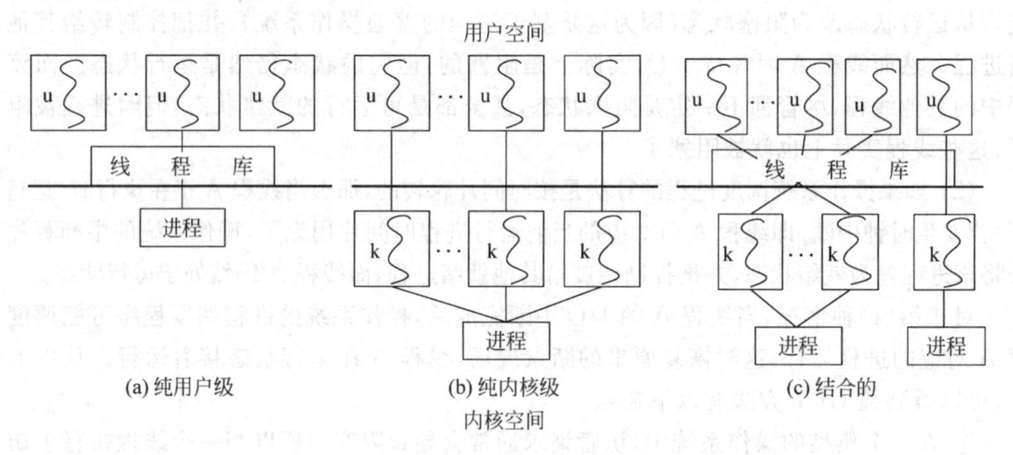

图 4.3　用户级程和内核级线程

4.3.3　内核级线程

内核级线程（Kernel-Level Threads，KLT），在纯 KLT 方法中，所有线程的创建、调度和管理全部由操作系统内核负责，Windows NT 和 OS/2 是这种方法的例子，图 4.4(b)表示的是纯 KLT 方法。一个应用程序可以按多线程方法编制程序。当提交给多线程操作系统运行时，内核为它创建一个进程和一个线程，线程运行过程中可以调用内核创建线程原语创建其他所需线程，所有这些线程都属于该进程。内核为进程维护创建一个线程表，也为每个线程提供一个内核数据结构——线程控制块或线程对象。也就是说，所有内核创建的线程在内核都有个“户头”。内核在进程控制块中保存由进程作为整体的现场数据（或称上下文数据），而在每个线程 TCB 中有各个线程的现场数据。处理器调度是由内核线程调度程序（又称调度器）基于线程进行的。

这种方法克服了纯 ULT 方法的缺点。首先内核可调度一个进程中的多个线程同时在多个处理器上并行运行，从而提高程序执行速度和效率；其次，当进程中的一个线程被阻塞时，进程中的其他线程仍可以被调度运行；最后，内核过程本身也都可以以线程方式实现。

纯 KLT 方法的缺点是在同一进程中的线程开关要有两次模式转换（用户态→内核态→用户态），因为应用程序的线程运行在用户态，而线程调度程序和相关的中断处理程序是运行在内核态的。纯 KLT 方法比纯 ULT 方法开销要大。

4.3.4 KLT 和 ULT 结合的方法

要克服纯 KLT 和纯 ULT 方法中的缺点，发挥其优点，就要把两种方法结合起来。这就是基于多线程的操作系统。内核支持多线程的建立、调度和管理。同时系统又提供线程库，允许用户应用程序建立、调度和管理用户级的线程。图 4.4(c)表示了这种两者结合的方法。

在图 4.4 中的讨论中，常出现用户级线程、内核级线程、用户线程和内核线程。这很可能会使读者混淆。实际上用户级线程（ULT）和内核级线程（KLT）两者是一个管理上的概念，用于说明有关线程由用户还是内核所创建和管理。通俗地说，就是有关线程是在内核还是在用户应用程序中。系统中每一个具体的线程只有两类。

(1) 用户线程。指运行在用户地址空间的线程，大多数线程都是用户线程。

(2) 内核线程。指运行在内核空间的线程，例如内核子程序或所有中断和异常处理程序用线程来实现的话，都是内核线程。

所有的用户级线程都是用户线程。所有的内核级线程，既可以是用户线程又可以是内核线程，具体要看它运行的地址空间。为便于理解，不致混淆，不妨把图 4.4 中的内核级图标看作被内核创建的线程在内核的数据结构，它所对应的是该线程的实体——用户线程，这样可便于理解图 4.4(b)中的一一对应关系。

4.3.5 线程库

很多基于多线程的当代操作系统和某些语言都提供了线程库，如 POSIX 的 P-threads 和 Mach 的 C-threads 和 Java，供所有用户应用程序共享，并支持用户应用程序创建、调度和管理自己的用户级线程的运行。

实际上线程库是一个多线程应用程序的开发和运行环境。在一个线程库中通常至少提供以下功能的过程调用。建立一个线程、撤销一个线程、阻塞一个线程、挂起一个线程、恢复一个线程、调度一个线程、线程间通信原语、线程间同步原语。

线程库中自然也要有数据结构和各种队列维护，以及其他线程管理功能（如线程组等）。因此线程库实际上是应用程序中用户级线程的微内核。由于在用户态和内核态之间来回切换的开销很大，故线程库应该尽量减少内核的参与。因为线程库如果调用内核的一个系统服务，它的开销相对是很大的。由于每个系统调用都需要在内核和用户两个模式（线程库在用户态活动）间转换，一个是在调用执行时从用户态到内核态，另一个是在调用完成时返回到用户态。在每一个模式转换时都要跨越一个保护边界，内核必须把系统调用的参数从用户空间复制到内核空间，内核要校验它们以防止某些进程的有意破坏。同样从系统调用返回到用户态时，内核要把数据复制回用户空间。所以线程库本身要提供尽量多的工具以支持应用程序的运行。

线程库既然起一个微内核的作用，就要维护每一个线程的状态信息，并在用户级处理所有的线程操作。线程库中要包含调度算法，对线程进行实际的处理器调度。

每个线程库都要提供一个用户级的编程接口，例如 Windows NT 或 POSIX 平台或其他。

4.4 Solaris 操作系统的线程机制*

Solaris 是一个 UNIX 类型的操作系统，所以本节主要讨论 UNIX 型操作系统的线程特性。

4.4.1 Solaris 的多线程结构

Solaris 操作系统使用了 4 个与线程有关的概念。

(1) 进程。这是通常的 UNIX 进程概念，包括用户地址空间、堆栈和进程控制块。

(2) 用户级线程（ULT）。它也是通过在进程地址空间的线程库来实现的，内核是不可见的。用户级线程是应用程序并行机制的接口。

(3) 轻质（Lightweight）进程（LWP）。轻质进程可以被看作用户级线程与内核级线程之间的映射，每个轻质进程（LWP）都与一个内核级线程一一对应，每个 LWP 可以映射一个或多个用户级线程到一个内核级线程。轻质进程是被内核独立调度并可在多处理器上并行执行的。

(4) 内核级线程（KLT）。它是被调度并分派到一个处理器上执行的基本实体。

图 4.4 表示的是 Solaris 操作系统的多线程结构。如图 4.4 所示，这是一个由 5 个处理器组成的 SMP 对称型多机系统，图中每个轻质进程都与一个内核线程对应。进程 1 中只有一个用户级线程和与它相联系的轻质进程。这种情况对应于典型的基于进程的 UNIX 类系统中的情况。而进程 4 对应于 4.2 节所述的纯 ULT 方法中的情形。进程 4 中的所有线程通过一个轻质进程被相应的内核线程所支持。每次只能有一个用户线程运行。这种结构对于那种虽然包含很多并行性，但比较适合于并不真正要求同时并行执行的应用。例如某应用虽然包含很多并行窗口，但任何时候真正的活动窗口都只有一个。进程 3 利用较少的轻质进程（图中是两个）对应于、等于或多于它们的用户线程的情况，Solaris 系统利用这种方法可以使应用程序说明要求多少内核级线程的并行度（图 4.4 中为两个）来支持该进程。

这种结构对于应用程序中的线程可能会被阻塞(例如 I/O)的情况是有好处的。因为进程中一个线程引起与其相应的轻质进程和内核线程被阻塞,但因为还有其他轻质进程与进程中剩下的其他线程相对应,仍然可以调度它们运行,不会使剩下的线程被实际地阻塞。进程 2 中有多个用户线程,但每个用户线程对应一个轻质进程。这种结构使得内核并行性对应用程序是可见的。它对于那种实时类应用和对时间要求很严、执行效率要求很高的应用是有利的。进程 5 有两种映射关系,其中一种是进程 3 的情况,另外还有一个是"一对一"的映射关系,并且该轻质进程是在一个特定的处理器上执行的。

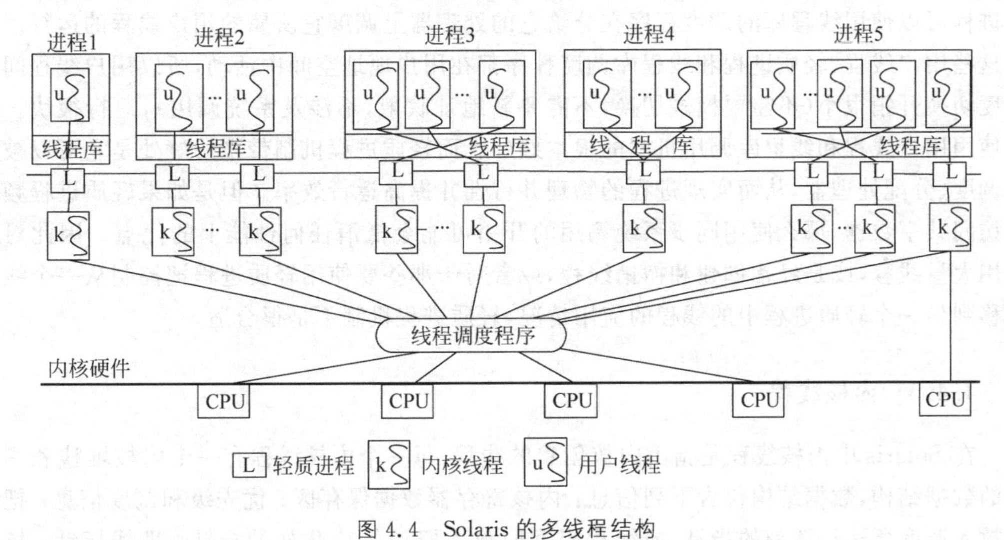

图 4.4 Solaris 的多线程结构

4.4.2 轻质进程

典型的 UNIX 进程结构包括进程 ID、用户 ID、一个信号表(内核使用该表以决定当一个信号发送给一个进程时,内核要做什么)、文件描述表(描述被该进程使用的文件的状态)、存储映像(定义了该进程的地址空间),以及一个有关处理器状态的结构(包括该进程的内核堆栈)。

Solaris 操作系统保留了 UNIX 的基本构架,它的每个进程对应不同数量的轻质进程。所以它把 UNIX 进程结构中的处理器状态结构取消,代之以一个包含各轻质进程的数据块结构的表格。每个轻质进程(LWP)的数据结构包含以下元素,轻质进程 ID;轻质进程优先级,由内核线程提供给它;信号屏蔽,它告诉内核接收哪些信号;保存的用户级寄存器的值(当轻质进程不执行时);该轻质进程的内核堆栈,包括系统调用参数、每次调用级的结果和错误码;使用的资源和数据;指向相应的内核级线程的指针;指向进程结构的指针。

轻质进程在于它的轻质,它除了以上数据结构外还有一个内核堆栈。通常它是由内核按用户进程要求的数量创建的。但 Solaris 是由线程库实现的,实际上它不是进程,只是一个内核支持的用户线程。每一个轻质进程都有一个内核线程支持(见图 4.4)。轻质进程被独立调度(即分配给处理器),进程中的轻质进程共享进程地址空间和进程的其他资源。一个进程由于有多个轻质进程,该进程才有可能分得多个处理器,从而实现进程物理上的并行性。轻质进程可以对I/O或其他资源进行系统调用，同时也能在I/O操作或资源访问时被阻塞。在一个多处理器系统中，由于每一个轻质进程都能被分配到一个不同的处理器上运行，一个进程才能真正享受到物理并行所带来的好处（否则进程只能分到一个处理器）。

但是轻质进程也有其局限性。首先大部分轻质进程的操作如创建、终止、释放和同步都需要系统调用。在4.4.1节中我们已说到每个系统调用都需要巨大的开销；其次每一个轻质进程都要花费相当多的内核资源，它所需的内核堆栈和数据结构要花费几千字节的物理主存。因此一个系统不能支持大量的轻质进程，往往多个用户线程合用一个轻质进程。轻质进程可以使用线程库的调度程序在分给它的处理器上调度它所属的用户线程的运行。由于这些用户线程、轻质进程和线程库调度程序都在用户地址空间中活动，所以用户线程间的调度切换开销很小（不需要模式切换，不需要新地址映射，不涉及系统调用），运行很快。这是使用用户线程和线程库调用机制的根本好处。而轻质进程机制带来的好处是它可以被直接调度、分配处理器，从而实现进程的物理并行性并提高运行效率。但是如果轻质进程频繁地访问共享数据，那么使用同步系统调用的开销可能会抵消任何性能上的优点。因此对于使用大量线程，或是经常创建和撤销线程，或者对于那些要使用轻质进程把控制从一个线程转移到另一个轻质进程中的线程的应用情况，轻质进程机制不是很合适。

4.4.3 内核线程

在Solaris中内核线程是指由内核创建的线程，每一个内核线程有一个内核堆栈和一个小的数据结构，数据结构包含下列信息：内核寄存器数据保存区；优先级和调度信息；把线程放入调度器运行队列的指针，或线程阻塞时放入资源等待队列的指针；堆栈指针；指向相关轻质进程的指针（如该内核线程无轻质进程则此项为空）；有关的轻质进程信息。

Solaris为支持实时类进程，把它的内核改为完全可抢占的。于是它把内核的函数和过程全部用线程来实现，所以Solaris内核是内核线程的集合。因此它的内核线程有两种，一种负责执行一个指定的内核函数，另一种是与轻质进程相对应的，用来支持和运行轻质进程的内核线程，内核线程独立被调度和分配到处理器上执行。

4.4.4 用户线程

Solaris的用户线程完全是由线程库来创建、管理和调度的，内核完全不知道用户线程情况。这样进程可以使用大量线程而不消耗内核资源。

4.4.5 线程的执行

图4.5给出了用户线程和轻质进程两者的执行状态及状态变化。由于用户级线程与轻质进程间有多对多的对应关系和一对一的关系，所以我们先考虑多对多的对应关系时的执行状态。在这种对应关系中的一个用户级线程可以处于以下4种状态之一。①可运行状态；②活动状态；③睡眠状态；④停止状态。

一个用户级线程处于活动状态是指当前安排给一个轻质进程并正在执行（当然是在与该轻质进程相对应的内核级线程被内核调度执行的相应时期中）。在执行过程中有许多事

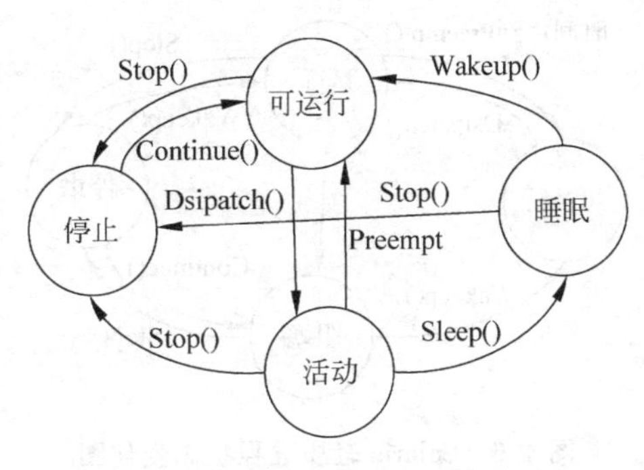

图 4.5　Solaris 用户级线程状态变化图

件可以导致该用户线程离开活动状态。

1. 同步原语

该用户线程可能为了与其他线程的动作取得协调而调用同步原语(见第 5 章),如强制性地互斥。于是该用户线程成为睡眠状态,直到同步条件适合时,才又转为可运行状态。

2. 被抢占

当该用户线程正在执行时,一个高优先级(高于当前用户线程的优先级)的其他用户线程成为可运行状态。于是当前运行线程的处理器被抢占而进入可运行状态。

3. 挂起操作

任何其他用户线程都可以挂起一个线程,线程也可以自己挂起自己。于是被挂起的用户线程就从原来的状态(可能是正在活动状态或可运行状态或睡眠状态)进入停止状态,直到另一个线程发出使该线程继续运行的请求,才使其进入可运行状态。

4. 转让(Yielding)处理器操作

当前运行线程可以通过执行线程库中的转让(Yield)命令,使得线程库中的调度程序在同一进程的线程中查寻是否有优先级不低于当前运行线程优先级的可运行线程。如有这样的线程,则把当前运行线程置为可运行状态,并将挑选出来的线程作为新的当前运行线程;如果没有,则忽略此命令。

如果一个当前运行线程被移出活动状态,则线程库选择一个可运行线程并把它安排给一个新的可用的轻质进程(LWP)。

图 4.6 表示的是一个轻质进程的状态图,实际上也可以把它看作 ULP 活动状态的详细描述。一个 ULP 仅当安排给它的轻质进程处于运行状态时,该 ULP 才处于活动状态并正在执行。当活动状态的 ULP 执行了一个引起阻塞的系统调用时,它的轻质进程进入阻塞状态。该轻质进程仍然与该 ULT 联系在一起,直到线程库关注为止,而 ULP 仍然留在活动状态。

在 ULT 与 LWP 一对一的关系中,状态变化则稍有不同。当一个 ULP 因等待同步事件而成为睡眠状态时,它的轻质进程(LWP)也必须停止运行,这是通过轻质进程(LWP)阻塞在内核级的同步变量上来实现的。

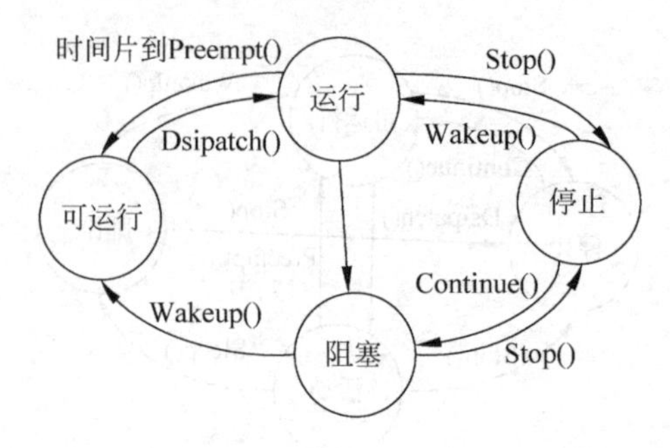

图 4.6　Solaris 轻质进程状态变化图

4.4.6　内核中断线程

在操作系统中，进程和中断都是异步执行的基本活动体。但中断管理程序一直就是内核中等待中断发生时，被调用的系统过程，不像进程和线程那样是主动的活动体。

中断处理程序通常管理那些被内核其他部分共享的数据。在传统 UNIX 中，为了保证对内核共享数据的互斥操作，常用提高临界段执行的中断优先级的办法来保护其不受中断打扰，但是这种办法存在不少问题。首先阻塞中断会影响系统的性能；其次在进入临界段前升高中断优先级和出临界段时降低中断优先级开销不小，大概每次要多执行十多条指令。Solaris 从使内核完全可以抢占的要求出发，把所有内核函数由内核线程执行一样，也把中断处理都以中断线程方式来执行，并使用内核同步对象互斥锁和信号量来保证对共享数据的互斥。

（1）用一个内核线程集合来管理中断，如同其他内核线程一样，一个中断线程有线程 ID、优先级、线程描述表（指现场数据或称上下文）和堆栈。

（2）内核控制对内核数据结构的访问，在中断线程之间用互斥原语来实现同步。

（3）比起内核的其他线程，中断线程被赋予较高的优先级。

（4）由一个特定的处理器来执行中断线程。

在内核中有一个非活动的中断线程池。它们被简单地挂起。当一个中断发生时，中断被提交给特定的处理器，相应的中断线程在该处理器上执行（只是中断线程被固定在该处理器上执行，不能移到其他处理器上去，而且它的现场数据是被保存的），于是该中断线程执行以管理此中断。如果中断子程序要访问一个共享的内核数据结构时，发现该数据结构已被锁住，正被其他执行的内核线程在访问，那么中断线程只能等待它访问结束。中断线程在执行时只被其他高优先级的中断线程抢占。

以线程方式实现中断增加了一些开销，但对临界段执行的升、降中断优先级动作可以节省十多条指令，而且临界段执行远比中断执行要频繁得多，所以这种方法总体上改善了性能。

本章小结

线程是操作系统领域出现的一个非常重要的机制和技术，它能有效地提高系统的性能。引入线程的主要目的是改善系统的处理能力：允许一个进程创建多个线程，系统以线程为基本单位进行调度。线程实体具有轻型、可独立运行、可共享其所隶属的进程所拥有的资源等特征,还必须拥有少量的私有资源。

线程具有不同的状态,在生存过程中状态可发生变化。操作系统常通过链指针将线程控制块(TCB)或线程对象,按它们所处的状态链接成相应的线程队列来加以管理。

线程按其实现方式可分为内核支持线程和用户级线程两类。内核支持线程的TCB被保存在核心空间中,它的运行需获得内核的支持。用户级线程是在用户空间实现的,也可以将用户级线程和内核支持线程技术结合起来(即内核控制的用户线程),此时它便具有了内核支持线程的所有属性。

使用用户级线程方式有许多优点。线程切换不需要转换到内核空间,从而节省了模式切换的开销,也节省了内核的宝贵资源。不同的进程可以根据自身需要,选择不同的调度算法对自己的线程进行管理和调度;用户级线程的实现与操作系统平台无关,因此,用户级线程甚至可以在不支持线程机制的操作系统平台上实现。用户级线程实现方式的主要缺点在于以下两个方面。

(1) 系统调用的阻塞问题。在基于进程机制的操作系统中,大多数系统调用将阻塞进程,因此,当线程执行一个系统调用时,不仅该线程被阻塞,而且进程内的所有线程都会被阻塞。而在内核支持的线程方式中,进程中的其他线程仍然可以运行。

(2) 在单纯的用户级线程实现方式中,多线程应用不能利用多处理机进行多重处理的优点。内核每次分配给一个进程的仅有一个CPU,因此进程中仅有一个线程能执行,在该线程放弃CPU之前,其他线程只能等待。

习题

4.1 为什么要引入线程的概念,有什么利和弊?

4.2 在基于进程的操作系统中进程承担什么任务或角色;在基于线程的操作系统中,进程和线程各起什么作用?

4.3 进程和线程的关系是什么?线程是由进程建立的吗?线程对实现并行性比进程机制有何好处?

4.4 什么是线程,它有哪些特点?

4.5 内核线程、用户线程、轻质进程、线程库的区别是什么?

4.6 线程通常有哪些状态,并比较Solaris和Windows NT的线程状态变换特性。

4.7 操作系统如何管理线程,一般提供哪些原语?

4.8 什么是多线程?从基于线程的概念来说操作系统分为哪几种类型?

4.9 试述线程库的概念和功能,并阐述你对线程库的理解。

4.10 试比较纯用户级线程、纯内核级线程和两者结合方式下实现线程机制的优劣。

第5章 互斥与同步

5.1 概述

半个世纪以来，计算机系统的硬件和软件方面一直都在坚持不懈、不遗余力地发展并行技术，而操作系统是在计算机领域发展并行技术的先驱和代表。计算机界如此醉心于并行技术的发展，其根本目的是充分利用计算机各部分的能力，使之并行运行以提高计算机系统，包括硬件系统和软件的效率和性能。

早期的操作系统是单道程序运行，不具有并行性。20世纪50～60年代，为了充分利用昂贵的CPU和外部设备，发展了一种并发技术——多道程序设计技术。并发技术可以在没有多个处理单元的情况下让几道进程轮流在CPU上工作，从而提升CPU的效率。几十年来，以下计算机系统技术的发展使操作系统的并发技术不断发展完善。

1. 多道程序设计

多道程序设计是在主存中同时存放多道程序并发运行。最初的多道程序设计是在单处理器上实现的，因而多道程序轮流或交替使用CPU，实际上任何给定时刻只有一道程序在CPU上运行。虽然并没有实现真正的并行运行，但是多道程序设计技术对操作系统设计的影响特别重大，可以说是根本性地推进了操作系统技术的发展。随着硬件的发展，当出现一个计算机系统中有多个处理单元时，就可以将多个进程分配给不同的处理单元工作，从而实现真正的并行。

多道程序设计技术提高了操作系统的性能和效率，但也带来了许多并发程序设计中的问题，例如互斥、同步。

当前的操作系统都支持多道程序设计技术。

2. 多处理器系统

一个多处理器计算机系统拥有多个处理器。20世纪80年代，多处理器系统仅使用在大型或小型计算机中。近年来已比较普遍地用于企事业由个人计算机构成的工作站和服务器中，多采用SMP模式（对称型多处理器系统）。由于系统拥有多个处理器，所以只要采用多道程序设计技术，将不同的进程分配给不同的处理单元，就可以实现真正意义上的并行。

3. 分布式处理系统

指对执行在多个分布式计算机上的多个进程进行管理的系统。它具有分散性和通信性的特点，使分散在工作地域的各节点计算机并行工作，共享系统中的各种资源（处理器、文件、数据库、打印机等）。

对操作系统从不同角度观察，可以有不同的观点和看法。如果从完成用户任务的运行角度来看，操作系统的主要工作是对系统中的众多进程进行管理。众多进程并行在系统中运行，运行期间每个进程都要使用系统中的资源，资源包括硬资源（多个处理器、主存、I/O设备）和软资源（文件和数据）。这些资源由众多进程共同使用，称为共享性。但实际上许多硬件资源的使用性质决定了所谓共享往往是宏观上的，实际使用时如CPU、打印机等则要求排他性地轮流使用。例如A进程使用某个资源时，B进程就不能用，这叫做互斥地使用（对硬资源的互斥使用往往又称为竞争）；有些软资源为了数据的完整和正确性更要求进程间互斥地使用。于是由共享引出了进程间“互斥”的需求。

在基于多道程序的多进程操作系统中，一个用户作业可以创建多个进程来完成。如一个先对两个 $N \times N$ 的不同矩阵求逆然后相加的作业，就可以建立两个进程分别负责两个矩阵的求逆工作，另外建立一个负责矩阵相加工作的进程。我们知道系统中有很多进程在共同竞争系统中的资源（如CPU机时间），由于进程间的相互制约和其他多种因素的影响，每个进程的进展是随机且不可预知的，或者说是异步的。但一个任务中各个进程的工作进展应该是有先后次序（也就是有时序关系）的。例如相加工作应在求逆工作之后进行，这称为同步。求逆进程应把求逆工作完成以及求逆后的结果都通知相加进程，也就是说进程之间要通信和交换数据。

综上所述，操作系统为了管理系统中众多进程的活动和进展，需要解决进程间互斥问题，进程间同步问题和进程间通信问题，并要有相应的机制来保证这些关系正确完美地实现。研究这些由并行性引出的需要解决的问题，就是本章要讨论的内容。所以关于并发性的讨论是研究在系统中并行运行的诸进程和线程间的各种相互作用关系中所存在的问题及其解决办法。需要说明的是，由于进程间相互关系与线程间相互关系类似，所以在以后讨论中我们对进程关系的讨论，都适用于线程之间的情况。因此本书不再单独讨论线程之间的并发问题。

系统中进程间的相互关系可以分为以下三种类型。

(1) 进程之间互相协同合作，彼此之间直接知道对方的存在并了解对方的进程名。这类关系的进程间常需要通过“进程间通信”方法来协同合作。

(2) 进程之间通过共享（主要是软资源）而间接知道对方的存在，但并不知道对方的名字。这类进程间最主要的问题是互斥问题和死锁问题。

(3) 进程之间互相并不知道对方，而只是通过对资源的竞争（主要是硬资源）而产生相互制约关系。这类进程间的主要问题是互斥问题和死锁问题。

5.2 临界区

为了解决互斥问题，首先需要给出一个重要的相关概念：临界区。

5.2.1　临界区的提出

我们考察这样两个例子。

例 1　在许多操作系统中，常在打印输出时使用称为 SPOOLing 系统的假脱机输出技术。当一个进程要打印输出一个文件时，它必须在打印输出队列中排队。输出队列是一个名为 Spooler 的专用打印输出的文件名录。它有 N 个目录项，编号为 0，1，2，…，$N-1$，用以保存等待打印输出的文件名。系统有一个专门负责打印的进程名为 printer，它周期地检查是否有要打印的文件，如果有，就负责打印输出，并将已完成输出的文件名从文件名录中清除。

系统为了对其进行管理，设置了两个整数变量 out 和 in。out 指出下一个要打印的文件的位置；in 指出目录中下一个空目录项的位置。图 5.1 表示在某一时刻，目录项 0～2 为空（文件已打印），3～5 为满（即保存的要打印的文件目）。

假设这时进程 A 和进程 B 要将自己的打印输出文件名放入输出队列排队。若进程 A 先运行，读 in；将 in 中的值 6 存入它的局部变量 nextfreeitem 中。这时，恰好发生时钟中断，进程 A 的时间片到。刚好由进程 B 执行下面的操作，读 in；将 in 中的值（现在仍然是 6）存入它的局部变量 nextfreeitem 中，并检测出其值是 6；于是将文件名存入第六个目录项中；然后将 nextfreeitem 增 1 后存入变量 in 中；之后 B 转去做其他事情。

当进程 A 再次被调度运行时，它从断点接着运行，检测 nextfreeitem 的值是 6，于是将它的文件名写入第六个目录项，将 nextfreeitem 增 1 后存入变量 in 中。这时错误发生，因为进程 B 存入的文件名被进程 A 覆盖了。

产生错误的原因是两个进程互不知道对方的进程通过共享 Spooler 目录发生了关系，但显然这两个进程的关系没有处理好，导致进程 B 的文件没有被打印，因为它丢失了。

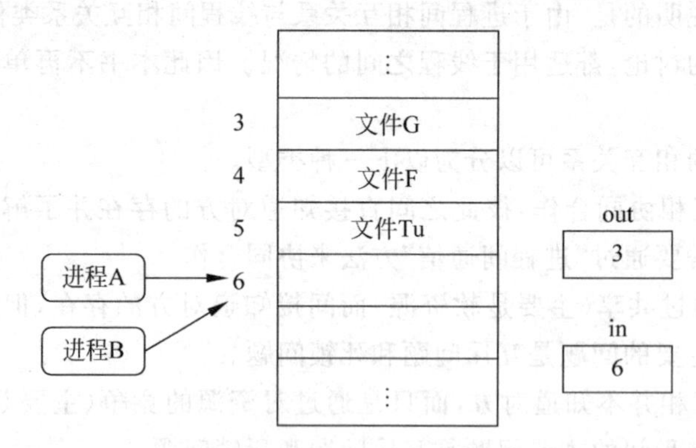

图 5.1　Spooler 目录

下面再考察一个更贴近机器指令级的并发性进程间关系的例子。

例 2　考虑两个进程 P_1 和 P_2，两者异步地增加代表某资源数量的一个公共变量 x 的值。

P_1：…；$x:=x+1$；…

P_2：…；$x:=x+1$；…

设 C_1 和 C_2 是共享主存的双机系统中的两个处理器，它们分别有内部通用寄存器 R_1 和 R_2。假定 P_1 正在 C_1 上执行，P_2 正在 C_2 上执行，而赋值语句 $x:=x+1$ 表示机器内部的动作由三部分组成，将变量取到寄存器；寄存器增1；将寄存器中的内容送回变量中。那么下面两个执行顺序中的任何一个都有可能在整个时间过程中发生。

(1) P_1：…；　$R_1=x$；　$R_1=R_1+1$；　$x=R_1$；…

　　P_2：…；　　　　　$R_2=x$；　　　$R_2=R_2+1$；　　$x=R_2$；…

　　t_0 ---------------------------------------> t

(2) P_1：…；　$R_1=x$；　$R_1=R_1+1$；　$x=R_1$；…；

　　P_2：…；　　　　　　　　　　　　$R_2=x$；$R_2=R_2+1$；$x=R_2$；…

假设最初在时刻 t_0，x 的值为 v。若按顺序(1)执行，则 P_1 和 P_2 执行完成后 x 的值为 $v+1$。若按顺序(2)执行，则 x 的结果为 $v+2$。很明显，执行顺序(1)是有问题的。

若只有一个处理器，P_1 和 P_2 采用分时方式交替在这个处理器上执行，则整个系统中只有一个寄存器 R，P_1 和 P_2 共享此寄存器实现 x 的值增1的操作。当 P_1 执行完 $R=x$ 后，由于时间片到而被中断。由 P_2 执行，也会导致最终 x 的值出现 $v+1$ 的情况。

在现实生活中，这样的例子也很多。例如，如果 P_1 和 P_2 是航空订票系统中的两个售票进程，x 代表某班机售出的座位数，那么这个系统将会出现座位数计数的错误，造成不愉快的后果。类似的情况在操作系统中是很多的。

这两个例子为什么都出了问题？问题在于这两个例子中的 in 和 x 都是共享变量，而两个进程在一个进程没有完成对共享变量的处理时，另一个进程就开始了对共享变量的处理，因而导致了问题的产生。因此，进程必须互斥地对共享变量进行访问才能保证进程执行的正确性。这里所谓的“互斥”就是“互相排斥”。

5.2.2　临界区的互斥要求

通过上面两个例子我们看出了进程对共享变量的读写操作必须互斥地进行才能保证进程的正确性。于是人们定义“进程中访问共享变量的代码段”称为临界区(Critical Sections)。例1中的进程A和进程B关于in的临界区是：

```
(in)→nextfreeitem                          //in的内容送入nextfreeitem
(filename)→spooler[nextfreeitem]           //将文件名放入nextfreeitem所指出的目录中
(nextf reeitem) + 1→in                     //将 in 增 1
```

例2中的进程 P_1 和 P_2 关于 x 的临界区则是 $R=x$；$R=R+1$；$x=R$。

需要指出的是，并发进程间关于同一个共享变量的操作可能是不同的。例如例2中进程 P_1 和 P_2 是买票进程，而可能又有一个进程 P_3 是退票进程。这些进程都在对共享变量 x 进行操作，而买票进程要对 x 执行加1操作，而退票进程则要对 x 执行减1操作。因而不同进程关于同一变量的临界区代码可能完全不同，而本节例1、例2中临界区代码刚好相同。

为了使系统中并行进程正确而有效地访问共享变量(又称临界资源)，对进程互斥地使用临界区有以下原则。

(1) 在共享同一个临界资源的所有进程中，每次只允许一个进程处于它的临界区之中。

也就是说强制所有这些进程中，每次只允许其中的一个进程访问该共享变量（临界资源）。

（2）若有多个进程同时要求进入它们的临界区，则应在有限的时间内让其中之一进入临界区，而不应相互阻塞，以至于各进程都进不去临界区。

（3）进程只能在临界区内逗留有限时间。

（4）不应使要进入临界区的进程无限期地等待在临界区之外。

（5）在临界区之外运行的进程不可以阻止其他进程进入临界区。

（6）在解决临界区问题时，不要假定进程执行的相对速度以及可用的处理器数目。

在解决临界区问题时，为了能正确贯彻以上互斥要求，以正确完美地解决进程间临界区互斥问题，人们曾做出很多努力。后面将要讲解的互斥的软件解决方案是对以上讨论的临界区概念很好的说明。

5.3 互斥

操作系统的主要工作是管理系统中的进程及其活动，也就是要正确管理和解决进程间相互作用的问题，其中大量的问题涉及进程之间的互斥和同步。同步是指异步事件能按照要求的时序进行，使得合作进程间协调一致地工作。但是在诸多的并发性问题中，最根本和最重要的是进程间互斥，这是解决同步的基础。实际上可以认为互斥也是一种同步，因为当一个进程在临界区中时，另一个要进入临界区的进程需要等待此进程从临界区中出来才能继续执行。

以下分别讨论在单处理器和多处理器系统中如何用软件和硬件方法实现进程间的互斥。

5.3.1 互斥的软件解决方法

对临界区互斥访问技术的努力始于20世纪60年代，当时首先想到的是从软件上想办法进行努力。下面我们将介绍这些软件方法。它们有的是正确的，有的是不正确的。这些方法之所以值得介绍，是因为它们显示出了在开发并发程序时存在的通病，同时也表示了软件方法解决互斥和同步问题的困难和逻辑上的复杂性。

首先通过一个例子来研究临界区互斥执行的软件解决办法。

例3 有两个并行进程 P_0 和 P_1，互斥地共享单个资源（如磁带机或某共享数据）。P_0 和 P_1 是一个无限循环进程，每次循环在一个有限的时间内使用一个资源。

对此问题，历史上曾有很多人提出过不同的软件解法。

解法1 用标志位flag[*i*]来标识进程 *i* 是否在临界区中执行，当flag[*i*]为真时，表示进程 *i* 正在执行临界区代码；反之则没有执行临界区代码。初始时flag[0]和flag[1]均为false。

由此，进程 P_i 的程序结构可描述如下。

```
P(int i)
{
    while(1)
    {
```

```
        while (flag[j] == true);                    //i 为 0 时,j 为 1; i 为 1 时,j 为 0
        flag[i] = true;
        //临界区内代码
        flag[i] = false;
        //临界区外代码
    }
}
```

此解法存在的问题是：当两个进程的标志位最初都为 false 时，如果刚好两个进程同时都想进入临界区，并且同时发现对方的标志位为 false，则两个进程同时进入各自的临界区，这就违背了临界区设计原则(1)，因为每次应该至多只允许一个进程进入临界区。

解法 2 用一个指针 turn 来指示应该由哪个进程进入临界区。若 turn 为 1，则进程 P_1 可以进入临界区，若 turn=0，则进程 P_0 可以进入临界区。

故进程 P_i 的程序结构如下。

```
P(int i)
{
    while(1)
    {
        while(turn!= i);
        //临界区内代码
        turn = j;                                   //i 为 0 时,j 为 1; i 为 1 时,j 为 0
        //临界区外代码
    }
}
```

此方法的问题在于强制两个进程以交替的次序进入临界区。如果进程 P_j 的处理器速度比 P_j 要快得多，或者进程 P_i 的非临界区代码部分很长，那么进程 P_j 在进程 P_i 尚未进入临界区前要求再次进入临界区时，尽管此时临界区内没有进程，P_j 也无法进入临界区，从而使临界资源的使用率不高。

解法 3 此方法还是用 flag[i]来表示进程 i 想要进入临界区，这是基于对解法 1 存在的问题的，未表明自己想进入临界区的意向，而只检测对方是否已在临界区中，从而导致同时进入，为此改为以下的结构。

```
P(int i)
{
    While(1)
    {
        flag[i] = true;
        while(flag[j]);
        //临界区内代码
        flag[i] = false;
        //临界区外代码
    }
}
```

但是此解法仍然存在问题。在两个进程同时想进入临界区时，进程把各自的标志位都置为 true，并且同时检测对方的状态，发现对方也想进入（或已在临界区中），于是互相“谦让”而阻塞了自己，谁也进不了临界区。从而违反了临界区设计原则(2)。

提出以上几个错误的解法，其目的在于揭示解决互斥问题中的困难及其不断完善直至正确的过程。下面的解法是由荷兰数学家 Dekker 提出的。

解法 4 此方法是为每个进程设置一个标志位 flag[i]，同样，当该位为真时，表示进程 P_i 要求进入临界区（或已在临界区中执行），反之为假。另外还设置了一个指针 turn 以指出应该由哪一个进程进入临界区；若 turn＝i 则应该由进程 P_i 进入临界区。假设 flag[0]和 flag[1]的初值为 false，turn 的初值为 0/1 之中的一个，则进程 P_i 的程序如下。

```
P(int i)
{
    While(1)
    {
        flag[i] = true;
        while( flag[j] && turn == j);
        //临界区代码
        turn = j;
        flag[i] = false;
        //临界区外代码
    }
}
```

不难看出，软件解决办法显得复杂而又不好理解，下面介绍临界区问题的硬件解决办法。

5.3.2 互斥的硬件解决方法

1. 中断屏蔽方法

在单处理器系统中，并行进程只有唯一一个处理器可以使用，因此当一个进程正在使用处理器执行它的临界区代码时，要防止其他进程再进入它们的临界区的最简单且直接的有效方法就是禁止一切中断发生，或称为屏蔽中断。因为在单处理器系统中，使得当前运行进程交出处理器的唯一原因是中断，而屏蔽中断就能保证当前运行进程把临界区代码顺利执行完，保证互斥实现，然后再开中断。下面是用中断屏蔽方法在单处理器上实现互斥的典型模式。

```
屏蔽中断;
临界区代码;
开中断;
```

采用开关中断方法来实现进程间互斥，既简单又有效。但它存在两个缺点：首先系统要付出较高的代价，因为这种开关中断的做法，限制了处理器交叉执行程序的能力。其次这种方法在多处理器系统中是不能保证进程间互斥的，因为在一个处理器上关中断，并不能防止进程在其他处理器上执行其临界区代码。

2. 硬件指令方法

许多大型机和微型计算机都提供了专门的硬件指令，这些指令都允许对一个字中的内容进行检测和修正，或交换两个字的内容。特别要指出的是，这些操作都是在一个指令周期中完成的，或者说是由一条指令来完成的。因此用这些指令就可以解决临界区问题了。

实现这种功能的硬件指令有两种。

(1) TS (Test-and-Set)指令。该指令的功能可用 C 语言描述如下。

```
bool Test - and - Set(bool flag)
{
    bool temp;
    temp = flag;
    flag = true;
    return temp;
}
```

这条指令在微型计算机 Z-8000 中称为 TEST 指令，在 IBM 370 中称为 TS 指令。

(2) swap 指令。该指令的功能是交换两个字的内容，它可用 C 语言描述如下。

```
swap(bool a,bool b)
{
    bool temp;
    temp = a;
    a = b;
    b = temp;
}
```

在微型计算机 Intel 8086 或 8088 中，该指令称为 XCHG 指令，用这些硬件指令可以简单而有效地实现互斥。其方法是为每个临界区或其他互斥资源设置一个布尔变量，例如称为 lock。当其值为 false 时表示临界区未被使用，反之则说明正有进程在临界区中执行。于是某进程用 TS 指令实现互斥的程序结构如下。

```
while(1)
{
    while(TS(lock));
    //临界区代码;
    Lock = false;
    //临界区外代码;
}
```

而如果用 swap 指令来实现互斥，则用一个变量 key 来与 lock 的值进行交换，从而实现测试 lock 的状态并给 lock 上锁的功能，具体代码如下。

```
while(1)
{
    Key = true;
    while(swap(lock, key) == true);
    //临界区代码
    lock = false;
```

```
    //临界区外代码
}
```

用硬件指令方法来实现进程间的互斥也有着明显的优点。

(1) 硬件指令方法实现互斥不但适用于单处理器情况,而且适用于共享主存的 SMP(对称多处理器系统),因此被广泛使用。

(2) 方法简单,行而有效。

(3) 可以被用于有多个临界区的情况。每个临界区可以定义它自己的共享变量。

用上述硬件指令虽然可以有效地保证进程间互斥,但是有一个共同的缺点,就是当进程正在临界区中执行时,其他想进入临界区的进程必须不断地测试布尔变量 lock 的值,这就造成了处理器机时的浪费。我们常称这种情况为"忙等待"。如果在单处理器系统中,一个进程想要进入正处于"忙"状态的临界区中(即已有进程在该共享变量的临界区中执行),该进程只好不断地测试该临界区的状态而耗完时间片,白白浪费了很多处理器时间。但是如果在多机系统中,一个进程在某处理器上正执行临界区代码,而另一个进程在另一处理器上运行,要求进入临界区,该进程只能使用"忙等待"的方法不断测试临界区的状态。虽然浪费了处理器的时间,但由于一般临界区代码很短,且系统拥有多个处理器,所以该进程浪费的机时有限。因此硬件锁的方法在多处理器系统中有广泛的应用。

5.4 信号量

前面我们讨论了互斥问题的软件和硬件解决方法。虽然它们都可以解决互斥问题,而且硬件方法十分简单而有效,但都存在一定缺点,即软件算法太复杂,效率不高,且存在各种问题;中断屏蔽方法只能用于单机系统;硬件指令方法有"忙等待"的缺点。因此人们开始寻找其他方法。

荷兰著名的计算机科学家 Dijkstra,于 1965 年提出了一个同步机构称为信号量(semaphore),其基本原则是在多个相互合作的进程之间使用简单的信号来同步。一个进程强制地被停止在一个特定的地方直到收到一个专门的信号。这个信号就是后来的"信号量"。

5.4.1 信号量

一个信号量被定义为一个整型变量,在其上定义了以下三个操作。

(1) 可以被"初始化"为一个非负数。

(2) wait 操作(也被称为 P 操作)。将信号量值减 1 后,若该值为负,则执行 wait 操作的进程等待。

(3) signal 操作(也被称为 V 操作)。将信号量值增 1 后,若该值非正,则执行 signal 操作的进程唤醒等待进程(唤醒动作只用于阻塞等待情况)。

5.4.2 信号量及同步原语

本节拟给出信号量和同步原语的表示形式。由于信号量往往按其用途可分为:

(1) 二元信号量。它仅允许取值为“0”与“1”,主要用作互斥变量。

(2) 一般信号量。它允许取值为非负整数,主要用于进程间的一般同步问题。

而进程在 wait 操作后的等待方式也可分为阻塞等待和忙等待两种方式,下面分别加以介绍。

阻塞等待方式。

(1) 信号量的数据结构。

此种执行方式是把等待进程放入与此信号量 S 有关的阻塞队列,需要有该队列的头指针,因此要把信号量定义进一步进行扩充,其数据结构形式由整型变量,扩充成为记录形式。它不仅包含一个整型数,还有一个进程队列。下面用 C 语言的结构对信号量进行描述:

```
typedef structure
{
    int value;
    struct process * L;
} semaphore;
```

(2) 一般信号量上的同步原语。

```
wait (S)
{
    S.value = S.value - 1;
    if (S.value < 0)
    {
        将执行 wait(S)的进程 P 插入 S.L 中;
        block();
    }
}
signal(S)
{
    S.value = S.value + 1;
    if(S.value <= 0)
    {
        从 S.L 中删除一个进程 P;
        wakeup(P);
    }
```

定义中的 block(), wakeup()均由系统调用,block()负责将执行它的进程阻塞,让其进入等待状态,而 wakeup (P)表示把该进程 P 的状态转换成就绪状态。

为便于理解,同步操作的物理意义可这样来看待。当 S.value>0 时,信号量数值表示某类资源的可用资源数。每执行一次 wait 操作就意味着请求分配一个单位的该类资源给执行 wait 操作的进程,因此描述为 S.value=S.value-1；当 S.value<0 时,表示已经没有此类资源可供分配了,因此请求资源的进程将被阻塞在相应的信号量 S 的等待队列中。此时 S 的绝对值等于在该信号量上等待的进程数。而执行一次 signal 操作意味着进程释放出一个单位的该类可用资源,故描述为 S.value=S.value+1。若 S.value≤0,则表示信号量等待队列中有因请求该资源而等待的进程,因此应把等待队列中的一个进程(往往是第一

个）唤醒（即改变进程的阻塞状态），使之转到就绪队列中去。

5.4.3 同步原语的不可分割性

信号量机制是用于相互合作进程间的互斥和同步的。这些异步进程，任何时候都可能使用同步原语访问信号量，并对信号量的值进行操作（如增1、减1），因此信号量本身也成为被这些进程访问的共享变量。而每个信号量的同步原语，无论是wait(S)还是signal(*S*)中的代码都是对共享变量信号量*S*进行操作的代码，都是临界区代码。进程对临界区的访问应该是互斥进行的，这也就是说，在任何时候只能允许一个进程执行同步原语。

但实际上由于信号量上的同步原语的重要性以及它们被使用的频繁程度，为了操作系统整体的性能和效率，对同步原语的要求远比对临界区的要求要高。所以几乎所有的操作系统都严格规定“信号量上的同步原语应该是原子的操作”，也就是说这些原语应该是一个整体的不可分的操作。它包含两层意思。

（1）保证进程间互斥地使用同步原语。

（2）整体操作不可分割，也就是不可打断其执行或者说不可中断。

5.4.4 用信号量实现进程间互斥

信号量上的原语操作使临界区问题的解决比较简单明了。

假定mutex是一个互斥信号量。由于每次只允许一个进程进入临界区。如果把临界区看作资源，那么它的可用单位数就为1，所以mutex的初值应为1。

下面用mutex这个信号量在n个进程间实现互斥。进程P_i的并行执行大致描述如下。

```
wait(mutex);
//进程 Pi 的临界区代码
signal(mutex);
//进程 Pi 的其他部分代码
```

当有一进程在临界区中时，mutex的值为0，否则，mutex=1。这样，互斥信号量就相当于一把锁的作用。互斥的实现是由于只有一个进程能用wait操作把mutex减为0。当有第二个进程对mutex执行wait操作时mutex变为−1。这满足wait操作定义中mutex<0的条件，该进程进入等待队列，直到第一个进程退出临界区时，执行signal操作唤醒它。进程在mutex上执行signal操作的结果，使mutex由−1又变为0，于是唤醒在mutex信号量上等待的阻塞进程，从而被唤醒的进程可以进入临界区。

5.4.5 生产者和消费者问题

生产者和消费者问题及其同步技术是由Dijkstra于1968年提出的。在计算机系统中的许多问题都可以将它归结为生产者和消费者问题。例如，一个进程如果使用资源（尤其是软件资源——缓冲区中的数据，进程间通信的消息等），就可把它称为消费者。而一个进程如果制造并释放上述资源，就可把它称为生产者。它们之间的同步关系问题就称为生产者和消费者关系问题。在此类问题中，信号量可以作为资源计数器和同步进程的工具。下面介绍由 Dijkstra 提出的一个简单的以缓冲区为共享资源的两进程间通信的例子。

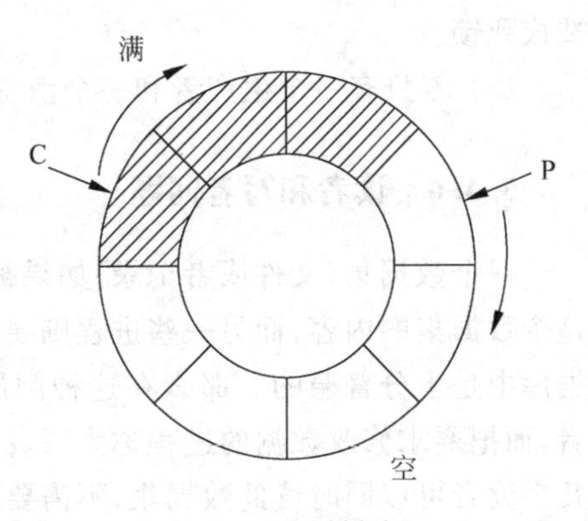

图 5.2　环形缓冲区

多个生产者进程生产数据，然后把它放在缓冲存储区中。同时，一个消费者进程从缓冲存储区中移走数据并处理它。假设该缓冲存储器是由 N 个相等大小的缓冲区单位组成的，每个缓冲区单位能容纳一个记录，整个缓冲存储器的 N 个缓冲区构成如图 5.2 所示的环形缓冲区。生产者不能向满缓冲区放产品，消费者不能从空缓冲区取产品。显然此问题中共享的资源是缓冲区。假设产品在缓冲区中连续存放，则将一个缓冲区分为两部分：空区域和满区域。用指针 C 指出满区域头，指针 P 指出空区域头。每当有生产者要求一个空缓冲区单位时，就分给其指针 P 指出的缓冲区，同时指针 P 按箭头方向移动一个位置。消费者从满区域中取产品的操作，也类似地移动指针 C，并分给其一个满缓冲区。我们假定系统中有等价的多个生产者和多个消费者进程，那么分配空缓冲区和移动指针 P 的操作应是互斥的临界区操作，对满缓冲区和指针 C 的操作也是互斥操作。所以共有两个临界资源。我们为每类资源设置一个信号量，则信号量 E 代表空区域单位的信号量，初值为 N；F 是满区域单位数，信号量初值是 0。mutex 是互斥信号量，初值是 1。

生产者的代码如下。

```
while(1)
{
    //生产数据
    wait(E);
    wait(mutex);
    //向空区域中放产品
    signal(mutex);
    signal(F);
}
```

消费者的代码如下。

```
while(1)
{
    wait(F);
    wait(mutex);
    //从满区域中取产品
    signal(mutex);
    signal(E);
    //消费产品
}
```

程序中有两点要请读者注意。

(1) 无论在生产者进程还是在消费者进程中，wait 操作的次序都不能颠倒，否则将可能造成死锁。

(2) 若只有一个生产者和一个消费者，则互斥信号量 mutex 可以不要。

5.4.6 读者和写者问题

一个数据集(文件或者记录)如果被几个并行进程所共享，那么有些进程就只是要求读这个数据集的内容，而另一些进程则要求修改这些数据集的内容，这种情况在文件系统、数据库中是十分普遍的。那么在这种问题中有什么同步关系呢？通常我们把读进程称为读者，而把要求修改数据的进程称为写者，而把此类问题归结为“读者和写者”问题。很显然，几个读者可以同时读此数据集，不需要互斥也不会产生任何问题，不存在破坏数据集中数据完整性、正确性的问题，但是一个写入者不能与其他进程(不管是写入者还是读者)同时访问此数据集，它们之间必须互斥，否则将破坏此数据的完整性。设想一个银行管理系统中，一个分行向总账目中写入存款数时(写者)，如结账进程(阅读总账目数据的读者)或其他分行的写者同时并行对此数据操作，就会产生如同前面提到的航空订票系统中同样的问题，即数据完整性被破坏，账目是错误的。所以写操作必须互斥地进行。

解决此问题最简单的方法是：当没有写进程正在访问共享数据集时，读者可以进入访问，否则必须等待。我们设信号量 mutex 和 wrt 的初值为 1，并设一个整型变量 readcount 来对读者进程数量进行计数，初值为 0，其算法如下。

```
reader()
{
    while(1)
    {
        wait(mutex);
        readcount++;
        if (readcount == 1) wait(wrt);
        signal(mutex);
        //读共享内容
        wait(mutex);
        readcount --;
        if(readcount == 0) signal(wrt);
        signal(mutex);
    }
}
writer()
{
    while(1)
    {
        wait(wrt);
        //写共享内容
        signal(wrt);
    }
}
```

由于写者要求进行写操作时，必须没有读者在进行读数据，所以要用 readcount 记录正在读的读者数。但对于所有读者来说,readcount 是一个共享变量,所以要互斥访问。用 mutex 作为访问 readcount 变量的互斥信号量。由于对共享数据集访问时要进行写操作互斥,所以用 wrt 作为互斥信号量。

当一个写者正在临界区中时,如有几个读者要求访问共享数据集,则只有一个读者在 wrt 上等待,而其他 $n-1$ 个读者等待在 mutex 信号量上,因此此算法会优先让读者去读。对此算法的改进——优先让写者进入,请读者练习。

5.5 管程

在 5.4 节中我们用信号量方法来实现生产者/消费者问题和读者/写者问题的同步。可以看出,信号量方法确实是一个强有力和十分灵活的同步工具,但由于难以直观地看到同步原语的影响,往往给开发并行程序带来困难,甚至出现错误。如生产者和消费者问题中颠倒两个 wait 操作顺序就会引起死锁。除此之外,前述的各种互斥手段,如 Test-and-set 指令,信号量上的操作,虽然都能有效地实现互斥和同步,但都存在缺点。

(1) 临界区操作的代码以及进入和退出临界区时的"上锁"和"开锁"操作代码,均要由用户来编写,这加重了用户负担。

(2) 所有同步原语操作都分散在用户编写的各程序代码中,由进程来执行。这样系统无法有效地控制和管理这些同步原语操作。

(3) 用户编程时难免会发生不正确地使用同步原语操作的错误,这种错误会给系统带来不堪设想的后果(如死锁)。更麻烦的是,无论是编译程序或操作系统都无法发现和纠正此类错误。

如用户编写出下列两种执行序列。

```
wait (mutex);
//临界区代码
wait (mutex);
```

或者

```
signal(mutex);
//临界区代码
wait(mutex);
```

请读者想想,mutex 作为互斥信号量将会出现什么情况?

于是出现了首先由 Dijkstra 提出,并由 Hansen 于 1974 年正式实现的另一种同步机构,即管程。

5.5.1 管程的定义

由于对临界区的访问分散在各进程之中,这样不便于系统对临界资源的控制和管理,也无法发现和纠正分散在用户程序中的不正确地使用同步原语的操作等问题。于是有人提出能否把这些分散在各进程中的临界区集中起来加以管理。怎样集中呢?由于临界区是访问共享资源的代码段，所以 Dijkstra 提出为每个共享资源设立一个“秘书”来管理对它的访问。一切来访者都要通过秘书，而秘书每次仅允许一个来访者（进程）访问共享资源。这样既便于系统管理共享资源，又能保证互斥访问和进程间同步。

以后 Hansen 在并行 Pascal 语言中，把“秘书”概念改名为管程（monitor），并将它作为该语言中的一个数据结构类型来描述操作系统。在该语言中，管程和进程都是操作系统的一个结构成分（详见有关此语言的著作）。管程是管理进程间同步的机制，它保证进程互斥地访问共享变量，并且提供了一个方便的阻塞和唤醒进程的机构。

通常认为，管程是由局部于管程的数据和一个或多个内部过程所组成的模块（或称程序包），它有以下基本特性。

(1) 局部于管程的数据只能被局部于管程内的过程所访问。

(2) 一个进程只有通过调用管程内的过程才能进入管程访问共享数据。

(3) 每次仅允许一个进程在管程内执行某个内部过程，即进程互斥地通过调用内部过程以进入管程。其他想进入管程的过程必须等待，并阻塞在等待队列。

如果不考虑第三条特性，管程的概念非常类似于面向对象语言中对象的概念，现在管程的概念已被并行 Pascal、Pascal-Plus、Modula、Modula-3 等语言作为一个语言的构件，或程序库中的成分而广为使用。由管程的定义可知，局部于管程内的数据结构只能被局部于管程内的过程所访问，不能由管程外的过程对其进行操作。反之，局部于管程内的过程只能访问管程内的数据结构。因此管程相当于围墙一样把共享变量（数据结构）和对它进行的若干操作过程围了起来。进程要访问共享资源（进入围墙使用某操作过程）就必须经过管程（围墙的门）才能进入，管程每次只允许一个进程进入管程内，即互斥地访问共享资源。

5.5.2 用管程实现同步

由于管程是一个语言成分，所以管程的互斥访问完全由编译程序在编译时自动添加，无须程序员关心，而且保证正确。下面研究用管程如何实现进程间同步，并仍然用生产者和消费者问题作为例子。

为使管程能用于处理进程间同步，在管程内应增加用于同步的设施。例如一个进程调用管程内过程而进入管程，在该过程的执行过程中，发生必须要把该进程挂起阻塞（例如它要求的某共享资源目前没有）的情况，直到一些条件被满足（如所要求的共享资源成为可用了），于是管程必须有使该进程阻塞并且使它离开管程以便其他进程可以进入管程执行的机制。同时在以后的某个时候，当被阻塞进程等待的条件得到满足后，必须使阻塞进程恢复运行，并允许它重新进入管程从断点（挂起阻塞点）开始执行。

于是在管程定义中增加了这样一些支持同步的组成部分。

- 局限于管程并仅能从管程内进行访问的若干条件变量。
- 在条件变量上进行操作的两个函数过程。
- C. waitC ()。将调用此函数过程的进程挂起阻塞在与条件变量 *C* 相关的队列中，并使管程成为可用（即其他进程可以进入管程）。
- C. signalC ()。恢复某个由于在条件变量 *C* 上执行 waitC 操作而被挂起阻塞的进

程,从中选择一个挂起进程予以恢复。如果没有被挂起的进程,就什么也不做,即该操作无效。

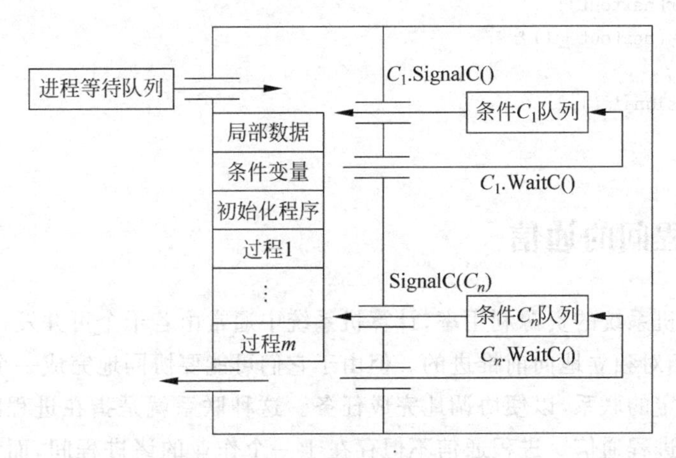

图 5.3　管程的结构

图 5.3 表示了管程的结构。我们仍然以生产者和消费者问题为例,看看管程方法如何实现进程之间的同步。仍使用有 N 个缓冲区的环形缓冲区,每个缓冲区可容纳一个数据记录。in 是空缓冲区头指针,out 是满缓冲区头指针。用 notfull 作为没有满缓冲区的条件变量,notempty 作为没有空缓冲区的条件变量,用 count 作为当前满缓冲区数量(即产品数量)。下面用管程方法的同步实现。

```
monitor boundedbuffer
{
    char buffer[N];
    int in, out;
    int count;
    condition notfull, notempty;
    void append(char x);
    void take(char x);
    void init()
    {
        in = 0;
        out = 0;
        count = 0;
    }
}
void append(char x)
{
    if (count == N) notfull.waitc();
    buffer[in] = x;
    nextin = (nextin + 1) % N;
    count++;
    notempty.signalc();
}
void take(char x)
```

```
{
    if (count == 0) notempty.waitc();
    x = buffer[nextout];
    nextout = (nextout + 1) % N;
    count --;
    notfull.signalc();
}
```

5.6 进程间的通信

为提高计算机系统的资源利用率，计算机系统中通常由若干个可并发执行的进程，这些进程是异步地、相对独立地向前推进的。但由于它们可能要协同地完成一个共同的任务，所以它们应保持一定的联系，以便协调地完成任务。这种联系就是指在进程间交换一定数量的信息——称为进程通信。进程通信不但存在于一个作业的诸进程间，而且也存在于共享有关资源的进程之间，以及客户与服务器进程之间。

进程间通信时所交换的信息量可多可少。少者仅是一些状态和数据的变换，多者可以是一个相当大的文件。随着信息技术的迅猛发展和多机系统、分布式系统以及网络技术的普遍应用，进程间的通信正变得越来越重要，越来越普遍。目前各系统中使用的进程间通信的实现模式有很多种，下面介绍几种常用的通信方法。

5.6.1 消息通信

这是用得比较广泛的进程间直接通信模式的一种。参与这种通信的进程分为两类，一类是发送者，另一类是接收者。它们利用系统提供的原语发送和接收消息。发送和接收原语均可以以阻塞和非阻塞两种方式实现。常用的实现方式是发送方不阻塞，接收方阻塞的模式。

1. 同步机制与数据结构

在此通信模式下，接收者进程常使用消息队列来管理各发送者进程发送来的消息。通常发送者在自己的工作区中按消息的数据格式形成一个消息，然后在公用存储区申请一个消息缓冲区，把消息放入消息缓冲区中，并链入接收者进程的消息队列中去。由于消息队列将被接收者和发送者异步地访问，这是一个相当于生产者和消费者的同步问题，所以要有一个互斥信号量以保证对消息队列的互斥访问，同时还要有当消息队列为空时，使接收者进程阻塞等待的信号量或条件变量，所以要有以下数据结构和信号量。

1）消息和消息缓冲区

- 消息

消息中至少要包含以下信息：目标（接收者）进程 ID，发送者进程 ID，消息大小，消息正文。消息是由发送者进程形成的。

- 消息缓冲区

发送者进程 ID，消息大小，消息正文和用于形成消息队列的链指针。

2）消息队列

由于消息队列要被多个进程访问，所以消息队列是由在公用存储区中的消息缓冲区链接而成的。消息队列的头指针通常在接收者进程的进程控制块(PCB)内，队列可按先进先出和优先级原则来组织。

3）同步机制

为实现同步需要一个互斥信号量(mutex)和一个等待信号量(或条件变量)(Swait)。通常这两个信号量也放在接收者进程的PCB中。

2．通信原语

实现进程间通信，至少需要以下两个通信原语。

```
send(目标进程 ID,消息);                    //发送原语
receive(源进程 ID,消息);                   //接收原语
```

1）send的工作流程

申请消息缓冲区→将消息正文传送到消息缓冲区正文部分→向消息缓冲区填写消息头部→查寻目标进程PCB并对互斥信号量mutex执行wait操作→将消息缓冲区链入消息队列→对等待信号量Swait执行signal操作→对互斥信号量mutex执行Signal操作。

2）receive的工作流程

对自己PCB中的Swait信号量执行wait操作→对互斥信号量mutex执行wait操作→将消息队列中的第一个消息(头指针所指向的)移入进程工作区→将消息队列头指针指向下一个消息→释放原第一个消息的消息缓冲区→对mutex执行signal操作。

如果消息队列为空，那么第一个wait操作，将使接收者进程阻塞在Swait信号量上，直到发送者进程执行send原语中，在Swait信号量上的signal操作才使接收者进程恢复为就绪或运行状态。

5.6.2 间接通信模式

间接通信是指发送者进程不是把消息直接发送给接收者进程，而是把消息发送到一个共享的数据结构——信箱中去，接收者进程也到信箱中去取消息。所谓信箱，实际上也是一个包含多个消息的队列。

直接通信常用于进程间相互关系比较紧密的情况下，而间接通信用于联系不十分紧密的进程间。同时间接通信的动力在于它的灵活性，灵活性表现在发送者进程和接收者进程之间的关系可以有一对一、一对多、多对一以及多对多的多种关系；其次信箱可以是静态、固定不变的，也可以是动态、可变的。图5.4表示间接通信关系。

"一对一"关系主要用于两个进程间建立私有的通信连接，可以不受其他进程的干扰和影响。"一对多"关系是指一个发送者和多个接收者的通信关系，这种关系用于一个发送者进程向一组中的多个进程以广播的方式发送一个或多个消息的应用场合。而"多对一"关系主要用于现代操作系统中客户/服务器模式下客户进程与服务器进程之间的关系。许多客户进程可能都向一个打印服务进程发消息请求提供打印服务。在这种情况下，我们把信箱称为"端口"(port)，如图5.4所示。

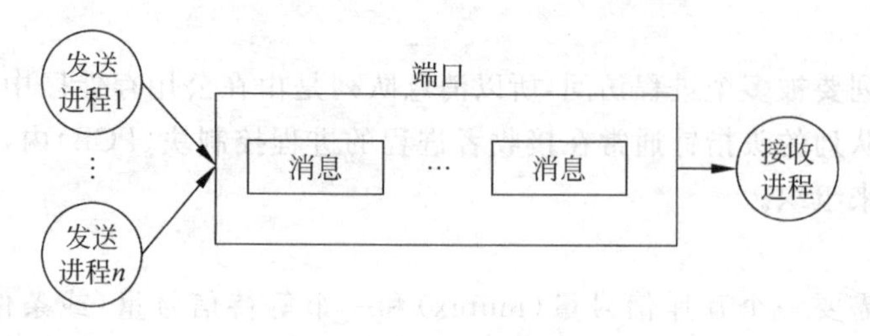

图 5.4　进程间接通信

进程与信箱的关系可以有静态的和动态的。端口通常是静态的，固定不变的，长期地安排给某个特定进程，直到进程撤销，端口才撤销。“一对一”通信关系中的信箱通常也是静态的、固定不变的。而当有多个发送者时，发送者进程与信箱的关系可以是动态的。为了实现信箱动态连接的目的，系统提供链接（connect）和解除链接（disconnect）原语。在进行通信之前，发送进程调用链接原语，把信箱链接到发送进程。如果要撤销链接，可以解除链接原语。

信箱和端口通常归创建者所有，端口由接收者进程所创建。

5.6.3　其他消息通信模式

对于一个发送者进程来说，它在执行 send 命令后，即发送完消息后怎么办？这不外有两种选择。

(1) 阻塞自己，等待接收者的回答信息后才继续向前执行，我们称为阻塞发送。

(2) 发送完消息后不等回答就继续向前执行称为不阻塞发送。

同样对于一个接收者来说，在执行 receive 命令后怎么办？也不外有两种选择。

(1) 已经有消息在等待接收者进程接收，于是在接收这个消息后继续前进。

(2) 还没有任何消息到来，于是它或者阻塞自己等待的消息到来，或者干脆放弃接收的意图，继续前进。前者称为阻塞接收，后者称为非阻塞接收。

在操作系统中常用的进程间通信模式有以下三种。

1. 非阻塞发送、阻塞接收

这是我们讨论过的最常用、最自然的模式。这种非阻塞发送的方式便于发送者进程尽快地向多个进程发送一个或多个消息的需要，同时这种不阻塞发送也适合客户进程在提出输出请求后，继续向前执行。尤其在 SPOOLing 系统中，这不需阻塞等待打印请求。这种阻塞接收的方式也特别适用于那些不等待消息到来就无法进行后续工作的进程，如等待有服务请求到来的服务器进程的工作情况和等待资源（硬资源和软资源）的进程。但不阻塞发送的方式也有隐患存在。它可能导致有意的或由于错误而造成发送者进程反复不断地发送消息，导致大量资源（CPU 时间和缓冲区空间）浪费。

2. 非阻塞发送、非阻塞接收

这是分布式系统常见的通信方式，因为采用阻塞接收方法时，如果发送来的消息丢失（这在分布式系统中常发生），或者被接收者进程所期待的消息，在该消息未发出之前发送者进程就发生问题了，那么将导致接收者进程无限期被阻塞。而改进的办法就是使用非阻塞接收方式，即接收者进程在接收消息时，若有消息就处理消息，没有消息就继续前进。

3. 阻塞发送，阻塞接收

发送者进程在发送完消息后，阻塞自己等到接收者进程发送回答消息后才能继续前进。接收者进程在接收到消息前，也阻塞等待，直到接到消息后再向发送者进程发送一个回答信息，如图 5.5 所示，称为双向通信。

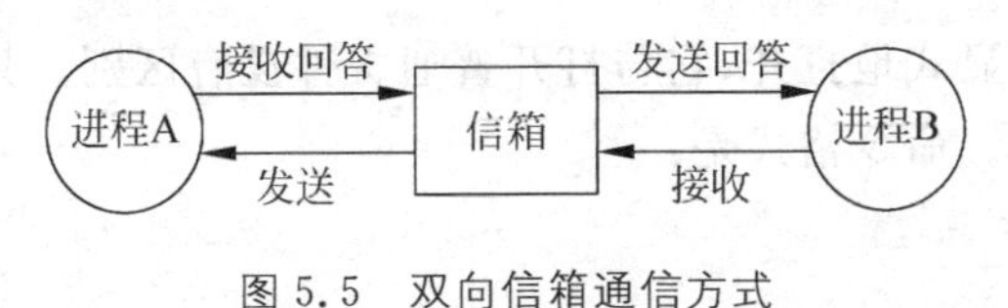

图 5.5　双向信箱通信方式

5.7　UNIX 的进程同步和通信

UNIX 中有以下 5 种用于进程同步和通信的机制。

(1) 管道。

(2) 消息。

(3) 共享主存。

(4) 信号量。

(5) 信号或称软中断。

5.7.1　管道

管道(pipes)是 UNIX 对操作系统最有意义的贡献，通常称为“两个进程间打开的文件”，允许两个进程按先进先出的方式传输数据，一个进程写入，一个进程读出，系统负责彼此间的同步执行。管道也可看作按生产者/消费者方式工作的环形缓冲区。

管道分两种，无名管道和有名管道。无名管道用于密切相关的父子进程或兄弟进程之间的通信，而有名管道则用于一般的无家族关系的进程间的通信。管道有以下系统调用。

1. 管道创建

创建无名管道的系统调用是：

```
pipe(fdp)
```

其中 fdp 是一个整型数组指针，其中包含对管道进行读写的两个文件描述符。

进程创建 pipe 文件后，通常就创建一个或几个子进程，于是子进程复制父进程的用户打开文件表，这样 pipe 文件就为父子进程共享。进程在使用无名管道通信时，调用 read() 和 write() 命令，与读写普通文件一样地进行读写。使用完后调用 close() 命令关闭管道文件。无名管道只是一个临时文件，关闭后文件就不复存在了。

而有名管道的创建命令是：

```
mknod(pathname, mode, dev)
```

由于有名管道这种文件有对应的文件目录项，这种文件不显式删除就永久存在。所以创建有名管道文件同创建一个目录文件、特别文件一样。命令中的 pathname 是路径名，mode 是文件的类型和存取方式，dev 是文件所在的设备。对于有名管道文件，dev 这个参数为 0。

2. 打开有名管道

使用有名管道前要显式地打开，它与打开普通文件没有区别。只是发送者以只写方式，接收方以只读方式打开。命令格式是：

```
open(pathname, oflg)
```

其中，oflg 是文件打开时的存取方式。

进程使用有名管道实现通信时需要有三次同步。

第一次是打开同步。当进程以读方式打开有名管道时，若已有写者打开过，则唤醒写者后继续前进，否则等待写者。当进程以写方式打开有名管道时，若已有读者打开过，则唤醒读者后继续前进，否则等待读者。

第二次是读写同步。其同步方式与无名管道 pipe 相同，允许写者超前读者 1024 个字符，当有更多字符要写入时，写者必须等待。当读者从有名管道读时，若无数据可读则等待。若有数据可读，则读完后要检查有无写者等待，若有则唤醒写者。而且要求读写双方随时检查通信的另一方是否存在，一旦有一方不存在，就立即终止通信。

第三次是关闭同步。当写者关闭有名管道时，发现有读者睡眠等待，就唤醒它。被唤醒者立即从读调用返回。当读者关闭有名管道时，发现有写者睡眠等待，就唤醒它，并向它发一个指示错误条件的信号后返回。最后一个关闭有名管道的进程释放该管道占用的全部盘块及在主存中的相应 i 节点。

5.7.2 消息

UNIX 系统 V 的消息机制类似于信箱机制。进程间通信通过消息队列，它的消息队列可以是单队列、多队列（按消息类型），单向和双向通信通道。

1. 所用的数据结构

1）消息缓冲区

其结构定义如下。

```
struct msgbuf{
        long mtype;              //消息类型，可以是正、负整数或 0
        char mtext[N];           //消息正文
        };
```

2）消息头结构和消息头表

• 消息头结构

对应每一个消息缓冲区都有一个消息头结构，其结构如下。

```
struct msg{
        msg - next;                          //消息队列中指向下一个消息的指针
        long msg - type;                     //消息类型(与消息缓冲区的相同)
        short msg - ts;                      //消息正文长度
        short msg - spot;                    //消息正文地址
        };
```

• 消息头结构表

由若干个消息头结构构成的数组。系统初始化时已设置好，其表目数为 100 个(结构定义从略)。

3) 消息队列头结构和消息队列头表

由于可以有多个消息队列(按消息类型)，于是对应每个消息队列都有一个消息队列头结构，其中包括队列的头、尾指针；队列访问的控制结构；队列中消息的个数；正文总字节数；最近一次发送、接收消息和修改时间和这些进程 ID 等有关信息。消息队列头表则是由消息队列头构成的数组。

4) 消息缓冲池

系统对消息正文的管理是将所有消息正文存放在消息缓冲池中。消息缓冲池的结构包括缓冲池的大小和首地址两项信息。

2. 消息的系统调用

(1) 建立一个消息队列。

(2) 向消息队列发送消息。

(3) 从消息队列接收消息。

(4) 取或送消息队列的控制信息。

5.7.3 共享主存

UNIX 的共享主存机制为进程提供了最快捷最有效的直接通信手段，是由通信进程直接访问某些共享的虚拟存储空间而实现通信的。在系统 V 中，系统管理一组共享主存控制块。通信进程在使用共享主存段以前先提出申请，系统分配给它并返回一个共享主存段标识号。一个共享主存建立后被附加到进程的虚拟地址空间，进程可以附加多个共享主存段。

1. 使用的数据结构

1) 共享主存段控制块(又称共享主存段头结构)：

每个共享主存段都有一个控制块，包括以下信息。

• 共享主存段访问控制结构。
• 共享段长度。
• 共享段页表始址。
• 最后执行该共享段操作的进程 ID。
• 创建该共享段的进程 ID。
• 当前附加段号和主存中的附加段号。
• 最近一次附加操作、拆卸操作和修改时间。

系统为便于管理，将共享主存段组成一个表，该表共有100个表目。

2) 共享主存段的数据结构

每个共享主存段都对应一个页表和允许的存取权限。每个进程最多允许有6个共享主存段，每个共享主存段有自己的页表。

2. 共享主存段的系统调用

(1) 申请一个共享主存段。参数包括共享主存段大小。返回参数是共享主存段标识号。

(2) 将共享段附加到申请通信的进程地址空间。

(3) 便共享段与进程解除连接。

5.7.4 信号量

UNIX系统V使用了本章所讨论的信号量技术，并且还做了很大扩充。它允许对一组信号量进行相同或不同的操作，而且每个wait和signal操作不限于增1和减1，而可以是增减任何整数，使信号量机制更具有灵活性。

1. 使用的数据结构

1) 信号量的数据结构

定义如下。

```
struct sem{
      ushort semval;                        //信号量的值
      short sempid;                         //最近一次对信号量操作的进程 ID
      ushort semncnt;                       //等待信号量增加的进程数
      ushort semzcnt;                       //等待信号量值为 0 的进程数
   };
```

2) 信号量标识的数据结构和信号量标识表

系统中每组信号量又称信号量集合，包含一个或多个信号量。每个信号量集合都有一个信号量标识的数据结构，定义如下。

```
struct semid_ds{
      struct ipc_perm sem_perm;             //对信号量访问权限的结构
      struct sem * sem_ base;               //指向一组中第一个信号量的指针
      ushort sem_ nsems;                    //一组中信号量的个数
      time_t sem_otime;                     //最近一次对信号量操作的时间
      time_t sen_ctime;                     //最近一次信号量状态的修改时间
   };
```

信号量标识表是每个信号量标识所组成的数组，每个表目对应一个信号量组。

2. 信号量机制的系统调用

1) 信号量集合的建立

任何进程在使用信号量之前，通过以下命令申请建立一个信号量集合。

```
semget(key, nsems, semflg)
```

其中,key为用户进程指定的信号量集合的关键字,nsems为信号量集合中的信号量数,semflg为访问标志,调用的返回值是信号量集合的标识号。

2) 对信号量的操作

进程通过调用semop()对一组信号量中的一个或多个信号量执行wait/signal操作。其操作命令由用户提供的信号量操作数组sembuf定义,该数组的每个元素的结构如下。

```
struct sembuf{
        ushort sem_num;                    //信号量的序号
        short sem_op;                      //具体执行的操作(即wait/signal)
        short sem_flg;                     //访问标志
        }
```

调用语法是:

```
semop(semid, sops, nsops)
```

其中semid为调用返回的信号量集合标识,sops为用户提供的信号量操作数组sembuf的指针,nsops为数组sembuf中的元素数。

在每一个操作中,实际的功能由sem_ op的值说明,大致如下。

- 若sem_op的值为正,则执行signal操作,将sem_op的值加到信号量值变量semval上,并唤醒等待该信号量值增加的所有进程。
- 若sem_op为0,则由内核检查信号量值,若为0,则继续表上其他操作。否则,增加等待信号量值为0的进程数,并把进程挂起阻塞在等待信号量值为0的事件上。
- 若sem_op为负,且它的绝对值小于或等于信号量值,则内核把sem_op(是负数)加到信号量值上。若结果为0,则由内核唤醒等待信号量值为0的所有进程。
- 若sem_op为负,且它的绝对值大于信号量大,则内核把该进程挂起在等待信号量增加的事件上。

3) 创建或修改恢复表

恢复表是用在进程终止时消除所有被它改变过的信号量的值,以保证信号量的完整性。当进程创建信号量时,内核为其在恢复表中增加一个活动项。进程终止时,系统将其创建的表从系统恢复表中删除。

4) 对信号量执行控制操作

当要读取和修改信号量集合的有关状态信息,或撤销信号量集合时,调用semctl()命令。

5.7.5 信号或软中断

UNIX系统V提供了信号处理机制,又叫做软中断。它是UNIX向进程提供的又一种通信机制。利用它,进程之间可以发送少量信息并进行适当处理。同组进程之间可以互相发送信号,而内核也可以从内部发信号给进程。所谓软中断信号,就是向某进程proc中的p_sig变量送入一个0~19的整数。系统V提供了19个软中断信号。软中断可分为以下几类。

(1) 与终端操作有关的软中断,如挂断、退出等。

(2) 为进程跟踪而引入的软中断。

(3) 错误使用了系统调用或系统调用期间发生不可恢复的情况(如某些资源用完)。

(4) 与进程终止有关的软中断。

(5) 用户态下进程之间发生的一些软中断。

系统规定 0 是没有软中断发生,超过 19 的软中断号,系统不予理睬。接收进程收到软中断信号后,并不能立即响应(有可能进程不在主存),而是等到接收进程运行时或从系统调用返回时才能响应。

proc 结构中的 p_sig 长 32 位,专门用来保存软中断信号,它的第零位对应 1 号软中断,第 18 位对应 19 号软中断。某位是 1,表示收到了相应软中断信号。一个进程有可能收到多个不同类型的软中断。内核允许每次只处理一个软中断信号。较小的软中断信号被优先处理,其他的软中断只有在进程下次被调度运行时才可能被处理。

本章小结

本章主要论述了操作系统中的一个重要的问题:互斥与同步。当系统中有多个进程共享数据的时候,会产生由于不同的进程同时读写共享数据而导致进程的执行结果与进程间的执行次序相关的问题。我们称程序中处理共享数据的代码为临界区,而只要进程之间能够互斥地进入临界区就可以解决上述问题。

解决互斥问题有多种方法。软件方法虽然简单,但是无法满足任意多个进程在相互不知情的情况下互斥进入临界区的需求;而通过屏蔽中断保证互斥的方法则有可能导致操作系统无法在需要的时候获得 CPU 的控制权,并且无法适应多 CPU 的情形。使用硬件指令 TS 和 swap,采用锁机制实现了互斥,但是在实现的时候采用了忙等待的形式,这令此方法在只有一个 CPU 的计算机系统中会导致 CPU 时间的浪费。而信号量方法则能让一个进程在发现无法进入临界区的时候进入等待状态,从而解决了忙等待的问题。但是如果在进行程序设计的时候不仔细处理与信号量相关的操作则可能导致非常严重的错误。管程是作为语言的一个数据结构类型提出的用来实现互斥和同步的方法,与信号量方法相比,管程方法不仅可以方便地实现互斥,还可以方便地通过对同步变量的操作实现同步。

进程间通信分为直接通信和间接通信两种。直接通信的进程通过调用 send 和 receive 通信原语实现进程之间的点对点通信;而间接通信则通过邮箱实现多种通信模式。

习题

5.1　并发执行的进程(或线程)在系统中通常表现为几种关系?各是在什么情况下发生的?

5.2　当 S 表示资源时,wait (S)和 signal(S)操作的直观含义是什么?

5.3　什么叫临界区?临界区的设计原则是什么?

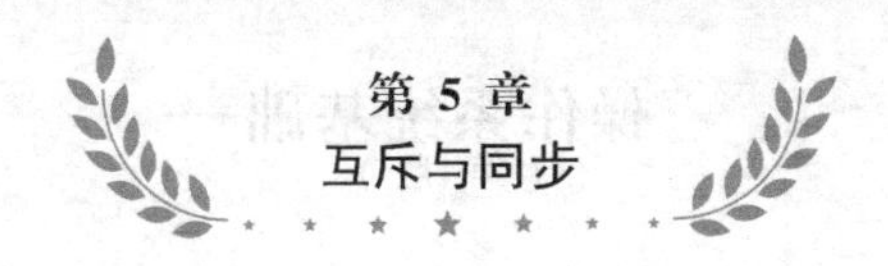

5.4　若进程A和B在临界区上互斥，那么当A处于临界区内时不能打断它的执行。这说法对吗？为什么？

5.5　同步与互斥这两个概念有何区别？

5.6　信号量的物理意义是什么？应如何设置其初值？并说明信号量的数据结构。

5.7　信号量是一个初值为非负的整型变量，可在其上做加“1”和减“1”的操作。这说法对吗？如何改正？

5.8　说明下面的说法是不正确的理由：当几个进程访问主存中的共享数据时，必须实行互斥以防止产生不确定的结果。

5.9　互斥原语可以用“忙等待”或“阻塞等待”两种方法加以实现。讨论每种方法的实用性和相对的优点。

5.10　说明单处理器系统在实现互斥时，为什么用提高中断优先级的办法是很有用的。

5.11　Windows NT在多处理模式下，用提高中断优先级以实现互斥可行吗？为什么？

5.12　为什么signal，wait操作必须是不可分割的？

5.13　因修路使A地到B地的多路并行车道变为单车道，请问在此问题中，什么是临界资源？什么是临界区？

5.14　设有几个进程共享一互斥段，对于以下两种情况，

(1) 每次只允许一个进程进入互斥段

(2) 最多允许 m 个进程($m<n$)同时进入互斥段

所采用的信号量是否相同？信号量值的变化范围如何？

5.15　有一阅览室，读者进入时必须先在一张登记表上进行登记，该表为每一座位列一表目，包括座号和读者姓名。读者离开时要销掉登记信息，阅览室中共有100个座位，请问：

(1) 为描述读者的动作，应编写几个程序？设置几个进程？进程与程序间的对应关系如何？

(2) 用类C语言和wait，signal操作写出这些进程间的同步算法。

5.16　在5.4.5节生产者和消费者问题的同步算法中，如果用一个互斥信号量 M 来代替算法中的两个互斥信号量 M_e 和 M_f（即算法的所有 M_e 和 M_f 处都用 M 来代替），请问：

(1) 改变后的算法与原算法各有何优缺点？

(2) 在改变后的算法中将生产者和消费者进程的两个相邻wait操作交换一下顺序，将有可能产生死锁，请举例说明为什么？

(3) 在(2)中若交换signal操作顺序有影响吗？

5.17　进程间通信有几种方法？发送和接收消息原语的功能是什么？

5.18　何谓多处理模式？比较非对称多处理与对称多处理的特点有何异同。

5.19　Windows NT操作系统在其内核中采用了哪些互斥方法？有何特点？

第6章 死 锁

6.1 死锁问题的提出

死锁问题是 Dijkstra 于 1965 年研究银行家算法时首先提出的，然后由 Havender、Lynch 等人分别于 1968 年、1971 年相继认识和发展。实际上死锁问题是一种普遍性的现象，不仅在计算机系统中存在，就是在日常生活和其他各个领域中也是广泛存在的。

所谓死锁是指计算机系统和进程所处的一种状态，常定义为：在系统中的一组进程，由于竞争系统资源或由于彼此通信而永远阻塞，我们称这些进程处于死锁状态。

多道程序系统中，实现资源共享是操作系统的基本目标，但不少资源是互斥地使用的。在这种情况下，比较容易发生死锁。例如，在只有一台打印机和一台输入机的情况下，假定甲进程正占用着输入机，而它还想得到打印机，但打印机正被乙进程占用着，乙进程在未释放打印机之前又要求使用被甲进程占用的输入机。那么这两个进程就都无法运行，进入死锁状态。

图 6.1 是对死锁现象的一种非形式的说明。X 轴和 Y 轴分别表示甲进程和乙进程的进展（用完成的指令条数来量度）。我们称这个二维空间是单处理器情况下两进程的进展空间。从该空间的原点开始的任何一条阶梯折线为这两个进程的共同进展路线，这条进展路线一般情况下只能前进，因为指令的执行是不能倒退的。

当共同进展路径是按图 6.1 的路径 1 前进时，不会发生死锁，因为乙进程在甲进程提出对输入机的要求前，已完成了对输入机和打印机的使用，并且释放了它们。反之，在乙进程对打印机提出要求前，甲进程已完成了对输入机和打印机的使用，并且释放了它们。这种共同进展路径也不会使系统进入死锁状态。但是如果两个进程的共同进展路径按照这样的路径前进时，甲进程占有了输入机，乙进程占有了打印机，共同进展路径就会进入危险区。危险区右上角的顶点是死锁点。共同进展路径只要一进入危险区，就必定要到达死锁点从而使系统成为死锁。这是因为共同进展路径在危险区中前进时必定会到达危险区边缘（上边、右边或者死锁点）。假设到达了危险区的右边，这时的情况是乙进程仍然占有打印机，但尚未提出占用输入机的要求。而甲进程占用着输入机，并且提出对打印机的要求。甲进程由于资源请求不能满足而被阻塞，这时只有乙进程使用处理器并取得进展，直到乙进程提出对输入机的请求时也被阻塞。系统成为死锁状态。两进程的共同进展路径达到死锁点以后就无法前进了。

在早期的系统中，由于系统规模较小、结构简单以及资源分配大多采用静态分配法，使

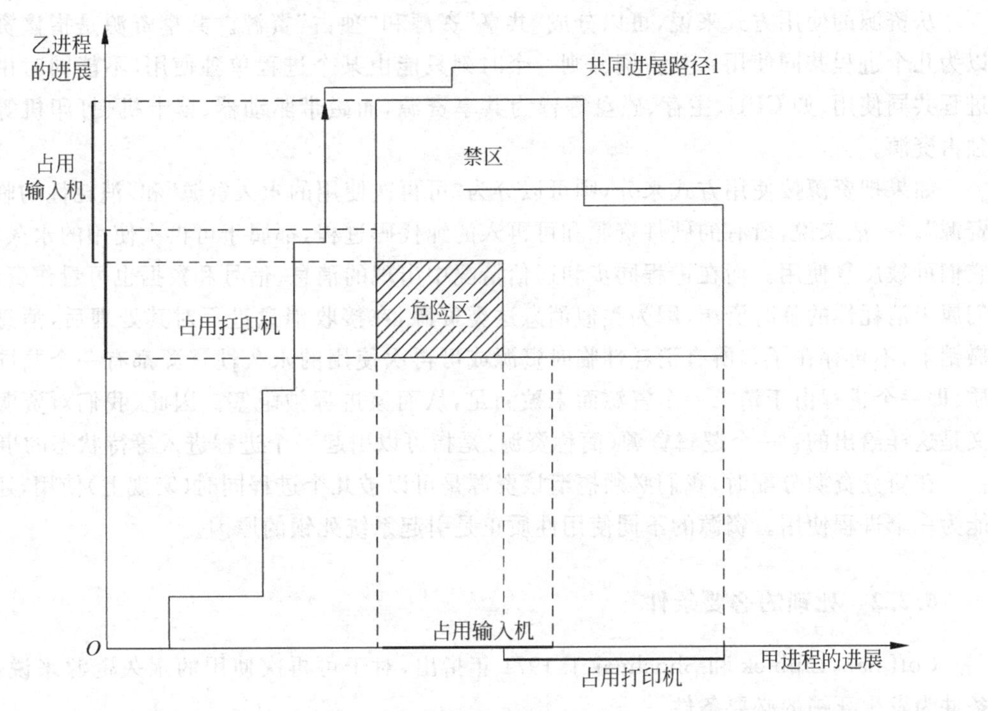

图 6.1 死锁的图示说明

得操作系统死锁问题的严重性未能充分暴露出来。但今天由于多处理器系统的广泛应用、系统的共享性和并行性的增加、软件系统变得日益庞大和复杂等原因,使得系统出现死锁现象的可能性大大增加。

需要指出的是,目前有些计算机系统中,为了节省解决死锁问题的耗费,当死锁发生机会不大时,宁可冒发生死锁的危险,也不采取避免和排除死锁的措施。但在复杂的大型计算机系统中,尤其是实时系统是要认真对待死锁问题的。

6.2 死锁的必要条件

6.2.1 资源的概念

一个操作系统基本上是一个资源管理者,它负责分配不同类型的资源给进程使用。现代操作系统所管理的资源类型十分丰富,并且可以从不同的角度出发对其进行分类。一种分类方法是把资源分为“可抢占的”和“不可抢占的”资源。可抢占的资源是指虽然资源占有者进程仍然需要使用该资源,但一个进程却强行把资源从占有者进程处抢过来,归自己使用。而不可抢占的资源是指除非占有资源的进程不再需要使用该资源而主动释放资源,否则其他进程不得在占有进程使用资源的过程中强行抢占。一个资源是否属于可抢占的资源,完全依赖于资源的性质。比如磁带驱动器在一个进程未使用完之前,其他进程是无法抢占的,因而属于不可抢占资源。另外,像打印机、读卡机之类的资源也属于不可抢占资源,而主存和 CPU 却是可抢占资源。

从资源的使用方式来说，可以分成“共享”资源和“独占”资源。共享资源是指该资源可以为几个进程共同使用。独占资源则一个时刻只能由某个进程单独使用，不能同时由多个进程共同使用，如CPU、主存、磁盘等皆为共享资源，而磁带驱动器、读卡机、打印机等则为独占资源。

如果把资源按使用方式来分，则可以分为“可再次使用的永久资源”和“消耗性的临时性资源”。一般来说，所有的硬件资源和可再入的纯代码过程，都属于可再次使用的永久资源，它们可被反复使用。而在进程同步和通信情况中出现的消息、信号和数据也可看作资源，它们属于消耗性的临时资源，因为类似消息这类资源，在接收消息进程对其处理后，消息就被撤销了，不再存在了。所有消耗性临时资源或可再次使用的永久性资源都有一个共同的性质，即一个进程由于请求一个资源而未被满足，从而该进程被阻塞。因此，我们对资源的定义是这样给出的：一个逻辑资源（简称资源）是指可以引起一个进程进入等待状态的事物。

在研究资源分配时，我们必须搞清该资源是可以被几个进程同时（宏观上）使用，还是只能为一个进程使用。资源的不同使用性质正是引起系统死锁的原因。

6.2.2 死锁的必要条件

Coffman，Elphick 和 Shoshnai 于 1971 年指出，对于可再次使用的永久资源来说，下列条件为发生死锁的必要条件。

(1) 互斥条件。一个资源一个时刻只能被一个进程所使用。

(2) 不可抢占条件。一个资源仅能被占有它的进程所释放，在进程使用资源的过程中不能被别的进程强行抢占。

(3) 请求又保持条件。一个进程已占有了分给它的资源，但仍然要求其他资源。而又申请的资源正被其他进程占有。此时请求进程阻塞，但它又不释放已经获得的其他资源。

(4) 循环等待条件。若干个进程构成环形请求链，其中每个进程均占有若干种资源中的某一种，同时每个进程还要求（链上）下一进程所占有的资源（如图 6.2 所示）。

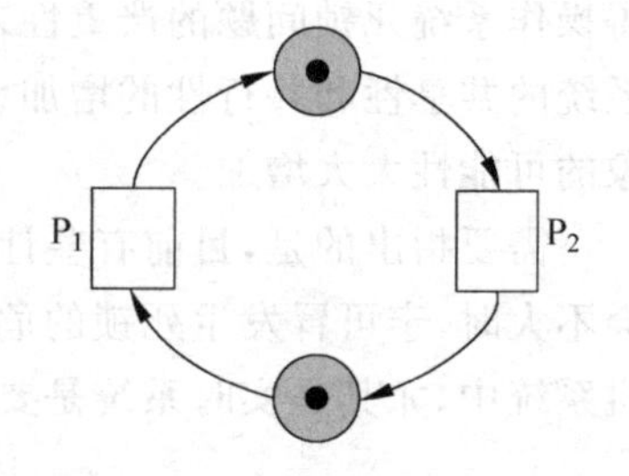

图 6.2 死锁的循环等待条件

要想防止死锁的发生，其根本办法是使上述必要条件之一（或者多个条件）不存在。换言之，就是破坏其必要条件使之不成立。

第一个可能破坏的途径就是破坏互斥条件，即允许多个进程同时访问资源。但这受到资源本身的使用方法的限制，有些资源必须互斥访问，不能同时访问。如对公用数据的访问必须是互斥的。又如几个进程同时使用打印机，一个进程打印一行，这种使用方式也是不可思议的，因此必须互斥使用（不考虑 SPOOLing 系统将物理的独占设备变为共享的虚拟设备的作用）。所以企图通过破坏互斥条件来防止死锁是不太实际的。

第二个可能的途径是破坏不可抢占条件，即强迫进程暂时把资源释放出来给其他进程。但这种强迫进程释放资源的方法只适用于 CPU 和主存，不适用于那些必须要求操作员装上私用数据介质的外部设备（如读卡机、打印机、磁带机等）。对于像主存和 CPU 之类的资源，即使可以进行抢占，但也会为抢占付出代价，不但要增加资源在进程间转移的机时开销，而且还会降低资源的有效利用,所以也必须小心地加以控制。

第三个可能的途径是破坏部分分配条件。

第四个可能的途径是破坏循环等待条件。这两者都是可能办到的,而且也被某些系统采用。下面研究死锁预防的具体方法。

6.3 死锁的预防

死锁预防中所要研究的问题是如何破坏死锁产生的必要条件,从而达到不使死锁发生的目的,这主要是通过破坏部分分配条件和循环条件来达到的。

6.3.1 预先静态分配法

Havender 于 1968 年提出的第一个策略就是预先静态分配法,这是针对部分分配条件的策略,即使即在进程开始运行前,一次性分配给其所需的全部资源,若系统不能满足,则进程阻塞,直到系统满足其要求为止。于是,在进程运行过程中不会再提出新的资源请求。

毫无疑问这个策略能够防止死锁的发生,但是它导致了严重的资源浪费。例如一个用户可能在进程完成时需要一台打印机打印结果数据,但必须在进程运行前就把打印机分配给它,而且在进程运行的整个过程中并不使用打印机。

因此,一个更经常被使用的改进策略是把程序分为几个相对独立的程序步来运行,并且资源分配以程序步为单位来进行,而不是以整体进程为单位来静态地分配资源。这样可以得到较好的资源利用率,减少资源浪费,但增加了应用系统的设计和执行开销。

这个策略的另一个缺点是由于其所需的全部资源不能在一次中得到全部满足,而可能使进程无限延迟。或者为了满足一个进程所需的全部资源,就必须逐渐积累资源。在积累资源过程中资源虽然空闲,也不能分配给其他进程使用,造成了资源的浪费。

6.3.2 有序资源使用法

Havender 于 1968 年提出的第二个策略就是有序资源使用法,这是针对循环等待条件的,即系统设计者把系统中所有的资源类都分给一个唯一的序号,如输入机=1,打印机=2,磁带机=3,光盘=4,等等,并且要求每个进程均应严格地按照序号递增的次序请求资源。即只要进程提出请求资源 R_i,那么以后它只能请求排列在 R_i 后面的那些资源,而不能再请求序号低于 R_i 的那些资源。不难看出,由于对资源的请求做出了这种限制,在系统中就不可能形成几个进程对资源的环形请求链(如图 6.2 所示),从而破坏了循环等待条件。

这种方法由于不采用预先静态分配方法,而是基本上基于动态分配方法的,所以资源利用率较前一方法提高了,特别是小心地安排资源序号,把各进程经常用到的,比较普通的资源安排成低序号,把一些比较贵重或者稀少的资源安排成高序号,便可能使最有价值的资源的利用率大为提高。因为高序号的资源往往等到进程真正需要时,才提出请求分配给进程。而低序号的资源,即使在进程暂不需要的情况下,由于进程需要使用高序号资源,所以在进程请求分配高序号资源时，不得不提前同时请求以后需要的低序号的资源，从而造成资源空闲等待的浪费现象。

该策略虽然在许多操作系统中已经被执行，但也存在一些问题。

(1) 各类资源序号一经安排，不宜经常地随意加以改动，至少应维持一个较长的时期(几月或者数年)。在此期间，若要添置一些新设备，就必须重新改写已经存在的程序和系统。

(2) 资源序号应尽可能地反映多数作业的实际使用资源的正常顺序。对于与此序号相匹配的进程，资源能得到有效利用；否则，资源浪费现象虽然有改善，但仍然存在。

6.4　死锁的避免和银行家算法

死锁的避免与死锁预防的区别在于，死锁预防是严格地限制破坏死锁的必要条件之一，使之不在系统中出现。而死锁的避免是不那么严格地限制必要条件的存在(因为死锁存在的必要条件成立，系统未必就一定发生死锁)。其目的是提高系统的资源利用率。当死锁有可能出现时，就小心地避免这种情况的最终发生。著名的避免死锁算法是 Dijkstra 的银行家算法。

6.4.1　单资源的银行家算法

这个问题实际上也是个资源共享问题，是由 Dijkstra 于 1965 年首先提出并解决的。问题本身就是研究一个银行家如何将其总数一定的现金，安全地借给若干个顾客，使这些顾客既能满足对资金的要求又能完成其交易，也使银行家可以收回自己的全部现金不至于破产。这个问题同操作系统中的资源分配问题十分相似。如操作系统在若干个并行进程间分配单位数量一定的某共享资源就是这样一个问题，既要使每个进程均能满足其对资源的要求，使之完成其运行任务，同时又要使整个系统不会产生死锁。例如，一个银行家在若干个顾客间共享他的资金，每个顾客必须在一开始就提前说明他所需的借款总额，假如该顾客的借款总额不超过银行家的资金总数，银行家就接受顾客的要求。

在顾客交易期间，他无论是向银行家借钱还是归还借款，都以每次一个单位(假定一个单位为 1 万元人民币)的方式，有时顾客在借到一个单位的借款前可能必须等待一个时期，但是银行家应保证顾客的等待时间是有限的。而顾客的当前借款总数不能超过其开始声明的所需最大借款数。

如图 6.3 所示的状态中有三个顾客 P、Q、R 共享 10 个现金单位(设一现金单位为 1 万元)，三个顾客共要求 20 个现金单位(图 6.3 中括号内为顾客要求数，括号外为顾客已借得的借款数)。在图 6.3(a)中顾客 P 已借 4 个单位，仍要求借 4 个单位；顾客 Q 已借 2 个单位，仍要求借 1 个单位；顾客 R 已借 2 个单位，仍要求借 7 个单位；故剩余现金总数 cash＝10－4－2－2＝2。

(a)	(b)	(c)	(d)	(e)	(f)
cash 2	cash 4	cash 8	cash 10	cash 1	cash 3
P 4(4)	P 4(4)	R 2(7)		P 4(4)	P 4(4)
Q 2(1)	R 2(7)			Q 2(1)	R 3(6)
R 2(7)				R 3(6)	

图 6.3　银行家算法状态

本算法逐一检查各顾客中是否有“仍要求数”不超过剩余现金总数的顾客，由图 6.3(a)可知，顾客 Q 可以完成他的交易并归还其借款，于是借款给 Q，完成交易后归还借款。系统状态变成如图 6.3(b)所示的状态……依次进行，直至三个顾客全部完成，归还其款，所以状态(a)、(b)、(c)、(d)是安全的。

假如银行家从如图 6.3(a)所示的状态出发把一个现金单位分给顾客 R，于是状态变成图 6.3(e)。在这个状态中，顾客 Q 可以是安全的，于是变成如图 6.3(f)所示的状态，在这个状态中，顾客 P、R 均不能完成他们的工作，系统状态(如图 6.3(e)、图 6.3(f)所示)是不安全的。

银行家算法是从当前状态 S 出发，逐个检查各顾客中，谁能完成其工作(即“仍要求数”不超过剩余现金总数)。然后假定其完成工作且归还全部借款，进而检查谁又能完成工作……如果所有顾客均能完成工作，则状态是安全的。

6.4.2　多资源的银行家算法

上面介绍了单资源的银行家算法。在实际系统中，可能有多种资源，每类资源有不同个数，因此要使用更复杂的银行家算法。

假定系统中有 n 个进程 $P_1,\cdots,P_n$，m 类资源 $R_1,R_2,\cdots,R_m$。我们定义以下两个向量和两个矩阵。

系统资源向量 $\boldsymbol{R}=(R_1,R_2,\cdots,R_m)$表示系统中拥有每类资源的数量。

系统当前可用资源向量 $\mathbf{V}=(V_1,V_2,\cdots,V_m)$ 表示系统中尚未分给进程的每类资源的数量。

各进程当前对资源的请求矩阵 $\boldsymbol{C}=\begin{bmatrix} C_{11} & C_{12} & \cdots & C_{1m} \\ C_{21} & C_{22} & \cdots & C_{2m} \\ \cdots & \cdots & \ddots & \cdots \\ C_{n1} & C_{n2} & \cdots & C_{nm} \end{bmatrix}$。

当前资源分配矩阵 $\boldsymbol{A}=\begin{bmatrix} A_{11} & A_{12} & \cdots & A_{1m} \\ A_{21} & A_{22} & \cdots & A_{2m} \\ \cdots & \cdots & \ddots & \cdots \\ A_{n1} & A_{n2} & \cdots & A_{nm} \end{bmatrix}$。

上述矩阵中 C_{ij} 表示进程 i 当前要求 j 类资源的数量，而 A_{ij} 表示进程 i 已分得 j 类资源的数量。矩阵中的第 i 行是进程对各类资源要求的数量和分得的数量。显然有下述关系成立。

$$R_j = V_j + \sum_{s=1}^{n} A_{sj} \quad j \in (1,\cdots,m)$$

即各类资源总数等于可用数与分给各进程数的和。

于是多资源的银行家算法可描述如下。

当一个进程提出资源请求时，假定分配给它，并检查系统是否会不安全。如果安全，则满足它的资源请求，否则，先挂起它的请求。为了检查状态是否安全，银行家要检查是否有足够的资源满足进程。如果能满足，该进程将很快完成运行并归还资源，如果所有资源请求都能满足，则这个状态是安全的，进而实施实际的分配。

为说明此算法，现举例说明。

假设系统拥有资源向量 $\boldsymbol{R}=(5,3,5)$。

已分配的资源向量 $\boldsymbol{A}=(4,3,3)$。

可用的资源向量 $\boldsymbol{V}=(1,0,2)$。

系统中有 4 个进程 P_1、P_2、P_3 和 P_4。两个矩阵如图 6.4 所示。当前状态是安全的。这时进程 $P2$ 要求资源 R_3 的一个单位，当前系统 R_3 尚有两个单位。按前述银行家算法描述的要求，假定分配资源 R_j 给进程，然后检查分配是否安全。现在我们将此算法具体化为操作流程如下。

	R_1	R_2	R_3
P_1	2	0	2
P_2	0	1	0
P_3	1	1	1
P_4	1	1	0

	R_1	R_2	R_3
P_1	1	1	1
P_2	0	1	1
P_3	3	1	0
P_4	0	0	1

图 6.4　多资源银行家算法

(1) 查找请求矩阵中进程 P_i对资源 R_j的请求数量是否小于等于 V_j(如要求多资源，则对每种资源分别检查)。如不能满足，则拒绝此资源请求，重复步骤(1)。若能满足，则继续执行。

(2)假定将资源分配给进程 P_i，该进程最终能完成运行。对进程 P_i加上完成标识，并将其占有的全部资源归还系统。

(3)对未标识进程，重复以上两步操作，直到所有进程均被标识完成，此时系统的分配和分配时的系统状态都是安全的。于是实际地将资源 R_j分配给进程 P_i。

现在看图 6.4 中 P_2对 R_3的要求，可以满足。于是假定将一个单位的 R_3分给 P_2。第(2)步要检查 P_2能否完成。发现 P_2尚要求一个单位，但系统中已经没有可用的单位，于是先放 P_2，检查其他进程是否有能完成并归还资源的。发现 P_4只有一个单位 R_3，可以满足。P_4能完成运行，并归还它占有的全部资源，其中有一台 P_2所需的 R_2，所以 P_2可以完成运行，给予完成标识，P_4也给予完成标识。然后满足 P_1，最后满足 P_3，所有进程都能完成，系统状态是安全的。

如果图 6.4 中，给 P_2分配一个单位 R_3后，将剩下的另一个单位的 R_3分给 P_1，而不是分给 P_4。这将导致可用资源向量变为 $\boldsymbol{A}=(1,0,0)$，必然会造成系统死锁。

下面再举一个例子说明银行家算法的使用。

	最大资源需求			已分配资源数量			尚需资源		
	R_1	R_2	R_3	R_1	R_2	R_3	R_1	R_2	R_3
P_0	7	5	3	0	1	0	7	4	3
P_1	3	2	2	2	0	0	1	2	2
P_2	9	0	2	3	0	2	6	0	0
P_3	2	2	2	2	1	1	0	1	1
P_4	4	3	4	0	0	2	4	3	1

图6.5　银行家算法举例

假设系统有(P_0,P_1,P_2,P_3,P_4)5个进程和(R_1,R_2,R_3)3种资源,R_1、R_2、R_3各有资源实例10个、5个、7个。设系统在T_0时刻系统状态如图6.5所示。其中,可用资源为(3,3,2)。系统采用银行家算法实施死锁避免策略。回答下列问题。

(1) T_0时刻系统是否为安全状态?若是,请给出安全序列。

(2) 在T_0时刻若进程P_1请求资源(1,0,2),是否能实施资源分配?为什么?

(3) 在(2)的基础上,若进程P_4请求资源(3,3,1),是否能实施资源分配?为什么?

解

(1) T_0时刻是安全状态,因为可以找出一个安全序列为P_1、P_3、P_4、P_2、P_0。

(2) 采用银行家算法,首先:

P_1请求资源(1,0,2)的数量≤P_1所需(1,2,2),且P_1请求资源(1,0,2)的数量≤系统目前可用资源的数量(3,3,2)。然后,假定系统可为进程P_2分配资源,并修改相应状态,修改后的系统资源变化如图6.6所示。

	最大资源需求			已分配资源数量			尚需资源		
	A	B	C	A	B	C	A	B	C
P_0	7	5	3	0	1	0	7	4	3
P_1	3	2	2	3	0	2	0	2	0
P_2	9	0	2	3	0	2	6	0	0
P_3	2	2	2	2	1	1	0	1	1
P_4	4	3	4	0	0	2	4	3	1

图6.6　银行家算法举例2

系统可用资源为(2,3,0),此时,仍然存在一个安全序列P_1、P_3、P_4、P_0、P_2。因此,系统是安全的,系统可以给进程P_1分配资源。

(3) 在(2)的基础上,若进程P_4请求资源(3,3,0),则不能实施资源分配,因为资源不够了,这时进程P_4只能等待。

银行家算法在理论上是出色的,自Dijkstra在1965年发表以来,一直受到重视,很多人不断研究,但至今该算法仍存在严重不足,因为进程难以预先知道它们的最大资源需要。此外,进程的个数是不固定的,随时在变化。操作系统中对死锁的解决方法始终不能像对进程的同步与互斥的方法那样有效。

银行家算法在某些特定应用中被使用,如在数据库系统中频繁遇到的一种事务操作,申请锁住若干相关记录,然后修改它们。在多进程并行运行时,存在着真正的死锁危险。常用的方法是两阶段封锁。首先进程尝试一个一个地锁住它需要的全部记录，如果成功，它就修改并开锁。如果某记录已被上锁，则它释放已有的锁。再从头尝试上锁。这种操作在一定意义上，类似于提前申请所需的全部资源。

6.5 死锁检测与恢复

6.5.1 死锁的检测

如果一个系统对死锁采用检测与恢复的处理方法时，系统往往仅监控进程对资源的请求与释放，别的什么事也不做。有些系统每当进程请求资源时，就修改资源图，并检查是否存在回路。若有，则通过清除回路中的进程，使回路断开，破坏死锁。但这样做的开销很大。所以更为常用的方法是周期性地使用类似于多资源银行家算法，检测系统中是否有死锁状态存在(有时也可通过巡查系统中是否有些进程被持续冻结长时间没有取得进展来发现问题)。

死锁检测算法类似银行家算法，要使用前面介绍过的两个向量：系统拥有资源向量 $\boldsymbol{R}$ 和系统当前可用资源向量 $\boldsymbol{V}$，以及两个矩阵：系统当前的分配矩阵 $\boldsymbol{A}$ 和系统当前的请求矩阵 $\boldsymbol{C}$。

死锁检测算法的执行步骤如下。

(1) 对系统中所有未标志“可完成”的进程 $P_i(i \in (1,\cdots,n))$，检查其 $C_{ij}\ (j \in (1,\cdots,m))$ 是否小于等于 $\boldsymbol{V}$。

(2)若有这样的进程 P_i，则将分配矩阵第 i 项的各项加到可用资源向量 $\boldsymbol{V}$ 中，并将进程 P_i 标识“可完成”。

(3) 重复以上两个步骤，直到已没有(1)中所列条件的进程(即 $\boldsymbol{C}_i \leqslant \boldsymbol{V}$)为止。此时所有未标识的进程都是死锁进程。

显然，这个算法的解与选择进程的顺序有关，但关于系统是否安全，以及死锁进程的最终结论是不变的。

图 6.7 举例说明。

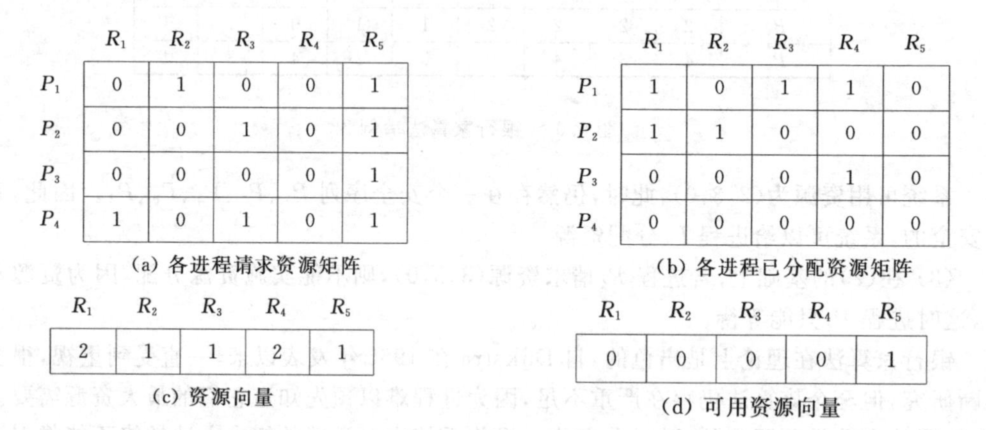

	R_1	R_2	R_3	R_4	R_5
P_1	0	1	0	0	1
P_2	0	0	1	0	1
P_3	0	0	0	0	1
P_4	1	0	1	0	1

(a) 各进程请求资源矩阵

	R_1	R_2	R_3	R_4	R_5
P_1	1	0	1	1	0
P_2	1	1	0	0	0
P_3	0	0	0	1	0
P_4	0	0	0	0	0

(b) 各进程已分配资源矩阵

R_1	R_2	R_3	R_4	R_5
2	1	1	2	1

(c) 资源向量

R_1	R_2	R_3	R_4	R_5
0	0	0	0	1

(d) 可用资源向量

图 6.7 死锁检测算法举例

按照死锁检测算法，

(1) 由于 P_4 没有已分配的资源，标记 P_4；

(2) 令可用资源向量=(0 0 0 0 1)；

(3) 进程 P_3 的请求小于或者等于可用资源向量，因此标记 P_3，并令可用资源

$$\mathbf{V}=\mathbf{V}+(0\ 0\ 0\ 1\ 0)=(0\ 0\ 0\ 1\ 1);$$

(4) 没有其他未标记的进程在请求矩阵中的行小于或者等于 **V**，因此终止算法。

算法的结果是 P_1 和 P_2 未标记，表示这两个进程是死锁进程，系统处于死锁状态。

6.5.2 死锁的恢复

一旦检测出死锁，就要采取一些策略使系统从死锁中恢复，常有以下方法来从死锁中恢复。

(1) 终止所有死锁进程。这是操作系统经常使用的一种方法。

(2) 将死锁进程退回到前一个检查点，并重新从该检查点启动这些进程(如果系统提供了检查点和重新启动机制的话)。这可能会使原来的死锁再次发生，但由于并发处理系统的不确定性，通常死锁有可能不发生。

(3) 相继地逐个终止死锁进程直到死锁不再存在。在每个进程终止后，都要使用死锁检测算法以确定死锁是否依然存在。

(4) 相继地逐个地抢占死锁进程的资源，直到死锁不再存在。但抢占资源的方法是否可行，往往与资源特性有关。

由于所有使死锁进程相继中止和抢占资源策略均涉及损失了这些进程已完成工作的开销，因此要在基于成本的基础上选择终止进程的次序，要优先选择以下几类死锁进程。

- 选择使用最少处理器时间的进程；
- 选择使用最少输出工作量的进程；
- 选择具有最多剩余时间的进程；
- 选择分得最少资源的进程；
- 具有最低优先级的进程。

6.6 资源分配图

6.6.1 资源分配图

死锁问题可以用系统资源分配图来描述与分析。

系统资源分配图是一个有向图 $G=(V,E)$，其中 V 是顶点的集合，而 E 是有向边的集合。节点集合可分为两部分。$P=\{P_1,P_2,\cdots,P_n\}$ 是由系统内活动进程组成的集合，每一个 P_i 代表一个进程；$R=\{R_1,R_2,\cdots,R_m\}$ 是系统内所有资源组成的集合，每一个 R_i 代表一类资源。

在资源分配图中，用圆圈代表进程，用方框表示每类资源。每一类资源 R_i 可能有多个实例，可用方框中的圆点表示每类资源实例。边集 E 由申请边和分配边组成。从进程 P_i 到

资源 R_i 的有向边 $P_i \to R_i$ 称为申请边，申请边为从进程到资源的有向边，表示进程申请一个资源，但当前该进程在等待该资源。从资源 R_i 到进程 P_i 的有向边 $R_i \to P_i$ 称为分配边，分配边为从资源到进程的有向边，它表示资源类型 R_i 的一个实例已经分配给进程 P_i。注意：一条申请边仅指向代表资源类 R_i 的方框，表示申请时不指定哪一个资源实例，而分配边必须由方框中的圆点引出，表明那一个资源实例已被占有。

当进程 P_i 请求资源类 R_i 的一个实例时，将一条请求边加入资源分配图，如果这个请求是可以满足的，则该请求边立即转换成分配边；当进程不再需要某一资源而释放了某个资源时，则删除相应的分配边，下面举例说明。

图 6.8 中包含了以下信息。

1）集合 P、R、E

$P=\{P_1,P_2,P_3\}$；$R=\{R_1,R_2,R_3,R_4\}$；$E=\{P_1\to R_1,P_2\to R_3,R_1\to P_2,R_2\to P_2,R_2\to P_1,R_3\to P_3\}$。

2）资源实例

资源类型 R_1 有一个实例、资源类型 R_2 有两个实例、资源类型 R_3 有一个实例、资源类型 R_4 有三个实例。

3）进程

进程 P_1 占有资源类型 R_2 的一个实例，申请资源类型 R_1 的一个实例。进程 P_2 占有资源类型 R_1 的一个实例和资源类型 R_2 的一个实例，申请资源类型 R_3 的一个实例。进程 P_3 占有资源类型 R_3 的一个实例。

6.6.2 利用资源分配图进行死锁分析

根据资源分配图的定义，如果资源分配图中没有环路，就一定不会出现死锁。如果资源分配图中有环路，则有可能存在死锁。如果每种资源只有一个实例，那么有环就意味着会出现死锁，在这种情况下，图中的环就是死锁存在的充分必要条件。如果每个资源有多个实例，那么有环并不意味着已经出现死锁，在这种情况下，图中的环就是死锁存在的必要条件而不是充分条件了。

图 6.8 为有环有死锁的资源分配图。假设进程 P_3 申请了资源类型 R_2 的一个资源实例，由于现在没有资源可用，因此就增加一个申请边 $P_3\to R_2$。此时，进程 P_1 申请资源类型 R_1 的一个实例，但资源类型 R_1 被进程 P_2 占有；进程 P_2 申请资源类型 R_3 的一个实例，但是资源类型 R_3 又被进程 P_3 占有；进程 P_3 申请资源类型 R_2 的一个实例，但资源类型 R_2 又被进程 P_1 和进程 P_2 占有。这说明资源分配图中有一个环，因此出现了死锁。出现的环为

$$P_1 \to R_1 \to P_2 \to R_3 \to P_3 \to R_2 \to P_1$$

图 6.8(a)为有环但无死锁的资源分配图。对于图 6.8(b)，也存在一个环，即

$$P_1 \to R_1 \to P_3 \to R_2 \to P_1$$

但是此系统的资源分配图中无死锁出现。

基于上述资源分配图的定义，可给出判定死锁的法则，又称为死锁定理。

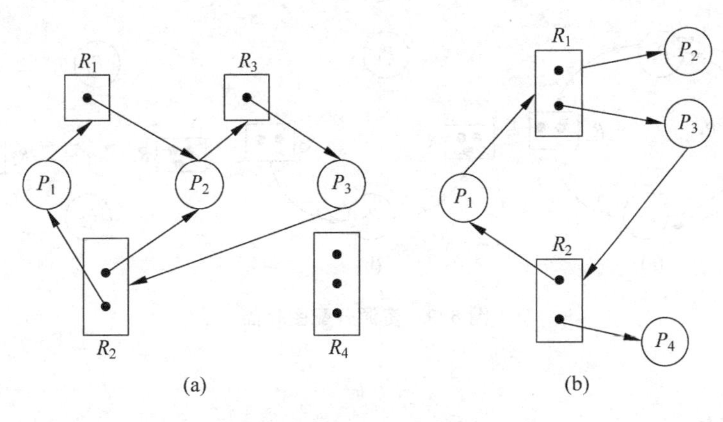

图 6.8　资源分配图

(1) 如果资源分配图中没有环路,则系统没有死锁。

(2) 如果资源分配图中出现了环路,则系统可能存在死锁。

① 如果处于环路中的每个资源类均只包含一个资源实例,则环路的存在即意味着死锁的存在,此时,环路是死锁的充分必要条件。

② 如果处于环路中的每个资源类实例的个数不全为1,则环路的存在是产生死锁的必要条件而不是充分条件。

6.6.3　资源分配图化简法

可以利用简化资源分配图的方法,来检测系统是否为死锁状态。

所谓化简是指如果一个进程的所有资源请求均能被满足的话,可以设想该进程得到其所需的全部资源,最终完成任务,运行完毕,并释放所占有的全部资源。这种情况下,就称资源分配图可以被该进程化简。假如一个资源分配图可被其所有进程化简,那么称该图是可化简的,否则称该图是不可化简的。

化简的方法如下。

(1) 在资源分配图中,找出一个既非等待又非孤立的进程节点 P_i,由于 P_i 可获得它所需要的全部资源,且运行完后释放它所占有的全部资源,故可在资源分配图中消去 P_i 所有的申请边和分配边,使之成为既无申请边又无分配边的孤立节点。

(2) 将 P_i 所释放的资源分配给申请它们的进程,即在资源分配图中将这些进程对资源的申请边改为分配边。

(3) 重复(1)、(2)两步骤,直到找不到符合条件的进程节点。

经过化简后,若能消去资源分配图中的所有边,使所有进程都成为孤立节点,则称该图是可完全化简的,否则称为不可完全化简图。

以如图 6.9(a)所示的资源分配图为例,选择节点 P_1 并进行化简,则得到图 6.9(b);再选择节点 P_2 并进行化简,则得到图 6.9(c)。

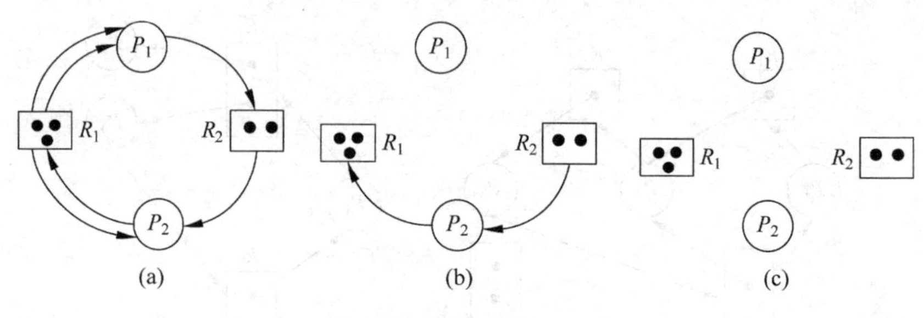

图 6.9　资源分配图化简

本章小结

死锁是系统中一组并发进程因等待其他进程占有的资源而永远不能向前推进的僵化状态，对系统运行十分有害。死锁产生的根本原因是进程推进顺序不当或资源分配不妥而造成的。

死锁可通过死锁的预防、死锁的避免、死锁的检测和恢复来加以解决。

死锁的预防确保死锁的一个必要条件不会满足，以此来保证系统不发生死锁。该方法的缺点是资源利用率低，或对资源使用的限制过严。

死锁的避免通过分析新的资源请求，以确定本次资源分配是否会导致进程进入不安全状态，对资源的使用放宽了条件。银行家行算法是著名的死锁避免算法，但该算法要预先获得有关信息，很少有进程能够在运行前就知道其所需的最大资源量，而且系统中进程数不是固定的，往往在不断地变化，所以，银行家算法缺乏实用价值。

死锁的检测和恢复表明操作系统总是同意资源申请，也允许系统发生死锁，但必须建立一个检测机制周期性地检测是否发生了死锁。如果发生了，就把它检测出来再采取措施去解除死锁。虽然死锁检测对资源的使用不加限制，但造成的开销比较大。

习题

6.1　何谓死锁？试述产生死锁的原因和必要条件。

6.2　给出一个涉及三个进程和三个不同资源的死锁例子，并画出相应的资源分配图。

6.3　某系统有同类资源 m 个，被 n 个进程共享，请分别讨论当 $m>n$ 和 $m\leqslant n$ 时每个进程最多可以请求多少个这类资源，才能使系统一定不会发生死锁？

6.4　某系统中有 6 台打印机，N 个进程共享打印机资源，每个进程要求两台，试问 N 取哪些值时，系统才不会发生死锁？

6.5　设有两个进程 A 和 B 各自按以下顺序使用 P、V 操作并行运行（S_1 和 S_2 代表系统中一台打印机和一台扫描仪资源信号量）。

A 进程	B 进程
⋮	⋮
$P(S_1)$	$P(S_2)$
⋮	⋮
$P(S_2)$	$P(S_1)$
⋮	⋮
$V(S_2)$	$V(S_1)$
⋮	⋮
$V(S_1)$	$V(S_2)$

分析各种推进速度可能引起的情况，并画出与图 6.1 类似的图形表示。

6.6　用银行家算法判断下述每个状态是否安全，如果一个状态是安全的，说明所有进程是如何能够运行完毕的。如果一个状态是不安全的，说明为什么可能出现死锁。

状态 A

	占有台数	最大需求
用户 1	2	6
用户 2	4	7
用户 3	5	6
用户 4	0	2
可供分配的台数	1	

状态 B

	占有台数	最大需求
用户 1	4	8
用户 2	3	9
用户 3	5	8
可供分配的台数	2	

第7章 实存储器管理技术

7.1 引言

主存储器(又称“内存”)的管理一直是操作系统的主要功能之一,受到人们的高度重视。这是由于早先的存储器价格比较昂贵、主存容量有限；今天虽然主存价格已相当便宜,但主存容量仍然是计算机4大硬件资源中最关键而又最紧张的“瓶颈”资源。因此对主存的管理和有效使用是今天操作系统十分重要的内容。许多操作系统之间最明显的区别特征之一往往是所使用的存储管理方法不同。如OS/360-MFT采用固定分区存储管理技术,OS/360-MVT采用可变分区存储管理技术,在现代操作系统中已听不到固定分区和可变分区技术了,但在内核主存管理中,这些技术仍在使用。除此之外,现代操作系统都是采用虚拟存储管理技术。

主存储器管理技术可分为两大类：实存储器管理和虚拟存储器管理。为运行一个进程,实存储器管理需要把一个进程的代码和数据全部装入内存,而虚拟存储器管理则没有这个要求。本章研究常用的几种实存储管理技术。第9章研究虚拟存储管理技术。

7.1.1 主存储器的物理组织

整个计算机系统的功能很大程度上取决于主存储器(以下简称“主存”)的结构组织和实现方法,它是同各种存储管理技术紧密配合的。就主存的功能而言,首先是存放内核和用户程序的指令和数据,每一项信息都存放在主存的特定位置上。信息在主存是按“位”存放的。为了能对信息进行访问,要对这些位置进行编号,这些编号称为地址。以什么为单位进行编址呢？早期的计算机中,存储器是按字组织的,每个字由若干“位”组成(不同计算机字长不同),每个字分配一个地址。目前多数计算机以字节为单位进行编址,每个字节由8位组成,IBM还规定一个字为4个字节,PDP中两个字节组成一个字。

为了能更多地存放并更快地处理用户信息,目前许多计算机把存储器分为三级(如图7.1所示),用户的程序在运行时应存放在主存中,以便处理器访问。但是由于主存容量有限,所以把那些不立即使用的程序、数据放在外部存储器(又称辅助存储器)中,当用到时再把它们读入主存。图7.1中的三级存储器,从高速缓冲存储器(简称缓存)到外部存储器(以后简称外存),容量越来越大,价格也越来越便宜。

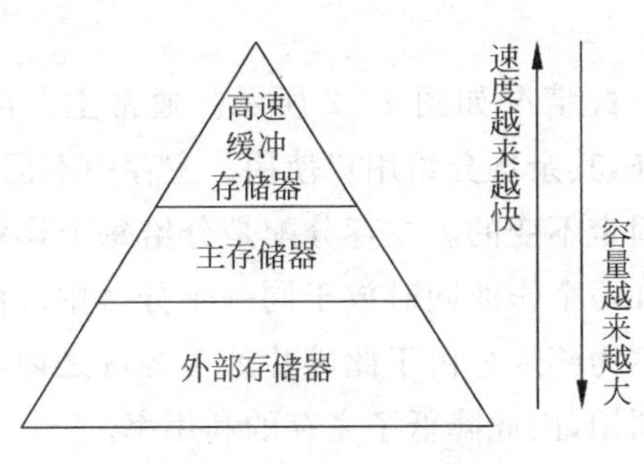

图 7.1 多级存储组织

7.1.2 主存储器的管理功能

早在单道批处理阶段，人们就感到主存容量无法满足需要，因此研究了覆盖技术来解决用户作业空间大于实际主存空间的矛盾。在多道程序系统出现后，主存容量不足的矛盾更为突出。由于多道程序共享主存，所以又出现了如何在各程序间分配主存空间的问题，同时还要考虑如何防止各程序有意无意地互相干扰和破坏的问题。无论是用户程序还是系统程序均由操作系统调度，并分配主存存放其数据和程序，而且这些程序必须是相对编址的可浮动程序。因此，程序被装入主存时就需要重定位，即把相对地址转换为主存中的绝对地址。

综上所述，主存储器管理的主要功能可以归纳为以下 4 个方面。

1. 主存分配

主存分配技术可以使多个程序同时驻留在主存中，以提高 CPU 的利用率。此技术更应注重保证系统的高性能，即提高存储利用率和提高主存的分配与回收速度，以加快任务的执行。

2. 地址转换和重定位

应可以运行与机器无关的代码，即程序不必事先约定存放位置，并且程序可以在执行过程中移动；可以运行只装入了一部分的程序，缩短程序的启动时间；研究和使用各种有效的地址转换技术以及相应的地址转换机构。

3. 存储保护和主存共享

首先，研究如何保护各存储区中的信息不被破坏和偷窃。其次，由于许多不同的任务可能要执行同一个程序(如编译程序)，进程中多个合作进程要访问相同的数据结构，所以需提供进程对共享某些主存区的灵活性。

4. 存储扩充

运行的程序应不受主存大小的限制，理想情况下应能运行任意大小的程序。解决方案是使用有效的存储管理技术来实现逻辑上的扩充——所谓的虚拟存储技术。

7.2 固定分区

固定分区存储管理技术是实存管理技术的一种。其基本概念是把主存分成若干个固定大小的存储区(又称存储块)。每个存储区分给某一个作业使用，直到该作业完成后才把该存储区归还给系统。

固定分区技术的内存分配情况如图 7.2 所示。通常主存区分成固定大小的若干块。除操作系统所占据的部分外，其余均分给用户使用。主存中不但分区的数量是固定不变的，而且每个分区的大小也是固定不变的。主存分配是分给每个作业一块足够大（大于等于作业大小）的主存分区，不允许两个作业同时放于同一个分区中。由于分区往往大于作业，所以分区中未用的空闲部分称为碎片。由于此碎片处于分区之内，故又称为内部碎片。因为内部碎片的空间无法再被利用，因此降低了主存的利用率。

在多道固定分区的情况下，操作系统的存储管理模块需要用到关于主存分区情况的说明信息，以及这些存储区的使用状况信息。这些信息常被称为存储分块表（MBT 表），图 7.3 给出了如图 7.2 所示的分区情况下存储分块表所应包含信息的典型例子。该例把主存分成 5 个分区。在此存储分块表中，实际包含三项信息：

(1) 大小，指出该存储块的大小，以字节为单位。

(2) 位置，指出该存储块在主存中的起始地址。

(3) 状态，表明该存储块是否已被使用。

操作系统
分区 1
分区 2
分区 3
分区 4
分区 5

图 7.2　固定分区

区号	大小	位置	状态
1	8KB	312KB	正使用
2	32KB	320KB	正使用
3	32KB	384KB	未使用
4	128KB	384KB	未使用
5	512KB	512KB	正使用

图 7.3　存储分块表（MBT）

为了防止其他用户的程序和系统信息不被在处理器上运行的用户进程所破坏，存储管理技术中必须有存储保护功能。最简单的保护方法是用一对寄存器（即基地址寄存器和界限寄存器）。每当一个进程调入主存时，操作系统的进程调度程序就为其分配所需的主存空间，并将该进程的信息（如进程名，进程大小，在主存的起始地址等）登记到进程 PCB 表中。当该进程被分配给处理器运行时，操作系统的调度程序还同时从主存的进程的 PCB 中，把该作业的大小和主存起始地址两项数据送入处理器的这对寄存器中去。每当处理器要访问主存某单元时，系统硬件自动将该单元地址与界限寄存器的内容进行比较，以判断此次访问是否合法；如果该单元地址是在界限寄存器对所限定的地址范围内，则此次访问合法。否则将产生一个越界中断（属程序中断）通知系统处理。

固定分区中的重定位方法，是由连接装入程序来完成的，即采取静态重定位方法。

固定分区存储管理技术的最大优点是简单，要求的硬件支持只是一对界地址寄存器，软件算法也很简单，缺点是主存利用率不高。

7.3 可变分区多道管理技术

7.3.1 可变分区存储管理的概念

因为固定分区主存利用率不高,使用起来不灵活(分区大小固定死了),所以出现了可变分区的管理技术。所谓可变分区,是指主存事先并未划分成一块块分区,而是在进程进入主存时,按该进程的大小建立分区,分给进程使用。这种可变分区方法有何特点呢?首先分区个数是可变的,同时每个分区大小也是不固定的。在系统初始启动时,整个主存除操作系统区以外的其余主存区可以看成一个分区(如图7.4(a)所示)。随着进程一个个被调入主存运行,并且分给它们一个相当于进程大小的主存分区使用,直到进程完成后才释放出其所占用的主存分区。由于各进程大小和完成的时间是各不相同的,这样经过一段时间后,主存就由原来的一个完整分区变成了多个分区,这些分区中有些分区被进程占据使用,有些分区却是空闲的(如图7.4(b)所示)。这些空闲分区称为空闲分区。所以可变分区方法可导致主存中分布着个数和大小都变化的空闲分区,这些空闲分区有些可能相当大,有些则相当小。若空闲分区小到无法放入一个进程,则这些内存空间也就无法使用从而成为碎片。由于这些碎片处于用户分区之外,故称为外部碎片。

可变分区存储管理中各功能模块要用的数据结构可以有以下几种组织方法。

1. 存储分块表

此存储管理技术仍然可以使用固定分区方法中所讲的存储分块表结构,但这种表格存在两个缺点。①由于分区个数是变化的,所以表长不好确定,造成表格管理上的困难。如果给该表留的空间不足,则无法登记各分区的情况。如果留的空间过大,就会造成浪费。②分配主存时,为查找一块合适的空闲分区,所需扫描的表目增加了,因为整个表的长度增加了(其中分别包含很多已分分区和空闲分区),所以查找速度慢了。

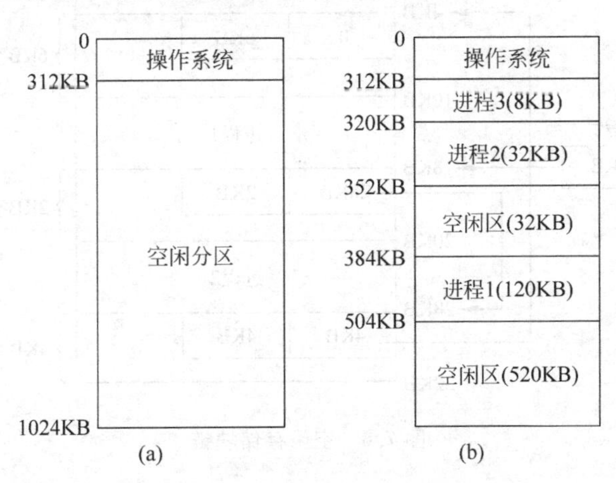

图7.4 可变分区主存使用情况

2. 分开设置两个存储管理表

已使用分区表(记为 UBT)和空闲分区表(记为 FBT)分别用来登记和管理系统中的已分分区和空闲分区。这种方法是对存储分块表的改造,可以减少存储分配和释放时查找表格的长度,相对提高查找速度,但前一方法的缺点依然没有彻底解决。对应于图 7.4(b),这两个表格的形式如图 7.5 所示。

区号	大小	位置	状态
1	8KB	312KB	已分
2	32KB	320KB	已分
3	—	—	空表目
4	120KB	384KB	已分
5	—	—	空表目
	…	…	…

(a) 已分分区表 UBT

区号	大小	位置	状态
1	32KB	352KB	空闲
2	—	—	空表目
3	520KB	504KB	空闲
4	—	—	空表目
5	—	—	空表目
	…	…	…

(b) 空闲分区表 FBT

图 7.5　可变分区的数据结构

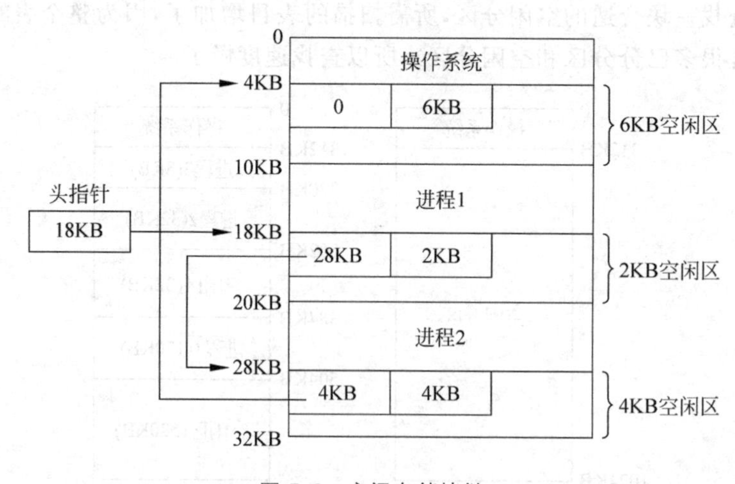

图 7.6　空闲存储块链

3. 空闲存储块链

上述两种表格方法一般可用数组来实现。这种实现方法的缺点在于数组需要预先定义其长度,且不能改变。这导致如果预留过大,就会使很多表目空闲未用从而浪费主存空间;

如果定义过小，就会导致很多进程因此无法分配内存空间，从而降低系统性能。因此可变分区存储管理实际上广泛地使用"链指针"来把所有的空闲分区链接在一起，构成一条空闲存储块链。图7.6给出了一个空闲存储块链的实例。其实现方法是把每个空闲存储块起始的若干个字节分为两部分：前一部分作为链指针，它指向下一空闲存储块的起始地址，后一部分指出本空闲存储块的大小。系统中用一固定单元作为空闲存储链的头指针，用以指出该链中第一块空闲存储块的起始地址。最后一块空闲存储块的链指针中放着链尾标志(如0)。该方法的优点是对空闲分区的管理不占用内存，因此受到广泛欢迎。

4. 位图法

许多系统使用固定大小的块(例如326B)作为基本分配单位，并对主存储器中的每一小块用一个"位"(bit)来表示该块的状态：该位为"1"表示该块已分配使用，该位为"0"表示该块空闲。这就是所谓的"位图法"。但由于位图本身要占用不少主存，其次查找位图也很麻烦，所以很少使用。

7.3.2 存储分配算法

当一个进程提出内存分配请求时，可变分区的存储管理一般可以用以下三种方法来分配内存。

1. 最佳适应法

这种方法从所有未分配的分区中挑选一个最接近进程尺寸的空间。因此每次都是找一个大于或等于进程大小的分区分给要求的进程。这种算法希望找到一个与进程所需空间相等的空闲空间；即便没有，也希望分配完成后，余下的空闲空间最小。为了缩短查找合适空闲分区的时间，空闲分区的管理数据在组织时无论采用表式结构还是链式结构均需按空闲块的尺寸从小到大排列。这种方法的一个弊端在于在内存分配完成之后要根据新生成的空闲块的大小对空闲区重新排序。

2. 最先适应法

这种方法按分区在内存中地址从小到大的顺序对分区进行查找，把最先找到的且大于或等于进程大小的未分配分区分给要求的进程。由于这种分配算法只要求按地址顺序对空闲分区进行组织，因此在分区分配完成之后，如果产生新的空闲块也无须对空闲分区重新排序，因此此方法的优势在于简单、易维护。

3. 最坏适应法

从所有未分配的分区中挑选最大的且大于或等于作业大小的分区分给要求的进程。为了缩短查找合适空闲分区的时间，空闲分区的管理数据在组织时无论采用表式结构还是链式结构，均需按空闲块的尺寸从大到小排列。这种方法同样有分配完成后需要根据新生成的空闲块的大小对空闲分区重新排序的弊端。

这三种算法从内存的利用率上讲各有利弊。最佳适应算法在于尽量多地保留一些大的分区，使被选中分区剩下尽可能小的未用碎片。但也正是这种做法使得系统中产生了许多小得无法再用的碎片。最先适应算法的着眼点在于尽可能缩短存储分配和数据管理的时间。而最坏适应算法看上去不太合常理，因为要找一块最大的空闲块来分配给请求的进程。但该算法的着眼点在于保证分配后剩下的分区足够大，不会成为碎片，以便满足后续要求。实际上没有一种算法可以满足所有的使用模式。

7.3.3 存储器的压缩和程序浮动

1. 碎片问题和存储器的压缩

在可变分区存储管理中，由于各作业请求和释放主存块的结果，因此主存中经常可能出现大量离散的外部碎片，且这些碎片小得难以放下任何一个进程。图7.7就给出了这样一个例子。进程6要求进入主存运行，虽然它的大小只有60KB，而主存各空闲分区之和却有82KB，但由于每一碎片大小均小于该进程，因而进程6无法进入主存运行。这不但降低了多道程度，还造成了主存空间的大量浪费。

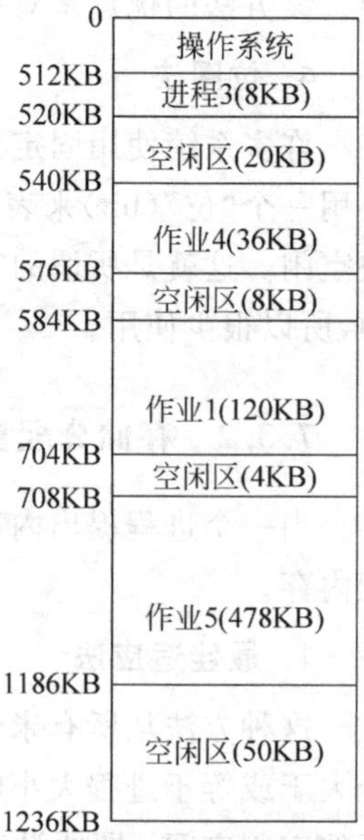

地址	分区
0	操作系统
512KB	进程3(8KB)
520KB	空闲区(20KB)
540KB	作业4(36KB)
576KB	空闲区(8KB)
584KB	作业1(120KB)
704KB	空闲区(4KB)
708KB	作业5(478KB)
1186KB	空闲区(50KB)
1236KB	

图7.7 可变分区主存中碎片情况

如何解决碎片问题呢？

一种方法是把进程分成几部分装入不同的分区中去，这改变我们一直把程序作为一个连续的整体在主存中存放的要求。无疑这可以解决碎片问题，但带来了程序管理和执行上的复杂性。

另一种方法是把小碎片集中起来使之成为一个大分区。这自然也能解决碎片问题，但如何使这些碎片集中起来呢？实现的方法只能是移动各用户分区中的进程，使他们集中于主存的一端(顶部或底部)，而使碎片集中于另一端，从而连成一个完整的大分区。这种技术通常称为存储器的“压缩”。

2. 程序浮动

要进行主存的压缩，就要移动(又称“浮动”)主存中的用户进程。但移动进程会导致程序指令地址发生变化，若系统采用静态重定位方法，则此浮动进程就无法正确执行。如果想要使程序在移动后仍然能正确执行，则程序中所有与地址有关的项要按照移动后的新的基地址重新进行程序的重定位工作。

因此最好的办法是采用动态重定位技术。

7.3.4 可变分区多道管理的地址变换

1. 动态重定位

我们知道，重定位按重定位发生的时机分为静态重定位和动态重定位。所谓动态重定位，是指程序的重定位时机不是在程序执行前进行，而是在程序执行过程中才进行地址转换(由相对地址转换为主存绝对地址，又称为地址映像)的。更确切地说是在每次访问主存单元前才进行地址转换。下面通过一个例子说明重定位的过程(如图7.8所示)。

首先将用户按相对地址编址的目标程序(如图7.8 (a)所示)原封不动地装入主存中分给该用户使用的分区(如图7.8(b)所示，分区起始地址为10000)中。所谓原封不动，是指装

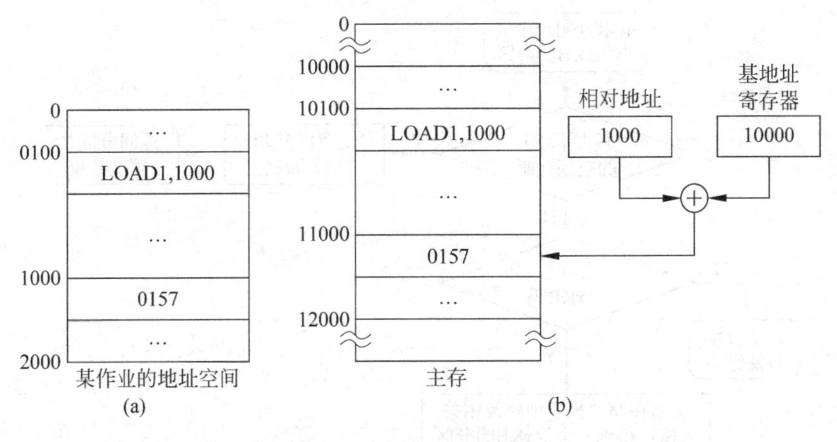

图 7.8　动态地址转换

入时,用户目标程序中与地址有关的各项均保持原来的相对地址不进行修改(如图 7.8 (b)中的 LOAD 指令,表示要把相对地址为 1000 中的数据 0157 取到 1 号寄存器)。当该用户程序被调度到处理器上执行时,操作系统自动将该用户作业的起址(该分区起址)10000 由 PCB 中取来,装入基地址寄存器中。当处理器要访问主存时,地址转换硬件自动将程序中的相对地址与定位寄存器中的内容相加,并以相加的和作为主存绝对地址去访问数据。当 CPU 执行此例子中的 LOAD 指令时,硬件自动将相对地址 1000 与定位寄存器中的 10000 相加而得 11000,然后以 11000 作为绝对地址把放在其中的数 0157 取到 1 号寄存器中。因此读者可以看到,动态重定位的时机是在执行指令过程中,每次访问内存前动态地进行。采取动态重定位后,由于目标程序装入主存后不需修改地址指针及所有与地址有关的项,因而程序可在主存中随意浮动而不影响其正确执行。这样,就可以方便地进行存储器压缩,较好地解决了碎片问题。

2. 动态重定位相关的硬件软件

只有具有动态重定位硬件机构的计算机系统,才有可能采取动态重定位技术。这些硬件支持包括一对寄存器(基地址寄存器和界限寄存器)和加法器。

动态重定位可变分区管理技术的分配算法和数据库基本上与可变分区存储管理中所介绍的相同。特殊之处是何时进行存储器紧缩有两种不同的解决办法。

(1) 在某个分区被释放后立即进行紧缩。系统中总是只有一个连续的空闲分区而无碎片。这对空闲分区的表格管理和分配空闲块都将变得非常容易,但是紧缩工作是很花费机时的。例如我们以每秒一百万字节的速度移动分区,那么紧缩一个 1024KB 存储器中的一个小分区平均就要花费 0.5s。

(2) 当“请求分配模块”找不到足够大的空闲分区分给用户时再进行紧缩。这样紧缩的次数比上述方法要少得多,但表格管理复杂了。图 7.9 给出了这种方法的存储分配算法框图。由于请求分配操作可能并发执行,因此需要使用信号量来实现同步和互斥。图中略去了对互斥和等待信号量的操作,作为练习请读者自行添上。

这种存储管理技术的优点是可以消除碎片,能有效利用主存空间,提高多道程序系统的

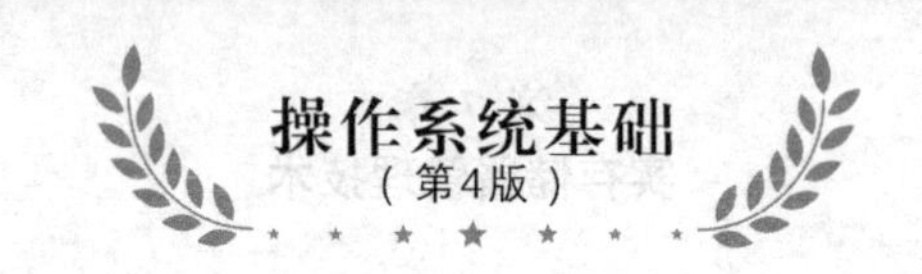

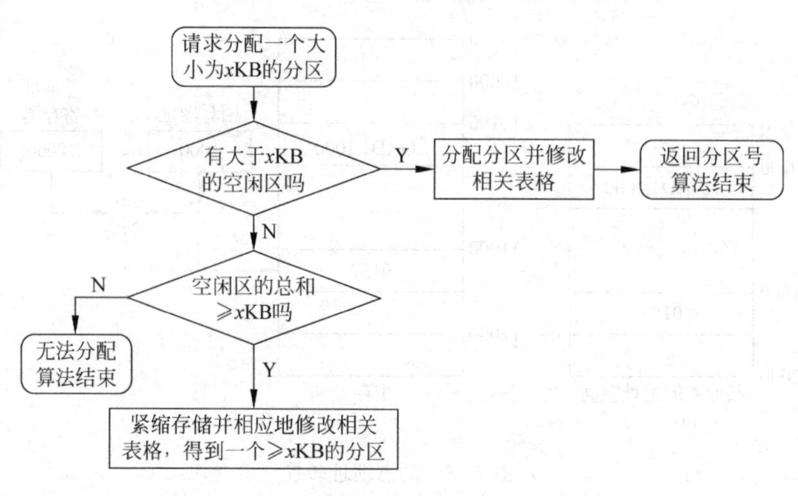

图 7.9　动态重定位可变分区分配算法

多道程度，从而也提高了对处理器和外设的利用率。其缺点为首先需要动态重定位硬件机构支持，这提高了计算机成本，并降低了速度（虽然是十分轻微的）；其次是紧缩工作要花费CPU 时间。

7.4　简单分页

前面讨论的固定分区和可变分区存储管理技术的主要缺点是主存使用的低效率和存储分配与释放的低速度。固定分区存储管理技术会导致分区内部的碎片从而造成主存利用率低。而可变分区则会导致分区外部的碎片，它们往往是大量的，而且是小到无法使用的，从而使主存的利用率不高。许多小的分区造成在存储分配时，在表格或队列的查找花费很多时间。在存储释放时与相邻空区的合并操作也使释放操作缓慢。存储紧缩工作耗费很多机时。于是曾经有人提出很多办法，例如二次幂空闲表、伙伴系统，但都不理想，不如分页和分段技术。本节介绍简单分页技术。

在实际工作中主存分配不限制最小单位会带来主存使用中的问题。如果分配以字节为最小单位，那么分区就是以字节为边界（即分区边界上是一个完整的字节）；但许多数据指令要求两个字节（单字），4 个字节（双字），甚至 8 个字节地使用。所以出现了要求分区边界双字或 8 字节对齐，以方便使用，这暗含以 4 字节或 8 字节为分配最小单位。以后有些系统又以 32 字节或 64 字节为最小分配单位，导致了人们考虑是否把主存分成许多同样大小的存储块，并以这种存储块作为存储分配单位。这是分页技术思想的由来。

1. 分页存储管理技术的基本做法

1）等分主存

把主存划分成相同大小的存储块，称为页框或帧。对于一个特定的计算机系统而言，页框大小通常是固定不变的，并给各页框从零开始依次编以连续的页框号。

2）用户逻辑地址空间的分页

把用户的逻辑地址空间（虚拟地址空间）划分成若干个与页架大小相同的部分，每部分称为页,并给各页从零开始依次编以连续的页号。

3) 逻辑地址的表示

用户的逻辑地址一般是从基地址"0"开始连续编址的,即相对地址。在分页系统中,每个逻辑地址用一个数对(p,d)来表示。其中 P 是页号,d 是该虚拟地址在页号为 P 的页中的相对地址,称为页内地址或偏移量。若给定一个相对地址 A,页面大小为 L,则

$$p = \mathrm{INT}[A/L], \quad d = [A]\ \mathrm{MOD}\ L$$

其中 INT 是向下整除的函数,MOD 是取余。例如 L =1000B,则第零页对应的相对地址为 0～999,第一页为 1000～1999。设 A=3456 则通过计算可知 p=3,d=456,故 A=3456→(3,456)。

2. 主存分配原则

分页情况下,系统以页框为单位把主存分给进程,并且分给一个进程的各页框允许不是相邻和连续的。进程的一个页面装入系统分给的某个页框中,所以页面与页框对应。一个作业相邻的连续几个页面,可被装入主存中任一不相邻的页框中。

1) 页表

进程各页被放入内存时选择哪个页框来存放取决于分配主存时空闲页框的情况。因此系统需要为每个进程用一个表格来指出这个进程的各页放在主存的哪些页框中。这个表格称为页表。每个进程有一个页表。图 7.10 给出了几个进程的页表与主存使用情况的例子。

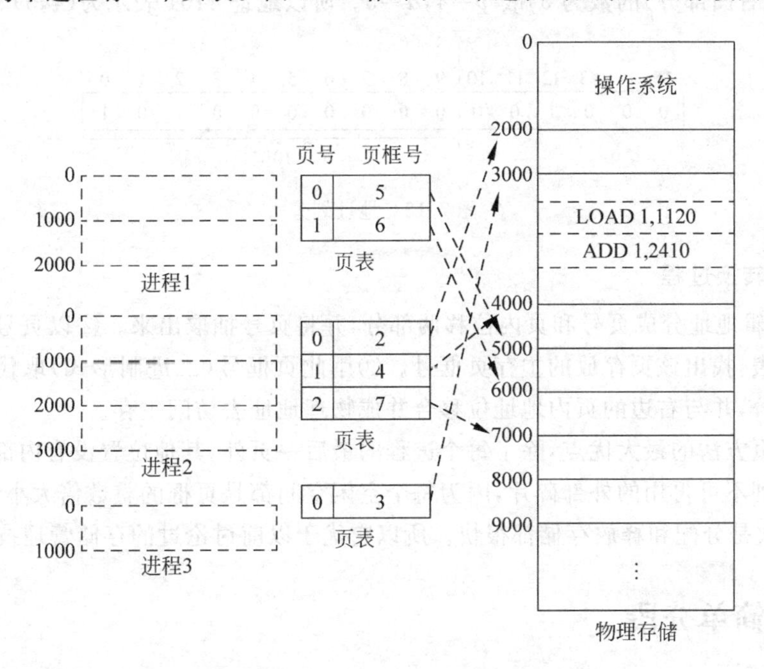

图 7.10 简单分页存储管理

2) 分页系统中的地址结构

进程的虚拟地址是用一个数对(p,d)来表示的,那么这个数对在机器指令的地址空间中又如何表示呢?通常将地址空间分为两部分:一部分表示该地址所在页面的页号 p,另

一部分表示页内地址位移 d，其格式如图 7.11 所示。至于页号和页内地址位移各占几位，主要取决于页的大小。如 IBM 370 的指令地址空间长度为 24 位，页的大小为 2KB 时，则页内地址部分应占 11 位（21～31 位），页的大小为 4KB 时，则页内地址占 12 位。

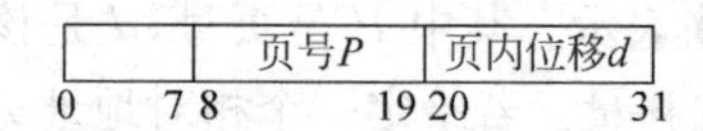

图 7.11　IBM 的地址格式

3）页面尺寸应是 2 的幂次

将逻辑地址转换成页号 p 和页内地址位移 d，前面已经介绍用除的方法。但如果每访问一个主存单元都做一次除法才能得到页号 p 和页内位移 p，就会导致效率降低的问题。人们发现，如果页的大小是 2 的幂次，给出一个二进制的逻辑地址之后，要确定其页号 p 和页内位移 d 是十分简单的。只要根据页的大小是 2 的几次幂，就把逻辑地址从末尾向前数几位将地址分成两部分，高位部分所表示的数是页号 p，低位部分所表示的是页内地址位移 d。可以这样做的原因，大家可以根据前面所说的除的方法来进行探讨。

例 1　页的大小为 1KB(1024B)，则逻辑地址 4101 的页号、页内地址位移按以下方式确定（如图 7.12 所示）。4101 用二进制表示为 0001000000000101；1KB＝1024B＝2^{10}B，所以应从下图 7.12 虚线处把地址分为两部分。所以高位部分（图中虚线左边部分）的数为 4，低位（图中虚线右面部分）的数为 5，故 $p=4$，$d=5$。所以地址 4101 表示为(4,5)。

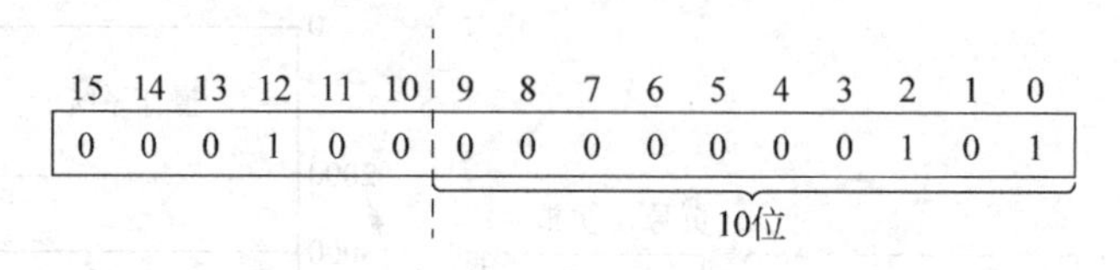

图 7.12　地址划分

3. 地址转换过程

① 将逻辑地址分成页号和页内位移两部分，并将页号抽取出来。②以页号作为索引查找该进程页表，找出该页存放的主存页框号。③用此页框号（二进制形式）取代逻辑地址左边页号的部分，并与右边的页内地址位移合并成物理地址去访问主存。

简单分页方法的最大优点，除了每个进程的最后一页外，其他位置没有内部碎片。同时也不会有小到不可再用的外部碎片，因为每个空闲空间都是页框的整数倍大小，所以主存利用率高；其次是分配和释放存储都很快。所以它优于以前讨论过的存储管理技术。

7.5　简单分段

前面介绍的各种存储管理技术中，用户的逻辑地址空间由连续的地址组成，形成一个一维的线性地址空间。而事实上一个进程常常由若干程序段和数据段组成。如果进程运行前，将其所需的各程序段和数据段连接成一维的线性地址空间，既费时间又不便于进程的执行，尤其不便于共享。因此程序员希望按照程序模块来划分段，并按这些段来分配主存。所谓段，可定义为一组逻辑信息的集合，如子程序，数组和数据区等。

分段存储管理的基本概念可用下列几方面来表征。

1．进程的逻辑地址空间

分段情况下要求每个进程的地址空间按照程序自身的自然逻辑关系分成若干段，每个段有自己的段名(段名通常由程序员给出)，系统为了管理的方便，常常为每一段规定一个内部段名。内部段名实际上是一个编号，称为段号。每个段的地址空间都从“0”地址开始编址成连续的线性地址。故分段存储情况下作业的逻辑地址空间是二维的。每一个虚拟地址均要求用两个成分：段号 s 和段内地址 w 来描述。段式管理的进程逻辑地址空间如图 7.13 所示。

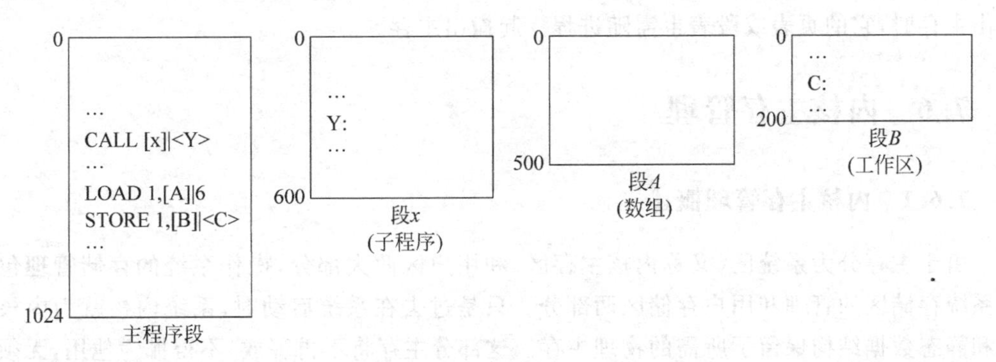

图 7.13　分段地址空间

2．程序的地址结构

因为一个虚拟地址要用两个成分(s,w)来描述，所以指令的逻辑地址结构应为图 7.14 的形式。通常规定每个进程的段号为从“0”开始的连续正整数。

	段号S	段内地址w
0　7	8　15	16　31

图 7.14　段地址结构

假定某机器指令的地址部分长为 24 位，如果规定左边 8 位表示段号，而右边 16 位表示段内地址。这样的地址结构就限定了一个进程最多的段数为 $2^8=256$ 段，最大的段长为 2^{16}B$=$64KB。

3．主存分配

段式管理的主存分配以段为单位，每一段分配一块连续的主存分区，一个进程的各段所分到的主存分区不要求是相邻连续的分区。

4．段表

一个进程往往由很多段组成，而且各段可能被分配在主存中多个不相邻的分区中，为了将进程的逻辑地址转换为物理地址，需要有一个段表来指出进程的某段放在主存中的何处，以及该段的长度等信息。每个进程有一个段表。

5. 段的地址转换

把逻辑地址左边段号部分提取出来,作为索引查找进程的段表。将段内地址与段的长度进行比较,如果大于段的长度,则将引起非法访问中断(越界访问)。如果是合法访问,那么将段的起始地址与段内地址相加,即是所要访问的物理地址。

简单分段与可变分区管理技术类似,其优点是没有内部碎片,只有外部碎片。但由于强调模块化设计和使用面向对象,再加上基于线程的机制,模块不是很大,所以将大大改善外部碎片情况。简单分段也是基于多重分区技术的进一步发展而来的。

简单分页对用户是不可见的,用户不了解其进程被分页和如何分页。但简单分段用户是可见的,而且分段需要用户提供支持,用户也需知道系统最大段长度的限制。当进程被交换出主存时,它的页表或段表也需随进程一起撤出主存。

7.6 内核主存管理

7.6.1 内核主存管理概述

由于主存分为系统区(又称内核主存区)和用户区两大部分,操作系统的存储管理包括对系统存储区的管理和用户存储区两部分。只是过去在系统启动时,系统内核就为内核代码和静态数据结构保留了所需的物理主存。这部分主存将不再释放,不得挪为他用,无须对它关照和管理。内核除了这些静止的、永久占用的主存需求外,实际上许多内核子系统仍有可能要求为它们提供各种不同尺寸(大多不太大)的主存块,而通常这些主存块仅使用不长的时间。例如,路径名分析子程序,要求分配缓冲区以复制路径名副本,进程通信子程序要求消息缓冲区,又如内核进程管理等子系统要求分配进程控制块、线程控制块、轻质进程结构、对象数据结构、信号量、i 节点、文件描述块、网络报文、页表等。这些小片主存的使用通常是动态请求和释放的。但有不少系统为了简化内核主存的管理,避免动态地进行主存分配,于是早期的 UNIX 为 i 节点、proc 结构等分配固定大小的主存(当初 UNIX 曾限定最大进程数是 50,因为它只留有 50 个 proc 空间),现在 Solaris 的线程库也只提供固定数量的轻质进程池。另外,系统在需要时也借用磁盘缓冲系统中的缓冲区来临时保存路径名和网络报文。

但是这种策略也有弊端。首先是非常不灵活,因为各种表和缓冲区大小在系统启动时或编译时就被固定下来,不能根据系统中的情况而调整。如果表格空间留得太少,这些表就可能溢出,并使系统崩溃。如果所有表格的空间留得都尽可能地大,就会造成主存浪费。显然内核需要一种通用的主存分配机制。

因此现代操作系统的存储管理系统包含两大部分:一个是分页系统,它主要是为用户进程分配页面(但在 UNIX 中分页系统也为磁盘缓冲提供页面);另一个是内核主存分配器,它为不同的内核子系统提供各种尺寸的主存块,使用这些内核主存分配器的模块有:

- 路径名分析子程序。
- 根据 allocb()例程需要分配任意大小的流(Streams)缓冲区。
- 网络通信有关子程序需要分配网络缓冲区。

• 内核需要动态分配的各种对象，如进程、线程、对象、文件描述块、i 节点等。

由于内核主存分配器处理的主存请求大小都远小于一个页面大小，所以不能使用与用户空间分配一样的分页系统，需要有一套独立机制来实现更细粒度的主存分配。下面主要介绍几种常用的内核主存分配器。

• 二次幂空闲表分配器。

• 伙伴系统。

使用这些内核主存分配器，当系统启动后，内核除为自身的代码和静态数据结构以及预定义好的块缓冲池等保留空间外，还为内核主存分配器分配一部分空间。有些系统不允许改变分配的主存容量，而有些系统实现允许内核主存分配器从分页系统中借用页面，更有些系统允许双方(分页系统与内核主存分配器)可以双向借用页面。

7.6.2 二次幂空闲表分配器

本方法使用一组空闲表，每一个表存放某一特定尺寸的空闲块，空闲块的大小均为 2 的整数幂，图 7.15 表示了这种分配器的结构。

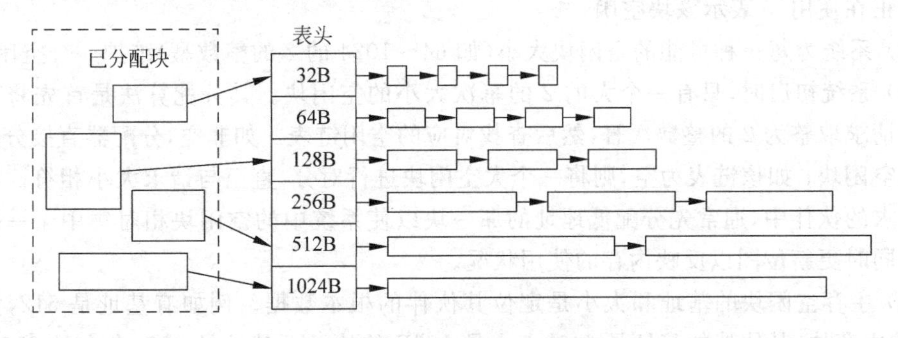

图 7.15 二次幂空闲表分配器

本方法中每一个空闲块有一个字的头结构，可用空间不包括这个字。当该块空闲时，这个头结构字用来存放下一空闲块指针。当该块被分配后，头结构用以存放其所在的空闲表的指针。

该算法的优点是简单，而且主存的分配和释放都是快速的，但该算法也存在一些缺点。首先内存利用率很低，因为很多主存请求往往都是 2 次幂大小，例如请求 256B，而分配器必须要分给它 512B 的块，因为每空闲块的头结构占去了一个字，所以浪费率几乎达到 50%；其次由于每个主存块大小一般是固定的，不可能将相邻空闲块合并以满足对大主存块的要求。

7.6.3 伙伴系统

伙伴系统是将空闲块合并技术与二次幂算法相结合的分配方法。其基本方法是通过不断平分大主存块来获得小主存块，并且尽可能合并有伙伴关系的空闲块。所谓伙伴，是指当一个主存块被平分后，每一部分称为另一部分的伙伴。为了方便管理和合并空闲块，实际的系统将位图方法作为其辅助方法。图 7.16 表示了伙伴系统管理 2048B 主存，最小分配单位是 64B 的情况。

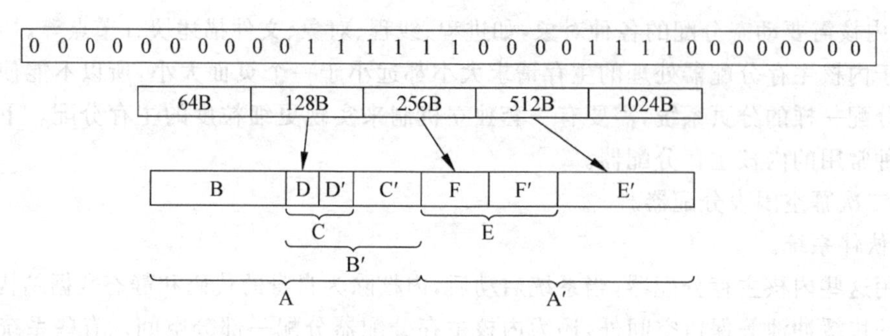

图 7.16　伙伴系统

下面说明伙伴系统概念。

(1) 伙伴系统是通过对分大空闲块来获得小空闲块的，对分生成的两个空闲块互称为伙伴，合并时需以伙伴关系为基础。

(2) 系统中规定最小分配单位，通常为 32B 或 64B。

(3) 系统使用位图来维护主存中每一个最小分配单位的使用状况，如果某位置 1，表示对应块正在使用，0 表示该块空闲。

(4) 系统为每一种可能的空闲块大小(如 64～1024 的 2 的整数幂)维护一个空闲链表。

(5) 系统初启时，只有一个大的 2 的幂次大小的空闲块。其分配算法是首先将对内存空间的请求取整为 2 的整数次幂，然后查找对应的空闲链表。如非空，分配器直接分配此链表上的空闲块；如该链表为空，则将一个大空闲块进行对分，直至与请求大小相符。在两个符合要求的伙伴中，通常先分配低地址的那一块以使系统中的空闲块相对集中于一侧。分配时需同时更新位图以反映内存的使用状况。

(6) 主存空闲块的基址和大小是定位其伙伴的根本数据。例如有基址是 512，大小是 128B 的主存块，其伙伴的基址是 640，大小是 128B 的块。而基址是 256，大小是 256B 的主存块的伙伴的基址为 0。每当有主存块释放时，修改空闲链表和位图，并检查其伙伴是否也为空闲，如为空闲，应立即合并。合并后继续检查新块的伙伴能否继续合并，也就是说递归地进行合并，直至不能继续合并为止。

此伙伴系统的主存分配和释放都很快，特别适合于合并，并且提供了很好的灵活性，使主存可以以不同的尺寸再利用。再者，它与分页系统的主存页面互借也很方便。当分配器发现系统空间不足时，可以从分页系统中借一个新页面，并进行适当的对分；当释放子程序合并出一个整页面后，再返回给分页系统。当分配器同时管理几个不相连的页面时，空闲链表集保存所有页面的空闲块，但分配器必须为每一个页面单独维护一张位图。

本方法的缺点是每释放一块主存，分配器都尽可能地进行合并。那么可能刚刚递归地合并好，马上又要把它对分，这可能导致性能问题。

本章小结

本章主要讲述了实存管理技术。

一个计算机系统采用多级存储的方式组织其存储系统，从而达到经济实用的目的，而主存作为一个重要的存储资源需要很好地管理。对于主存的管理主要包括以下几个方面的内容。主存的分配与回收、地址转换与重定位、主存的保护与共享。不同的主存分配与回收方法使用了不同的地址转换与重定位方法，也采用不同的方式实现主存的保护与共享。

最简单的主存分配方式是采用固定分区的方法。此种方法虽然简单，但是有很大的缺点。首先，事先确定好的分区会导致很大的内部碎片从而令内存利用率降低；其次，固定的分区数量导致内存中活跃的进程数量受到限制；最后，有的进程可能很大从而无法放到一个分区里，需要设计复杂的覆盖技术才能保证此类进程的执行。

为了解决上述问题，可变分区技术被提了出来。采用此种技术在分配分区的时候是按照进程要求划分可用内存的一块作为存放当前进程的分区的，从而解决了固定分区导致的种种问题。在进行存储分配的时候可以使用最佳适应、最先适应和最坏适应算法，在进行重定位的时候只需要一对基地址寄存器和界限寄存器就可以解决重定位和内存保护的问题。但是这种方法也带来了新的问题，分区之间会出现外部碎片从而浪费主存空间，虽然采用紧缩的方法可以解决外部碎片问题但是紧缩会让 CPU 花费大量时间做进程在内存中的浮动工作。

为了能够更好地进行内存管理，简单分页的方法被提了出来。此方法将内存等分为大小相等的页框，将进程的逻辑地址空间也划分成同样大小的页，并分别编号。在内存分配的时候，相连的页面可以存放到不相连的页框中。为了明确记录一个进程的各个页被分配到哪些页框中，使用了一种特殊的表格叫做页表。于是地址重定位的过程为：首先将一个逻辑地址的页号和页内位移提取出来(如果页面的大小是 2 的幂次可以直接划分而得)，然后通过页号查询页表得到相应的页框号，将页框号与页内地址位移组合从而得到物理地址。简单分页的方法只在进程的最后一页中会产生内部碎片，完全没有外部碎片，因此内存的利用率得到了很大的提升。但是在进行地址重定位的时候需要两次访问内存才能得到最终的物理地址中的数据(一次访问页表得到物理地址，一次访问此物理地址得到其中的数据)。简单分页的方式也有其问题。首先，逻辑地址是一维的，无法根据用户需要组织；其次，内存空间的共享和保护无法按照用户的要求进行设计。

在此背景之下诞生了简单分段的内存管理手段。在这种方式下，用户的逻辑地址空间可以由程序员根据需要进行分段，逻辑地址由段号和段内位移两部分组成。将逻辑地址空间调入内存后，不同的段可以放入内存不连续的位置。系统用一个段表来记录每个段所在内存段的起始地址和长度。地址映射过程是用逻辑地址的段号在段表中查找到此段在内存中的起始地址和长度，在段内位移小于等于段长的情况下用起始地址与段内位移相加从而得到最终的物理地址。这种方法的好处在于逻辑地址采用了二维地址空间，并且可以由程序员根据需要设计每段的保护措施以及段之间的共享。其缺点在于内存中由于每段的长度不一，因此最终会出现外部碎片，从而导致内存的利用率降低。虽然可以通过紧凑的方法来解决，但是会浪费 CPU 的时间。

习题

7.1 在多级存储系统中，各级存储器有何特点？

7.2 在多级存储系统中，在存储系统的各级之间移动数据和程序会带来一定量的系统开销。请问为什么这样的系统反而越来越受欢迎？

7.3 比较固定分区和可变分区这两种存储管理技术在概念上、实现上、碎片情况等方面的不同。

7.4 算法设计。画出释放一个主存块的框图，算法和数据结构自定。

7.5 解释逻辑地址、绝对地址、地址转换等概念。

7.6 什么是存储器的内部碎片、外部碎片？

7.7 试述简单分页的概念和地址转换过程。

7.8 试述简单分段的概念和地址转换过程。

7.9 内核主存管理器常为哪些内核对象分配主存，内核主存管理有何特点？

7.10 举例说明伙伴系统是如何工作的。

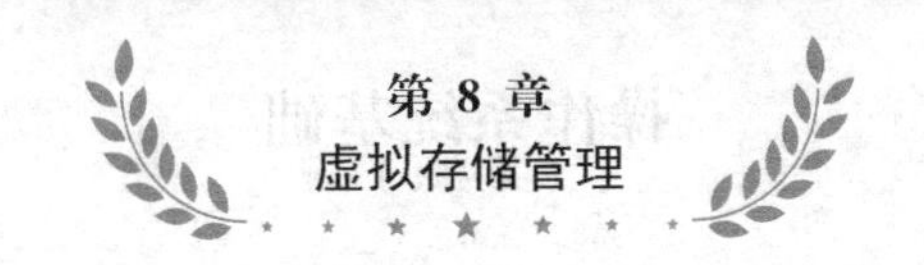

第8章　虚拟存储管理

8.1　虚拟存储系统的基本概念

第7章所讲的存储管理技术的特点是：进程在运行时，整个进程的全部代码数据必须全部装入主存。因此当进程尺寸大于主存可用空间时，该进程就无法运行。我们把前述的各种存储管理技术统称为“实存”管理技术。

与“实存”相对应的另外一类存储管理技术称为“虚拟存储”管理技术。它首先由英国曼彻斯特大学提出，1961年该校在Atlas计算机上实现了这一技术。20世纪70年代以后，这一技术才广泛被使用。现在计算机均采用虚拟存储管理技术。

为了交接虚拟存储器的概念，首先要了解逻辑地址和物理地址的不同。一个程序被编译连接后产生目标程序，该目标程序所限定的地址集合称为逻辑地址空间。目标程序中指令和数据放置的位置称相对地址或逻辑地址。这不同于CPU能直接访问的主存的物理地址(实存地址)空间或实存地址空间。前者是逻辑上而非物理上的存储空间(程序的指令和数据放置的逻辑上的空间)，而后者是程序在执行时实际存放其指令和数据的物理空间。

进程在执行时要访问的是程序的指令和数据的逻辑地址。而进程必须在处理器上运行，它通过处理器才能访问指令和数据，因此指令和数据就必须存放在处理器能直接访问的主存中，也就是说处理器所实际访问的是存放指令和数据的主存地址。由此可以看出，逻辑地址和物理地址两者在概念上是不同的，但又是有联系的。在虚存的管理中，通常把一个运行进程访问的地址称为“虚拟地址”，而把处理器可直接访问的主存地址称为“物理地址”。把一个运行进程可访问的虚地址集合称为“虚拟地址空间”，把计算机的主存称为“物理地址空间”。程序的指令和数据所在的虚拟地址，为了能使进程访问，必须要放入主存物理地址中，并建立虚拟地址和物理地址的对应关系，也就是要由虚地址转换到物理地址，这种转换由动态地址映像机构来实现。

把运行进程所访问的虚拟地址空间与物理地址空间区分开来后，这两个地址空间就是独立的了。

一个进程的虚拟地址空间(以下简称“地址空间”)中，通常包含以下信息。

- 正文(程序可执行代码)。
- 数据(包括已初始化的数据、未初始化的数据、修改过的数据)。
- 堆栈。
- 共享主存区。

• 共享库。

其中，正文部分通常可由运行同一程序的进程共享，而数据部分是私用的。共享主存区可由进程将其映射到自己的地址空间后，与其他进程共享其中的信息。而共享库包含正文和数据两部分。访问库的所有进程共享所有正文部分，而库的数据部分是私有的，即每个进程有自己的副本。当进程初次访问以上部分时，正文和已初始化的数据可从执行文件中读取，共享库部分可从库文件中读取。

从存储管理的角度讲，为了减少进程启动的开销和进程从主存换入换出的开销，进程只装入部分代码和数据就可以开始运行。实际上程序运行时，往往只用到程序很少的一部分，因此对存储管理功能的这一要求不仅是合理的，而且是十分有益的。其次，我们要求存储管理功能应能允许用户运行比物理主存大得多的程序。然而以上两个要求在实存管理技术下都无法实现。而在虚拟存储系统中，操作系统内核只把进程当前要用的部分放在主存中，从而使主存中可以同时容纳大量的进程，提高了系统的多道程度和并行性。用户则认为该机器具有无穷大的存储空间，并且只有用户一人在使用这台计算机，虽然实际上用户只使用了物理主存的很少部分。

但实现虚存技术是有代价的。首先，由于只装入了部分的代码和数据，所以当要访问的代码和数据不在内存中时，就需要花时间将需要的代码和数据调入内存；当内存不足时，需要将内存中的代码或数据淘汰到磁盘上以空出存储空间，这需要消耗磁盘 I/O 时间。其次，主存管理要为地址转换表和其他一些数据结构付出额外的不小的主存开销。最后，地址转换增加了每条指令的执行时间。当进程访问不在主存的指令和数据时（即缺页或缺段），系统要将该页或段装入主存，这也需要消耗磁盘 I/O 操作时间。

常用虚拟存储管理技术（简称“虚存”）有请求页式存储管理技术、请求段式存储管理技术以及请求段页式存储管理技术三种。由于单纯的分段技术已几乎不再使用，因此只作简单介绍，全章主要基于分页的有关问题。

8.2 请求页式存储管理

虚拟分页存储管理技术与第 7 章介绍的简单分页技术关键的不同之处只是在简单分页系统中，进程的所有页全部在主存中，而虚拟分页技术中，只是当前要用到的一部分页面在主存中。这种差别使虚拟分页技术给计算机系统带来性能上极大的好处，提高了系统的并行性，提高了主存和其他资源的利用率，降低了运行开销，提高了系统的运行效率和系统吞吐量等，但也给存储管理带来了更大的复杂性和成本。

8.2.1 地址转换

请求页式存储管理最主要的目的是让程序能在它的虚拟地址空间中运行并实现由虚拟地址到主存物理地址的转换。

在虚拟存储系统中，当进程的页调入内存时，页面所分配的页框号被记录在进程的页表中。由于虚拟存储器允许进程只把部分页面调入内存就可以开始执行，因此进程的页表结构与实存的页式管理的页表结构有所不同。它添加了一个存在位，用 1 或 0 来区分此页是否调入内存。另外,还存储了其他信息以帮助页面淘汰算法的执行,并存储此页所在的二级存储器地址。页表的具体结构见 8.2.2 节所述。

当进程被调度到处理器上运行时,操作系统自动将该进程的页表起始地址从进程的 PCB 中读出并装入页表地址寄存器中,当该进程要访问某个虚地址时,分页的地址映像硬件自动按页面大小将虚拟地址分成两部分:页号和页内地址位移(p,d)。这时硬件自动以页号 p 为索引查找页表,具体过程如图 8.1 所示。加法器将页表地址寄存器内容与页号乘以页表表目长度(字节数)的积相加(硬件执行时自动把页号左移若干位即得乘积),得到该页在页表中的表目地址,该表目中包含该页所对应的页框号 p'、存在位和其他相关信息。若存在位为 1,则表明此页面已经调入内存,将此表目中的页框号 p' 读出,将页架号 p' 与页内地址位移合并成实际主存的绝对地址,实现地址映射(如图 8.1 所示)。若存在位为 0,则表明此页面还没有调入内存因此产生缺页中断,系统负责将二级辅存中保存的页面读入内存,修改页表,重新进行地址转换。

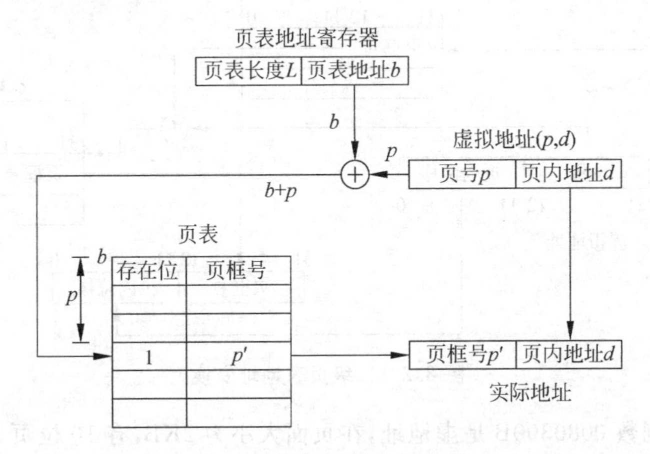

图 8.1 分页系统地址转换

分页系统对系统的性能有什么不利影响吗?最大的问题是影响了处理器执行指令的速度。因为 CPU 至少要访问两次主存才能存取到所要的数据,第一次查页表以找出对应的页框号以获取物理地址,第二次才真正访问所需数据。为解决存取数据的速度降低的问题,必须寻找一个更快的地址转换方法。这些提高效率的方法将在后面介绍。

1. 多级页表的地址转换

在分页系统的地址变换中面临两个问题。

(1) 如果进程占的空间很大,那么页表可能会非常大。

(2) 地址映射由于需要两次读取内存而使速度降低。

本节讨论第(1)个问题的解决方案,以后各节将讨论第(2)个问题。

现代的计算机使用 32 位虚拟地址和 64 位虚拟地址都已十分普遍,以 VAX 为例,它的每个进程可以有 2^{31}B=2GB 的虚地址空间,使用 2^{9}B= 512B 的页面,于是每个进程的页表表目可达 2^{22} 个。而 Windows NT 等使用 x86 的 CPU 是 32 位地址,使用 4KB 的页面(2^{12}GB),这意味着进程最多可以使用多达 2^{20}(100 多万)个页面。如果每个页表表目占 4B,那么每个进程的页表所占的空间是 2^{22}B,占去主存的千分之一。另外,由于页表表目的查找办法要求一个进程的页表要存储在连续的地址空间中。对于分页系统来说，当一个进程的页表所需空间超过一个页面的大小时，此需求对内存页框的分配提出更高的要求。为此，可以将页表本身也进行分页，即把页表本身按固定大小分成为一个个页面（页面大小为 2^{12} B=4KB）。每个小页表形成的页面中可以有 2^{10} B=1KB 个页表表目（每个表目 4B），共有 1KB 个小页表。为了对 1KB 个小页表进行管理和索引查找，设置了一个页表目录，又称为顶级页表，该顶级页表包含 1KB 个表目项，分别指出每个次级小页表所在物理页框号和其他有关状态的信息。这样，每个进程有一个页目录，它的每个表目映射一个页表。页目录本身的大小刚好是一个页面大小，页目录是一级页表。而每个小页表本身就是二级页表。以后一律使用页目录和页表的名称。图 8.2 表示了二级页表的地址变换。

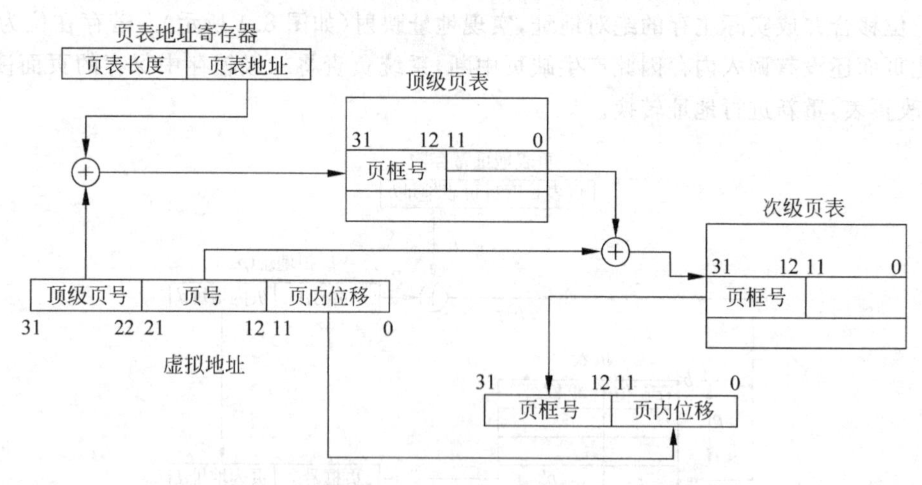

图 8.2　二级页表地址变换

例如十六进制数 0080300B 是虚地址，在页面大小为 2KB，有 10 位页目录号、10 位页号的情况下，它的顶级页号=2，页号=3，页内位移=B。地址变换时以顶级页号（即 2）索引顶级页表，查得该二级页表所在的主存页架号，再以页号（即 3）索引该页表，查到该虚地址的页面所在的主存页框号与页内位移（即 B）拼成主存物理地址。

通过二级页表的地址映射访问主存，存取数据需要三次访问主存（一次是访问顶级页表，一次是访问页表，最后是访问数据所在的物理地址），所需时间是原来的三倍。当然对 64 位的地址，也可组织成三级、四级页表，但由于级数的增加对性能产生的影响是不可忽视的。

2. 反向页表的地址转换

对于利用虚拟地址通过通常的页表进行地址映射的问题是，页表尺寸与虚地址空间成正比增长。对于 32 位和 64 位的地址空间，不得不使用多级页表，这种方法被奔腾 x86 处理器所使用。但也有些机器如 IBM RS/6000 和 Mach 操作系统，在 RT-PC 上使用另外一种称为反向页表的方法。这种方法维护一个反向页表，表中每一个表目对应主存中的一个物理页框，完成物理页框号到虚地址的映射。但是存储管理单元（MMU）需要的是把虚地址转换为物理地址，反向页表不能完成这样的转换。因此系统采用哈希（Hash）技术完成虚地址转换。图 8.3 为反向页表结构。当给出进程的虚地址后，存储管理单元（MMU）通过一个哈希定位表(Hash Anchor Table,HAT)的数据结构,把虚页号经哈希函数转换为一个哈希值,以该值为索引,它指向反向页表中的一个表目,该表目包含有以下信息。

- 其映射的虚页号(有些系统还包括进程标识)。
- 指向哈希链的下一项指针。
- 有效位、引用位、修改位。
- 保护和加锁信息。
- 查找反向页表的索引号即为页框号(IBM RS/6000)。

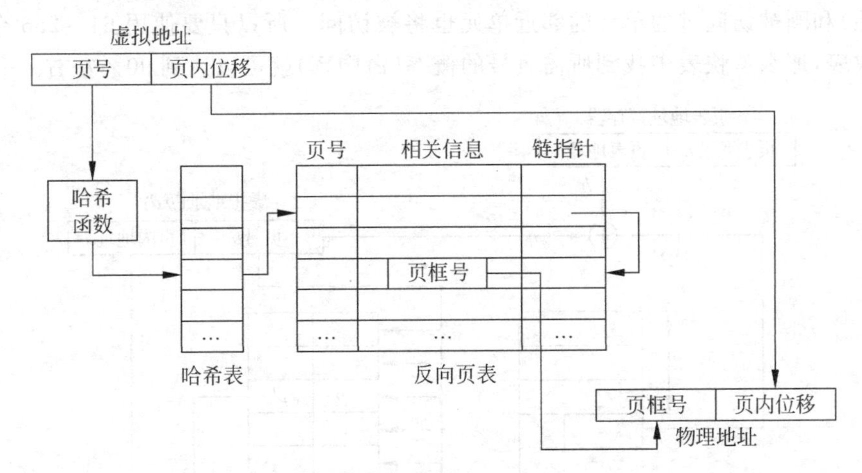

图 8.3　反向页表

在表目中存在一个链表,这是由于有多于一个的虚页号经哈希函数转换后会得到同样的哈希值(但不超过 2～3 个),所以要用链表来处理这种溢出情况。因此在地址映射时,用哈希表定位后要遍历哈希链查找所需的虚页号。由此虚页号得到相应的页架号(查找反向页表的索引号即页架号)与偏移量拼接成物理地址访问主存(这里所用的哈希函数是简单地用 n/M 的余数作为哈希值来插入、删除和查找哈希表表目,其中,n 是虚页号,M 略大于或等于 N。N 是哈希表表目数)。

从性能上来说,反向页表不逊于多级页表。但无论哪种方法,其地址转换过程都很慢,代价很高,如果每次都这样访问主存,地址映射速度就会让人无法忍受。以下讨论如何加快主存访问速度的办法。

3. 快表的地址转换

由于使用页表进行虚拟地址到物理地址的映射速度影响了系统的性能,要解决问题就是把一部分常用页表表目放入一个具有并行查询能力的高速缓冲存储器中去,称为快表(Translation Lookaside Buffer,TLB)。快表为关联高速缓存,由于它比较贵,所以一般来说,快表中只有 64～256 个表目,只包含一些最近使用的页表表目。快表的访问速度比主存的访问速度高一个数量级。快表的表目中包含虚页号以及该虚地址属于哪个进程,物理页框号,以及页面保护权限等项目。由于快表具有并行查询能力,所以查找速度很快。图 8.4 表示使用快表与页表相结合的地址转换过程。当运行进程要访问虚地址 v 时,硬件就将地址 v 截成页号 p 和页内地址位移 d。地址转换机构首先以页号 p 和快表中各表目同时进行比较，以确定该页是否在快表中。若在其中，则快表送出相应的页框号与页内地址一起拼接成绝对地址，并按此地址访问主存。若该页不在快表中，则使用直接映像方法查找进程的页表，找出其页框号 p' 与页内地址拼成绝对地址，并访问主存。与此同时要将该页的页号及对应的页架号一起送入快表的空闲表目中去。如无空表目，通常把最先装入的那个页的有关信息淘汰掉，腾出表目位置。为提高效率，实际上直接映像和快表是同时进行的。当快表成功时，自动停止直接映像工作。

由于程序执行中有局部性的特点，即刚被访问过的单元在很短的时间内还将被访问（时间局部性）和刚被访问过的单元的邻近单元也将被访问。所以只要使用 64～256 个高速寄存器作快表，那么从快表中找到所需页号的概率（命中率）就可以达到 90％左右。

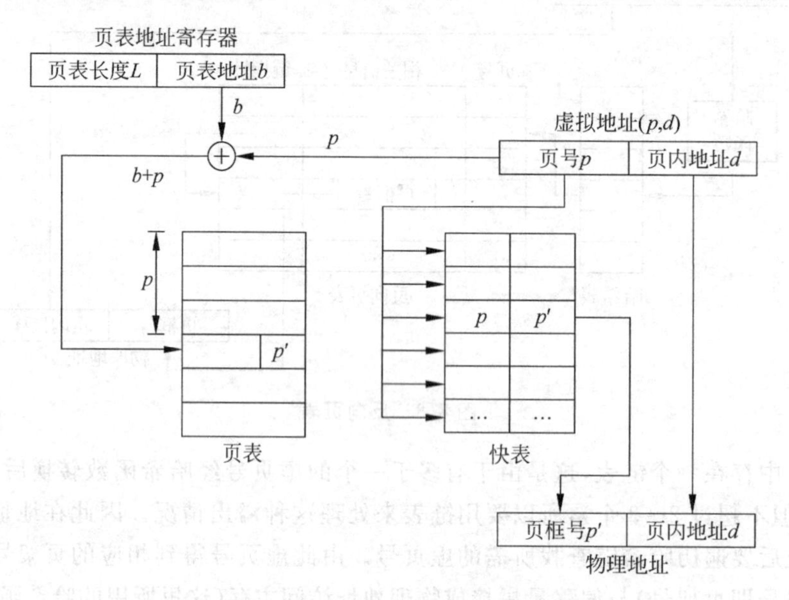

图 8.4　快表与页表结合的地址转换

多数系统对快表（TLB）仅支持两个基本操作：装入表目和清除表目。每次发生快表查找不命中情况时就装入快表项，在多数系统结构中，该操作由硬件存储管理单元（MMU）执行。但 MMU 允许内核软件清除 TLB 表项，当在每次页目录基址寄存器被写入（在多级页表中对此寄存器的写就入意味着是另一个进程的页表）时，清除整个快表（TLB）缓存，清空 TLB 很耗时。

8.2.2　硬件支持

内核的主存管理子系统依赖底层硬件来完成任务。这部分硬件称为主存管理单元（MMU），其主要任务是完成地址转换。MMU 的主要功能如下。

（1）管理页表基址寄存器。MMU 使用页表地址寄存器存储当前在 CPU 上运行的进程的页表地址。进程在运行前要把它的页表或多级页表的页目录表基址装入该寄存器。

（2）将虚地址分为页号和页内偏移量，在页表中定位该页号的表目，抽取出物理页框号，与页内偏移量拼接成物理地址。

(3) 当出现页表中标志该页不在主存(即存在位为“0”)或页面访问中出现越界访问、保护性错误时,MMU 发出一个异常称为页面失效,并将控制权交内核相应程序处理。

(4) MMU 负责设置页表中相应页的引用位、修改位、检查有效位和保护权限等。

而内核软件则要建立页表,在页表表目填写正确数据,设置 MMU 指向页表的基址寄存器。

除主存管理单元(MMU)外,为完成内存管理还需根据需求添加以下硬件设施：页表、快表、反向页表。

1. 页表

在进行由虚地址到物理地址的转换时,大多数系统使用页表。页表是一个数组,每一个表目对应进程中的一个虚页。页表表目大小通常为 32 位,它分为若干个域,这些域包括以下内容。

(1) 物理页框号。

(2) 修改位。

该位为“1”,表示相应页面中的内容已被修改过,当该页被淘汰出主存时,需写回磁盘交换区或相应文件中；该位为“0”,表示页面未被修改过,当该页被淘汰时什么也不做。

(3) 存在位。

该位为“1”,表示相应的虚页在主存中,为“0”表示相应的虚页不在主存中。

(4) 引用位。

该位为 1,表示该页被访问过,该位为 0 表示该页尚未被访问。是否使用该标志位是设计人员根据系统所使用的页面淘汰算法决定的。

(5) 保护权限。

说明该页允许什么类型的访问。如果该项只有一位,则该位为“0”,表示该页可读/写,如果该位为“1”,则表示只能读,不允许写。如果该项有三位时,则每一位分别说明该页是否可允许读、写、执行。

每个单处理器的计算机系统都有一个页表地址寄存器,用来指出当前运行进程的页表起始地址。由页表寄存器指出的进程页表称为活动页表。通常在单处理器系统中有两个活动页表：一个是内核的,一个是当前运行进程的。

2. 快表

快表是为了加快地址转换速度而使用的一个关联高速缓存,根据系统设计存储需求是页表或反向页表。它具有并行查询能力,可以使用内容对快表中的各表目同时进行查找,地址转换速度比页表要快很多倍。快表由硬件实现,表目数较少,一般情况下为 64～256 个表目,每一个表目映射为一个物理页框。快表的一个表目分若干项,这些项包括以下内容。

(1) 虚页号。

在有些系统中还有该虚页所属进程的信息。

(2) 物理页框号。

(3) 保护权限。

有些系统(如 IBM RS/6000)有两个分离的快表(TLB)。

(4) 数据快表。

含 128 个表目。

(5) 指令快表。

含 32 个表目。

在正常操作中,大多数地址转换由这两个快表完成,当快表查找失败时,才查找反向页表。

3. 反向页表

反向页表完成从物理页架号到虚地址的映射,它与哈希函数定位表配合来完成从虚地址到物理地址的映射。

反向页表的表目也分为若干项。

- 虚页号(有些系统应包括所属进程标识)。
- 物理页框号。
- 指向哈希链的下一项指针。
- 有效位、修改位、引用位。
- 保护和加锁信息。

反向页表的每一个表目对应一个物理页框。

8.3 请求分段存储管理

8.3.1 请求分段概述

与第 7 章所介绍的简单分段类似,在虚拟存储管理中,仅使用页的方式对内存进行管理是有缺点的,因此在虚存管理中也引入了请求段式内存管理技术。虚拟分段存储的请求分段管理与简单分段技术的主要区别是：在简单分段中,一个运行进程的各段都必须装入主存,而在虚拟分段技术中,只需把进程当前常用的一部分段装入主存即可。与虚拟分页和简单分页的情况相似,这种差别使虚拟分段技术比简单分段技术要复杂很多。

虚拟分段有以下优点。

(1) 分段技术简化了对可以任意增长和收缩的数据段的管理。因为分段技术采用二维地址空间,每个段是分离的独立的地址空间。当原来分给段的空间不够大,该段要求增长时,就可以重新为其分配一个更大的区域,而不会影响进程地址空间的其他部分。如果段用不了这么多主存,要释放出一部分主存,同样也很简单。

(2) 分别编译的段(段内起始地址是从 0 开始相对编址的)的连接也十分简单。如果一个进程的某个段被修改,此段仍可以被单独编译,并连接到整个进程中,从而提高了程序设计的效率。

(3) 如果一个段的过程被修改并重新编译,不会引起其他段的变化,因为这些修改只涉及该段自己的地址空间。

(4) 分段机制便于在进程间共享过程和数据,只要把这些过程和数据,如同共享库一样，放在分别的段中，就可通过段表映射进行共享。

(5) 段是程序员可见的逻辑上的实体，如过程、数组和堆栈。对不同段，程序员可以安排不同的保护类型。通常程序员不会把不同的对象类型(如过程、数组、堆栈、变量集合等)混合在一起来构成段，一个段通常仅包含一种对象类型。

尽管分段有很多优点，但由于段大小不一致，随着内存空间不断地分配回收，会产生外部碎片，从而使存储利用率下降。

8.3.2 分段的实现

虚拟分段与简单分段一样，每个虚拟地址由段号、段内位移两部分构成。每个进程有一个段表。每个段表的表目分以下部分。

- 段的起始地址。
- 段长。
- 存在位。
- 修改位。
- 保护和共享信息。

图 8.5 表示了纯分段虚拟地址的转换情况。系统硬件提供一个段表地址寄存器来存储当前运行进程的段表起始地址。当进程访问某虚拟地址(s,w)时，内核将段表地址寄存器中的内容 b 与段号 s 同段表表目长的乘积相加后(假设段表每个表目长为 1 字节，则内核计算 b＋s＊1)，得到对应段号的表目入口地址。由此表目中首先检查存在位是否为“0”。如果为“0”则表示此段不在内存中，会产生缺段中断，将该段的代码或数据调入内存。若此位为“1”，则表示此段在主存中，查得段 s 在主存中的起始地址 s'，再将 s' 与段内地址 w 相加，而得到欲访问单元的主存物理地址，并进行访问。

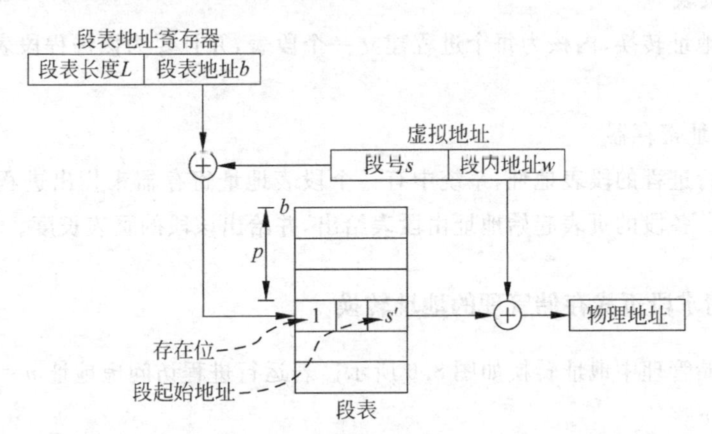

图 8.5 虚拟分段地址转换

与请求分页的情况类似，CPU 执行指令的速度会降低为原来的 1/2(因每次访问内存数据都需要两次访问主存：第一次访问段表，生成物理地址后第二次才能访问所需的数据)。为了提高地址转换速度可以采用高速快表技术。

8.4 段页式存储管理

请求段页式存储管理是把请求段式和请求页式两种技术结合的结果，综合了两者的优点。

8.4.1 请求段页式存储管理的基本概念

段页式存储管理技术的基本要点如下。

1）等分主存

把整个主存分成大小相等的存储块，称为页框，并从0起依次给各页框编号，称页框号。

2）进程的地址空间采用分段的方式

即按程序的自然逻辑关系把进程的地址空间分成若干段，并从0开始编号，称为段号。

3）进程的每一段采用分页方法

按照主存页框大小把每一段划分成若干页。每段都从0开始为自己段的各页依次编以连续的页号。

4）逻辑地址结构

一个逻辑地址用三个参数表示：段号 s、段内页号 p、页内地址偏移量 d，记为 $v=(s,p,d)$。

5）主存分配

主存以页框为单位分配给每个进程。

6）段表、页表

为了进行地址转换，内核为每个进程建立一个段表，并且要为该进程段表中的每一个段建立一个页表。

7）段表地址寄存器

为指出运行进程的段表地址，系统中有一个段表地址寄存器来指出进程的段表起始地址和段表长度。各段的页表起始地址由段表给出，并给出该段的页表长度。

8.4.2 请求段页式存储管理的地址转换

段页式存储管理中地址转换如图8.6所示。若运行进程访问虚地址 $v=(s,p,d)$，则地址转换过程如下。

(1) 地址转换硬件将段表地址寄存器中存储的段表起始地址与虚地址 (s,p,d) 中的段号 s 相加（按段表的表目长进行适当移位后相加），得到欲访问段 s 在该进程的段表中的表目入口地址。

(2) 从该表的表目中得到该段的页表起始地址，并将其与虚地址中的页号 p 按页表的表目长移位相加后得到欲访问页 p 在该段的页表中的表目入口地址。

(3) 从该页表表目中取出存在位，判断此页是否在内存中。若不在则产生缺页中断，否则去除其对应的页架号与指令地址场中的页内地址 d 拼接成主存物理地址。

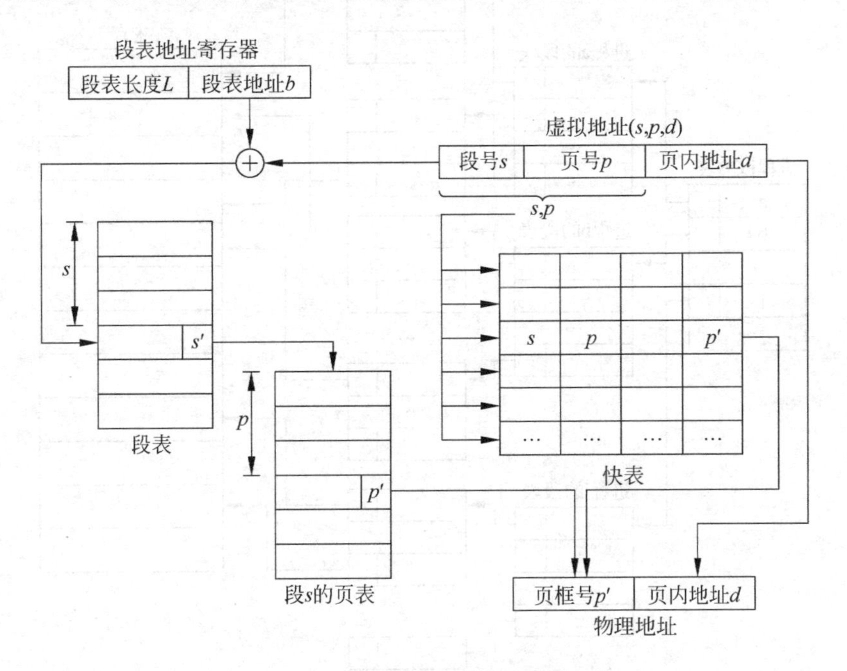

图 8.6 段页式存储管理地址转换

由于请求段页式存储管理在做地址映射时要经过两次内存读取才能合成物理地址(一次读段表，一次读段内页表)，所以可以应用快表来提升效率。在使用快表的情况下，快表表目通常包括以下各项。

段号	页号	页框号	保护信息	age	存在位

其中 age 是指该页被访问的次数。同分页中的情况一样，每次进行地址转换时，同时进行地址映射和快表的地址转换工作，当快表地址转换成功时，自动停止直接映像工作。快表的工作步骤如下。

(1) 以段号、页号为索引，同时对相关存储器的各表目进行比较。

(2) 如果匹配，则比较页表存在位和存取控制信息以判断访问的合法性。若不合法，则停止地址转换工作，发出相应的中断信号。

(3) 取出页框号与页内地址 d 拼成绝对地址，并按此地址访问主存。

(4) 若在快表中查不到该表目，则通过地址映射从内存的段表和页表中找出页框号，同时把有关信息装入快表中。

图 8.7 表示了请求段页式存储管理的 PCB 表、段表和页表与主存中页架的关系。

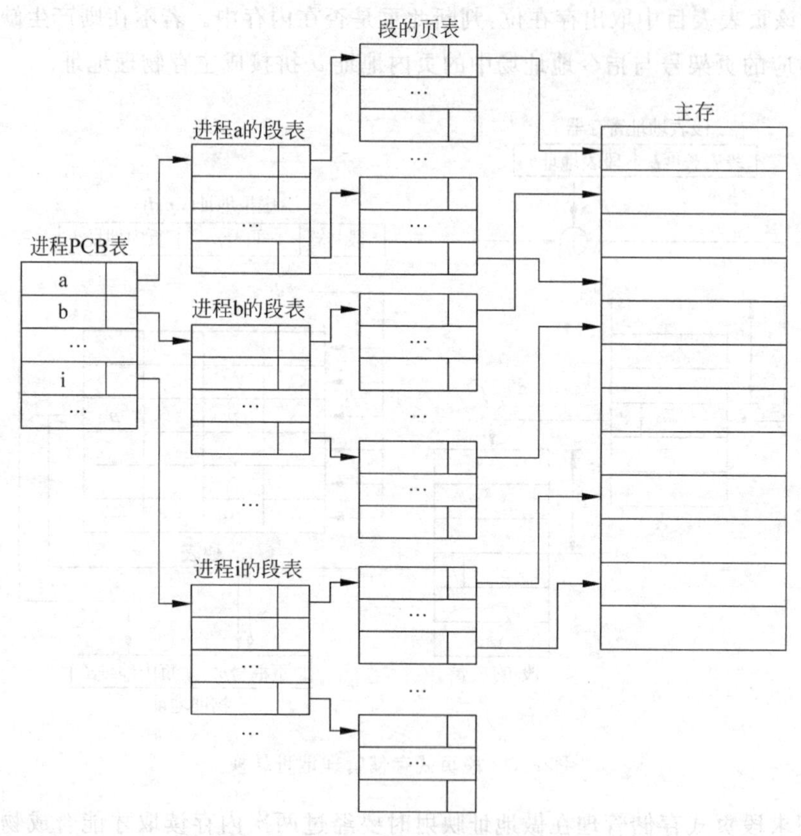

图 8.7　进程表、段表、页表、页框的关系

8.4.3　段页式存储管理算法

与请求分页和请求分段中的情况一样，在地址转换过程中，硬件和软件密切配合，其操作流程如图 8.8 所示。

现对图 8.8 做以下说明。

(1) “s≤段表长吗？”由硬件自动将段号 s 与段表地址寄存器中的段表长进行比较。

(2) “段在主存吗？”根据段表中存在位的值来判别。在分段存储管理情况下，“段在主存吗”的含义是指该程序段(数据段)本身未在主存中。而在段页式存储管理情况中，“段在主存吗”的含义是指该段的页表是否已在主存中建立了。

(3) “p≤页表长吗？”是将段表的表目中的页表长度与 p 进行比较。在有快表的情况下是将 p 与快表中的该表目的“该段的页表长”进行比较。

(4) “访问类型合法吗？”是将本次访问的类型与快表中的存取控制信息进行比较。

(5) “页在主存吗？”是根据该段的页表中的相应页的存在位判定。

(6) 缺页中断处理部分与后面会提及的页面失效处理相同。

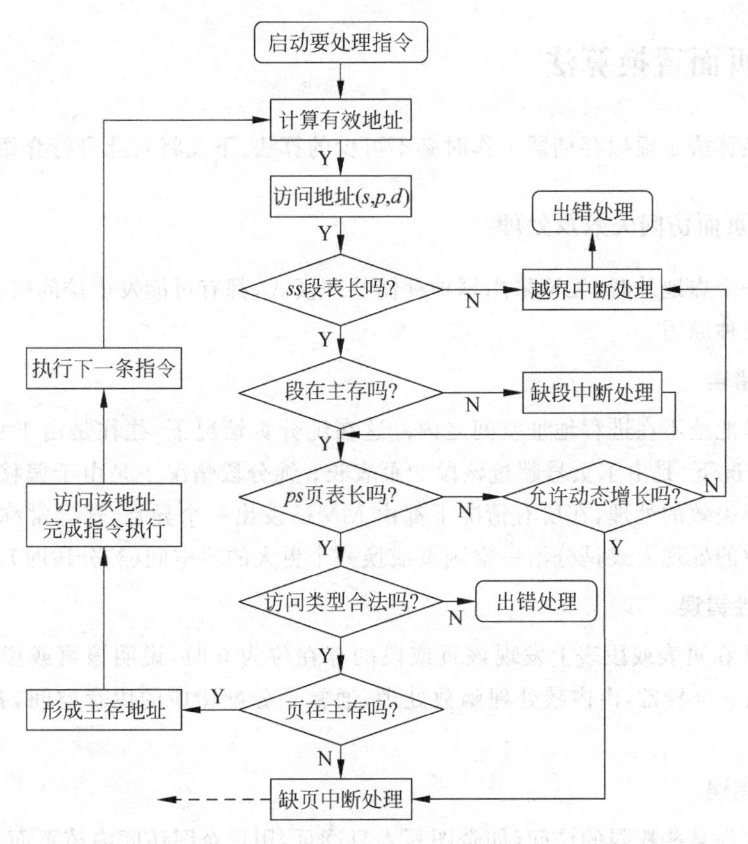

图 8.8　段页式地址变换中软硬件作用关系

8.4.4　请求段页式存储管理的优缺点

请求段页式存储管理是请求分段技术和请求分页技术的结合。因而它具有这些技术的全部优点，即

(1) 与分页和分段情况一样，提供了虚拟存储器的功能；

(2) 因为以页框为单位分配主存，所以无紧缩问题，也没有外部的碎片存在；

(3) 便于处理变化的数据结构，段可动态增长；

(4) 便于共享，只要欲共享作业的段表中有相应表目指向该共享段在主存中的页表地址即可；

(5) 便于控制存取访问。

其主要缺点如下：

(1) 增加了硬件成本，因为需要更多的硬件支持；

(2) 增加了软件复杂性和管理开销；

(3) 同分页系统一样仍然存在内部碎片。

8.5 页面置换算法

页面置换算法是虚拟存储器工作时必不可少的算法，下文将对此进行介绍。

8.5.1 页面访问失效及处理

当访问一个虚地址时，无论采用哪种存储管理模式，都有可能发生访问失效。引起这种失效有以下三种原因。

1. 边界错误

访问的虚地址不在进程地址空间之内。这在纯分页情况下，往往是由于页号超过页表长；段页式情况下，是由于页号超过该段的页表长；纯分段情况下是由于偏移量超过段长。这类地址转换失效的处理，在所有情况下都由 MMU 发出一个异常，这异常称为访问失效，失效处理函数的处理方式是分给一空闲页或换一个更大的段空间（纯分段时）。

2. 有效性错误

当 MMU 在页表或段表上发现该页或段的存在位为 0 时，说明该页或段不在主存中，MMU 也发出一个异常，由内核处理函数处理，通常是分配相应的内存空间，并读入相应页或段。

3. 保护错误

页面不允许某些权限的访问（如企图写入只读页，用户企图访问内核页面），MMU 也会发出一个异常。异常处理函数通常发给进程一个出错信号。但对进程之间的共享页或共享主存，当进程要往共享页面中写时，许多系统是分给一个空闲空间让该进程把共享页复制到分到的空间中，并在其上进行写，这称为 Copy-on-write。

可以看出，这三种页面访问失效处理都涉及要分配一空闲页（空间）的功能。由于内存容量有限，当系统中没有空闲页（空间）时，就要挑选一个页面或者段将其淘汰出去，并把空下来的页框分给进程。

由于对请求分页或请求段页式存储管理页面进行置换的原理与请求段式存储管理中对段所占用的空间进行置换的原理类似，所以本节主要讲解页面置换算法。

8.5.2 页面置换算法

页面置换算法是多年来引起人们广泛兴趣的一个研究课题，因为算法的好坏直接影响到系统的效能。若选用的算法不合适，则可能会出现这样的现象：刚被淘汰出去的页，不久要被访问，又需把它调入而将另一页淘汰出去，很可能把刚调入的或很快要用的页淘汰出去了。如此反复频繁地更换页面，以致系统的大部分机时花在页面的调度和传输上，使得系统的实际效率很低。这种现象称为“抖动”。

好的置换算法应能适当地降低页面置换的频率，尽可能避免系统“抖动”现象。常见的页面置换算法有：

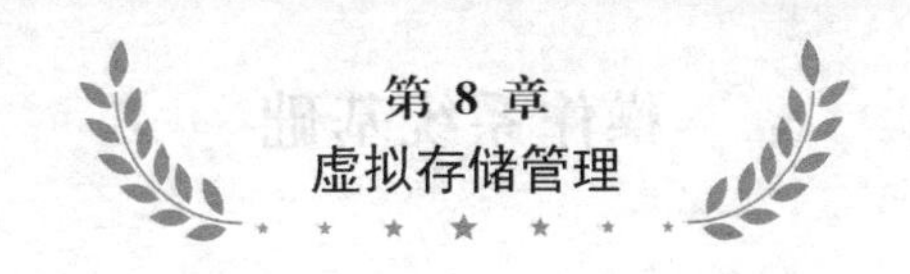

(1) 最佳置换算法(OPT)。

(2) 最近未使用置换算法(NUR)。

(3) 先进先出置换算法(FIFO)。

(4) 二次机会置换算法。

(5) 时钟页面置换算法。

(6) 最近最少使用置换算法(LRU)。

下面讨论的算法虽以分页为例,但也适合分段和段页式存储管理情况,以及快表中表目的置换算法。

1. 最佳置换算法

最佳置换算法(OPT)是由 Belady 于 1966 年提出的一种理论算法,其原则是"淘汰在将来再也不被访问,或者是在最远的将来才被访问的页"。因此该算法要求计算出每个页面距下次再被访问间隔多少条指令,而每次淘汰掉数字最大的页面。但实际上这种算法无法实现,因为程序还没有执行,难以预知一个作业将要用到哪些页。所以这种算法只用来与其他算法进行比较。

正因为难以预知一个作业未来的访问页面情况,所以以下的算法都是根据作业过去访问页面的情况来推测其未来对页面访问的可能情况的。由于各算法考虑的出发点不同,所以有不同的算法。

2. 最近未使用置换算法

得到广泛使用的最近未使用置换算法(NUR)较易实现,开销也比较少。许多机器都采用此置换算法。在这些机器上,希望淘汰的页是最近未使用的页,因为根据程序执行的规律进行分析,最近被访问过的页面有可能还会被访问。除此之外,NUR 还希望被挑选的页在主存驻留期间,其页面内的数据未被修改过。因为如果内容没有被修改过,在把页面换出主存时就不必把其内容写到磁盘上,从而可以节省页面淘汰所引起的 I/O 时间。为此,NUR 要求在页表上设置访问位和修改位。

访问位=0 表示该页尚未被访问过。

访问位=1 表示该页已经被访问过。

修改位=0 表示该页尚未被修改过。

修改位=1 表示该页已经被修改过。

其具体工作过程如下:开始时,所有页的访问位、修改位都置为"0"。当访问某页时,将该页访问位置"1"。当某页的数据被修改时,将该页的修改位置"1"。当要选一页淘汰时,挑选下面序列中属于低序号情况的页并将其淘汰。

序号	1	2	3	4
访问位	0	0	1	1
修改位	0	1	0	1

在多道程序系统中,主存中所有页框的访问位或修改位可能都会被置成"1",这时就难以决定淘汰哪一页。当前大多数系统的解决办法是避免出现这种情况。为此,周期性地(经过一定的时间间隔)把所有访问位重新清成"0"。当以后再访问页面时重新置"1"。这里的

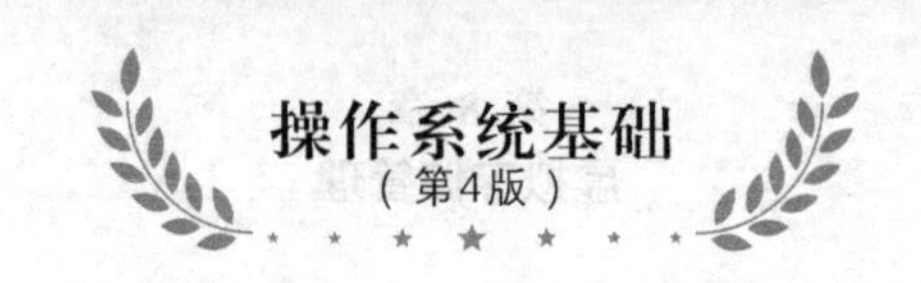

一个主要问题是如何选择适当的清零时间间隔。如果间隔太大,可能所有页框的访问位均成为“1”。如果间隔太小,则访问位为“0”的页框又可能过多。

3. 先进先出置换算法

FIFO 置换算法的基本原则是“选择最早进入主存的页面淘汰”。理由是最早进入的页面,其不再使用的可能性比最近调入的页面要大。

算法的实现比较简单,只要把进入主存的各页面按进入的时间次序用链指针链成队列,新进入的页面放在队尾,总是淘汰链头的那一页。除链指针外,算法也可用表格等方法来实现。

这种算法只有在程序按线性顺序访问地址空间时才是理想的,否则效率不高。因为那些最早进入主存的页面常常有可能是最经常被使用的页(如常用子程序,常用的数组,循环等)。先进先出置换算法还有一个缺点,这是 Belady 等人发现的一种异常现象。一般来说,对于任何一个页的访问顺序(或序列)和任何一种页面淘汰算法,如果分给的页框数增加,则缺页(所访问页不在主存中)的频率应该减少。但这个结论对于 FIFO 算法并不普遍成立。Belady 等人发现,对于一些特定的页面访问序列,先进先出置换算法有随着分到的页架数增加,缺页频率也增加的异常现象,图 8.9 表示了这一异常现象。

页面访问序列	A	B	C	D	A	B	E	A	B	C	D	E
	C	B	C	D	A	B	E	E	E	C	D	D
分配 3 个页框		A	B	C	D	A	B	B	B	E	C	C
9 次缺页			A	B	C	D	A	A	A	B	E	E
	+	+	+	+	+	+	+			+	+	

	A	B	C	D	D	D	E	A	B	C	D	E
分配 4 个页框		A	B	C	C	C	D	E	A	B	C	D
10 次缺页			A	B	B	B	C	D	E	A	B	C
				A	A	A	B	C	D	E	A	B
	+	+	+	+			+	+	+	+	+	+

“+”表示缺页

图 8.9 FIFO 的异常现象

4. 二次机会置换算法

为了避免 FIFO 置换算法可能把最近正被经常使用的、最早进入的页面置换出去,于是对 FIFO 置换算法做一个简单的修改,就是把 FIFO 算法与页表中的访问位结合起来,其实现方法如下。首先检查 FIFO 链上最前面(即最早进入)的页,如果它的访问位为 0,则选择该页淘汰。如果它的访问位是 1,则说明这一页虽然是最早进来的,但最近仍然被访问过。于是把该页移到 FIFO 的链尾,即把它作为新调入的页。继续查找链上的下一个页(现在已是 FIFO 新的链头了)并检查它们的访问页,直到遇到访向位为 0 的那些较先进入的页,把它选为被淘汰的页。二次机会的含义是,尽管是最先进入的页面,如果它的访问位为 1,它就仍有机会留在主存中作为再次进入的新页面。

5. 时钟页面置换算法

二次机会置换算法是 FIFO 置换算法的改进和变形。但是它有一个缺点，就是要把访问位为 1 的处于链头的页移往链尾，这需要一定的开销。一个进一步的改进方法是把进程所访问的页构成像一个时钟那样的环形链表，如图 8.10 所示，用一个指针指向最老的页。

当产生缺页中断时，先检测指针所指的页，如果它的引用位为 0，则淘汰该页。新装入的页插入这个位置，然后指针向前移一个位置。如果它的访问位为 1，则清为 0，并将指针再向前移一个位置，继续检查访问位。重复此过程，直到找到访问位为 0 的页为止。

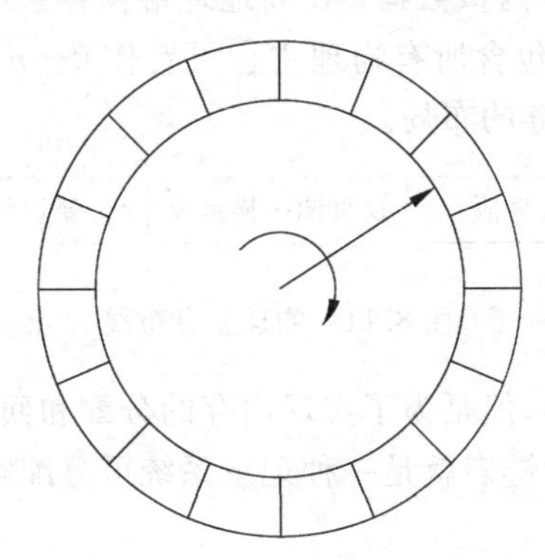

图 8.10　时钟页面置换算法

6. 最近最少使用置换算法

LRU 算法的基本原则是“选择最近一段时间内最长时间没有被访问的页淘汰”。算法的理由是认为过去一段时间内不曾被访问的页，在最近的将来也可能不会再被访问。

从性能和设计思想上来说，本算法近似于最佳置换算法，但实现起来比较困难，主要是花费昂贵。如要完全地实现 LRU 算法，就必须在主存维护一张所有页组成的链表。把最近访问的页放在链头，最长时间未被访问的页排在链尾。算法的真正困难之处在于，该链表在每次访问页面后，都必须修改链表中页面的排序，把新访问的页面移到链头上去，而众所周知的是，在链表中移动元素的机时开销并不小，要实现这些操作必须采用昂贵的硬件或寻找较好的软件算法，即使如此，也可能难以承受如此频繁(严重情况时，甚至每条指令后均需进行)的修改链表操作。

8.5.3　交换区

页面置换算法经常需要挑选一个页面淘汰出主存，但是这个被淘汰出去的页面很可能不久后还要被使用并重新装入主存。因此内核必须将被淘汰的页面的内容保存在磁盘上。许多系统如 UNIX 使用交换区保存临时页面。当系统初始配置时，保留一定量(通常由一个或几个磁盘分区组成)的未格式化的磁盘用于交换区，这些空间不能被文件系统使用。

当某个被保存在交换区的页面再次被访问时，内核的页面访问失效处理函数就从交换区中读出它们，为此必须维护某种形式的交换区映射表，记录所有被换出的页面在交换区的位置。如果页面又要被换出主存，仅当其内容与保存在交换区的副本不同时才进行复制。

8.6 页框分配策略

8.6.1 物理主存

物理主存可看作 0～n 的线性数组(n 是系统中主存的总量)，图 8.11 表示系统工作时主存的分配情况。通常整个主存分为三段。在低地址端是非换页池，用以保存内核代码、静态分配区或启动时分配的部分内核数据；在高地址端保存系统崩溃时产生的错误信息；中间的大部分是换页主存池，它包含所有物理主存可看作 0～n 的线性数组(n 是系统中主存的总量)，图 8.11 表示物理主存的布局。

非换页池	换页池…换页池	错误缓冲

图 8.11 物理主存布局

尽管主存布局随系统而异，但是为了实现内存的分配和回收，必须对换页主存池的空闲页面情况进行记录。空闲页面链表就是一种记录系统可分配空闲页面的数据结构。

8.6.2 空闲页面链表

为了了解系统的空闲页面情况，系统始终维护一个可用的空闲页面链表，每当需要空闲页面时就从链表中分出空闲页面。当进程释放页面时，这些页面也会以某种方式被回收到空闲页面链表中。

为了建立空闲页面链表，需要在所有的空闲页面中保存指向下一个空闲页面的指针。虽然保存指针需要存储空间，但是由于这些空间并不影响分配给进程的页面的数据保存，因此不会影响内存空间。

8.6.3 页架分配中的有关策略

1. 请求分页与提前分页

页框分配策略设计中遇到的第一个问题就是什么时候以及把哪些页装入主存，有两种选择：请求分页和提前分页。请求分页是指当进程要访问某虚页时，才把该页读入主存。毫无疑问的是，当进程首次启动时，会产生很多次缺页情况并将因此逐步地装入更多页面。依据程序的局部性原则，这种情况将会得到改善，缺页情况会降低。因为很多将要进行的页面访问，这些页面已经进入了主存，程序也已进入了相对平稳运行阶段。

而提前分页(或称预分页)是指在进程提出对某些虚页的访问要求之前就预先把这些虚页读入主存。但在这方面，目前能做的工作是在进程最初启动时提前把该进程最初的工作集装入主存。由于提前分页使进程的缺页率下降，所以是有意义的。但是这种方法需要选择需提前装入的页面。

2. 固定和可变分配

为进程分配页架时首先面临的一个问题就是分给进程多少页框，有以下两种策略。

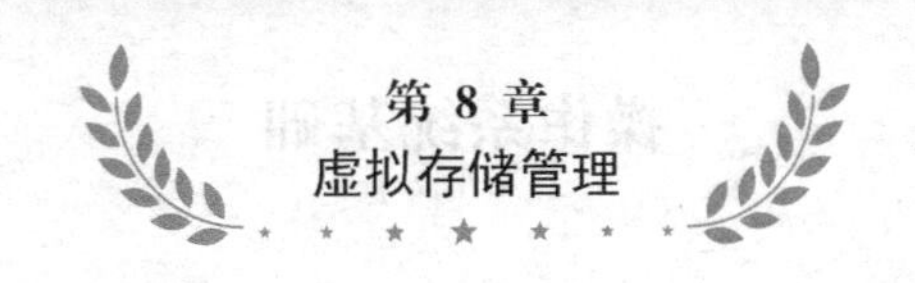

1）分给一个进程固定的页框数

每个进程分得的页框数是在进程创建时决定的，它与进程类型（分时、批处理、应用类型）、程序员和系统管理人员的要求有关。在进程执行过程中，它的页架数固定不变。

2）可变分配策略

在进程生命期内，分给进程的页架数目是可变的，不是固定的。这随进程的执行情况而定。当进程在某一阶段缺页率较高时，说明进程对页面的访问反映出了较弱的局部性，此时多分给进程一些页架可以降低缺页率。反之当进程在这个阶段缺页率很低时，则说明进程对页面的访问具有良好的局部特性，此时可以减少分配给它的页架数。

固定分配策略缺少灵活性，而可变分配策略在实际使用中表现出了更好的性能，被许多分页系统采用。实施可变分配策略的一个困难是要求操作系统经常监视活动进程的行为和当前的缺页率情况。有些系统设置了一个专门的进程，定期地运行以监视进程的行为和缺页情况。

3. 局部和全局置换

当进程在页面访问失效时，以及在维护有可用空闲页面链表的系统时，都要求按页面置换算法置换一个页面，但我们没有指明从哪里置换出一个页面，这也有两种策略。

1）局部置换

这是指从引起缺页的进程的页框集合中，挑选被置换的页面。

2）全局置换

这是指从主存中的所有页架（除锁住页框外）中，挑选被转换的页面。

当然局部置换策略实现简单，开销较小，但显然置换策略是与页框分配策略密切相关的。固定分配策略暗含使用局部置换策略。从性能上来说，并不能说明局部置换优于全局置换策略。

可变分配策略往往意味着使用全局置换策略，这样的结合最容易实现，而且被许多现代操作系统接受。这种模式的实现，当发生页面访问失效时，内核从系统的空闲页面链表中分给进程页框。随着进程页框数的增加，它的缺页率降低。当要寻找一个被置换页面时，就有些困难了，要从全体未锁住的页架中去找，通常这些页面属于非运行进程，这些遭到页面被置换的进程，在以后被调度运行时，会由于页面被置换而使得缺页率增加。

4. 工作集

根据程序行为的局部性理论，Denning 于 1968 年提出了工作集理论。工作集理论就其本质上来说是最近最少使用置换算法的发展。

众所周知，置换算法的好坏直接决定了进程的缺页频率。当进程访问的页不在主存时，就需要把该页调入主存。在调页过程中该进程需要等待（比较典型的情况是，从磁盘上读入一页需要的时间是执行 10 000 条以上指令的时间），进程由就绪状态变为等待状态。如果缺页频率高，不但进程运行的进展很慢，大大增加了 CPU 非生产性机时开销，而且增加了通道和外部设备的沉重负担，从而降低了系统效率，甚至引起系统抖动直至瘫痪。因而如何降低缺页频率是一个很重要的研究课题。

Denning 认为，由于程序运行时，它对页的访问不是均匀的，在一段时间内往往比较集中。在某段时间里，其访问范围可能局限在相对来说比较少数的几页中。而在另一段时间内，其访问范围又可能局限在另一些相对较少的页中。因此，如果能预知程序在某时间间隔内所要访问的那些页，并在该段时间前就把这些页调入主存，至该段时间终了时，再将其中在下一段时间内再访问的那些页调出主存。这样就可以大大减少一页的调入和调出工作，缩短等待调页时间，降低缺页频率，从而大幅度提高系统效率。

Denning 所提出的工作集，粗略地说，是进程在某段时间里实际上要访问的页的集合。他认为程序要有效运行，其工作集必须在主存中。但是如何确定一个进程在某个时间的工作集呢？或者说，怎么知道一个进程在未来的某个时间段内要访问哪些页呢？实际上，计算机无法预知程序的行为，也就是说无法预知要访问哪些页。我们唯一可以做的就是依据程序过去的行为来估计它未来的行为，因为程序行为有局部化特性，它决定了工作集的变化是缓慢的。所以把一个运行进程在 $t-\omega \sim t$ 这个时间间隔 ω 内所访问的页的集合称为该进程在时间 t 的工作集，记为 $W(t,\omega)$。并把变量 ω 称为"工作集窗口尺寸"。通常还把工作集中所包含的页面数目称为"工作集尺寸"，记为 $|W(t,\omega)|$。

可以看出，工作集 W 是二元函数。首先 W 是 t 的函数，即随着时间的不同，工作集也不同。这包含两方面的含义。其一是不同时间的工作集所包含的页面数可能不同，也就是工作集尺寸不同；其二是不同时间的工作集中所包含的页面也可能不同（即有不相同的页面）。另外工作集 W 也是工作集窗口尺寸 ω 的函数。工作集尺寸 $|W|$ 是工作集窗口尺寸 ω 的单调递增（确切说是非降）函数，且满足蕴含特性，即 $|W(t,\omega)|$ 蕴含于 $|W(t,\omega+a)|$，其中 $a>0$。

正确地选择工作集窗口尺寸大小对工作集存储管理策略的有效工作是有很大影响的，这也是工作集理论研究中的重要领域。如果 ω 选取过大，甚至把整个作业地址空间全部包含在内，就失去了虚存的意义。ω 选取过小，将会引起频繁缺页，降低系统效率。

所以不少学者认为，根据分页环境下的程序行为特性，程序的工作集大小可粗略地看成对应于"缺页率-页框数"曲线的拐点。在程序执行期间，如果想要实际地确定程序当时的工作集尺寸是可能的。只要从某个时间 t_1 起，将所有的页面访问位全清零（用特权指令），然后到时间 $t_2=t_1+\omega$ 时，记下全部访问位为"1"的页，这些页的集合可看作 t_2 时的工作集。

正确的策略并不是消除缺页现象，而应使缺页率保持在合理水平。若缺页率过高，应增加其页框数；过大则应增大多道程度，减少分给进程的页框数，以提高整个系统的效率。所以工作集策略也可如图 8.12 所示的那样，把缺页的间隔时间控制在合理的范围，使分给进程的页框数保持在上、下限之间。

实际上许多操作系统都接受以工作集概念来确定进程的驻留主存的页框数，以进行页框分配工作，并以工作集概念来监视和控制运行进程的缺页率。

5. 页的大小

页的大小是由机器硬件定义好的，需要综合各种因素来确定。

(1) 较大的页面尺寸将增加内部碎片的消耗，同时大页面会在分给作业的主存大小一定的情况下使缺页频率增加。

(2) 较小的页面尺寸将使整个主存的页框数增加，并导致需要更多的页表空间。对于大的进程来说，页表可能会太大，这导致页表无法放在主存中，只好放在磁盘上。过大的页

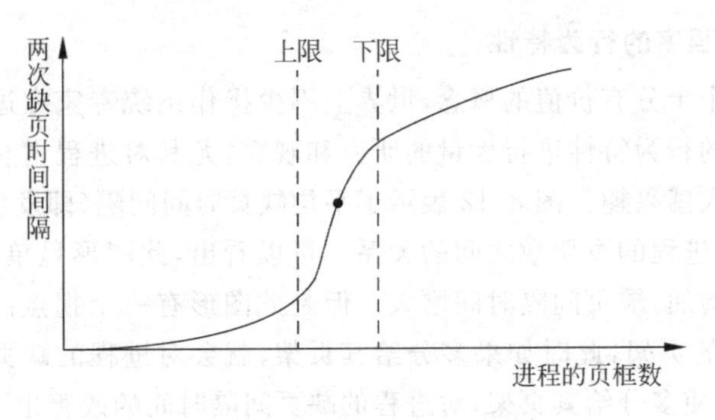

图 8.12　缺页时间间隔-页框数曲线

表的问题可以用多级页表来解决，于是一次存储访问可能引起二次缺页：一次是页表不在主存中，一次是页不在主存中，从而影响效率。

(3) 由于缺页时，需要从外存读入一页，这是一个比较费时的工作，因为进程的虚拟页面存放于磁盘上，而从磁盘上读一个数据块所需的时间可粗略地看成由两部分组成。一部分是将磁臂定位到所需的柱面延迟时间并加上该盘块旋转到读写头下的旋转延迟时间，称为定位延迟时间；第二部分是该数据块传送到主存的时间。总的传送时间是两者之和，而定位延迟时间在其中占 80%～90%。因此为了尽量减少定位工作，倾向于大的页面尺寸。

8.6.4　分页环境中程序的行为特性

1. 局部性概念

绝大多数存储管理策略考虑的出发点都基于程序的一个基本特性——局部性概念，即进程对主存的访问远不是均匀的，而是表现出高度的局部性。它包含两方面的内容：时间局部性和空间局部性。

1）时间局部性

时间局部性是指某个位置最近被访问了，那么往往很快又要被再次访问。这一特性可通过程序中的循环、常用子程序、堆栈、常用变量这类程序结构来说明。

2）空间局部性

空间局部性是指一旦某个位置最近被访问了，那么它附近的位置就也要被访问。这一特性可通过程序中数组的处理、顺序代码的执行，以及程序员倾向于将常用的变量存放在一起等特点来说明。在操作系统环境中，程序的局部特性与其说基于某种理论，还不如说更多地基于对程序特性的观察。

在分页环境中，程序访问的局部性表现为程序在某个时间内，对整个作业地址空间各页的访问往往不是分散的、均匀的，而是比较集中于少数几页的。随着时间的推移，它又集中于另外的少数几页(可以与前面几页的集合有相交部分)。而就一个页面而言，程序对一页中的各单元的访问也不是均匀的，也是集中于页中的较少部分的。往往一个 1024B 的页中，大约只有 200 条的指令被访问。在程序局部特性的基础上，不少学者还对程序行为特性做了大量研究工作。

2. 分页环境中程序的行为特性

由于分页是一个十分有价值的概念，世界上不少操作系统专家在过去的几十年中都在对分页环境下程序的行为特性进行大量的研究和观察，尤其对进程占有的页框数与缺页频率关系的研究更使人感兴趣。图 8.12 表示了平均缺页时间间隔（即发生两次缺页之间的平均时间间隔）与分给进程的页架数之间的关系。可以看出，此图形是单调递增的，即随着分给进程的页框数的增加，缺页间隔时间增大。但是此图形有一个拐点。拐点左边部分对应于进程只具有较少的页架，此时如果多分给其页架，就会对进程的缺页间隔时间有明显改善。过了拐点后，即使多分给其页架，对进程的缺页间隔时间的改善也不大。一般把此拐点所对应的页架数看作该进程工作集的大小。

8.7 UNIX SVR4 的存储管理

由于本章中已多处把 UNIX 系统作为例子加以介绍，所在本节只对 SVR4 作简单介绍。

早期的 UNIX 使用可变分区存储管理技术。近年来 UNIX 系列的系统发展了许多不同的虚拟存储管理版本，SVR4 和 Solaris 采取了虚拟分页技术，物理主存分为换页区和非换页区。它使用了许多数据结构以帮助实现分页技术，主要有以下数据结构。

- 页表。每个进程一个页表，进程的每个虚页对应页表中的一个表目，表目的格式如图 8.13(a)所示。SVR4 用页表描述进程的虚拟地址空间。

页框号	Age	*C*	*M*	*R*	*V*	*P*

(a)

交换设备号	设备块号	存储类型

(b)

页框状态	访问计数	逻辑设备	块号	页框指针

(c)

图 8.13 SVR4 的数据结构格式

- 磁盘块描述符表。进程的每一个虚页在该表中均有一个表目，它描述了该页在磁盘上的副本，见图 8.13(b)。
- 页框数据表。以页架号为索引，描述了主存中的每一个页架，其格式见图 8.13(c)。它描述了系统物理主存的管理。
- 交换区使用表。每一个交换设备有一个交换区使用表，在设备上的每一页均有一个表目。

以上各表的有关域说明如下。

页框号：指该虚页所在主存的物理页框号。

Age：主存中该页面已有多长时间（以时钟周期计）未被访问。

C：指 Copy-on-write 位。当有多个进程共享该页面时，建立此标志位，当有一个进程企

图写入此页时，引起一个保护陷阱(通常设定为只读)，内核分给进程一个页框，为该进程在此页框中复制一个副本，进程在副本中写入。

M：修改位，指该页面已被修改过。

R：访问位，指该页已被访问过。

V：有效位，指该页已在主存中。

P：保护信息，描述允许的操作类型，即读、写和执行。

交换设备号：用于存储交换页面的交换设备号。

设备块号：交换设备上页所在的块的位置。

存储类型：指该块中保存的是交换单位还是可执行文件。

页框状态：指该页框是可用的还是与某个页相关的，如果是后者，需要说明是交换设备上的页，还是可执行文件上的页，还是直接存取设备(DMA)的页。

访问计数：指访问该页的进程计数。

逻辑设备：指包含页面副本的交换设备。

块号：指在逻辑设备上页面副本所在的块的位置。

页框指针：是指向下一个页框的指针。

需要说明的是，SVR4 用页框数据表描述主存及其管理。整个表是一个物理页框的数组，或者说是一个以页框号为顺序的线性表。而在这个线性表中，SVR4 又提供了三对指针，分别又链接了几个链表。首先有一对指针用于将空闲页架链接成空闲页架链表(有些系统还区分被写过的空闲页架链表)。而文件系统的 V 节点也把同一对象(文件)在主存的页面用此指针链成一个链表，当文件被删除时，内核标记属于该文件的页架为无效或空闲。

SVR4 的页置换算法是置换最近未使用页面的策略。它是这样实现的。间隔一定时间对所有页面扫描两遍，第一遍清除相应页面的访问位，把它们设置为 0，第一遍的检查是由前面的指针(如图 8.14 所示)进行的。经过一些时间以后，后面的指针第二次扫描这些页面，如果页面的访问位已设置为 1，说明已被访问过，所以忽略此页面，指针继续向前扫描直到遇到一个页面的访问位仍然为 0，说明在这段时间内，该页未被访问过，于是选择此页面置换。这算法实际上是时钟算法的改进，称为双指针时钟算法。该算法中的关键参数是两指针扫描的间隔时间。

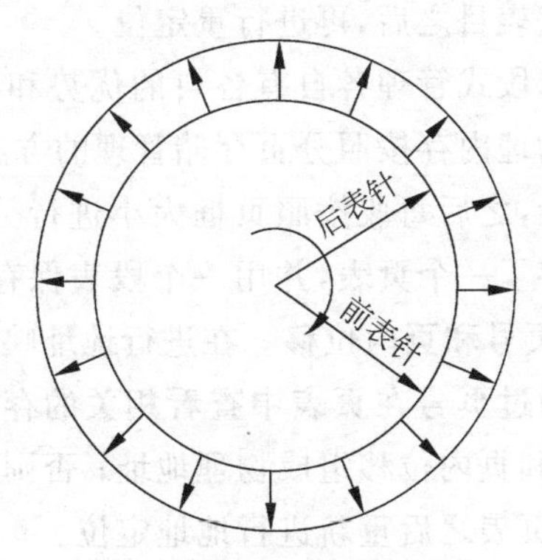

图 8.14　双指针时钟算法

SVR4采用面向对象设计技术，设计为高度地模块化。它支持各种不同形式的页面共享，Copy-on-write方式；传统的共享主存区方式和通过mmap接口对文件的共享。

本章小结

本章的重点在于虚拟存储器的管理。

由于一个进程在执行过程中的某个时间段内仅使用部分代码和数据，所以一个进程只要把部分代码和数据放入内存后就可以开始执行。当执行过程中访问不在内存中的代码和数据时，需求请求将其调入内存。在内存不足的时候，操作系统可以使用置换功能将内存中其他的代码和数据换出主存以空出足够的空间。

虚拟存储管理中最常用的方法是请求页式存储管理。它继承了实存管理中简单页式管理的方法，将物理内存分为页框，进程虚拟地址空间分页。当一个进程运行的时候，只需要部分页面在内存中即可开始运行。页表中除了需要保存每个页所对应的页框号之外，还需要增添一个存在位用于表示此页是否在内存中。在进行地址转换时，首先判断此页是否在内存中，如果在，就按照简单分页的方法进行地址转换工作，否则通过缺页中断让操作系统把需要的页面调入主存，修改相关页表之后再进行地址转换。由于页表的效率对页式存储管理有很大的影响，因此对于页表有很多的改进。例如，为了解决页表过大问题而提出的多级页表；为了解决页表开销不确定问题而提出的反向页表；为了提高地址映射速度而提出的快表。从硬件上说，为了提升地址映射速度，计算机系统设计了专门的主存管理单元(MMU)负责地址转换。

另一种虚拟存储管理方法是请求段式存储管理，采用分段方式的原因与实存中采用分段方式的原因相同。由于是虚拟存储管理，因此允许一个进程不需要把所有的段都调入内存就可以开始执行，当运行过程中遇到不在内存中的代码和数据时，再从外部辅存中将需要的段调入内存。因此请求段式存储管理的段表也需要加入存在位来表示某段是否在内存中。在进行地址映射的时候，首先看某段是否在内存中，如果在内存就将对应的起始地址和长度取出，按照简单分段的方式计算出物理地址；否则就发出缺段中断，等待操作系统将相关段调入内存并修改相应段表表目之后，再进行重定位。

由于请求页式管理和请求段式管理各自有各自的优势和缺欠，因此有人提出了段页式存储管理的方法。此方法将物理内存按照分页存储管理的方法分为页框；而对于虚拟地址空间则按照程序员的需要分段，之后每段按照页框大小进行分页。系统为实现虚拟地址到物理地址的映射为每个段保存了一个页表，并用一个段表保存这些页表的位置。虚拟地址由三个部分组成：段号、段内页号和页内位移。在进行地址映射的时候，首先用段号查找段表，找到相关的页表地址，再通过页号在页表中查看相关的存在位是否为1，如果为1就表示在内存中，直接拿出页框号和页内位移组成物理地址；否则产生缺页中断，由操作系统负责将此页调入内存，修改相关页表之后重新进行地址定位。

由于在缺页的时候需要把新页调入内存，而内存可能因为已经放满了其他的页面而没有空闲页面，因此需要页面置换算法找到合适的页面换出主存，然后再将要调入的页面放入

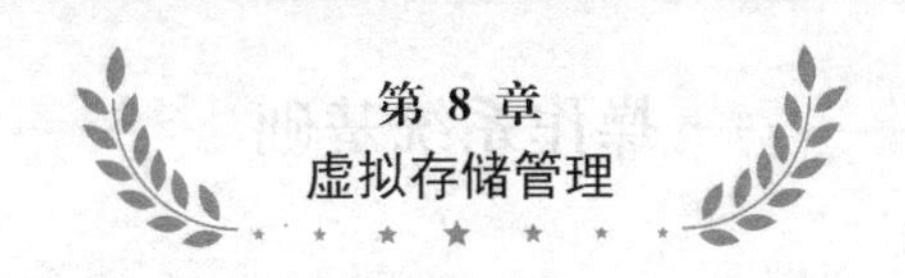

空闲的页框中。页面置换算法有很多种,其中最佳置换算法虽然无法实现。但可以作为其他算法一个比较的标准。其他的算法,如 NUR、FIFO、二次机会、时钟、LRU 等页面置换算法都尝试依据进程过去的行为猜测其未来的行为,从而尽量减少一个页面被淘汰后立即又被调入内存的情况,以提升内存的利用效率。

同样,页框分配策略对内存的利用率也有影响。另外,一个进程在内存工作集的大小会影响进程工作过程中的缺页率,因此一个进程需要在内存中分配到足够多的页框才可以比较高效地工作。另外,页面的大小在系统设计中也需要考虑从而将内部碎片和页表的大小控制在合理的范围内。

习题

8.1 何谓虚拟存储器?其容量通常由什么因素决定,虚拟存储器容量能大于主存容量与辅存容量之和吗?

8.2 请画出分页情况下地址变换过程,并指出页面尺寸为什么必须是 2 的幂?

8.3 说明在分页、分段和段页式虚拟存储技术中的存储保护是如何实现的?有无碎片问题?

8.4 说明请求分页情况下的装入策略、放置策略、置换策略。

8.5 比较 FIFO 与 LRU 置换算法的优缺点。

8.6 什么是二次机会置换算法?

8.7 如果存放页表区域也是分为大小相等的块(页框),每个进程的页表可能要存放在好多块中。请问这种情况下应如何构造页表?

8.8 为什么全局更换策略比局部更换策略对页面抖动更敏感(更易产生)?

8.9 试述下列每种硬件特性在虚拟存储中的使用情况及特点。

(1) 地址变换机构;　　(2) 关联存储器;
(3) 高速缓冲存储器;　　(4) 引用位;
(5) 修改位;　　(6) 正在传输位。

8.10 讨论在分页系统中,程序设计风格如何影响性能?请考虑下述各项。

(1) 自顶向下的方法;　　(2) 少用 go to 语句;
(3) 模块化;　　(4) 递归;
(5) 迭代法。

8.11 什么是工作集? Windows NT 虚拟存储管理的"自动调整工作集"技术是如何提高系统性能的?

8.12 说明什么是程序行为局部性概念?其根据是什么?

8.13 试述反向页表的工作过程。

8.14 什么叫做 Copy-on-write,如何实现?

8.15 什么是时钟页面置换算法?

8.16 交换区的作用是什么?如何实现?

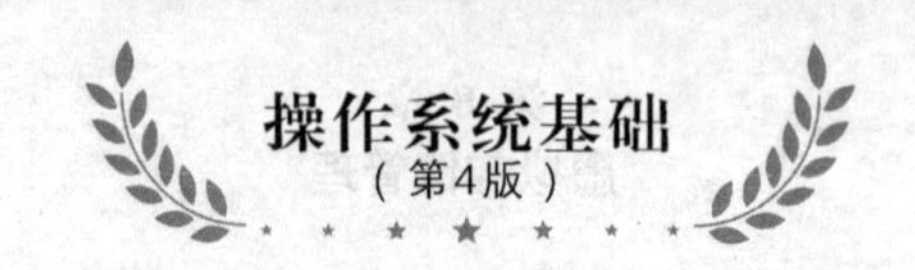

8.17 物理主存布局中各段的使用特点是什么？

8.18 主存映射图包含哪些信息？有什么作用？

8.19 试述空闲页面链表的作用以及如何实现。

8.20 操作系统如何实现页面级共享？

8.21 什么是快表一致性问题？

第9章 设备管理

9.1 概述

设备管理是操作系统中设计比较复杂的领域。这主要是由于计算机使用着大量不同的设备,其应用特点也完全不同,所以要对设备形成一个通用的、规范的管理,自然要比内存和文件的管理困难得多。同时,一个操作系统的优劣也可以通过计算机系统与I/O设备的信息交互表现出来。

设备是计算机系统与外界交互的工具,所以常称为外部设备,它具体负责计算机与外部的输入输出工作。所以对设备进行管理的那部分操作系统常称为I/O子系统。目前操作系统系统中的I/O子系统执行I/O功能大致有以下三种技术模式。

(1) 编程I/O

处理器根据用户进程中编制的I/O语句(或指令),向I/O设备块(包括设备和设备控制器)发出一个I/O命令。在I/O操作系统完成前,进程执行忙等待操作(不断查询设备状态是否完成I/O操作),等待I/O完成后才能继续向前执行。

这种I/O模式主要用于简单的微处理器中。

(2) 中断驱动I/O

根据进程的I/O要求,处理器发出一个I/O命令来启动设备I/O。而进程如果并不需要等待此I/O完成,该进程就可以继续执行其他语句或者指令序列;如果它需要等待此I/O完成,则进程被阻塞直到中断到来后解除阻塞并继续执行其他工作,所以称为中断驱动I/O。

(3) 直接存储访问(Direct Memory Access,DMA)

一个DMA模块控制主存和I/O设备直接进行数据交换,处理器仅向DMA模块发送一个进行数据块传输的要求,并且仅仅在整个传输完成后,DMA发一个中断给处理器。在整个传输过程中不需要CPU的任何干预。

几十年来,在I/O系统与用户的接口和设备管理技术上尽管没有很大的变化,但在I/O功能的实现技术方面还是有不少进展的,这表现在以下几个方面。

早期CPU直接控制和管理外围设备,这在现代简单的微处理器中仍然可以看到这种模式。后来设备上添加了设备控制器或者I/O模块(确切地说是把电子线路部分从设备中分离出来形成设备控制器,并控制多个设备),而当时的处理器使用编程I/O模式,没有中断,此时处理器开始逐渐与外部设备的有关细节脱离。

随着中断技术的出现，此时 I/O 执行模式在前述的基础上，使用了中断技术，也就是说 CPU 不再采用忙等待方式等待 I/O 完成，这增加了系统的有效性（尤其是并行多道程序技术的使用）。这以后出现的直接存储访问（DMA）技术，使得 I/O 模块可以直接控制主存，在没有处理器干预的情况下，它可以向或者从主存移动一个数据块。

前面我们说 I/O 模块实际是指设备控制器与设备，而此时 I/O 模块的概念进一步发展成为专门的 I/O 处理器，它具有专门的 I/O 指令，以及用 I/O 指令编制的由 I/O 处理器执行的 I/O 程序来启动设备控制器和设备执行 I/O 操作。而 CPU 此时只是命令 I/O 处理器执行主存中的 I/O 程序。当整个 I/O 程序执行完成后，CPU 被 I/O 模块中断。此时 CPU 完全从 I/O 实现的细节中脱离出来，I/O 处理器更经常地被称为 I/O 通道。

随着 I/O 功能的发展，我们看到 I/O 模块已经是一个 I/O 计算机（I/O 通道）和控制许多设备的控制器，每个控制器又控制许多设备。这个 I/O 子系统已变得十分复杂。在本章中我们将讨论如何进行设备管理以及如何设计 I/O 子系统，了解 I/O 软件有哪些特色，应如何设计等。

9.2 I/O 子系统的层次模型

9.2.1 I/O 子系统的设计目标

I/O 子系统控制主存与外围设备之间的数据传输。从前面的讨论我们知道，进程需要与外界交互和启动 I/O 传输数据，并且往往要等待 I/O 完成。这时往往会阻塞进程，这又会导致要从磁盘交换区中交换进来更多的就绪进程以保持 CPU 忙。这本身又是 I/O 操作。因此 I/O 操作的有效性对整个系统性能的影响至关重要。所以通常 I/O 子系统的设计目标有两个。

1. 有效性

在一个系统中，I/O 操作往往成为系统瓶颈，很大程度上影响着系统性能和吞吐量的提高。因此在设计 I/O 子系统时，主要精力应放在如何使设计能很好地改善 I/O 有效性的设计模式上。

一个高效的 I/O 管理软件设计可以提高设备使用率，从而大大提高计算机系统的处理效率。通过有效调度，合理匹配等方法增强系统的 I/O 处理能力，尽可能减少 I/O 对信息以及数据处理产生的瓶颈状况，提高 I/O 访问或者 I/O 处理的效率，方便用户对外设的使用。

在所有外部设备的 I/O 能力中，最为重要的是磁盘的 I/O 性能。它是分页系统和文件系统良好运行的基础同时又是最重要的保障。本章将对磁盘 I/O 的有效性给予更多的关注。

2. 通用性

当前 I/O 系统中的设备种类繁多，特点和性能千差万别，例如从传送的单位、数据的编码格式、数据的传输速率和控制的复杂性等方面都十分不同，差别极大。所以至今为止，设备管理是在操作系统领域中管理非常零乱且不一致的部分。为了方便用户使用和降低操作

系统，尤其是设备管理的复杂性，我们要求以一致的方式来管理所有设备，也就是说不但进程将所有I/O设备看成一致的外部接口形式，而且在操作系统管理I/O设备和它的操作上，所有设备也应表现出一致的外部形态。当然，要实际达到这一要求并不容易。但如果能很好地使用层次化和模块化方法，这个目的就是有可能达到的。

9.2.2 I/O子系统的层次模型

抽象和分层是人们常用来解决复杂问题、分解复杂性的办法。抽象是把类似事物的共性提取出来。面向对象的方法就是利用抽象和分层技术，抽象是逐步进行的，每一次抽象都能形成更高一级的概念模型，因此最低层能实现与事物特性密切相关的功能，是具体细节的功能实现。上面的每一层是基于下一层的功能的，用于执行更高一级的抽象，以及共同相关功能的实现。这样把I/O子系统的功能按其共性的层次逐步分解为多个层次来实现，通过对事物复杂性的分解，使其相对容易实现。所以，最高层次的抽象反映了人们要求的一致的、共同的外部特征和形态，每低一层则执行更为基本的功能，图9.1是被许多I/O系统广泛使用的层次模型。

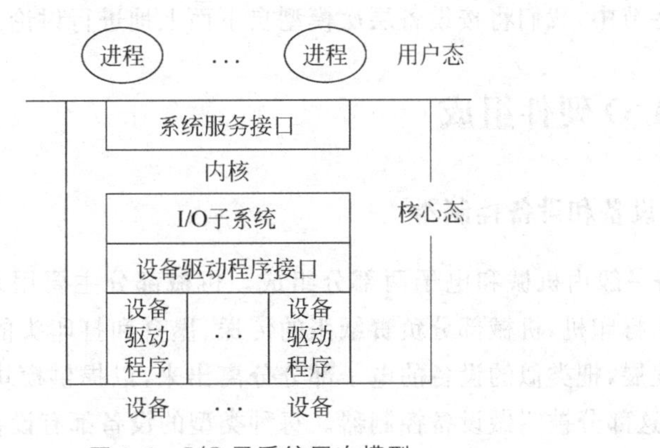

图9.1 I/O子系统层次模型

这个层次模型说明了I/O子系统的各层功能都是在操作系统内核实现的。用户进程使用系统调用接口来与外部设备通信。内核的I/O子系统接收这些I/O请求，然后它又通过设备驱动程序接口、设备驱动程序与外部设备通信。

在这个模型中，每一层都有明确的环境和职责。I/O子系统为用户程序提供一个对所有设备都一致的接口，如打开(open)、关闭(close)、读(read)和写(write)等。I/O子系统并不知道某个设备是什么，它只将设备看作由设备驱动程序抽象后表现的高层抽象。它只关心访问的控制权限、数据的缓存和设备的命名。这一层在有些系统中被称为"逻辑I/O层"。

设备驱动接口层，主要存放所控制管理的设备驱动程序和访问控制软件，它接收上一层的请求，并将上层对逻辑I/O的调用转换为对具体设备驱动程序的调用。

设备驱动程序层具体负责与设备的所有交互操作。每个驱动程序管理一个或者多个类似的设备。设备驱动程序具体实现设备开关表中定义的每种功能。在这层次，它涉及设备操作的细节。它要提供相应的I/O指令序列来实现每种功能，以及要由通道执行的通道程序(即通道命令)和控制器命令。设备驱动程序往往还维护一个对设备的请求队列，设备驱动程序调度和控制该队列中的I/O请求。除此之外,设备驱动程序还管理和报告各设备和控制器完成I/O的状态,管理中断工作也属于这个层次,设备驱动程序中包含中断管理程序。在以前的操作系统实现中,这一层次的功能常用I/O进程来实现,所有实现模式都不是一成不变的。在Solaris系统中它利用内核线程来处理中断,而在有些系统中在设备驱动程序和硬件之间又增加了一个调度和控制层来管理I/O请求队列以及调度I/O请求,负责管理I/O状态和中断。

I/O管理子系统的设计特点总结如下。

(1) I/O软件设计中需要考虑与系统硬件有关的一些特性。因为I/O软件无论怎样调整都不可避免地需要与设备硬件相关或需要与硬件设备进行信息交互。

(2) 在设计中要考虑如何提高设备和处理器的执行效率。要注意I/O设备访问效率,与外设速度的匹配,以及保证多种不同处理速度的外设间的相互匹配。

(3) 设计中要考虑到物理设备使用的方便性。既要方便用户使用,为不同类型的设备提供统一的使用方法,又要方便对设备实行调整与控制操作,即当操作系统需要调整对设备的控制方式时能够较容易地完成,如设备的增加或删除、调整设备的参数等操作。

在以下各节中,我们将按设备层次模型自下而上地进行讨论。

9.3 I/O硬件组成

9.3.1 设备和设备控制器

I/O设备一般由机械和电子两部分组成。机械部分主要用来完成I/O处理的具体操作,例如,对于打印机,机械部分负责纸张的传送、墨盒和打印头的机械移动等功能性动作。随着技术的发展,把类似的设备的电子部分分离出来,以提供模块化的、更加通用和高性能的设备控制,这部分被叫做设备控制器。每种类型的设备都有设备控制器,它是控制设备机械部分的动作的。一个控制器可以控制一个或者多个设备。而机械部分就是设备本身。设备控制器通常是一个印刷电路板,其上通常有一个插座,通过电缆与设备相连。控制器本身连接到计算机总线上。图9.2表示一个微型机的输入输出组织。一台典型的计算机通常有一个磁盘控制器、一块图形卡、一块I/O卡,还有网络接口卡。

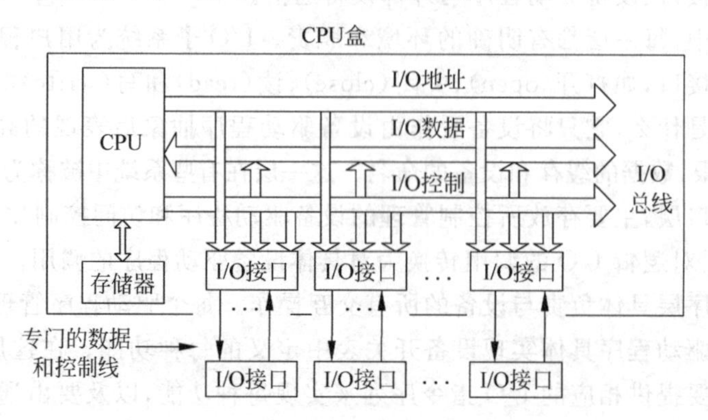

图9.2 微型机的输入输出组织

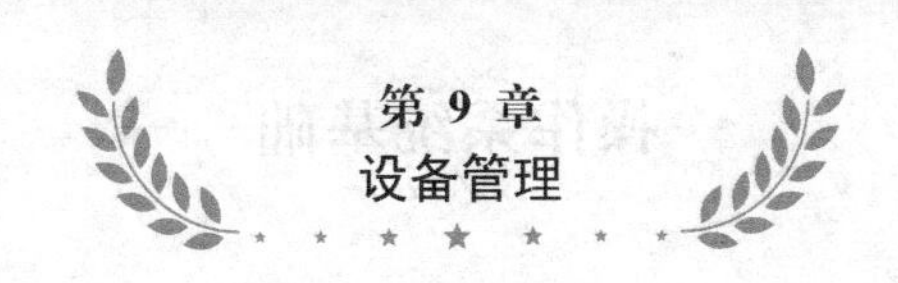

第9章 设备管理

控制器对于每个设备都有一套控制和状态寄存器(CSR)。每个设备可以有一个或者多个控制器和状态寄存器(CSR)。CSR 的功能完全由设备来决定。设备驱动程序通过向 CSR 写数据来向设备发送命令,同时通过读设备的 CSR 来获得设备 I/O 过程中的状态信息和错误信息。设备的控制和状态寄存器不同于 CPU 的通用寄存器,向控制和状态寄存器写数据将直接导致某些设备操作。

每个控制器有几个寄存器是用来与 CPU 通信的,因此需要提供寻址机制。我们把这些用于I/O 功能的地址集合称为I/O 空间。计算机的 I/O 空间除包括所有设备的寄存器外,还包括一些在主存中用以映射设备(如图形终端)的帧缓冲区。每个寄存器在 I/O 空间中都有一个定义好的地址。

I/O空间在系统中配置有两种模式。

(1) 主存映射设备 I/O 模式。

这种模式将 I/O 寄存器映射成主存的一部分。将对内存的访问和 I/O 端口的访问统一管理,也就是说将 I/O 端口的各个功能寄存器、控制状态器统一看作系统内存单元,对它们和系统内存单元一起进行访问,用统一的指令集进行访问。例如,可以将 I/O 端口的地址放在内存的顶端,访问时由操作系统按内存地址位置来区分访问的是系统数据内存还是 I/O 端口。因此使用普通的主存访问语句就可以读写设备寄存器。

这种方法的优点是:主存映射 I/O 不需要特殊的读写指令来访问设备控制器或地址空间,这为用高级语言编写驱动程序提供了便利。在操作系统中通过对地址空间的控制,可以阻止用户进程对 I/O 的特殊操作,从而可以更加方便地实现驱动程序管理。

(2) 独立于主存的 I/O 空间模式。

在这种模式中 I/O 空间与主存相互独立,每个控制器分配其中的一部分地址。对于 I/O 空间的访问要用专用的 I/O 语句。Intel 80x86 和 IBM-PC 使用这种模式,图 9.3 表示 IBM-PC 控制器的 I/O 地址与中断矢量。例如,早期的 Intel 处理器系统中见到的 in reg, port 或者 out port,reg 指令,就是专门用来访问 I/O 端口的指令;而 mov reg,6 指令是对内存空间访问的指令,是无法实现对 I/O 端口的访问的。

内核的设备驱动程序将参数随同命令(如 read,write,seek 等)一起写入控制器的寄存器中,以实现输入输出,当控制器接到一条命令后,独立于 CPU 完成命令指定的操作,当命令完成后,控制器产生一个中断通知 CPU。

I/O 控制器	I/O 地址	中断矢量
时钟	040～043	8
键盘	060～063	9
硬盘	320～32F	13
打印机	378～37F	15
单色显示	380～38F	—
彩色显示	3D0～3DF	—
软盘	3F0～3F7	14
主 RS-232	3F8～3FF	12
辅助 RS-232	2F8～2FF	11

图 9.3 IBM-PC 控制器的 I/O 地址与中断矢量

类似的数据在内核与设备之间的传输方式也分为两种方式，采用哪种方式取决于设备自身的特性。基于数据传输方式，我们可以将设备分为两类。

(1) 可编程 I/O(PI/O)。

要求 CPU 一个字节、一个字节地向设备或者从设备读数据，一旦设备准备好接收或者发送下一个字节，它就触发一个中断。

(2) 直接存储器存取。

内核设备驱动程序将通过寄存器告诉 DMA 设备，数据在主存的位置(源和目的)、传输数据的数据量和其他相关信息。然后设备直接访问主存，完成数据传输。整个传输过程无须 CPU 介入。传输结束后，发送中断给 CPU，告诉 CPU 已为下一步操作做好了准备。

通常像 Modem、字符终端、行打印机等慢速设备都是 PI/O 设备，而磁盘和图形终端是直接存储访问(DMA)设备。

9.3.2 直接存储器访问

直接存储器访问(DMA)方式是一种完全由硬件执行 I/O 功能的工作方式。之所以采用这种 I/O 方式是由于高速大容量存储器和主存之间交换数据时，若采用编程 I/O 和中断驱动 I/O 方式都存在一些问题。

在编程 I/O 方式下，每传送一个字节(或字)要执行若干条指令，并占用多个存储周期。每传完一个字节要判断一批数据是否已经完成，若没有则重新启动外设工作，因此占用很多 CPU 时间，使主机效率受到很大的影响。如果以中断驱动 I/O 方式工作，虽然可以提高主机效率，但若用于在高速外部设备与主机之间交换数据，则会使主机处于频繁中断和从中断返回的过程中，从而加重与中断有关的额外负担(即保护旧现场、恢复新现场)。这也严重降低了 CPU 的性能。所以在高速大容量存储设备和主存之间的数据传送，通常采用直接存储器访问(DMA)方式。

DMA 方式的主要优点是速度快，由于 CPU 根本不参加传送操作，因此节省了 CPU 时间。

图 9.4 为一个 DMA 控制器组成的示意图。DMA 种类很多，但各种 DMA 大都要执行以下操作。

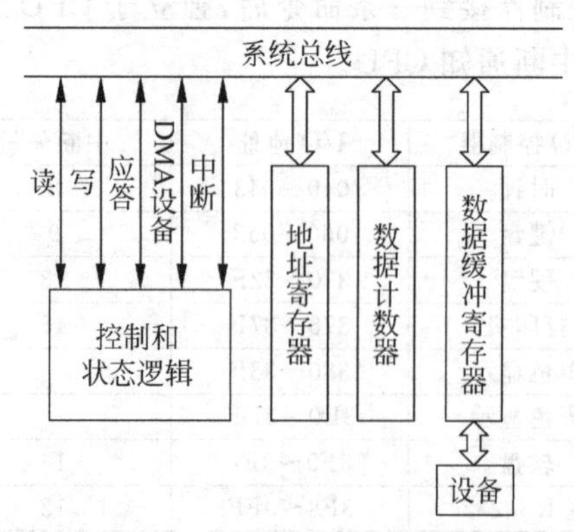

图 9.4　DMA 控制器组成

- 从外围设备发出 DMA 请求,并用读、写控制线表明是读还是写的请求。
- CPU 响应请求进行应答,并把 CPU 工作改成 DMA 操作方式,DMA 控制器从 CPU 接管对总线的控制。
- 由 DMA 控制器对主存寻址,启动数据传送和数据传送个数的计数。
- 用中断向 CPU 报告 DMA 操作结束。

由于 DMA 方式能满足高速 I/O 设备的要求,也有利于 CPU 效率的发挥,所以 DMA 方式已被广泛采用。DMA 方式的缺点是硬件线路比较复杂,其复杂程度接近于 CPU。

9.3.3 通道方式与输入输出处理器

输入输出处理器又称通道,在大型机的结构中和一般的教科书中,术语"通道"专指专门用来负责输入输出工作的处理器(简称"I/O 处理器")。比起中央处理器(CPU)来,通道是一个比 CPU 功能弱、速度慢、价格便宜的处理器。但是"通道"一词在微型计算机的相关著作中,常指与 DMA(直接存储器访问)或者与 I/O 处理器相连的设备的单纯数据传送通路,并不具有单独的功能,这是需要区分清楚的。

通道既然是指 I/O 处理器,那么它同中央处理器(CPU)一样,有运算和控制逻辑,有累加器、寄存器,有自己的指令系统,它也在程序控制下工作。它的程序是由通道指令组成的,称为通道程序。I/O 处理器和 CPU 共享主存储器。在微型计算机中,I/O 处理器并不是通道,它就只能称为 I/O 处理器。但在本节(以至于本书中)中,所谓通道就是指 I/O 处理器。

在大型计算机中常有多个通道,而在一般的微型计算机中则可以配置 1～2 个 I/O 处理器(或者更多)。这些 I/O 处理器和中央处理器共享主存储器和总线。在大型机中就可能出现几条通道和中央处理器同时争相访问主存储器的情况。为此给通道和中央处理器规定了不同的优先次序,当通道和中央处理器同时访问主存时,存储器的控制逻辑按优先次序予以响应。通常中央处理器被规定为最低优先级。而在微型计算机中,系统总线的使用是在中央处理器的控制下,当 I/O 处理器要求使用总线时,向中央处理器发出请求总线的信号,中央处理器就把总线使用权暂时转让给 I/O 处理器。以上两种情况,都可以想象为 I/O 处理器从中央处理器那里"窃用"了存储周期和总线周期,统称为"窃用周期"。

通道程序由中央处理器按数据传送的不同要求自动形成,通常通道程序只包括少数几条指令(在大型计算机中,通道程序常由操作系统中的相应设备管理程序按用户的输入输出请求自动生成)。CPU 生成的通道程序存放在主存储器中,并将该程序在主存中的起始地址通知 I/O 处理器。在大型计算机中,通道程序的起始地址常存放在一个称为通道地址字(CAW)的主存固定单元中,而在微型计算机中,常将此起始地址存放在主存的 CPU 与 I/O 处理器的通信区中(如 Intel 8088)。每一条通道指令称为通道命令字(CCW)。

通道作为处理器,也有说明处理器状态的 PSW,但常被称为通道状态字(CSW)。通道状态字(CSW)中包含该通道及与之相连的控制器和设备的状态,以及数据传输的情况。

图 1.3 表示通道方式的计算机组织和 I/O 组织。

9.4 设备驱动程序

9.4.1 设备和驱动程序分类

在一般系统中，按设备数据传输的单位是数据块还是字节而将设备分为两类：块设备和字符设备。

（1）块设备。在块设备中存储的是定长且可随机访问的数据块。该设备的I/O操作也是以块为单位的，块的大小是256字节或者更大的2^n字节的数据块。属于块设备的有硬盘、软盘驱动器和CD-ROM驱动器等。

（2）字符设备。在字符设备中存储或者传送不定长的数据。某些字符设备每次可以传送一个字节，传送每一个字节后产生一个中断。而另一些字符设备有内部缓冲寄存器，内核的设备驱动程序把这些数据解释为可顺序访问的连续字节流。对字符设备不能随机访问，也不允许查找操作。属于字符设备的有终端、打印机、鼠标和声卡等。

虽然大多数系统把设备分为两大类，但并不是所有设备都能归入其中的某一类，如时钟。但不少系统如UNIX一样，把所有不属于块设备的其他设备都划为字符设备。

还有些"设备"被统称为伪设备，它们并非是真的设备，只是通过驱动程序接口可以提供某些特殊的功能。如null设备是一个数字陷阱，它允许写操作，但对写入的数据一概丢弃。Zero设备专门提供数据为0的主存。

设备按其传输数据的特性而分为两类，对应它们的设备驱动程序，尽管随设备的不同，其实现的细节也不同，但有些系统如UNIX，大体上也将其分为两类，每一类设备的驱动程序使用同一种数据结构——设备开关表。

9.4.2 设备开关表

设备开关表是UNIX系列用以实现设备管理通用性和一致性而提供给高一层抽象的规范的抽象接口。设备开关表是一个数据结构，它定义了每个设备必须支持的入口点，也就是说规定了每种设备驱动程序必须提供的功能实现。共有两种开关表：块设备开关表和字符设备开关表。内核为两种开关表各维护了一个独立的数组，每个设备驱动程序在相应数组中有一个表项。下面给出块设备开关表表项的格式（字符设备开关表与此类似，只是入口点更多一些），以供参考。

```
struct bdevsw
{
    int ( * d_open)();
    int ( * d_close)();
    int ( * d_strategy)();
    int ( * d_print)();
    int ( * d_size)();
    Int ( * d_xhalt)();

};
```

设备表和设备开关表集中了与设备有关的特性及其管理、使用的信息,也体现了UNIX中把设备的物理特性和使用情况与设备管理的基本方式分隔开来的主要思想。

块设备开关表中规定的设备功能如下。

d_open,打开设备。

d_close,当最后一个对设备的访问被释放时,关闭设备。

d_strategy,向块设备发出读写请求的公共入口点。这样命名是因为块设备驱动程序可能会采取某种策略的重新排序请求,以达到优化性能的目的。操作是异步的,如果当I/O请求到达时,设备忙,就将此I/O请求放入队列中,该例程(strategy例程)返回。当I/O结束后,中断处理程序(设备驱动程序的一部分)会从I/O请求队列中按一定的调度算法取出下一个I/O请求,并执行该I/O请求的读或者写操作。

d_size,用于磁盘设备,确定盘分区的大小。

d_xhalt,关闭由驱动程序控制的设备。

字符设备开关表如下。

```
struct cdevsw
{
int( * d_open)();
int( * d_close)();
int( * d_read)();
int( * d_write)();
int( * d_ioctl)();
int( * d_mmap)();
int( * d_segmap)();
int( * d_xpoll)();
int( * d_xhalt)();
struct streamtab * d_str;
⋮
}
```

在字符设备开关表中的入口点,d_open、d_close、d_xhalt的功能同块设备开关表中的说明。

d_read,从字符设备中读数据。

d_write,向字符设备写入数据。

d_ioctl,控制操作字符设备的通用入口点。该入口点用处很多,支持设备上的任意操作。

d_mmap,用来检查设备中特定的偏移量是否合法,返回相应的虚拟地址,并调用d_segmap的功能。

d_segmap,将设备主存映射到进程地址空间中,用来响应mmap系统调用,建立映射。

d_xpoll,查询设备是否发生了某个事件,它可用来检查设备是否已经准备好读或写而不会阻塞,是否产生了某种错误等。

struct streamtab * d_str,启动流的系统调用(见9.6节)。

系统为了管理块设备,还为每一个块设备控制器设置了块设备表iobuf。它记录了设备的有关状态信息和有关队列信息，具体包括以下内容。

- 说明 I/O 方式和完成情况以及缓冲区使用情况的一组标志位。
- 指向该设备缓冲区队列的头、尾指针。
- 指向该设备 I/O 请求队列的第一个缓冲区和最后一个缓冲区指针（进程在向设备提出 I/O 请求前先要请求内核分给它一个空闲缓冲区）。
- 设备名字（主、次设备号，见后面有关章节）。
- 设备忙闲标志。
- 允许重复执行次数。
- 寄存器个数，状态寄存器地址等。
- 设备错误记录块指针。
- I/O 启动时间等。

9.4.3 设备驱动程序框架

每个设备驱动程序处理一种类型设备，同种类型多个设备的 I/O 操作，均由该设备驱动程序管理。因此为某种设备类型设计驱动程序，可以按前述的设备开关表中规定的功能、该类型的设备特性和实现细节，来进行具体编程实现。但有以下几个方面需要加以注意。

(1) 设备驱动程序的框架。

现代操作系统以两种框架（或者说模式）来实现驱动程序。

① 设备驱动程序作为内核过程实现。这是当前操作系统中使用的主要模式，UNIX、Windows 均使用这种模式。其优点是便于实现 I/O 子系统的层次模型，便于与文件系统一起把设备作为特殊文件处理。提供统一的管理、统一的界面、统一的使用方法，并把设备、文件、网络通信组织成一致的更高的抽象层次，使操作系统设计简单化、规范化，形成系统服务的统一界面与用户接口。这种模式深受用户欢迎。

② 设备驱动程序作为独立的进程来实现，以前大多使用这种模式。进程方式具有灵活性，是一个主动实体。但这种方式不便于 I/O 子系统的层次实现，因为进程通常处于层次结构的最高层。于是在我们的层次模型中高层（I/O 子系统层）执行的与设备无关的操作必须重复分散在各个进程中去执行，这是不好的；其次要耗费更多的内核主存用于进程表格，以及进程管理和调度的 CPU 开销，当然设备也就不便于与文件一致地进行处理了。

从设备驱动程序的结构上来说，它的结构框架应分为上、下两部分。为什么呢？首先我们研究一下设备驱动程序所做的工作，即

- 执行进程提出的 I/O 请求。
- 完成 I/O 后要用中断向 CPU 报告完成情况，并准备好执行下一个请求。
- 设备忙时要维护一个 I/O 请求队列。
- 当有新 I/O 请求到来时，要进行 I/O 请求队列的重新排序（按某种优化策略）以优化系统性能，并按一定的算法挑选下一个 I/O 请求，准备执行该请求。

从以上 4 项工作来看，只有第一项工作是为当前 I/O 请求进程执行的。该项工作是设备驱动程序的主要工作，或者可以说是最本职的工作。而后三项可以说是与当前已完成 I/O 请求的那个进程无关的，是为下一个进程做 I/O 准备工作。这是两部分不同的工作。

前一部分工作可以用阻塞方式执行(如要求读写的文件已被上锁,因而阻塞提出I/O请求的进程),而后一部分工作不可以使用阻塞方式,因为中断是不应该被阻塞(当然Solaris内核中断线程允许被阻塞)的。所以通常设备驱动程序的结构分为上、下两部分。

(2) 认真细致地设计和定义好设备开关表和各种入口点的功能。

要把设备驱动程序设计好,就要按软件工程中的方法进行设计。在操作系统和I/O子系统设计时就要考虑各驱动程序的设计。在进行设备开关表和每种设备驱动程序的各子过程(入口点)功能设计时,要明确各模块要实现哪些功能,如何实现,总之要做好总体设计和详细设计。例如开关表要具有和实现哪些入口点(开关表是为所有块设备或字符设备定义了入口点功能,实现哪些入口点可因设备而异)?又如d_open究竟要实现什么具体功能?磁盘的d_strategy入口点要实现哪些功能?队列优化吗?用什么策略优化等均需细致考虑。必要时可使用数据流程图和软件工程中的其他工具。

(3) 利用设备控制器来完成I/O工作。

在前面我们知道,每一个控制器都设有一个或者多个设备寄存器,用来存放向设备发送的命令和参数。我们也介绍过,设备寄存器可以直接按命令执行I/O操作。而设备驱动程序负责向有关寄存器设置这些命令和参数,并监督它们正确执行。例如,磁盘驱动程序是操作系统中唯一知道磁盘控制器设置多少个寄存器以及这些寄存器作用的,也只有它了解磁盘拥有的柱面数、磁道数、扇区数、臂的移动、磁头数、磁盘交叉访问系统、电机驱动器、磁头稳定时间和其他所有保证磁盘正常工作的实现机制细节。因此,磁盘驱动程序的正确使用能控制多个设备寄存器进行I/O工作。也就是说,设计者在设计和编制驱动程序时应使它能正确地使用控制器来完成I/O功能。

(4) 设备驱动程序及其接口的任务是接收来自I/O子系统层次的逻辑I/O请求,并执行这个请求。

驱动程序接口首先要把逻辑I/O请求转换成设备驱动程序的具体调用格式。以磁盘为例,用户请求从某文件中读一个记录,用户通过系统服务调用和经I/O子系统处理后,该I/O请求的逻辑I/O格式通常为read(文件名,记录号)。驱动程序接口将该I/O操作read转换为设备开关表中的入口点strategy。将原操作参数(文件,记录名)转换成该记录所在的物理块在磁盘中的实际位置(柱面号、磁头号、扇区号)和物理块数等参数。磁盘驱动程序检查驱动器的电机是否正常运转,读写头是否定位在正确的柱面上等。总之驱动程序必须决定需要控制器的哪些操作,以及按照什么样的次序来实现。一旦明确应向控制器发送哪些命令,它就向控制器的设备寄存器写入命令和参数,由控制器控制设备完成命令的要求。在DMA方式下工作时,DMA控制器一次只能接收一条命令。而当磁盘工作在通道方式下时,我们知道通道通过执行通道程序工作,这时控制器按通道程序中给出的命令链表工作,整个过程自行控制执行,无须操作系统和CPU干预。

9.5 I/O子系统

I/O子系统是内核的一部分,它在I/O系统层次模型中处于最高的一个层次,负责所有设备I/O工作中均要用到的共同的功能,一般称为执行与设备无关的操作,或者说是I/O

软件中独立于设备（与设备具体特性无关）的软件。同时I/O子系统为用户应用程序提供一个统一的接口。通常I/O子系统完成以下独立于设备的公共功能。设备命名，提供一个一致的规范的命名方法和名字空间；设备保护；提供独立于设备的块大小；缓冲技术；块设备的存储分配；独占设备的分配和释放；错误报告信息。

9.5.1 设备命名

如何给文件和设备这样的对象命名是操作系统的主要任务之一，独立于设备的软件应能把设备的符号名映射到正确的设备上，而且设备的命名对用户来说应该是简单、好用、便于记忆的，因此设备命名非常重要。

设备命名后，所有设备的名字的集合称作设备的名字空间。设备的名字空间说明了不同设备是如何被标识和引用的。UNIX系列有三种不同的名字空间。

1. 主次设备号

内核采用数字方法来命名设备，主、次设备号是内核使用的一种设备命名方法。

用设备类型描述加上两个称作主、次设备号的数字来标识设备。块设备类型为bdevsw，字符设备类型为cdevsw。

主设备号用于标识设备的类型（指磁盘、磁带、打印机等设备类型），在特殊情况下直接标识该类型设备的设备驱动程序。主设备号的数字来源于该类型设备在设备开关表中的索引号（即表目的序号），如磁盘驱动器在bdevsw表中定位是第五项，所以主设备号是5，次设备号标识具体的多个同类设备中每个设备的序号，称为设备的实例（instance）。

dev_t变量类型。内核通常会将主、次设备号合并到一个类型为dev_t的变量中，在早期的UNIX版本中dev_t变量是16位，主设备号和次设备号各占8位，高序位是主设备号，低序位为次设备号。这种模式限制了同一主设备类型最多只能有256个次设备。这一限制对系统来说过于苛刻。所以在SVR4系统中，它的dev_t改为32位，高14位给主设备号，低18位给次设备号。

2. 内部号与外部号

在SVR4和Intel x86以及AT&T系统中均引入了内部和外部设备号的概念。内部设备号表示设备驱动程序，并且是设备开关表中的索引号。外部设备号构成用户可见的设备表示，并存储在设备特殊文件的i节点中。

在Intel x86中内部号和外部号是一样的。但对大多数系统来说，内部号和外部号是不一样的，于是内核维护一个由外部号到内部号的映射表格。

3. 设备文件与路径名

主次设备号为内核提供了一种简单而有效的设备名字空间，但是从用户角度来说，它完全不是好用好记的方法，用户无法了解和记住驱动程序在设备开关表中的位置。用户希望能用同样的应用程序和命令来访问设备和读写普通文件。于是很自然地，人们想起了用文件系统的名字空间来描述设备和文件。于是UNIX设备第三种不同的名字空间是为用户提供的设备的路径名。

要是用路径名，就要引入设备文件的概念，把设备作为文件来处理。UNIX为文件和设备提供了一致的接口,并把设备称为特殊文件。每个特殊文件与特定的设备相关联。它可以放在文件系统中的任何位置,但习惯上所有的设备文件都位于/dev目录或其子目录之下。

尽管在用户看来,设备文件与普通文件并无太大区别。但从系统内部来看,两者有着很大的区别。设备文件在磁盘上没有数据块。不过设备文件在文件系统中有一个永久的i节点,通常是在根文件系统中,在i节点的di_mode中标明文件类型是IFBLK(块设备)或者IFCHR(字符设备),而在di_rdev的域中存放着该设备的主设备号和次设备号,于是内核可以根据用户设备的路径名得出内部设备号(主设备号、次设备号)。

9.5.2 输入输出缓冲区

系统由于以下原因需要使用缓冲技术。

(1) 由于外部设备的数据传输速度与CPU的处理速度严重不匹配,所以必须使用缓冲区以缓解设备和CPU间速度不匹配的矛盾。

试想如果没有缓冲区,设备直接向进程地址空间传送数据,那么进程要么忙等待,要么阻塞。如果用忙等待方式,就会浪费大量的CPU时间。如果是阻塞方式,那么进程就会阻塞在设备的I/O请求队列中。这时系统有可能把进程交换出主存。如果在进程被交换出主存以前,设备已开始为进程传输数据,由于正在传输数据的页面是被锁住(假设进程只需传出一个页面的数据)的,所以尽管进程被交换出去,但该页面仍被锁在主存不会被交换出去,进程可以完成I/O后重新被交换进主存。如果进程被交换出去时,设备还未开始为进程传输数据,于是整个进程地址空间就会全交换出主存。这样就会发生死锁,因为进程被阻塞于设备I/O队列,而设备又要为它开始的I/O请求服务,就必须等待进程进入主存(因为要直接向进程地址空间传数据)。这样就形成了互相等待,从而造成死锁。

如果系统中有缓冲区就不会出现此情况,进程在向主设备提出I/O请求前,先要请求分配一个缓冲区,然后它带着上了锁的缓冲区在设备I/O请求队列中排队。当设备为该进程的I/O请求服务时,设备并不需要进程一定在主存中,因为只向该进程的缓冲区传送数据。数据传送完成后,中断处理程序唤醒该进程,将缓冲区中的数据读入进程在主存的地址空间中再进行处理。

(2) 便于进程共享缓冲区中的数据,减少系统设备(尤其是磁盘)的输入输出压力。

主存中与某设备有关的缓冲区都在一个设备缓冲队列中,所以当进程对某设备提出I/O请求时,首先在该设备的缓冲队列中查询是否已在主存中了。如果没有在主存中,就为它分配一块空闲缓冲区,如已在主存中,就可以立即共享了。

(3) 对于块设备而言,数据以整块进行传输,而进程实际上只需要其中的一部分,缓冲区便可从中选择所需部分进行处理。

系统大都设置了两种类型的缓冲区:块设备缓冲区和字符设备缓冲区,下面分别介绍。

1. 块缓冲区队列管理

一般系统中都有一个固定数量(例如200)和固定大小(如1024B,有些系统的缓冲区允许有几种规格大小)的缓冲区所组成的缓冲池。每个缓冲区由两部分组成。一部分是缓冲区体部分，用来存放磁盘块的数据；另一部分称为缓冲区头部，或称为缓冲区控制块，用以记录缓冲区体的使用信息。这两部分在主存中是分离的，并不是物理地连接在一块的。在UNIX系列中，缓冲区控制块又称为buf结构，通常一个buf结构包含以下信息：

• flag域。

共16位。可标识I/O请求是读还是写、I/O是否成功完成、是否同步、缓冲区是空闲还是忙、是否已被修改、是否过时、是否有进程等待使用。

• 目标设备名字（主次设备号）。

• 数据在设备上的起始块号。

• 传输字节数（必须是扇区大小的整数倍）。

• 数据在主存中的位置（源和目的地）。

• 双向队列指针（用于LRU可用空闲缓冲区队列和I/O请求队列中）。

• 如果操作失败，则返回一个错误码和出错时的剩余字节数。

• 指向设备文件V节点的指针。

• 指向将缓冲区链入一个哈希队列的指针，该哈希队列以V节点和块号为索引。

• I/O请求的进程指针。

buf结构是块设备管理中重要的数据结构，它有多种用途。

(1) buf结构是内核和块设备驱动程序间唯一的接口。内核要读写设备时，它调用块设备开关表的d_strategy( )例程时，传给它一个buf结构的指针。这个结构中包含了I/O操作所需要的所有信息。例如，目标设备的主次设备号；数据在设备上的起始块号；传输的字节数；数据在主存中的源和目标地址。

I/O完成后，中断处理例程将I/O完成状态信息写入buf结构。这包括下列信息：表明I/O是否成功完成的标志；操作失败产生的一个错误代码；剩余字节数（即未传输字节数）buf结构也用于构成各种块磁盘缓冲区队列。例如，设备缓冲队列；设备I/O请求队列；可用的空闲缓冲区队列。

(2) 设备缓冲区队列。

当缓冲区包含某设备上的一个物理块时，为了便于管理，需将所有同一设备相关的缓冲区链成队列，称为设备缓冲区队列。该队列头结构中仅包含一个双向的指向队列头和尾的指针。系统共设置64个设备缓冲区队列。

(3) 设备I/O请求队列。

进程要读写磁盘时，先申请一个缓冲区，内核填写必要的传输所用的参数。例如，读写标志位；设备号；起始块号；字节数；在主存的地址（源或者目的地址）。

(4) 可用的空闲缓冲区队列。

与可用的空闲页框队列一样，按LRU的方式组织。

(5) 缓冲区的分配。

当进程需要对某设备上的数据块进行处理时，先要为其分配一个缓冲区。这一功能是由getblk(dev,blkno)函数完成的。这里的参数dev和blkno分别是数据块所在设备名及物理块号。返回值是上了锁的buf结构指针。

其实现过程大致如下。

① 根据设备名和物理块号在该设备的缓冲区队列和可用空闲缓冲区队列中查找是否在主存中。

② 若已在主存中,则查该缓冲区的 buf 结构的忙标志位是否已经设置。若已经设置,说明有进程正在使用,则置有进程等待使用标志位。然后睡眠等待该缓冲区。若该缓冲区空闲,则调用 notavail(bp)函数,将其从可用空闲队列中摘下,返回给进程。

③ 若该缓冲区不在主存,则从空闲队列中取一个空缓冲区进行分配,并置该缓冲区的忙标志,然后判断该缓冲区是否已修改过和被延迟写的标志。若有,则异步将其写到相应的设备上去。若无,将它从原设备队列摘下,链入新设备缓冲区队列,返回该缓冲区 buf 结构指针给进程。

(6) 缓冲区的释放。

进程使用完缓冲区后,应立即释放。放入可用空闲缓冲区队列尾部。这一功能由 brelse(bp)函数实现,无返回值。

2. 字符设备的缓冲区

字符设备缓冲区的结构包含以下信息:链接指针、本缓冲区第一个字符在主存的位置、本缓冲区最后一个字符的位置、缓冲区大小。

系统初启时,所有缓冲区都链接在空闲缓冲区队列中,其链首由 cfreelist 结构指出,其缓冲区的分配和释放均十分简单,不再细述。

9.5.3 I/O子系统独立于设备的工作

在块设备执行 I/O 时,I/O 子系统要做很多事情。以块设备的读操作为例,I/O 子系统要做些什么工作呢?一般来说以下 4 种情况都会引起块设备操作。

(1) 读或者写普通文件。

(2) 直接读、写块设备。

(3) 访问 mmap 映射的文件(UNIX 系统)。

(4) 从交换设备读入和调出页面。

在以上 4 种方式中,图 9.5 描述了管理块操作各个阶段的工作(写操作也类似)。在以上各种使用情况中,内核总是采用页面访问失效机制初始化读操作,也就是说该阶段的工作是由分页系统的页面访问失效函数与 I/O 子系统将虚页号转换为(主次设备号,起始物理块号和字节数)。但要实现由虚页号到块号的转换则要从与这个块相关联的 V 节点中找出相应的页面。I/O 子系统要进行存取权限的检验是否允许读访问,如访问合法,则为进程分配主存——盘设备缓冲区,并将相应的 buf 结构用以上数据初始化,然后将 buf 结构传送给相应的磁盘驱动程序,调用 d_strategy 入口函数。

在完成字符设备 I/O 操作时,I/O 子系统只起到很小的作用,由驱动程序完成主要工作。例如用户调用 read 操作,内核通过文件描述符找到文件的 V 节点,I/O 子系统做一些合法性验证。如果合法,I/O 子系统传给它一个包含所有读操作参数的 uio 结构启动读操作(I/O 子系统在字符设备 I/O 操作中的工作请参看 9.4 节)。

<table>
<tr><td>读普通文件</td><td>直接读取块设备</td><td>访问 mmap 映射的文件</td><td>从交换设备上交换页面</td></tr>
<tr><td colspan="4">处理页面失效</td></tr>
<tr><td colspan="4">从 V 节点读取数据</td></tr>
<tr><td colspan="4">从磁盘获取数据(调用 d_strategy)</td></tr>
</table>

图 9.5　启动一个块操作的不同方式

9.6　流*

流(streams)在 I/O 系统中是一种 I/O 机制和功能,或者称为 streams 子系统。它本身并不是一个物理设备概念。尽管常说 streams 设备,是指流要通过流设备来实现流的功能。那么从这个意义上来说,流设备就是字符设备,如 Modem、终端设备和其他字符设备。但是流提供了字符设备无法比拟的功能和便利,在网络数据传输和其他应用方面受到广泛应用和欢迎,成为编写网络驱动程序和协议的首选方案。所以现代操作系统如 UNIX 系统和 Windows 都支持流设施,SVR4 还用 streams 取代了传统的终端驱动程序。

9.6.1　流的概念

1. 引入流的目的

传统的字符设备驱动程序框架有很多缺点,这表现在以下方面。

- 内核与字符设备驱动程序间接口的抽象层次太高。正如前面所看到的,I/O 系统在字符设备 I/O 操作中所做的工作很少,由字符设备驱动程序来负责大部分 I/O 操作的处理工作,所以驱动程序代码中只有一部分是与设备相关的。这导致了驱动程序功能大量重复,从而使内核规模增大。
- 内核没有为字符设备提供可靠的缓冲区分配和管理功能,几乎没有缓冲支持。于是只好由字符设备驱动程序自己完成这个任务,于是导致产生了几种专用的缓冲区和主存管理策略。这些机制的使用使得主存利用不合理和代码重复。
- 许多系统对字符设备的界面是把数据看成是 FIFO(先进先出)的字节流,因此它没有识别消息边界、区分普通设备和控制信息以及判定不同消息优先级的能力,也没有字节流流量控制功能。所以设备驱动程序和用户应用程序不得不设计自己专用的机制来处理以上的问题。
- 在网络数据传输中这些问题更突出。网络数据传输是基于消息或者数据分组的。网络协议是分层的,每一层次对分组进行不同的相应处理后,再传送到下一协议层。有时一个协议层可能要与其他层的不同协议结合使用。这要求对数据传输使用一个模块化的结构框架。这个框架还应该支持分层地对数据传输进行处理的功能。

因此,要求提供一个基于消息的数据接口,具有缓冲分配和管理功能、基于优先级调度策略、并有流量控制和支持层次化协议族的数据传输机制。

20 世纪 80 年代初,Dennis Ritchie 首先开发出了 streams 机制。

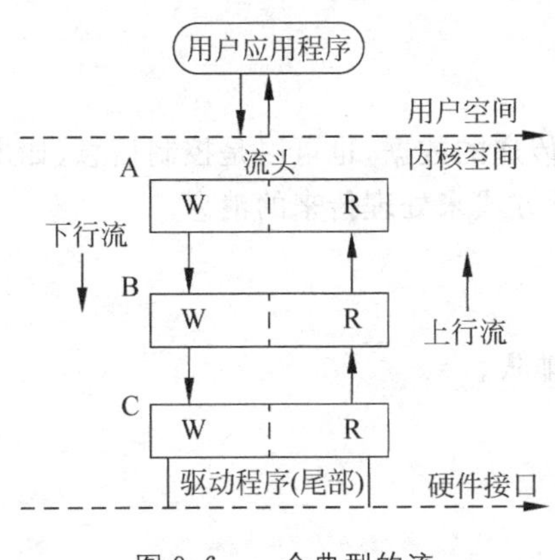

图 9.6　一个典型的流

2. 流的概念

用数据通信中的术语来说,流是全双工的处理过程,它是内核中驱动程序和用户进程之间的数据传输通道。图 9.6 表示一个典型的流,由图可知流完全位于内核之中。从流的构造上来说,它由一个流头、一个流驱动程序尾,以及其间的零个或者若干个可选模块构成。

流头是一个用户级接口,它允许用户应用程序通过系统调用接口来访问流。驱动程序尾与底层设备通信(如果是一个伪驱动程序,则可与其他的流通信)。在流中间的模块是处理数据的。

流中的每个模块都包含一对队列:一个读队列和一个写队列。流头和驱动程序中也包含这样一对队列。流中的传输数据应按以下要求进行。

- 流中传输的数据采用一致的消息形式来传输。
- 写队列传递由用户应用程序向驱动程序端发的下行消息。
- 读队列传递由驱动程序端向用户应用程序发的上行消息。
- 流中队列可以与流中的下一个队列通信。反之则不行。例如模块 A 的写队列可向模块 B 的写队列发消息。模块 B 的读队列可向模块 A 的读队列发消息。反方向发消息是不允许的。但同模块的两个队列(写队列和读队列)之间可以发消息。
- 大部分消息来自流头和驱动程序,但中间模块也可产生消息,并将它们传到流头和驱动程序。
- 流中的每个模块可以独立编写,可以出自不同的厂商。多个模块可以混合使用,用不同模块匹配使用。因此,流可以用不同的模块动态地配置以形成不同类型的流。
- 流支持多路复用机制。图 9.7 表示了这种机制。一个多路复用的驱动程序可以在上半部或者下半部连接多个流。有三种类型的多路复用器:上部多路复用器、下部多路复用器和双向多路复用器。一个上部多路复用器可以在其上连接多个流(图 9.7 中的 TCP)。一个下部多路复用器可以在其下连接多个流。一个双向多路复用器则同时支持上部和下部多路复用器的多个连接。图 9.7 通过将 TCP 和 IP 模块编写成多路复用驱动程序,可以将其上的流组合成一个支持多种数据通路的复合对象。

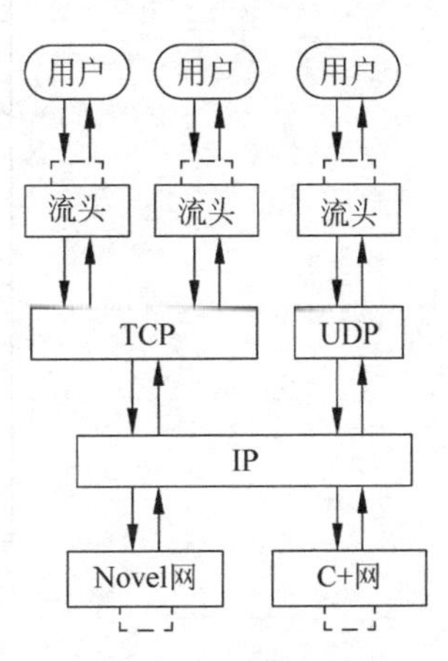

图 9.7　多路复用流

由以上可知流是支持层次化协议族的构造框架,设备方法是基于模块独立化的要求的,所以流实际上已成为编写设备驱动程序的一个框架,它为驱动程序编写者规定了一套规则和指导方针。

9.6.2 消息和队列

传递消息是流传输数据的唯一方式。消息可以是传递的数据，也可以是控制信息（如出现错误或者发生不正常事件）。每一个队列可以用以下方式来处理传来的消息。

- 做某种处理后将这条消息传递给下一队列。
- 不经处理就传给下一个队列。
- 可以按计划延迟处理消息，让消息先在队列中排队。
- 可以将消息传给配对队列，然后反方向传递。
- 丢掉消息（来不及处理时往往会如此）。

1．消息

最简单的消息由三个对象组成：一个 msgb 结构、一个 datab 结构以及一个数据缓冲区。一个多部分消息可以是多个三元体的链接，图 9.8 显示的是由一个三元体构成的消息。消息三个组成部分包含的信息如下。

1）struct msgb

- b_next 和 b_prev 是消息链的后向、前向指针。
- b_datap 指向 datab 结构的指针。
- b_rptr 和 b_wptr 是缓冲区读写指针。
- b_cont 是消息由多个三元体组成时的链接指针。

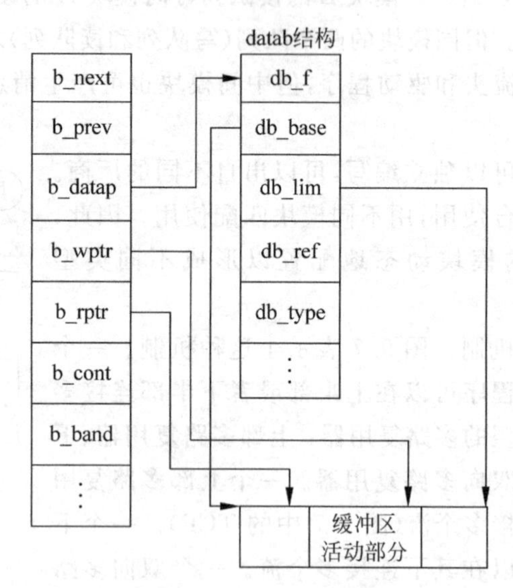

图 9.8　一个流的信息

这种消息的多个三元体结构的好处是网络协议是分层的，每个协议层往往要将自己的头和尾加到消息上。这种结构便于各种协议层添加或者去掉头部和尾部。

- b_band 表示消息的优先级。

2）struct datab

- db_f 用于主存分配。

因为流的主存管理有特殊要求，不能用普通主存分配程序来处理，它需要高效的分配和释放机制。如果分配程序 allocb()(由 put 和 service 两过程调用)不能立即提供主存，它必须以不阻塞(put、service 过程不被阻塞)方式，等到以后再重试。有些流设备允许来自设备缓冲区的直接存储访问(DMA)方式。

- db_base 表示数据缓冲区的基地址。
- db_lim 表示数据缓冲区的上限地址或者长度。
- db_ref 表示用于虚拟复制的引用计数。
- db_type 表示消息类型，流的模块根据消息类型可以区分优先级。

2. 虚拟复制

datab 中的 db_ref 域是用于虚拟复制的引用计数，虚拟复制的需要是由于网络协议 TCP 层要提供可靠传递，必须保证每条消息都能到达目的地。如果接收者在一个指定时间内没有确认消息收到，发送者就要重发。为此，发送者必须保留每个发送的消息，直到它被确认。物理地复制每一条消息太浪费存储空间。因此，TCP 采用虚拟复制技术。当 TCP 模块收到一条消息并向下传时，它又生成一个 msgb，这便产生了两条逻辑消息。之所以称为逻辑消息，是因为这两条消息共享 datab 和数据缓冲区，这叫虚拟复制。当 TCP 将一条消息发送出去后，仍然有一条备份。驱动程序发送完消息并释放 msgb 后，datab 和数据缓冲区并没有被释放，因为引用计数值还是非零。

3. 队列和模块

流是由模块构成的。每个模块包括两个队列：一个读队列和一个写队列。图 9.9 表示队列的数据结构，其中包括以下信息。

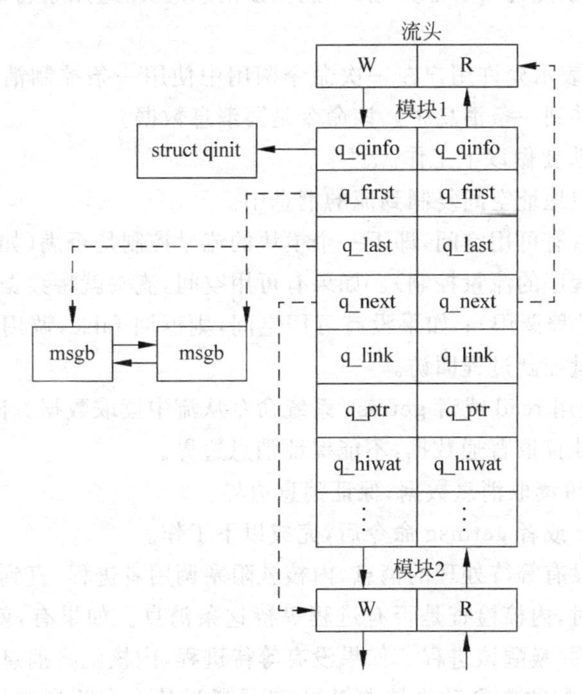

图 9.9 队列结构

1）struct queue

- q_qinfo 表示指向一个 qinit 结构的指针。
- q_first 和 q_last 表示用来管理延迟处理消息队列的双向指针。
- q_next 表示指向下一个上行流和下行流的队列指针。
- q_link 表示用来将队列链入要做调度的队列表中的指针。
- q_hiwat 和 q_lowat 表示队列中可以容纳的消息(数据)量的最大和最小界限,用于控制流量。
- q_ptr 表示指向队列的私有数据指针。

2）struct qinit

- qi_putp 表示指向 put 过程的指针,是模块的每个队列用来处理不能等待的、延迟的消息的过程。
- qi_srvp 表示指向 service 过程的指针,是模块每个队列用来处理不太紧急的事情(消息)。
- qi_open 和 qi_close 表示是打开和关闭流的过程,只在读队列中有定义,为所有模块所共有。

9.6.3 流 I/O

用户通过打开相应的设备文件打开流。流头负责处理用户的系统调用命令。

一个进程可以用 write 或者 putmsg 系统命令向流中写数据,但这两个命令的功能有些区别。

- write 命令表示允许写普通数据,不能保证消息边界,适用于将流看作一般字节流的应用程序。
- putmsg 命令表示允许用户在一次命令调用中使用一条控制消息和一条数据消息。流将两者合并到一条消息中。该命令是写消息数据。

接到命令后,流头要做以下工作。

- 将数据从用户地址空间复制到流的消息中。
- 检查流中是否有可用空间,即下一个模块的流量控制是否满(如果没有中间模块,就要检查驱动程序的流量控制)。如果有可用空间,流头就将数据传给下一个队列(通过 putnext 过程调用);如果没有可用空间,则返回 false,调用进程被阻塞,直到下一模块的流量控制过程回访。

一个进程可以使用 read 或者 getmsg 系统命令从流中读取数据。同样,

- read 命令只能读取普通数据,不能保证消息边界。
- getmsg 命令可读取消息数据,保证消息边界。

流头在接到 read 或者 getmsg 命令后,完成以下工作。

- 如果流头中没有等待处理的消息,内核就阻塞调用者进程,直到有消息到达。
- 当消息到达时,内核检查是否有进程等待这条消息。如果有,就将该消息复制到进程地址空间,并唤醒该进程。如果没有等待进程,内核就将消息放入流头读队列中。

流中间的各模块层的 I/O 动作是类似的,都是通过从一个队列向另一个队列传递消息

来实现 I/O 的。每个队列在流中通过调用 putnext 将一条消息传入下一个队列。

在每个队列中都提供了 4 个处理过程。它们是 put、service、open 和 close(见前节 sruct qinit)。但实际使用的是 put 和 service 两个过程(因为 open 和 close 过程只在读队列中定义,并且由各模块共享),当然这两个过程还可以调用其他子过程。其中,put 过程用来处理不能延迟等待的情况,例如一个终端驱动程序必须立即响应用户输入的字符。如果 put 过程不能处理,也不能传给下一个队列,它就将这条消息放到自己的消息队列中,等待 service 过程以后处理。而 service 在处理时,从队列中取下一条消息,但发现目前不能处理它,于是它把消息挂回队列,等待以后再试。

在尾部的驱动程序与所有模块相似(中间层的模块也可能是驱动程序,图 9.7 的 TCP、IP 都是驱动程序),就是向下一个队列传送数据。例如,当驱动程序接收到来自流头的消息时,它必须从消息中取出数据,并发送给设备。

但驱动程序与其他模块也有很大区别,即驱动程序必须能接收中断和处理中断。当流设备在接收到到达的数据时,将产生中断,驱动程序处理这个中断;它将接收到的数据包装到一条消息中,再将这条消息发送出去。

驱动程序通常实现某种形式的流量控制。在很多情况下,驱动程序对来不及装入的输入数据,或者无法为它们分配数据缓冲区的消息,或者消息队列满、溢出时,就毫不迟疑地将消息丢弃。而恢复丢弃的数据包由应用程序来进行(见虚拟复制和重发)。

9.7 磁盘调度

9.7.1 磁盘的硬件特性

计算机中的磁盘,是由特殊材料制成的圆盘,是通过在表面上(双侧)涂以磁性材料构成的。磁盘上一系列记录信息的同心圆称为磁道,通常每面有数百个磁道。磁盘盘面一般都划分成若干相等的扇形,这些扇形将每条磁道分割成许多相等的弧段,每个弧段被称为一个扇区或物理记录。虽然同样的扇区由于所处的磁道位置不同,其实际的物理长度不同(离圆心近的磁道上的扇区长度短于离圆心远的),但在早期磁盘中它们所记录的信息量却是相等的。为了定位方便,将每个磁道上的扇区编以顺序的序号 0、1、2、…、n。不过需要说明的是,这种把内外磁道划分为相同扇区数的磁盘结构早已经过时了,现代的 SCSI(小型计算机系统接口)磁盘没有把每个磁道(柱面)划分成相同的扇区数。它们利用磁盘外部磁道比内部磁道可以容纳更多数据的特点,将磁盘划分成几个区,每个区内部的每个磁道有相同数据的扇区,所以一般说外部磁道比内部磁道有更多扇区。但这种变化只对驱动程序实现有些小影响,它只涉及几何方面的变化。

磁盘系统可分为两种基本类型:固定头磁盘和移动头磁盘。所谓固定头磁盘是指盘面上的每一条磁道都有一个读写头,固定头磁盘由于成本较高而较少使用。所谓移动头磁盘,是指每个盘面只有一个读/写磁头,每执行一次盘操作都需先移动磁头,使其对准所要找的磁道,这称为寻道操作。

通常在计算机系统中的磁盘,是由若干片盘所组成的磁盘组,其结构如图 9.10 所示,各盘片均安装在一个高速旋转的枢轴上。读写头安装在移动臂上(每个盘面均有一个读写头),移动臂可沿盘半径方向移动。在磁盘组中,每片盘的两面均可用来记录信息。但为了可靠起见,磁盘组顶部的上盘面和底部的下盘面不作为记录信息用。有些系统常将某一盘面作为同步侍服面,供控制定位使用。由于每个磁道是闭合的,所以每条磁道的起点也是终点,并用一个检索符表示出来。检索符(或称检索点)是磁盘体的特殊点,所有的磁道均与这个点同步。各个磁道上并没有自己的检索点,它为各个磁道所公用。检索点的检测是由磁盘机中专门的读出装置读出来的,不要求由读写头进行操作。

为了对磁盘组中的一个物理记录进行定位,需要三个参数。

(1) 柱面号。随着臂的移动,各个盘面所有的读写头同时移动,并定位在同样的垂直位置的磁道上,这些磁道形成了一个柱面。通常由外向里给各柱面依次编以顺序号 0、1、2……

(2) 磁头号。将一个磁盘组的全部有效盘面(除去最外层的两面)从上至下依次编以顺序号 0、1、2……称为磁头号,因此盘面号与磁头号是相对应的。

(3) 扇区号。将各磁道分成若干大小相等的扇区,并编以序号 1、2……

磁盘上的一个物理记录块要用三个参数来定位:柱面号、磁头号、扇区号。那么如何读写盘上的一个物理块(或扇区)呢?其访问时间又由哪些因素决定呢?由于所有读写头的磁臂是一起沿磁盘半径方向移动的,每个读写头不能单独移动,同时要访问的物理块只有处于读写头之下才能对该块进行读写,所以要访问某特定的物理块时,首先要按给出的柱面号将读写头随整个磁臂移到指定的柱面上,这个动作称为寻道操作。寻道操作所需要的时间称作寻道时间,如图 9.11 所示。其次,盘上该物理块必须随着整个盘旋转到读写头下面,这部分的旋转时间称为旋转延迟时间。最后的操作是读写头对物理块中的数据的实际访问,其所用时间称为数据传送时间。其中查找时间所占的比例最大,通常约占整个访问时间的 70%。

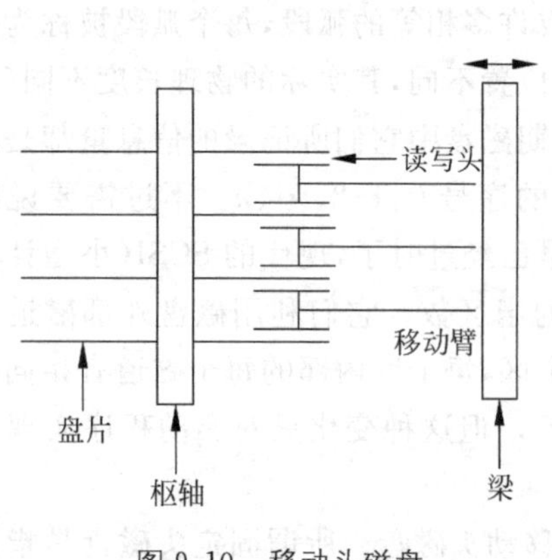

图 9.10　移动头磁盘

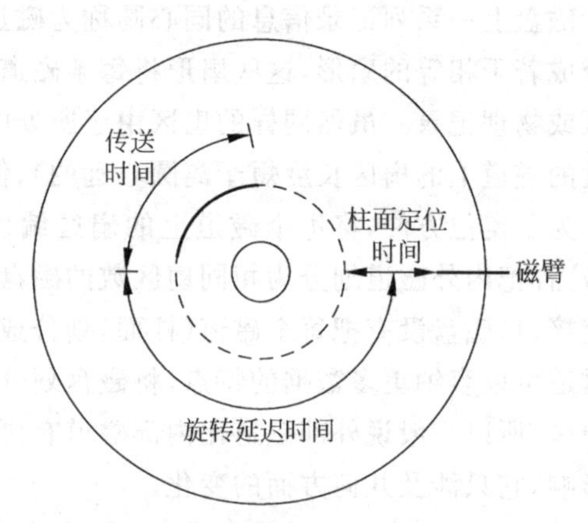

图 9.11　磁盘访问时间的组成

在有些系统中,如在 2305-Ⅰ型固定头磁盘中,为了提高数据传输速率和减少平均取数时间,其磁盘驱动器可以同时访问 1 个或者 2 个存储块。因此一个逻辑数据记录必须记在磁盘的两个盘面上,通常记录的奇字节记在盘的顶面,偶字节记在同一盘的底面,两面的磁道并行地进行读写。这样可以减少一半的传输时间。在有些磁盘系统中，为了减少旋转延迟时间，将同一记录同时存放在同一磁道的两个扇区之中，彼此相距 18°，从而可减少一半的延迟时间。但更使人们感兴趣的是如何合理调度对磁盘的访问，以减低查找时间。下面，我们来看一个实例。

假设某进程需要读一个 128KB 大小的文件，那么文件的存储形式可能有两种情况。一种是连续存放；另一种是分散存放。对于这两种存放方式，我们进行以下的分析。

(1) 假设文件由 8 个连续磁道(每个磁道 32 个扇区)上的 256 个扇区构成，这时文件的访问时间为：

20ms＋(7.3ms＋16.7ms)×8＝212ms

其中，柱面定位时间为 20ms，旋转延迟时间为 7.3ms，32 扇区数据传送时间为 16.7ms。

(2) 如果文件由 256 个随机分布的扇区构成，这时文件的访问时间为

(20ms＋7.3ms＋0.5ms)×256＝7116.8ms

其中一个扇区数据传送时间为 0.5ms。

从计算结果看，随机分布时的访问时间为连续分布时的 33.6 倍。

9.7.2 磁盘调度算法

磁盘的调度策略有多种，通常评价调度策略的优劣主要考虑吞吐量、平均响应时间、响应时间的可预期性(或者变化幅度)等。下面介绍当前比较常用的磁盘调度算法。

1. 先来先服务策略(FCFS)

顾名思义，各进程对磁盘请求的等待队列按提出请求的时间进行排序，并按此顺序给予服务。这个策略对各进程是公平的，它不管进程优先级有多高，只要是新来到的访问请求，就被排在队尾。

例如，有如下的一个磁盘请求序列，其磁道号为 201、288、140、225、117、227、168、170。

假定开始时，读写头位于 168 号磁道。为了满足这一请求序列，磁头先从 168 移到 201，然后再到 288、140、…，170，这样磁头总共移动 628 个磁道。这个调度过程可用图 9.12 表示。

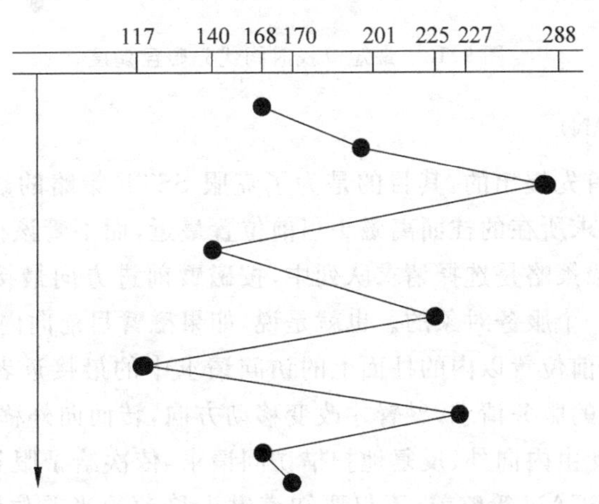

图 9.12 先来先服务(FCFS)磁盘调度

当用户提出的访问请求比较均匀地遍布整个盘面，而不具有某种集中倾向时（通常是这样的），FCFS策略导致了随机访问模式，这种策略下无法对访问进行优化。在对盘的访问请求比较多的情况下，此策略将降低设备服务的吞吐量，并增加响应时间，但各进程得到服务的响应时间的变化幅度较小。

FCFS策略在访问请求不是很多的情况下，是一个可以接受的策略，而且算法比较简单。

2. 最短查找时间优先的策略（Shortest-Seek-Time-First，SSTF）

它是选择请求队列中柱面号最接近于磁头当前所在的柱面的访问要求，作为下一个服务对象。

如果对上述请求队列，使用SSTF策略时，最接近当前磁头所在位置168的请求是170号磁道，然后是140、117、201、225、227、288号磁道。这样可将总移动距离减少到226个磁道，大大加快了服务请求。该策略可以得到比较好的吞吐量（比FCFS）和较低的平均响应时间。其缺点是对用户的服务请求的响应机会不是均等的，对中间磁道的访问请求能得到最好的服务，对内、外两侧磁道的服务随偏离中心磁道的距离的增加而变差，因而导致响应时间的变化幅度很大，在服务请求很多的情况下，对内、外边缘磁道的请求将会无限期地被延迟，因而使得有些请求的响应时间不可预期。图9.13表示最短查找时间优先磁盘调度的情况。

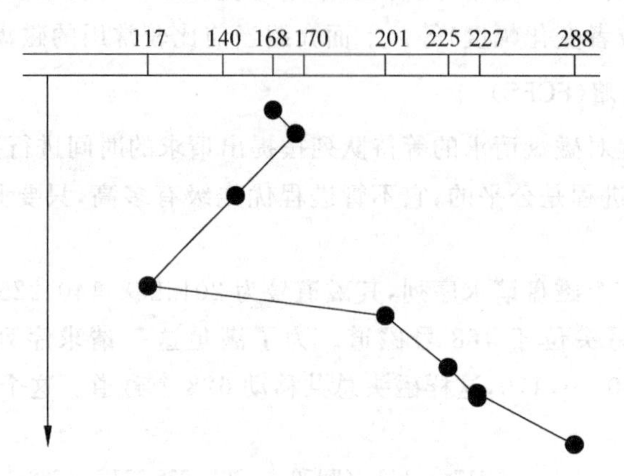

图9.13　最短查找时间优先磁盘调度

3. 扫描策略（SCAN）

它是由Denning首先提出的，其目的是为了克服SSTF策略的缺点。对于SSTF策略来说，只要求某访问请求所在的柱面离磁头当前位置最近，而不管该柱面是在磁臂的前进方向上还是相反。而扫描策略是选择请求队列中，按磁臂前进方向最接近于磁头当前所在柱面的访问请求作为下一个服务对象的。也就是说，如果磁臂目前向内移动，那么下一个服务对象，应该是在磁头当前位置以内的柱面上的访问请求中的最接近者……这样依次地进行服务，直到没有更内侧的服务请求，磁臂才改变移动方向，转而向外移动，并依次服务于此方向上的访问请求。如此由内向外，反复地扫描访问请求，依次给予服务。如果仍以上面的请求序列为例。在使用SCAN策略前，不仅要知道磁头移动的当前位置，而且还要知道磁头

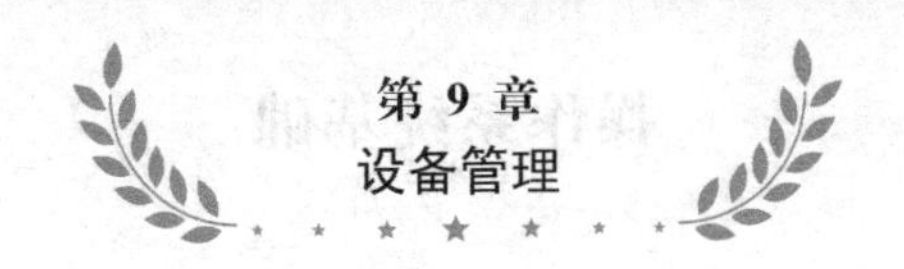

移动方向。如果此时磁头向 0 号磁道移动，则先服务 140 号、117 号磁道上的请求，再移动到 0 道，然后磁头反向移动，服务 170、201、225、227、288 号磁道上的请求，图 9.14 表示扫描策略磁盘调度的情况。此策略基本上克服了 SSTF 策略的服务集中于中间磁道和响应时间变化比较大的缺点，而具有 SSTF 策略的优点，即吞吐量比较大，平均响应时间较小。但是使用该策略不但需要知道磁头的当前位置，而且还要知道磁头的移动方向。

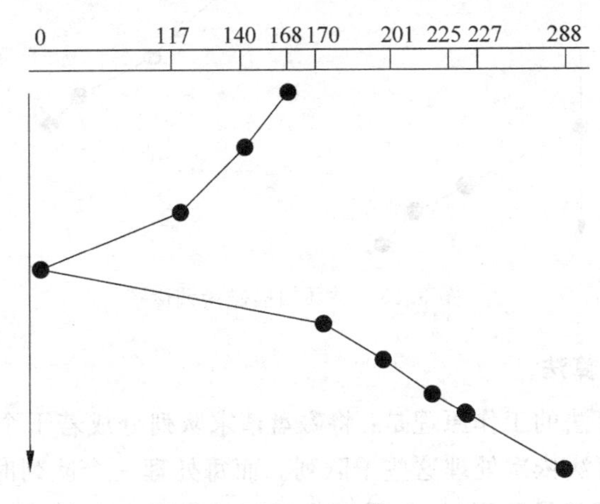

图 9.14　扫描策略磁盘调度

4. 循环扫描策略(C-SCAN)

作为对上述策略的改进提出了循环扫描策略。

这主要考虑到如果对磁道的访问请求是均匀分布的，那么当磁头到达磁盘的一端(内端或者外端)，并反向运动时落在磁头之后的访问请求相对就会较少。这是由于这些磁道刚刚被处理，而磁盘另一端的请求密度相当地高，而且这些访问请求等待时间较长。为了处理这种情况，引入了循环扫描(Circular-SCAN，C-SCAN)算法，以提供比较均衡的等待时间。

循环扫描策略与基本的扫描策略的不同之处在于循环扫描是单向反复扫描。当磁臂向内移动时，它对本次移动开始前到达的各访问要求，自外向内地给予服务，直到对最内柱面上的访问要求满足后，磁臂直接向外移动，使磁头停在所有新的访问要求的最外边的柱面上。然后再对本次移动前到达的各访问要求依次给予服务。之所以被称为循环扫描策略，是因为将磁盘各磁道视为一个环形缓冲区似的构造——首尾相连，最后一个磁道与第一个磁道相连。

如果仍以前面的访问请求序列为例，那么就从当前磁头位置 168 号磁道出发，其以后的服务次序为 170、201、225、227、288 号磁道，然后返回到 117 号磁道，再接着是 140 号磁道。图 9.15 表示循环扫描磁盘调度的情况。

注意，SSTF、SCAN、CSCAN 几种调度算法都可能出现磁臂停留在某处不动的情况，称为磁臂粘着(Arm-Stickiness)。

例如，有一个或几个进程对某一磁道有较高的访问频率，即这个(些)进程反复请求对某一磁道的 I/O 操作，从而垄断了整个磁盘设备。我们把这一现象称为“磁臂粘着”。在高密度磁盘上容易出现此情况。

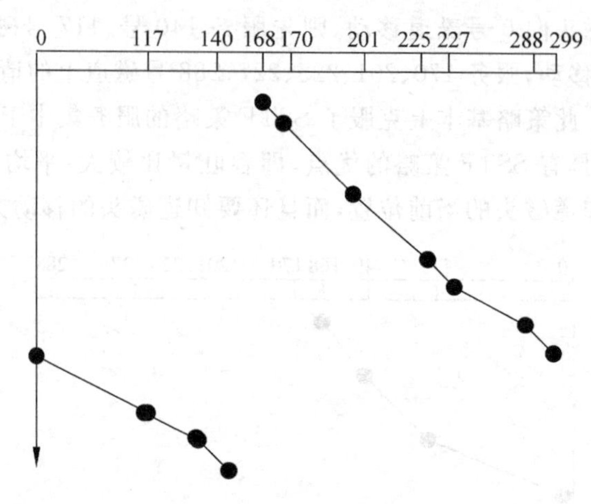

图 9.15　循环扫描磁盘调度

5. N-STEP-SCAN 算法

N-STEP-SCAN 算法的工作原理是：将磁盘请求队列分成若干个长度为 N 的子队列。磁盘调度将按 FCFS 算法依次处理这些子队列。而每处理一个队列时，又是按 SCAN 算法来执行的。当正在处理某子队列时，如果又出现新的磁盘 I/O 请求，便将新请求进程放入其他队列，这样就可避免出现粘着现象。

当 N 值取得很大时，会使 N 步扫描法的性能接近于 SCAN 算法的性能；当 $N=1$ 时，N-STEP-SCAN 算法变成 FCFS 算法。

6. FSCAN 算法

FSCAN 算法是 N 步 SCAN 算法的简化。它只将磁盘请求访问队列分成两个子队列。一个是当前所有请求磁盘 I/O 的进程形成的队列，由磁盘调度按 SCAN 算法进行处理；另一个是在扫描期间，新出现的所有请求磁盘 I/O 进程组成的等待处理的请求队列，从而使所有的新请求都将被推迟到下一次扫描时处理。

总之，磁盘调度算法很多，各有利弊。如何选择相应的调度算法与磁盘的使用环境因素有关。例如，与进程对磁盘的请求数量和方式有关。当磁盘的负荷不大，磁盘等待队列中的请求数量很少时，所有的算法几乎都是等效的。在这种情况下，最好采用先来先服务(FCFS)策略，因为它在队列维护上简单，对客户服务比较公平合理。

值得注意的是，文件在磁盘上的分配方法大大地影响对磁盘的服务请求。当一个进程读磁盘上一个大的连续分配文件时，尽管看起来对磁盘的访问请求很多，但由于各信息块连在一起，磁头的移动距离就很小。若进程读的是一个链接文件或者索引文件，由于这种文件的数据块可能散布在整个盘上，导致磁臂的大规模移动，将使磁盘 I/O 负担加重，性能变差(尤其是链接文件)。

因此基于以上因素，应将磁盘的有关算法分别写在一个独立的模块上，以便必要时用不同的算法来对磁盘进行调度。例如，系统在开始时，由于 I/O 负荷不大可以用 FCFS 算法，在最初进行目录和 i 节点查询时，往往集中于对磁盘的局部(如 i 节点表区)进行访问，也可以用最短查找时间优先(SSTF)算法。

9.8 虚拟设备和SPOOLing系统

系统中独占型设备的数量是有限的,往往不能满足诸多进程的需求,成为系统中的“瓶颈”,使许多进程由于等待某些独占设备成为可用而被阻塞。而分得独占设备的进程,在其整个运行期间,往往占有这些设备,却并不经常地使用这些设备,因而使这些设备的利用率很低。为了克服这种缺点,人们常用共享设备来模拟独占设备的动作,使独占型设备成为共享设备,从而提高设备利用率和系统效率,这种技术被称为虚拟设备技术,实现这一技术的硬件和软件系统被称为SPOOLing(Simultaneous Peripheral Operation On Line)系统,或者称为假脱机系统。这种技术是多道程序系统中处理独占I/O设备的一种有效方法,使用这种技术可以提高设备利用率并缩短单个进程的响应时间,提高系统的整体效率。

1. SPOOLing工作原理

SPOOLing系统通常由输入SPOOLing和输出SPOOLing两大部分组成,现在我们以输出为例来研究SPOOLing系统的工作原理。

- 作业执行前预输入模块先启动慢速设备将作业及其参数预先输入井中,这个操作称为预输入(输入井和输出井是某共享设备(如磁盘)上的一部分存储空间)。
- 作业运行后,使用数据时,直接从输入井中取出。
- 作业执行时不必直接启动外设输出数据,只需将这些数据写入输出井中。
- 作业全部运行完毕,再由外设输出全部数据和信息,这个操作称为缓输出。

采用这种方式,实现了对作业输入、组织调度和输出的统一管理,使外设在CPU的直接控制下,与CPU并行工作。

2. SPOOLing技术的应用

我们以典型的独享设备——打印机的管理来说明SPOOLing技术的应用。

假设某系统中全部行式打印机采用了SPOOLing技术,当某进程要求打印输出时,输出SPOOLing并不是将某台打印机分配给该进程,而是在某共享设备(磁盘)上的输出SPOOLing存储区中,为其分配一块存储区,同时为该进程的输出数据建立一个文件,该进程的输出数据实际上并未从打印机上输出,只是以文件的形式输出,并输出存放在SPOOLing存储区中。这个输出文件实际相当于虚拟的行式打印机。各进程的输出都以文件形式暂时存放在输出SPOOLing存储区中并形成了一个输出队列,由输出SPOOLing控制打印机进程,依次将输出队列中各进程的输出文件最后实际地打印输出。由此可以看出SPOOLing系统的特点如下。

(1) 用户进程并未真正分到打印机,或者说打印机并未分给某个进程独占地使用。

(2) 用户进程实际被分给的不是打印设备,而是共享设备中的一个存储区(或者文件),即虚拟设备,实际的打印机由SPOOLing调度依次(按某一策略)逐个地打印这些输出SPOOLing存储区中的数据。所以说SPOOLing技术的中心思想是通过共享设备使独占型设备变为共享的虚拟设备。每个用户认为自己已经独占了一台打印机,实际上系统中并没有那么多打印机,只不过是磁盘上的一个存储区而已。

(3) 独占设备使用效率提高了，从而系统效率也提高了。

该输出 SPOOLing 的程序结构大致可描述如下。

```
Begin
  Repeat
If"输出队列为空" then WAIT
  "从输出队列取下一个文件";
 "打开文件";
 Begin
   Repeat
     "从磁盘缓冲区中读一文件行";
    "打印该文件输出行";
     "等待打印机完成中断";
  Until(end of file)
 End
Forever
end
```

当输出请求队列为空时，调用标准过程 WAIT 将自己阻塞在本进程的等待信号量上，直到有某个进程要求输出时，通过 SIGNAL 过程将其唤醒。打开文件是文件系统的要求(见第 10 章)。本程序中主要是输出 SPOOLing 的打印发送部分——从输出队列中逐个打印输出。通常还应有接收部分——将用户进程的输出放入输出队列，并为之建立输出文件。这部分可与文件系统结合，在此从略。

目前不但大中型计算机的操作系统中使用 SPOOLing 技术，而且在许多微型计算机上也使用了 SPOOLing 技术。在 SPOOLing 系统设计中，为了弥补独占设备(如打印机)与共享设备间数据传输速度的差异，需要使用缓冲技术，所以应注意同步与互斥问题。有兴趣的读者可参阅有关资料。

输入 SPOOLing 的工作原理基本与输出 SPOOLing 相同。

9.9 RAID 技术*

RAID(Redundant Array of Inexpensive Disks)是一种称为“独立磁盘冗余阵列”的磁盘并行技术，是 1988 年 Patterson 教授首先提出的。

在计算机发展的初期，“大容量”硬盘的价格还相当高，解决数据存储安全性问题的主要方法是使用磁带机等设备进行备份。这种方法虽然可以保证数据的安全，但查阅和备份工作都相当烦琐。1987 年，Patterson、Gibson 和 Katz 这三位工程师在加州大学伯克利分校发表了题为 *A Case of Redundant Array of Inexpensive Disks*(《廉价磁盘冗余阵列方案》)的论文，其基本思想就是将多只容量较小的、相对廉价的硬盘驱动器进行有机组合，使其性能超过一只昂贵的大硬盘。这一设计思想很快被接受，从此 RAID 技术得到了广泛应用，数据存储进入了更快速、更安全、更廉价的新时代。

通常意义的 RAID 包含 7 层内容，分别为 0～6 层。尽管各层有各自的特点，但也存在

着一些基本的共性。各级 RAID 的共性可描述如下。

(1) RAID 由一组物理磁盘驱动器组成,操作系统视之为一个逻辑驱动器,按照一个磁盘请求的方式进行访问。

(2) 数据按一定的格式分布在一组物理磁盘上,从而实现多磁盘的并行 I/O 访问。

(3) 冗余信息如奇偶校验信息被存储在冗余磁盘空间中,保证磁盘在损坏时可以恢复数据。

其中第(2)、第(3)个特性在不同的 RAID 级别中的表现不同,RAID0 不支持第(3)个特性。

1. RAID 第 0 层 RAID0

RAID0 将数据分块分布存放在多个磁盘阵列中,提供数据并行访问的基础,因此具有很高的数据传输率,但是没有采用任何冗余信息来提供数据的可靠性,因此并不能算是真正的 RAID 结构。也就是说,当阵列中的任意一个硬盘出现故障时,整个阵列也因数据的不完整而造成资料损毁。因此,RAID0 较适用于顺序且大数据量的连续存储环境,但由于缺乏容错能力,所以较少为人所使用。

2. RAID 第 1 层 RAID1

从 RAID1 层开始,采用冗余数据来保证数据的可靠性。但是各层采用的冗余方式又各不相同。在 RAID1 中采用临时复制所有数据的方式实现冗余,而在 RAID2～RAID6 中采用不同形式的奇偶计算来实现冗余。

RAID1 使用双备份磁盘,亦称镜像盘,每当数据写入一个磁盘时,将该数据也写到另一个冗余盘中,形成信息的两份复制品。采用这种方式有以下几个特点。

- 读性能好,对磁盘的读操作可以在包含请求数据的任何一个磁盘上进行,这样就能够选择一个寻道时间较短的磁盘来完成。
- 对磁盘的写操作需要在两个磁盘上同时进行,以保证数据的改变可以在两个镜像中完成,否则会出现数据不一致的现象。同时,写性能由写性能最差的磁盘决定。相对以后各级 RAID 来说,RAID1 的写速度较快。
- 可靠性很高,当系统失败时容易实现恢复。当一个磁盘失效时,可以从另一个磁盘中获得要访问的数据,这样可以快速恢复系统。

因此,RAID1 适合于数据传送要求较高、读盘操作多的应用设计环境。RAID1 策略的最大缺点是成本高,物理磁盘空间是逻辑磁盘空间的两倍。

3. RAID 第 2 层 RAID2

RAID2 将数据条块化地分布于不同的硬盘上,条块单位为位或字节,并使用海明码的编码技术来提供错误检查及恢复。各个数据盘上的相应位计算海明校验码,编码位被存放在多个校验(Ecc)磁盘的对应位上。

因此,RAID2 能够并行存取,各个驱动器同步工作,数据传输率高。但是需要多个磁盘来存放海明校验码信息,冗余磁盘数量与数据磁盘数量的对数成正比。

4. RAID 第 3 层 RAID3

RAID3 同 RAID2 非常类似，都是将数据条块化分布于不同的硬盘上，区别在于 RAID3 使用简单的奇偶校验，并用单块磁盘存放奇偶校验信息。如果一块磁盘失效，奇偶盘及其他数据盘可以重新产生数据；如果奇偶盘失效，则不影响数据使用。RAID3 对于大量的连续数据可提供很好的传输率，但对于随机数据来说，奇偶盘会成为写操作的瓶颈。

5. RAID 第 4 层 RAID4

RAID4 同样也将数据条块化并分布于不同的磁盘上，但条块单位为块或记录。一次磁盘访问将对磁盘阵列中的所有磁盘进行并行操作。同时，RAID4 使用一块磁盘作为专用奇偶校验盘，每次写操作都需要访问奇偶校验盘，这时奇偶校验盘会成为写操作的瓶颈。

6. RAID 第 5 层 RAID5

RAID5 不单独指定奇偶校验盘，而是在所有磁盘上交叉地存取数据及奇偶校验信息，读/写指针可同时对阵列盘进行操作，提供了更高的数据流量。RAID5 更适合于小数据块和随机读写的数据。RAID3 与 RAID5 相比，最主要的区别在于 RAID3 每进行一次数据传输就需涉及所有的阵列盘；而对于 RAID5 来说，大部分数据传输只对一块磁盘操作，并可进行并行操作。

7. RAID 第 6 层 RAID6

与 RAID5 相比，RAID6 增加了第二个独立的奇偶校验信息块。因此，双维奇偶校验独立存取盘阵列，数据以块(块大小可变)交叉方式存于各盘，检错、纠错信息均匀分布在所有磁盘上。两个独立的奇偶系统使用不同的算法，数据的可靠性非常高，即使两块磁盘同时失效也不会影响数据的使用。但 RAID6 需要分配给奇偶校验信息更大的磁盘空间。

8. RAID7

RAID7 是一种新的 RAID 标准，其自身带有智能化实时操作系统和用于存储管理的软件工具，可完全独立于主机运行，不占用主机 CPU 资源。RAID7 可以看作一种存储计算机(Storage Computer)，它与其他 RAID 标准有明显区别。

本章小结

对外部设备的管理是操作系统的重要组成部分，由于现代计算机外部设备种类繁多、特性各异，使得设备管理成为操作系统中最庞杂和琐碎的部分。外部设备管理的主要任务是控制外部设备和 CPU 之间的 I/O 操作，提高外部设备的利用率及各种外部设备的并行工作能力，同时，要为用户使用 I/O 设备屏蔽硬件细节，提供方便易用的接口。

I/O 设备与主机(CPU、内存)之间的通信不是直接的，而是通过设备控制器完成的。设备控制器是 I/O 设备和主机之间的接口。在大型计算机系统中，为了使 I/O 操作和计算充分并行，设置了专门负责 I/O 操作控制的通道。I/O 设备和进程之间的数据传送的控制方式通常有 4 种：程序直接控制方式、中断控制方式、DMA 方式和通道控制方式。

I/O 设备管理软件一般分为 4 层，分别是中断处理程序、设备驱动程序、与设备无关的软件(或设备独立性软件)和用户层I/O软件。其中,设备驱动程序中包括了所有与设备相关的代码,它把用户提交的逻辑I/O请求转化为物理I/O操作的启动和执行,对其上层的软件屏蔽所有硬件细节;与设备无关的I/O软件的基本功能是执行适用于所有设备的常用I/O功能,并向用户层软件提供一个一致的接口,如设备命名、设备保护、缓冲管理、存储块分配等;用户层I/O软件包括在用户空间运行的I/O库例程和SPOOLing程序。

设立缓冲区主要用于解决外部设备和CPU的处理速度之间的差异。缓冲的设置方式有硬缓冲和软缓冲,缓冲技术分为针对某进程/作业的专用缓冲机制和针对整个系统的公用缓冲机制。专用缓冲机制有单缓冲、双缓冲、循环缓冲;公用缓冲机制有公用缓冲池。

SPOOLing的意思是外部设备同时联机操作,又称为假脱机输入/输出操作,是操作系统中采用的一项将独占设备改造成共享设备的技术。在中断和通道硬件的支撑下,操作系统采用多道程序设计技术,合理分配和调度各种资源,实现联机的外围设备同时操作。SPOOLing系统主要由预输入、井管理和缓输出组成,已被用于打印控制和电子邮件收发等许多场合。

当前使用比较普遍的磁盘调度算法包括先来先服务、电梯调度、最短查找时间优先、扫描、单向扫描等调度算法。这些调度算法在支持系统的吞吐量、平均响应时间等方面不尽相同。

磁盘冗余阵列(RAID)采用一组较小容量的、独立的、可并行工作的磁盘驱动器组成阵列来代替单一的大容量磁盘,再加入冗余技术,数据能用多种方式组织和分布存储,于是,独立的I/O请求能被并行处理,数据分布的单个I/O请求也能并行地从多个磁盘驱动器同时存取数据,从而改进了I/O性能并提高了系统的可靠性。

习题

9.1 设备按其使用性质分为几类?并举例说明。

9.2 描述设备管理的基本功能。

9.3 什么叫通道和通道程序?通道程序由谁来执行?存放在什么地方?

9.4 目前I/O子系统执行I/O功能有哪三种模式?

9.5 磁带上数据块之间的间隙是起什么作用的,为什么要把磁带上的信息组成块?

9.6 磁盘和磁带上的信息是如何定位的?

9.7 什么叫SPOOLing系统,它是如何工作的?

9.8 SPOOLing系统由输入SPOOLing和输出SPOOLing两部分组成,为什么现在的微型计算机上大多只提输出SPOOLing的功能?

9.9 对磁盘的一次访问时间由哪三部分组成?哪部分花的时间最多?

9.10 如何减少“柱面定位时间”?

9.11 比较几种磁盘调度算法的特点及其优劣。

9.12 什么叫虚拟设备?实现虚拟设备的主要条件是什么?采用虚拟设备技术有何优点?

9.13 试述I/O子系统的层次模型,各层都负责什么工作?

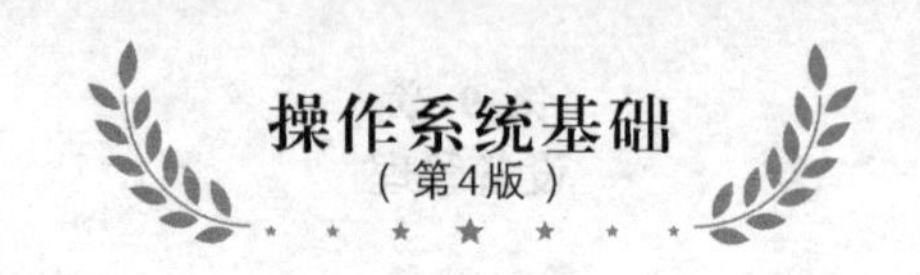

9.14 试述I/O空间的概念以及I/O空间的两种模式。

9.15 解释下列名词。

直接存储器访问(DMA)设备、与设备无关的操作、块设备、字符设备、伪设备

9.16 什么是设备开关表？UNIX中有几种设备开关表？

9.17 试比较设备驱动程序两种实现框架的优劣。

9.18 设备驱动程序如何控制设备进行I/O工作？

9.19 为什么把I/O层次模型中最高层称为与设备无关的层，它执行哪些功能？

9.20 UNIX使用了三种对设备命名的方法，请加以说明。

9.21 请指出输入输出缓冲区能起到哪些作用？

9.22 为何要引入流机制？简述流的实现。

第10章 文件系统

进入信息时代后，多数应用都与信息处理有关，因此信息的保存和检索成为与所有应用密切相关的重要课题。从操作系统的早期开始，文件系统就是操作系统中与用户关系最密切的部分，因此文件系统也就成为操作系统最重要的组成部分。现在许多术语如文件、记录、文件系统几乎是人人都耳熟能详了。人们都知道文件是用来保存数据的，而文件系统可以让用户组织、操纵和存取文件，那么究竟如何定义它们呢？所谓文件，是指具有符号名的数据项的集合。符号名是用户用以标识文件的。作为一个文件的例子很多，例如一个命名的源程序、目标程序、数据集合等均可作为一个文件，又如各种应用信息，如职工的工资表、人事档案表、设备表以及文件目录、系统程序和过程等，加以命名后也均可作为文件。

对于文件的基本构成单位目前有以下两种看法。

(1) 把文件看作是命名的字符串集合。在UNIX系统中，文件系统从物理上(而不是从用户对文件的逻辑上的看法)将每个文件仅仅看成由一系列字符串组成，而不把文件处理成物理记录的集合。

(2) 把文件看作是命名的相关记录的集合。这是一种比较普遍的做法，即使在UNIX系统中，用户也往往把他的文件看成相关记录的集合。例如一个命名为"学生登记表"的文件是每个学生情况的记录的集合。而记录是相关数据项的集合，数据项是相关字符的集合。例如，每个学生情况的记录是由姓名、性别、年龄等数据项组成的，而姓名、年龄、性别等数据项则由若干个字符组成。

所谓文件系统，是指一个负责存取和管理辅助存储器上文件信息的机构。文件系统既要负责对用户私人专用的存储器上信息的访问，也要负责提供给用户以有控制的方式访问共享的信息。后者在现今计算机系统中已显得越来越重要。

几十年来文件系统与用户的接口虽然保持相对稳定性，一直没有太大的变化，始终通过一个严格定义的过程性接口(如open，read等)使用户进程与文件系统交互。呈现在用户面前的是一组抽象概念：文件、目录、文件描述符和文件系统，而隐蔽了文件系统实现的细节。实际上文件系统从其结构框架上都有了很大变化。文件系统的技术也在飞速发展着。以目录结构而言，最初是单级的目录结构，然后是提供用户目录便利的双级目录，接着又发展为目录树结构。过去每个计算机都只有一个文件系统，随着网络和分布式系统的日益普及，多重文件系统(一个计算机上有多个文件系统同时运行)、分布式文件系统、远程文件系统、网络文件系统，各种更新的版本不断涌现。对文件系统的研究和探讨有着深厚的内容可供发掘。但本书只涉及现在常用的和即将被广为使用的有关文件系统的内容。

10.1 文件

10.1.1 文件的命名

所有的文件都用名字来标识，也就是说每个文件都有一个名字。

文件的命名规则随文件系统的不同而不同。通常规定文件的名字是由一些除去“/”和空字符的 ASCII 字符组成的。但有些系统中把大写和小写的英文字母看作不同字符，例如 UNIX 系统；而有些系统看作相同字符，如 MS-DOS 系统。所以 aBc 和 ABC 在 UNIX 中是两个不同的文件名，而在 MS-DOS 中是相同的文件名。文件名的长度通常不多于 16 个字符，但在快速文件系统即 FFS（又称为伯克利文件系统）中规定不多于 255 个字符。

许多文件系统都支持由两部分组成的文件名，两部分之间用圆点隔开，如 a. c。在圆点后面的部分称为扩展名，用以说明与文件有关的信息。而在 UNIX 中允许更多部分的扩展，如 a. c. z 等，图 10.1 列出了几个常见的文件扩展名和它们的含义，作为例子以供参考。

扩展名	含义
. bak	备份文件
. txt	文本文件
. gif	图形映像文件
. hlp	帮助文件
. c	C 源文件
. html	超级文本文件
. obj	目标文件

图 10.1 文件扩展名的例子

10.1.2 文件的结构

这里所说的文件结构是指文件的逻辑结构。用户在选择文件的逻辑结构形式时应考虑以下因素。

- 存取迅速。
- 易于修正更改。
- 维护简便。
- 可靠性。
- 存储的经济性。

这些因素可能相互矛盾，这主要取决于用户应用的要求更偏重于哪些因素。

常用的文件逻辑结构有以下几种。

- 顺序文件。
- 索引顺序文件。

- 索引文件。
- 直接或哈希文件。

1. 顺序文件

顺序文件是最常用的文件组织形式。在这类文件中,每个记录都使用一种固定的格式。所有记录都具有相同的长度,并且由相同数目、长度固定的域按特定的顺序组成。由于每个域的长度和位置已知,因此只需要保存各个域的值,每个域的域名和长度是该文件的结构和属性。顺序文件中通常有一个特殊的域,称为关键域。关键域唯一地标识这条记录,记录按关键域来存储。顺序文件通常用于批处理应用中,并且如果这类应用涉及对所有记录的处理(如关于机长或工资单的应用),则顺序文件通常是最佳的。顺序文件组织是唯一可以很容易地存储在磁盘和磁带上的文件组织。图10.2(a)即是顺序文件。

2. 索引顺序文件

针对顺序文件一组记录的关键字建立一个索引项,整个文件由索引表和主文件两部分构成。索引表是一张指示逻辑记录和物理记录之间对应关系的表,索引表中的每项称作索引项。索引项是按键(或逻辑记录号)顺序排列的。图10.2(b)表示了这种文件。

索引顺序文件既支持用户按顺序访问文件,按关键字顺序处理每一个记录,又支持直接或随机访问。用户可以以关键字为索引直接访问某个记录。显然这种文件具有更强的功能。

3. 索引文件

索引顺序文件仍然具有顺序文件的局限性,它只能按照记录中的一个域——关键字域作为索引,才能有效地处理文件。但应用中常要求文件能按我们感兴趣的多个域来索引检索文件,图10.2(c)表示了这种文件的结构。

索引文件有一个主文件,就是我们关心的文件,它可以是索引顺序文件,也可以是别的形式的文件。通常将主文件按我们最关心的数据域为关键字编成索引顺序文件,然后又按每一个我们感兴趣的数据域(如上例中学生的"姓名")作为索引编制一个"辅助关键字"的索引表,辅助索引表按辅助关键字的顺序编制,使主文件中每个记录在辅助索引表中均有一个表目。表目在辅助索引表中的位置按辅助关键字次序排列。该表表目由两部分构成:辅助关键字的值和指向主文件的指针。所谓辅助关键字的值可以是学生姓名的汉语拼音的字母顺序。

因此索引文件可以说是多关键字的索引文件,它主要支持随机的直接访问。

4. 直接或哈希文件

随着数据和信息处理的发展,定长记录的文件越来越庞大,在计算机中的许多表格往往基于地址或索引序号,如果表格很大,利用哈希方法来检索文件找到某特定记录就特别地快,所以在计算机的页表查询、文件目录查询、价格表查询等许多领域都广为使用,图10.2(d)表示了这种文件的组织。

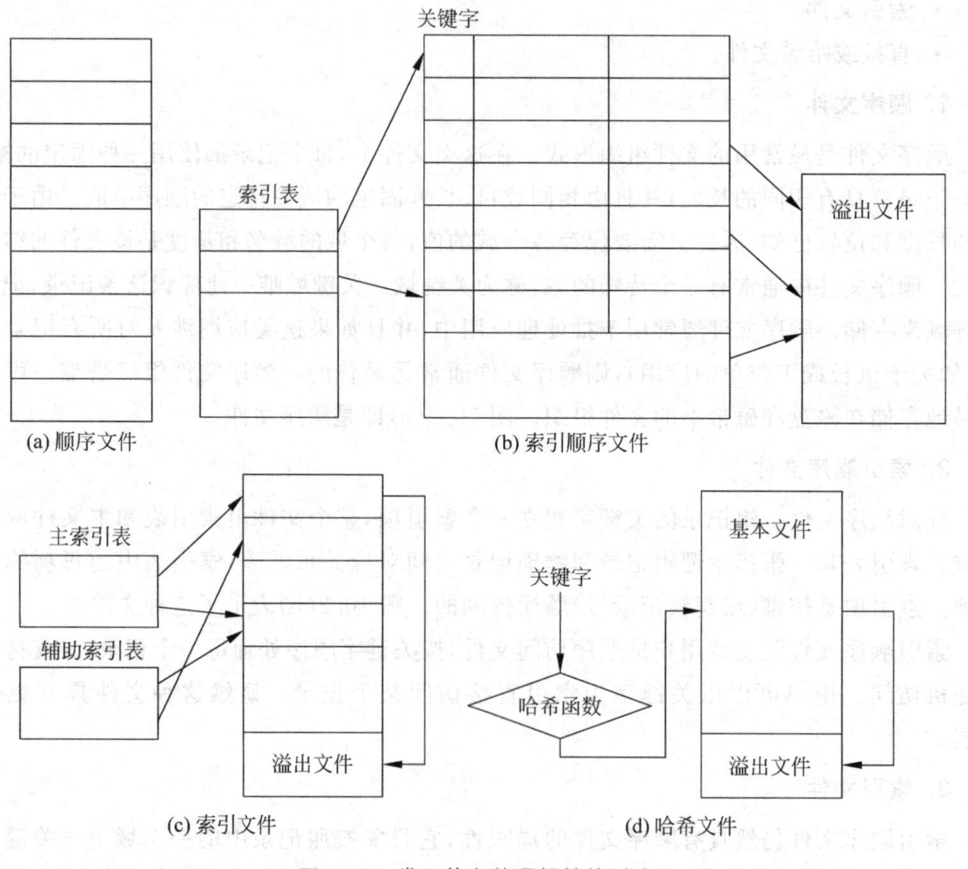

图 10.2　常用的文件逻辑结构形式

10.1.3　文件的类型

为方便管理和控制文件，常将系统中的文件分成若干类型，根据各文件系统管理方法的不同，文件分类方法也不同。在许多系统中还常把文件类型与文件名一起作为识别和查找文件的参数。通常对文件有以下几种分类方法。

1．按用途分

(1) 系统文件，指与操作系统本身有关的一些信息(程序或数据)所组成的文件。

(2) 库文件，是指由系统提供给用户调用的各种标准过程、函数和应用程序等。

(3) 用户文件，是由用户的信息(程序或数据)所组成的文件。

2．按文件中的数据来分

(1) 源文件，是指源程序和数据，以及作为处理结果的输出数据的文件。

(2) 相对地址形式的文件，是指由各种语言编译程序所输出的相对地址形式的程序文件。

(3) 可执行的目标文件，是指由连接装配程序连接后所生成的可执行的目标程序文件。

3. 按操作保护来分

(1) 只读文件,仅允许对其进行读操作的文件。

(2) 读写文件,有控制地允许不同用户对其进行读或写操作的文件。

(3) 不保护文件,没有任何访问限制。

以上所说的文件类型只是一般意义上的文件类型。实际上文件的类型是文件最重要的属性之一,它涉及对文件的操作功能、访问方法和访问权利。一个 ASCII 文件它可以被显示和打印,可以被编辑。它可以连接两个程序间的输入和输出,即把一个程序的输出作为另一个程序的输入,而二进制文件则不行。

文件的扩展名往往说明某种文件类型。操作系统根据二进制可执行文件及文件扩展名可以找出它是由哪个源文件转换来的。在 Windows 中,用户双击文件名,它可以基于文件扩展名决定让哪个程序运行。如果写错文件扩展名,操作系统就会拒绝执行某些操作,如果是一个数据文件(.dat),它将被拒绝进行复制和编译操作,所以每个操作系统都要求知道文件类型。在 UNIX 中规定了 4 种不同的文件类型,受到各方面的重视。

1) 普通文件

文件中包含的是用户的信息,或者是一个用户应用程序,或者是一个系统的应用程序。

2) 目录文件

UNIX 把目录也看成文件,称之为目录文件。它是关于一些文件目录的列表。实际上目录文件也是普通文件,只是它具有专门的写保护特权,只能由文件系统对它们进行写入,用户程序只能对目录文件进行读操作。

3) 特殊文件

UNIX 把外部设备均看成文件,称为特殊文件。特殊文件分两类:块特殊文件和字符特殊文件。这样做的好处在于:

- 文件和设备的输入输出便于尽量统一。
- 文件名和设备名有相同的文法和意义。
- 文件和设备服从同一保护机制。

4) 先入先出(FIFO)文件

这类文件中还包括命名管道(pipe)。它们不是真正的文件,只是一种通信机制,或流(stream)机制,所以常被称为伪文件。

10.1.4 文件的属性

除每个文件的名字和数据外,所有的操作系统都无一例外地十分关心与每个文件相关的其他信息,这些信息称为文件属性。表 10.1 列出了常用的文件属性。

表 10.1 常见的文件属性

属　　性	含　　义
文件类型	普通文件、目录文件、特殊文件等
保护信息	访问文件的权限和方式
密码	访问文件的密码

续表

属　　性	含　　义
文件建立者	文件建立者的用户 ID
设备 ID	文件所在设备的 ID
只读标记	0 表示读/写；1 表示只读
隐藏标记	0 表示列目录时正常显示此文件；1 表示列目录时不显示此文件
系统标记	0 表示普通文件；1 表示系统文件
备份标记	0 表示已有备份；1 表示没有备份
ASCII/二进制标记	0 表示 ASCII 文件；1 表示二进制文件
随机访问标记	0 表示顺序访问文件；1 表示随机访问文件
临时标记	0 表示非临时文件；1 表示临时文件，系统退出时删除此文件
锁定标记	0 表示未锁定；1 表示锁定
记录长度	一个记录的字节数
关键字位置	一个记录中关键字的偏移量
硬连接数目	指向文件的硬连接数量
i 节点号	当前文件的 i 节点号
文件当前大小	文件的字节数
文件最大大小	文件可以增长到的最大字节数
建立时间	文件被建立的时间
上次访问时间	文件前一次被访问的时间
上次修改时间	文件前一次被修改的时间

前 5 个属性均与文件的保护和访问方式有关，通常对每个文件有三种不同的权限：读、写、执行。这种保护方法很有用，但比较简单原始，现在许多系统提供了增强的完全特性，将在以后有关节中讨论。

当一个文件被创建时，它继承创建者的 UID，而拥有者的 GID 可以通过两种方法给出。有些系统是继承创建者的有效 GID，有些系统是让文件继承它所在目录的 GID。

所有系统都提供了一组系统调用来操纵文件属性。

10.1.5　文件的操作

用户利用文件来存放数据，是为了以后检索和使用数据。不同的系统提供给用户不同的对文件的操作手段，但所有系统一般都提供以下的文件操作。

1. 对整体文件而言

(1) 打开(open)文件，以准备对该文件进行访问。

(2) 关闭(close)文件，结束对该文件的使用。

(3) 建立(create)文件，构造一个新文件。

(4) 撤销(destroy)文件，删去一个文件。

(5) 复制(copy)文件,产生文件的一个副本。

(6) 重命名(rename),改变文件的名字。

(7) 添加(append),该操作限定数据被添加到文件尾部。

(8) 查询(seek),对随机访问而言,使用此操作把文件指针放于文件的特定位置以便进行读或写。

(9) 取文件属性,许多进程常需要读文件属性,以进行一些工作。

(10) 建立文件属性,文件被建立后,用户可用此命令改变文件属性。

(11) 打印或显示(list)文件。

2. 对文件中的数据项而言

(1) 读(read)操作,把文件中的一个数据项输入进程。

(2) 写(write)操作,进程输出一个数据项到文件中去。

(3) 修改(update)操作,修改一个已经存在的数据项。

(4) 插入(insert)操作,添加一个新数据项。

(5) 删除(delete)操作,从文件中移走一个数据项。

10.2 目录

一个计算机系统中有成千上万个文件,为了便于对文件进行存取和管理,每个计算机系统都有一个目录,用以标识和找出用户与系统进程可以存取的全部文件。文件目录在文件系统中的作用类似于一本书的章节目录,只是文件目录的作用比书的章节目录更强。它对文件系统性能的影响是至关重要的。目录的设计包括目录内容和目录结构两方面。

10.2.1 目录内容

前面提到的许多对文件的操作是基于对目录的操作的,例如查找、打开、建立、关闭、删除等文件操作都是基于目录的。所以目录设计十分重要,由于文件目录中要存放每个文件的有关信息,也就是说每个文件在文件目录中都应该有一个表目。由于目录本身是被查找和修改的对象,因此差不多所有的文件系统也把目录作为一个文件来处理。当然它是一个有特殊作用的文件,但有关文件系统的所有操作也同样能够适用于目录文件。目录文件本身在目录中也要有个表目来描述它自己的有关信息。

文件目录中应包含文件的哪些信息呢?最简单的文件目录表目起码应该包含表10.2所列的信息。

表10.2 文件目录中应包含的基本信息

类　别	文件信息	含　义
基本信息	文件名	用户标识文件的符号名
	文件类型	普通文件、特殊文件、文本文件、二进制文件
	文件组织	物理组织和逻辑组织信息

续表

类　别	文件信息	含　义
地址信息	卷	文件所存放的设备
	起始地址	文件在磁盘上的起始地址
	文件大小	文件当前大小
	分配大小	文件的最大尺寸
访问控制信息	文件所有者	文件所有人的用户 ID
	保护信息	不同用户的访问权限
	标识位	见表 10.1 的各种标志位
	建立日期	文件创建的时间
	备份日期	备份的时间
	当前使用计数	当前有多少个进程使用此文件

10.2.2　文件目录的结构

1. 整体目录结构/分体式目录结构

图 10.3(a)表示的是整体式目录结构，其特点是目录中的每个文件都有一个表目，在每个文件的目录表目中包含该文件目录的全部内容。在图 10.3(b)中表示了文件分体式目录结构。在这种方式中文件目录只包括文件名和一个指向另一个数据块的指针。在该数据块中包含了文件目录内容中除文件名以外的全部内容。在 UNIX 中该数据块称为 i 节点。

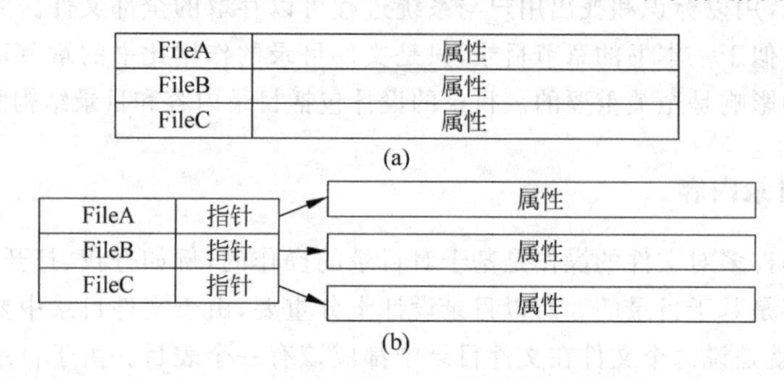

图 10.3　整体式和分体式目录结构

采取分体式目录结构有什么好处呢？文件目录中包括许多关于每个文件的信息，如各文件的符号名、内部名、文件逻辑和物理组织形式、存取控制信息、用户的各种信息等。通常一个文件目录就要占很多空间，这样一个存放目录的盘物理块中就放不了几个目录。如在 UNIX 系统中，物理块大小为 512B 时，其文件描述符占 78 个字节(索引节点大小为 64B 加文件名 14B)，这样只能放 6 个目录表目。而文件系统在为用户查询文件时，要把存放目录的物理块逐块读入主存再进行查询。由于每个物理块中只包含很少几个目录，这样查询到的概率比较低。为了找到一个文件在目录中的表目，就要多次读目录所在的物理块进行查询，这既降低查询速度，又大大增加了输入、输出通道的压力。由于考虑到系统查询目录时只使用文件名进行查找，而与文件目录中的其他信息无关，所以考虑是否可把文件符号名与文件目录中的其他信息分离开来使之成为两个部分：一部分称为文件目录，它仅包含文件名和指针,另一部分是包含目录中全部其他内容的数据块,UNIX 中称为 i 节点,即索引节点。

这样做的优点是明显的。首先查询目录时命中率高,因为符号文件目录只包含很少的信息:每个物理块可包含更多目录表目,从而提高查询效率。其次便于文件的共享连接。

2. 是否使用树状目录结构

文件的目录结构经历了一个发展过程。最早的最简单的目录结构称为一级目录结构。随着文件系统的发展,出现了为每个用户提供一个目录的二级目录结构。当代操作系统都使用层次的多级目录结构,或称为树状目录结构。下面分别加以阐述。

1) 一级目录结构

管理文件目录最简单的办法是采用一级目录结构。所谓一级目录结构是指把系统中的所有文件都建立在一张目录表中,整个目录组织是个线性表,结构比较简单。每当要建立一个新文件时,就在目录表中增加一个新的表目。删除一个文件时,就在该目录中将此文件表目中的信息清除。图 10.4 为一级目录结构。

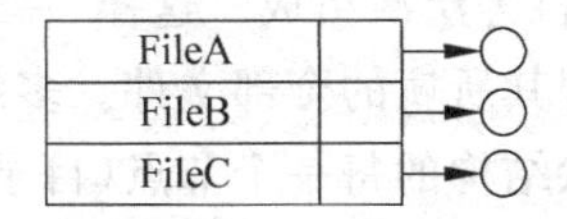

图 10.4　一级文件目录

但是一级目录结构有以下缺点。首先由于系统中有成千上万个文件,每个文件一个表目,这样文件目录表将很大,如果要从目录表中查找一个文件,就要扫描整个目录表,使得查找目录的时间增加;其次是不方便用户对文件的管理。因为文件名是来区分不同文件的唯一标识,因此一级目录结构的文件系统必须规定用户不能给文件起相同的名字。要求同一用户不给文件起相同的名字是相对容易办到的,但如果要求不同用户之间的文件也不能同名,这就增加了命名难度。另外,文件系统应能使用户共享某些文件,有时为了工作中应用方便,不同用户给同一个共享文件起了不同的名字,这在一级目录结构的文件系统中,也是不可能的。总而言之,一级目录结构解决不了多用户环境下的命名冲突问题,所以一级目录结构主要用在单用户的操作系统中。

2) 二级目录结构

这是一种最普通、广泛使用的目录组织形式,它是一个如图 10.5 所示的结构。二级目录结构是由一个根目录文件和它所管辖的若干个用户子目录组成的。每个节点(第二级目录)在根节点(主目录)中都有一个表目来指出二级目录文件的位置,该树状结构的叶就是具体的数据文件。

在多用户情况下,采用二级目录结构较为方便。在主目录中,每个用户都有一个表目,指出各次级目录——各用户自己的文件目录所在的位置。而各用户的目录(次级目录)才指出其所属的各具体文件的位置和其他属性。

3) 多级目录结构

在较大的文件系统中,往往采用多级目录结构,这可以给大作业的用户带来更多的方

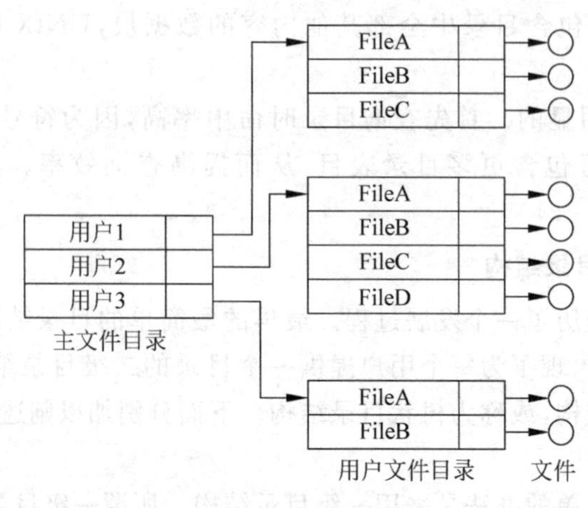

图 10.5　二级文件目录

便，它可以使每个用户按其任务的不同层次、不同领域建立多层次的分目录。多级目录结构组织形式同现实生活中的许多事物的组织形式一致。如学校由校、系、年级、班级 4 个层次组成，一个行政机关由部、局、处、科等层次组成。这样，一个学校可以按其层次组织方式，采用多级目录结构形式，方便地管理其所属的全部文件。多级目录结构的一般形式如图 10.6 所示。由图可以看到，从这个树状结构的每一个节点（目录）出来的分支既可以是叶（数据文件），也可以是又一个节点（次级目录）。图中圆代表数据文件，矩形代表目录文件，目录中的字母表示文件的符号名。

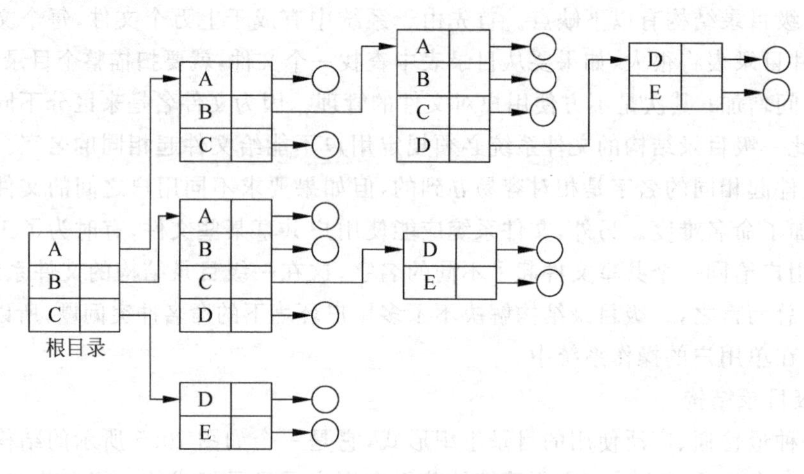

图 10.6　多级目录结构

(1) MS-DOS 系统的目录结构——单体式双级目录结构。

MS-DOS 系统使用层次的二级目录结构。系统有个根目录，指出每个用户目录所在物理块的位置。每个用户有自己的目录，所以这是一个层次的二级目录结构。图 10.7 表示 MS-DOS 的目录格式，它包含以下内容。

- 文件名。8B 大小。
- 文件扩展名。3B 大小。

- 文件属性域。1B 大小。
- 时间和日期域。4B 大小。
- 起始块号。2B 大小。
- 文件尺寸。4B 大小。

由以上说明可知,MS-DOS 系统的目录表目中包含了文件目录的全部内容,没有其他的数据块被使用,也属于整体式的目录结构。所以是整体式二级目录结构。

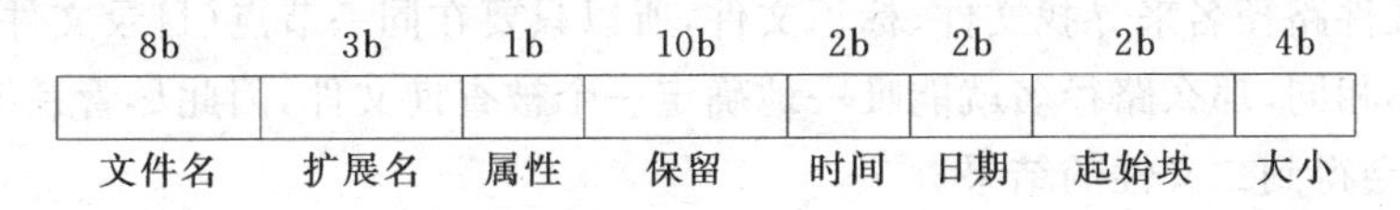

图 10.7　MS-DOS 的目录表目

(2) UNIX 系统的目录结构——分体式层次树状目录结构。

UNIX 系统使用了如图 10.6 所示的层次树状目录结构。它的目录表目如图 10.8 示。它的目录中仅包含文件名和指向另一个数据块的指针——i 节点号。在 i 节点中包含以下信息。

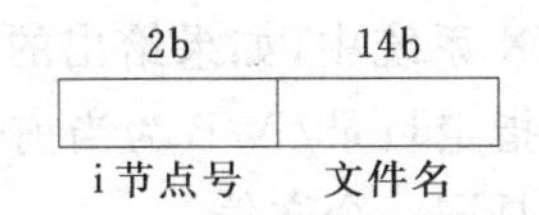

10.8　UNIX 系统的目录表目

- 文件属性。它用数据表示文件类型和存取权限,0 表示空闲 i 节点。

IFDir 表示为目录文件。

IFCHR 表示该文件为字符型特别文件。

IFBlk 表示该文件为块型特别文件。

IFReg 表示该文件为普通文件。

IFIFO 表示该文件为 FIFO 或 pipe 文件。

- 文件连接数。
- 文件主标识。
- 同组用户标识。
- 文件大小。
- 文件对应的索引表(小 FAT 表)。
- 文件最近访问时间、修改时间、创建时间。

由以上说明可以看出,UNIX 系统的文件目录表目均有一个 i 节点来描述文件属性。所以 UNIX 系统的目录结构属于分体式层次树状目录结构。当代操作系统均使用这种目录结构。

10.2.3　路径名

文件系统采用二级或多级目录结构后,当用户进程要访问多级目录中的某个文件时,往往用该文件的“路径名”来标识文件。所谓文件的路径名是指从根目录出发，一直到所要找的文件，把途经的各分支子目录名（节点名）连接一起而形成的，两个分支名（节点名）之间用分隔符分开。

在 UNIX 系统中用“/”作分隔符。例如/A/B/H 路径名前面的第一个“/”代表根目录（主目录）。所以该例子表示从根目录中找到目录 A，再从目录 A 中找到目录 B，而后从目录 B 中找到 H。

由于用文件路径名来寻找文件、标识文件，所以只要在同一节点（目录文件）中各文件表目的文件名不相同，那么路径名就能唯一地确定一个被查询文件，因此尽管系统中有很多同名文件，也不会得到二义性的结果。

但是多级目录结构，沿着路径查找文件可能会耗费查找时间，一次访问可能要经过若干次间接查询才能找到所要文件。由于目录文件保存在磁盘中，因此往往要沿路径依次把各所需目录所在的物理块读入内存来查找。这显然很费时间，又增加了通道的压力。为此，各系统往往引进“当前目录”或“工作目录”来克服此缺点。即由用户在一定时间内，指定某一级的一个目录作为“当前工作目录”，当用户想要访问某个文件时，便不用给出文件的整个路径名，也不用从根目录开始查询，而只需给出从当前工作目录到要查询的文件间的路径名即可，从而减少了查询路径。在 UNIX 系统中，如果给出的路径名不是以“/”开头的，就表示从当前工作目录开始查询，如用户指定目录/A/B 为当前目录，则路径 H/L 指的是 L 数据文件，它与路径名/A/B/H/L 指的是同一个文件。

在多数系统中每个进程都有一个当前工作目录，进程可以通过系统调用改变工作目录。通常把由根目录出发的路径名称为绝对路径名，把由工作目录出发的路径名称为相对路径名。

很多系统还支持两种特殊的路径分量。第一个路径分量是“.”，它代表当前工作目录。第二个路径分量是“..”，表示当前工作目录的父目录。根目录没有父目录，所以它的“..”指的是自己。所以，如果当前工作目录是/A/B，那么绝对路径名/A/B/H/L、相对路径名./H/L 和相对路径名../B/H/L 就都是指同一个文件。

10.2.4 符号链接

多个用户有时需要共享一个文件，最简单的共享方式是使一个共享文件同时出现在相关用户的文件目录中，如图 10.9 中用户 B 的一个文件 D 出现在用户 A 的文件/A/B 的目录下。

用户在自己的文件目录中为欲共享的文件建立相应的表目，称之为链接。链接可以在目录树的节点之间进行，也可以在节点和叶之间进行。但是链接时必须十分小心，因为链接后的目录结构已经不是树状结构了，而成为网络状结构了，路径也不是唯一的了。尤其在删除目录树的分支时，也要考虑是否有链接，否则有些目录的链接指针很可能指向一个已被删除的不再存在的目录表目，从而引起文件访问出错。为了维持目录的树状结构，UNIX 采用了符号链接方式，通过创建一个链接文件保存共享文件的路径名。用户访问这个文件的时候通过系统调用 link 实现最终的链接。

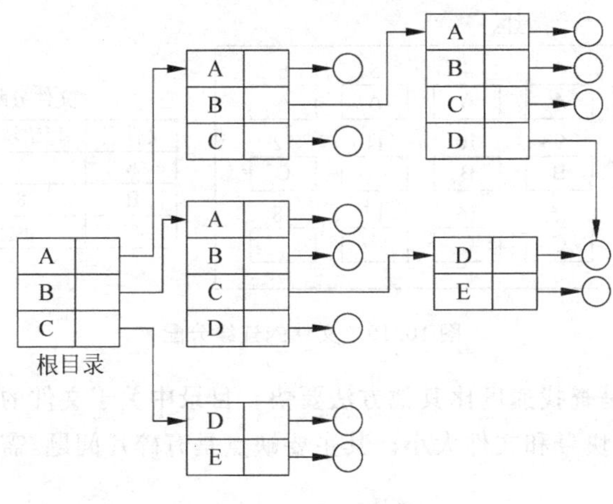

图10.9 文件的链接

10.2.5 目录操作

各系统对目录提供的操作各不相同。一般来说,大致有以下操作。

(1) 建立目录,可以由mkdir程序进行,但一般情况由系统自动进行。

(2) 删除目录,由系统自动进行。

(3) 打开目录,目录仅可以被读,不允许写。在读操作前,先要打开目录。

(4) 关闭一个目录,当一个目录已被读过了,应关闭它,以释放在主存的内部表目空间。

(5) 重命名目录,有些系统中允许目录文件如同普通文件一样可以重新命名。

(6) 链接,用link和syslink系统调用可以对一个已存在的文件,并给出链接路径名,以实现目录和已存文件之间的链接。

(7) 解除链接,此命令(unlink)负责删除目录表目。

10.3 文件系统的实现

以上各节我们从用户观点讨论了文件和目录有关内容,以下我们从文件系统设计者的观点来讨论文件系统的主要功能是如何实现的。

10.3.1 文件空间的分配和管理

有三种文件空间的分配方法:连续分配、链接分配、索引分配。

1. 连续分配

如果系统采取连续分配方式,即文件被存放在辅存的连续存储区中。在这种分配算法中,用户必须在分配前说明被建文件所需的存储区大小。然后系统查找空闲区的管理表格,看看是否有足够大的空闲区供其使用。如果有,就分给其所需的存储区;如果没有,该文件就不能建立,用户进程必须等待。图10.10表示文件的连续分配。

盘区

1	2	3	4	5	6
		A	A	A	A
7	8	9	10	11	12
	B	B	B		C
13	14	15	16	17	18
C	C	C	C		

文件分配表FAT

文件名	起始块号	长度
A	3	4
B	8	3
C	12	5

图 10.10　文件的连续分配

连续分配的优点是查找速度比其他方法要快。目录中关于文件的物理存储区的信息也比较简单，只需要起始块号和文件大小。其主要缺点是有碎片问题，需要定期进行存储空间的紧缩。

很明显，此种分配算法不适合文件随时间动态增长和收缩的情况，也不适合用户事先不知道文件有多大的应用情况。

2．链接分配

对于动态增长和收缩的文件，以及用户不知道文件有多大的应用情况，往往采用非连续分配辅存空间。这种分配策略通常有以下两种方法。

1）以扇区为单位的链接分配

即按所建文件的动态要求，分给它若干个磁盘的扇区，这些扇区可能分布在整个盘上但不一定相邻。属于同一个文件的各扇区按文件记录的逻辑次序用链接指针相链接。图 10.11 表示文件的链接分配。

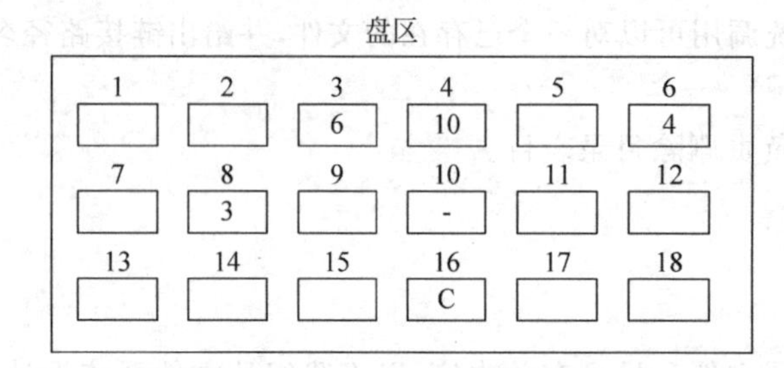

文件分配表FAT

文件名	起始块号	长度
…	…	…
B	8	5
…	…	…

图 10.11　文件的链接分配

当文件要增长时，就从空闲区表中分给其所需之扇区数，并链接到文件的链上去。反之当文件收缩时，将释放出的扇区放回空闲区表中。

非连续分配的优点是消除了碎片问题（只消除了外部碎片，这里的情形类似于主存管理中的分页策略），不需要采取压缩技术。但是检索逻辑上连续的记录时，查询时间较长，同时还存在链的维护开销和链指针占用存储空间开销的问题。

2）以区段（或簇）为单位分配

这是一种比较有效的被广为使用的策略，其实质上是连续分配和非连续分配的结合。通常扇区是磁盘和主存间信息交换的基本单位，所以常以扇区作为最小的分配单位。本策略则不是以扇区为单位进行分配的，而是以区段（或称簇）为单位进行分配的。所谓区段，是由若干个(在一个特定系统中其数目是固定的)连续扇区组成的。一个区段往往是整条或几条磁道所组成的,文件所属的各区段可以用链指针、索引表等方法来管理。当为文件动态地分配一个新的区段时,该区段应尽量接近文件的已有区段号,以减少查询时间。

此策略的优点是对辅存的管理效率较高,并减少了文件访问的执行时间,所以被广泛使用。

3. 索引分配

链接分配文件存在不少缺点。首先,当要求随机访问文件上一个记录时,需要按链指针进行查找,这是十分缓慢的操作。其次,链指针要占用盘块空间的几个字节,这使得盘块的可用空间大小已不再是 2 的幂。这就使得这些盘块无法在要求是 2 的幂的大小的情况(如页面)下使用。索引分配文件没有这些缺点。图 10.12 表示索引分配文件情况。

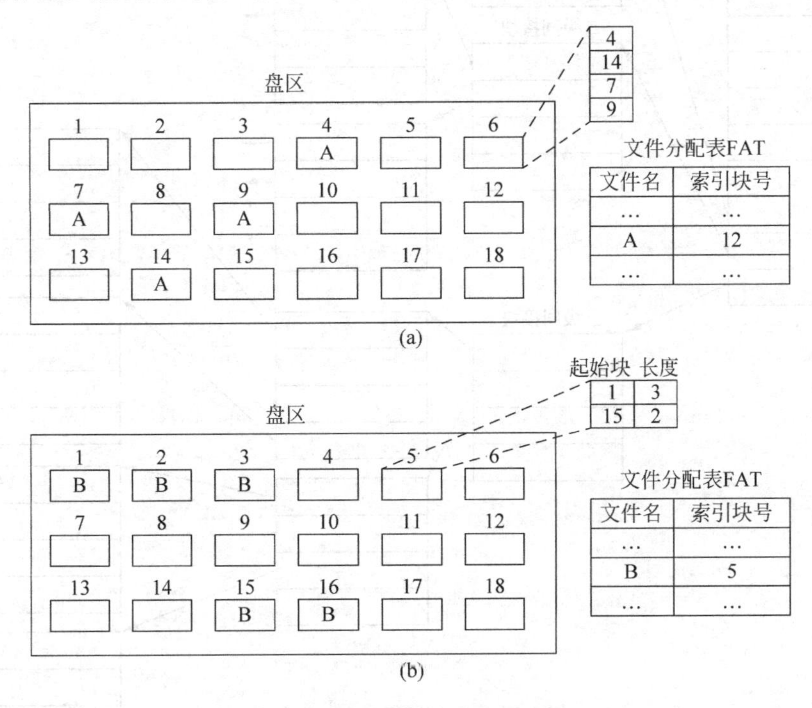

图 10.12 索引分配文件

在索引分配方法中,系统在文件分配表(FAT)中为每一个文件分配一个表目,指出该文件的索引表所在的物理块。索引表所在块并不是物理地属于文件分配表中所指出的分给文件的磁盘块之一,索引块是与文件盘块分离的(实际上索引表物理块是由文件目录中的文件属性指出的)。文件索引表的每个表目对应分给文件的每一个物理块。索引表通常是以文件的逻辑块号为索引的,但必要时也可以以记录中的关键字值为索引。

如果对索引表增加一个长度域(图 10.12(b)中文件 B 的索引表),用以指出每个索引表目相应分区的起始块和长度。那么这种方法就支持索引分配和变长连续分配的结合(也可以说支持变长分区索引分配),这将节省索引表空间,有助于提高效率。

4. i 节点

UNIX 系统的 i 节点可以看作索引分配方法的进一步改进。图 10.13 表示 i 节点中包含文件属性和该文件的盘块分配信息，其中文件分配信息共包括 13 个表目。前 10 个表目是直接索引地址，当文件尺寸小于 10 块时，每个表目用于存储 10 个物理块地址。

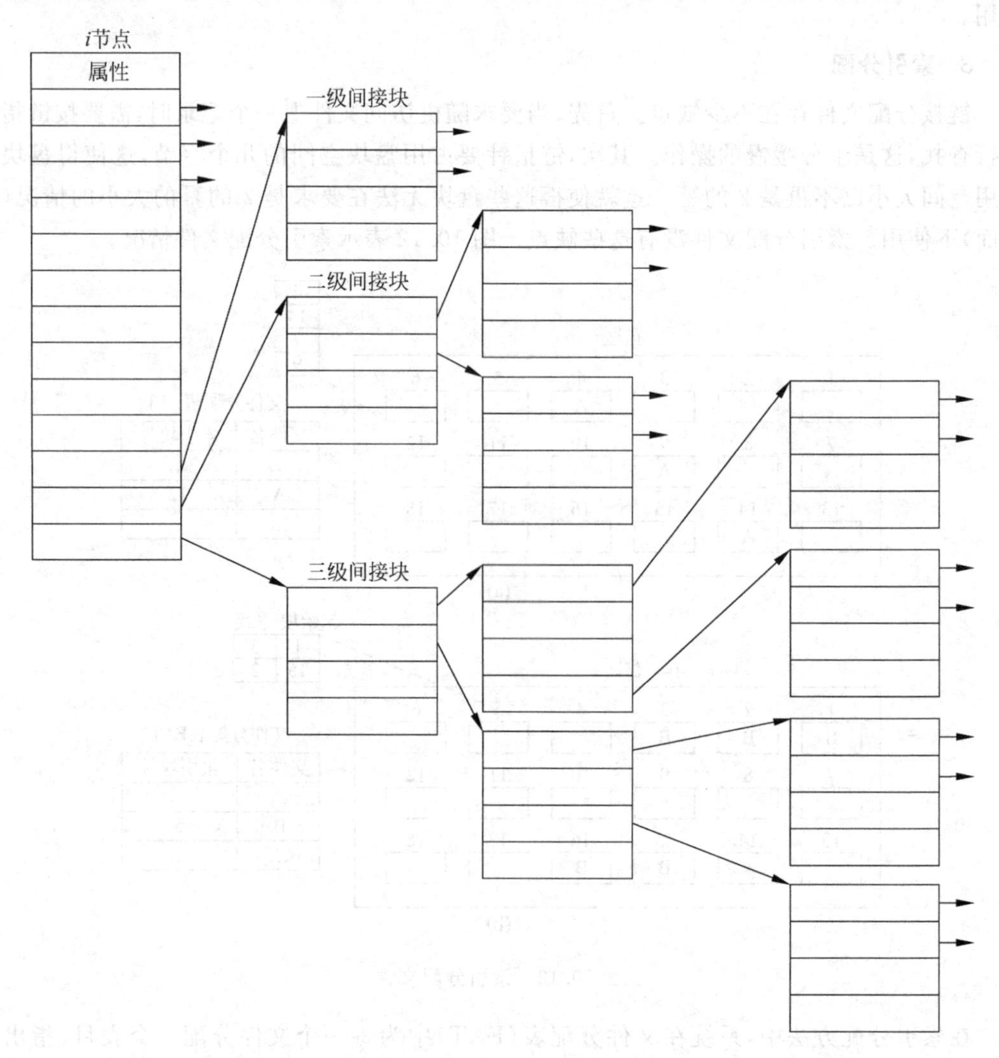

图 10.13　i 节点结构

第 11 个表目是一级索引，其存放的块地址所指向的块称为一级索引块。此索引块用于存放若干个盘块地址。例如，在 UNIX 系统中使用 1KB 的盘块，每个索引表表目需要用 32 位来存放盘块地址，因此每个盘块刚好是 256 个表目，可以映射 256 个物理块。第 12 个表目和第 13 个表目用于存放二级索引块和三级索引块的地址。二级索引中存放的盘块地址所指向的盘块依然用于存放盘块地址，那些盘块才用于存储文件数据。而三级索引则在二级索引上再加入一层索引，所以用一个二级索引块最终可以表示 256×256＝65 536 个物理块；而用一个三级索引块最终可以表示 256×256×256＝1 777 216 个物理块。所以：

- 小文件(≤10 块)只使用直接索引表。
- 中等文件(≤266 块)使用直接索引表与一级索引表。
- 大型文件(≤10＋256＋256×256＝65 802 块)使用直接索引表与一级和二级索引表。
- 巨型文件使用全部索引表,可寻址 16 777 216 块。

10.3.2 UNIX 系统的目录实现

在 10.2.2 节我们指出 UNIX 系统目录结构是分体式层次树状目录结构。其目录的表目由两部分组成：文件名(14B)和 i 节点号(2B)。而 i 节点的定义我们也在 10.2.2 节给出(共 64B)。如果要访问文件/A/Tools,文件系统该如何实现呢?

当文件已经打开,文件系统用文件名查找目录以找出该文件的 i 节点号,再以 i 节点号的查找文件卷前面部分的 i 节点区(i 节点表)以便把该 i 节点取入主存,并找出该文件放在哪一物理块中。所以按文件的路径名首先查找 UNIX 的根目录,根目录放在磁盘的固定盘块中。如图 10.14(a)所示。找出文件/A 的 i 节点号是 8,于是从 i 节点表中找出/A 的 i 节点(如图 10.14(b)所示),知道该文件是目录文件(从属性可知)放在 88 块中。读入 88 块找到文件/A/Tools 的 i 节点号是 21(如图 10.14(c)所示),从 i 节点表中找出/A/Tools 的 i 节点(如图 10.14(d)所示),它指出文件在 168 块中,于是读入 168 块(如图 10.14(e)所示)。

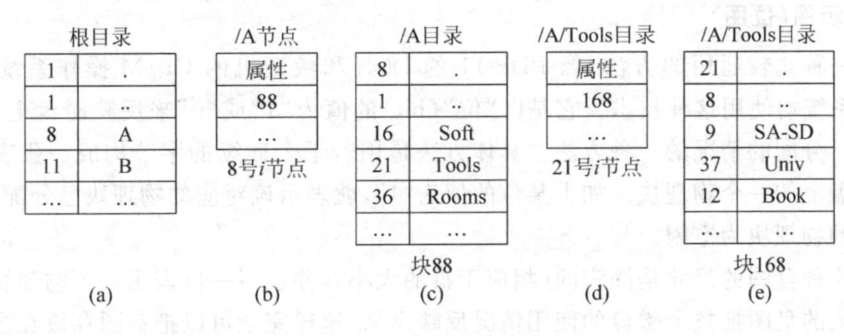

图 10.14　查找文件的步骤

10.3.3 磁盘空间管理

由于文件存放在磁盘上,每当建立和删除文件时均涉及磁盘空闲块的分配和回收,因此磁盘空间的管理好坏涉及文件操作的效能,所以磁盘空间的管理是操作系统研究的重要课题。

1. 盘块大小

盘块越大,一次 I/O 操作传输的数据就越多,就可以大大提高性能,但是由于文件的最后一块不一定装满,因此就会浪费更多的磁盘空间。FFS 致力于在传输率和减少盘空间浪费两方面均达最优,为此先区分几个术语。

- 逻辑磁盘。逻辑磁盘是文件系统中一直在使用的抽象的存储概念。内核将逻辑磁盘视为一些有固定大小可随机存取的块的线性序列(这正是大家一直在用的所谓物理块号,而不是用什么磁道号、柱面号、扇区号来定位盘块)。磁盘驱动程序将这些块映射为物理介质上的定位。一般情况下，一个物理磁盘被分成物理上连续的几个分区，每个分区就是一个逻辑磁盘，又称磁盘分区。

- 磁盘分区的含义。磁盘分区由磁盘上一组连续柱面组成，它包含一个自包含的文件系统，如图 10.15 所示的磁盘布局和超级块，超级块中定义了磁盘块的大小。这意味一个操作系统可以有多个磁盘分区，每个分区有一个文件系统。一个机器有多个文件系统。每个文件系统使用自己定义的磁盘块大小。这些文件系统通过虚拟文件系统 VFS 接口，在用户面前呈现一致的界面。
- 扇区大小。UNIX 系列使用 512B 的扇区，这是固定不变的。
- 磁盘块大小。FFS 使用 2 的整数次幂，且大于或等于 4096B(4KB)。有些系统规定不大于 8192B(8KB)。磁盘块大小规定了文件系统分配的粒度和磁盘 I/O 的粒度，大盘块增加了系统性能，降低了 I/O 瓶颈。
- 片断(fragment)。典型的 UNIX 应用是大量的小文件，为提高存储效能，减少空间浪费，FFS 将每一个磁盘块细分为一个或多个片断。每个片断大小也在文件系统初建时定义下来。一般一个磁盘块分为 1、2、4、8 个片断，但最小不能小于扇区大小。FFS 规定每个文件的数据块要放在整个磁盘块中，只是文件最后一块使用连续的片断。例如两个连续片断。那么剩下的几个连续片断可分配给其他文件的最后一块使用。

2. 位示图(位图)

这是一种比较通用的方法，像 PDP-11 的 DOS 和微型机的 CP/M 操作系统，IBM 的 VM/370 系统均使用这种技术。它是以“位”(bit)的值为“1”或“0”来反映磁盘上的相应物理块是否已分配的情况的一种方法。具体方法是用若干个连续的字节构成一张表，其中每一位对应盘上的一个物理块。如果某位的值为“1”，就表示该对应的物理块已分配，值为“0”表示对应的物理块为空闲。

由于这种盘图的尺寸是固定的(相应于盘的大小)，并且每一位表示一个物理块，所以有可能用不大的盘图把整个磁盘的使用情况反映出来，这样完全可以把盘图存放在主存中，可易于发现连续的空闲盘块。

3. 链接索引表方法(成组链接法)

这是被当前文件系统中广为使用的方法。

- 使用若干个空闲物理块作为索引表块来指出磁盘分区中所有的空闲物理块(图 10.15 使用了三个空闲块，分别是物理块 a、b、c)。每个表目指向一个空闲块。
- 每个索引表块的第零个表目作为空闲物理块链的 Next 指针和链尾标志。Next 指针指出下一个索引表块。
- 链表的头指针在超级块中，图 10.15 显示指向物理块 a 的链头指针，链尾是物理块(链尾标志为 0)。
- 文件释放空闲块时(添加的链头指针指出索引表块的尾索引表块是不满的，其他的索引表块全是满的)，为文件分配空闲块时也从链表头索引块的尾开始分配。如果该索引表块只剩下第零个表目时，则将该表目(为 Next 指针，图中为 b)指针读入超级块头指针，并将物理块 a(原索引链表头)分配给请求空闲块的文件。

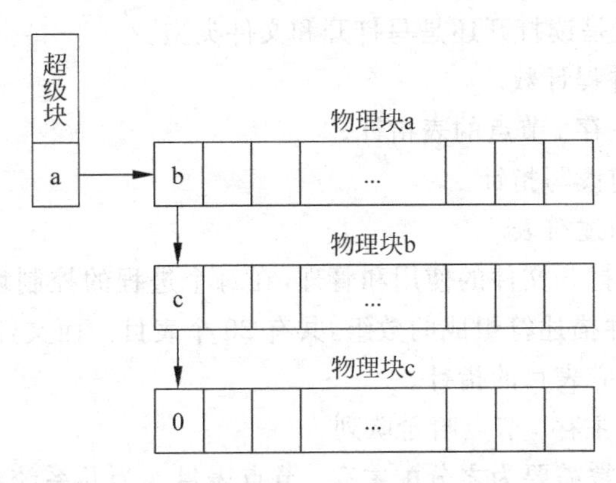

图10.15　空闲盘块的链接索引法(成组链接法)

10.3.4　文件系统在主存的数据结构和打开操作

由于文件被存储在磁盘上,而I/O操作时间长,所以为了方便对文件的操作,文件被打开后需要在主存中为文件系统维护一些数据结构以存放已打开文件的有关信息。其次进程可以在文件上执行许多操作,但打开文件是所有操作的基础,而且也更多涉及对这些数据结构的使用,因此本节只讨论文件系统在主存中的数据结构和打开操作。

1. 文件系统在主存中的数据结构

1) 主存i节点

系统要打开文件进行读写时,为加快文件的访问速度,在主存中专门设置了一个i节点缓冲区,称为活动i节点表。系统对已打开的文件,在该表中都为其分配一个i节点表目,并称为主存i节点,它与磁盘i节点的区别,是增加了对被打开文件的描述信息。主存i节点包含以下信息。

- 磁盘上i节点的全部信息副本。
- 文件活动标识(文件类型、锁住位、等待位、权限)。
- 共享该i节点的计数(文件共享时使用,数值表示有多少个文件共享此i节点)。
- i节点所在设备。
- i节点号(即在磁盘上的i节点号)。
- 块地址数组(文件所在盘块描述)。
- 文件连接数。
- 文件主的标识。
- 同组用户标识。
- 文件大小。
- 时间戳(包括文件和i节点被修改标志和时间)。

2) 系统打开文件表

用户打开一个文件时,系统在其设置的系统打开文件表中为新打开文件分配一个表目,它包含以下内容。

- 标志信息：说明是读打开还是写打开和文件类型。
- 共享该文件的进程计数。
- 该打开文件在主存i节点的表指针。
- 打开文件的当前读写指针。

3）进程打开文件描述符表

为了方便用户对其打开文件的使用和管理，在每个进程的控制块中设置了一个用户文件描述符表，该表是文件描述符组成的数组，共有20个表目。而文件描述符是一个整数，它指向系统打开文件表相应表目的指针。

4）主存i节点表和主存i节点哈希队列

由于打开文件时经常需要为之分配主存i节点表目。为此系统在主存i节点表中维护了4个哈希队列，分别是活动i节点队列、仍有页面在主存的i节点队列、没有页面在主存的i节点队列、修改过的i节点队列。要为打开文件分配主存i节点时，应从无页面在主存的i节点队列中选取i节点分配给打开文件。置换算法是LRU，先置换的i节点放在队列头部。如果要查找文件是否已打开过，可在这几个i节点的哈希队列中找（以i节点号查找，使用哈希函数）。

2. 打开文件操作

由于打开文件操作是所有其他文件操作的基础，并通过打开文件操作来了解系统如何使用文件系统在主存的数据结构。打开文件的语法如下。

open（文件路径名，打开时的操作模式）

实现过程如下。

（1）调用文件路径名解析程序对路径名的每一个分量进行搜索。如搜索失败，则错误返回，如成功，则返回该文件对应的i节点号。

（2）为找到的文件构造打开文件结构。即先分配一个主存活动i节点，将“参数”打开时的操作模式（读或是写）与i节点中规定的存取权限相比较，如非法则错误返回；否则为文件分配进程和系统打开文件表表目，为表目置初值。通常将读写指针置为0，设置读写标志。最后返回进程打开文件表目项——文件描述符。

需说明的是，如果其他进程在此之前已打开了此文件，则不必再为该文件分配主存i节点表表目，只需令相应主存i节点的“共享该i节点计数”加1。

10.3.5 文件系统挂载

在很多文件系统中文件层次树看起来是一个整体，实际上是由一个或多个独立的文件系统子树构成的。其中每一个子树包含一个完整的、自包含的文件系统。其中一个文件系统被指定为根文件系统，它的根目录称为系统根目录。其余的文件系统可以通过系统调用mount被安装到根文件树的一个目录上，从而实现与根文件系统结构的连接。

图10.16表示两个文件系统组成的文件层次树。子文件树fsa被安装到根文件系统fsr的/mou目录上。/mou被称为挂载目录或挂载点。任何对/mou的访问都会转换为对安装在其上的文件系统根目录的访问。

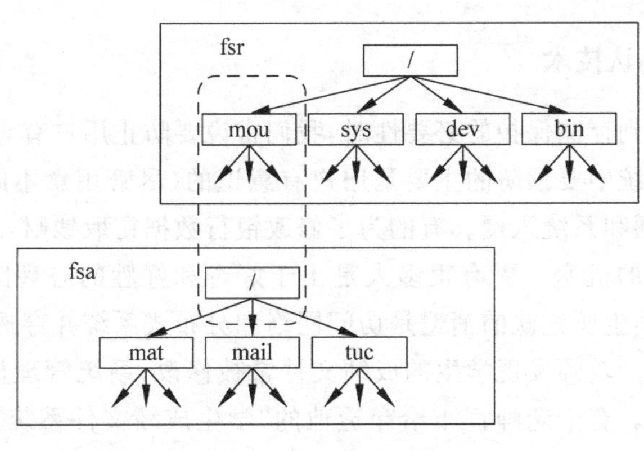

图 10.16 文件系统的挂载

10.4 安全性和保护

随着网络和分布式系统在世界范围内的广泛使用,信息系统和技术深入社会各个领域,再加上功能强大的个人计算机的普及。在今天,网络和计算机中的数据不只是数据,它本身就是财富和钱,是权力和力量,包含国家和政府机密,实力,财政和军事实力与综合国力。电子金融,网上交易等技术,使计算机的安全性和保护成为头等重要的事情。好奇者、违法者、各种间谍和敌对人员无时无刻不在想方设法企图攻破对方的安全、保护,侵入对方的系统。因此这应是计算机技术的一个专门的领域,而且是特别重要的领域,本节只对目前操作系统中常用的安全和保护加以介绍,并不做深入研究。

最需要担心其安全性和保护机制的是网络和分布式环境中的计算机和分时系统,普通的个人计算机不需要担心其安全性。世界上的事情就是这样,越简单的越安全。复杂的事物总是有很多漏洞可钻。最高明的保密技术也总能被人破解,只是所需的破解工作量和时间不同而已。因此不要把信心建立在相信"绝对可靠"的保密方法上。而应该使用破解工作量大的保密方法并且经常变换使用的密码和保密方法,最极端的是使用一次性密码。

安全性和保护是不同的,可又难以把它们区分开来。一般来说,保护指操作系统在计算机中提供的保护机制,而把与管理、技术和策略等综合性问题归结为安全性。在本节中并不严格区别它们。

安全性是包括多方面的,因此常常以不同方法来进行分类和讨论,分为以下几类。

- 外部安全性和物理安全性。例如天灾、火灾、水灾,甚至老鼠啃咬;硬件损坏,如CPU、硬盘、软盘、磁盘损坏;人为错误,如不正确安装、不正确录入等。这些问题都可以使用备份数据来恢复。
- 接口安全性。一个计算机系统的对外接口主要是用户和网络连接。在网络连接中主要是对消息数据加密。目前主要使用两种机制,链路加密和端对端加密。而与用户的接口主要是指用户确认机制和防止用户对系统的攻击和侵入。
- 内部安全性或数据安全性,这主要涉及操作系统的保护机制。

10.4.1 用户确认技术

在存储管理中谈到存储保护的必要性时，我们常说要防止用户有意、无意地破坏主存中的数据。但在文件系统中要预防的主要是用户有意识的（尽管用意不同，可能出于好奇，也可能是恶意）非法访问和系统入侵。有的为了修改银行数据窃取钱财，有的窃取国家、政府、军事和企业以及个人的机密。更有很多人是出于好奇和好胜的心理因素。据美国资料显示，许多人特别是大学生所喜欢的消遣是访问网络和分布式系统并穿透它的保护机制，然后高兴地宣称他的成功。教师发现学生的成绩文件常被修改，系统管理员发现所有用户口令已被张贴在布告板上。有个老师宣布给穿透他的“学生成绩文件系统”者给予“A”的成绩，结果竟然大部分学生都得了“A”。这一切说明非法访问者众多，用户身份和鉴别非常重要。

1. 口令

无论在网络和分布式系统中，还是一般的多道程序和分时系统中，攻击最普遍的是使用输入用户账号（用户 ID）和口令（password）的模式。用户选择几个字符长度的口令提交给计算机，以便机器检验用户身份。在大多数系统中，输入的口令并不显示在屏幕上。在系统中维护一个包含所有用户 password 的文件，该文件包含用户账号和口令，每个用户一个表目。系统将用户输入的口令与文件中的相应表目进行核对，以确认用户身份。口令方法简单易行。

但是口令机制很容易击破，这是因为以下原因。

(1) 用户为了便于记住口令，常选用亲戚朋友的姓名、生日、电话等作为口令，因此通过熟悉的人很容易得到这些信息，通过次数不多的尝试，就可以掌握其口令。为了增加非法访问者破解的困难和破解工作量而使用长的口令，但用户自己首先会不同意，因为难于记忆，使用也不方便。

(2) 系统中存放所有用户口令的口令文件本身就很不安全，可能会被系统管理员和其他有关人员盗取。

(3) 有些操作系统对口令的鉴定是一个个字符地进行核对的。于是非法者使用以下方法逐字符地盗取。为了盗取口令中的第一个字符，用户把口令的第一个字符安排在第一页的末尾，其余的在下一页开始部分。然后确保第二页不在主存，通过多次访问其他页，使得第二页的存储被回收。接着选择口令以打开别人的文件。系统检查口令的第一个字符，如果通过第一个字符检查，要检查以后的字符就会产生缺页中断。系统告诉用户通过了第一个字符。如果第一个字符不对就另换字符再试。用同样的方法获得第二个字符（使第一页的最后两个字符是口令的第一个、第二个字符）。

为了克服以上缺点，在口令机制中常使用以下方法。

- 口令加密。由于口令本身可能容易被破解和盗取，因此输入口令后要求用户按一个加密键与口令本身构成真正的口令，来确认用户身份。
- 系统中的 password 文件中不是干净的口令，而是添加了密码的口令，以防系统管理员盗取所有用户的口令。
- 要求用户经常更换口令。
- 系统往往限制用户对口令输入的试验次数不超过规定次数（例如 4 次）。

2. 物理鉴别

除口令外有些系统还使用一些可以证明用户个人身份的鉴别技术，这些技术称为物理鉴别，它包括以下内容。

1）个人拥有的物品

如使用一张涂有磁性介质的塑料卡片来记录信息，用户每次上机都把卡片插入终端以鉴别身份。

2）个人的某些特征

包括指纹、声音、相片和签字等，这些特征难以伪造。尤其是签名分析，不但要比较字型特征，还包括笔顺和移动轨迹。

3）个人知道的事情

如号码锁，幼时小名。

10.4.2 保护机制——数据安全性

当用户的身份被确认后，允许进入系统访问数据。操作系统对数据需要进行不同的保护。实际上操作系统不只是要保护数据，而且也包括硬件等实体。一般来说，硬件中的CPU、存储段、终端、磁盘和打印机。软件中的进程、线程、文件、数据库、信号量、信号和窗口等对象均是保护的目标。也就是说，需要一种机制和方法来限制某些进程不能存取它们无权存取的目标，或者限制它们只能在其需要的子集上操作。

保护机制往往遵循一些基本原则，最小特权原则是其中之一，不允许进程(甚至是系统管理者)拥有超过其工作需要的特权。对于每个被保护目标通常有一个相关连的概念称之为保护域。一个保护域是一个有序对(object ，rights)，object 是指前面列出的保护对象的名字，而 rights 是指允许对该目标施加的操作集合。任何时候，每个进程只能在某些保护域中运行。对于同一个目标不同进程可能具有不同的保护域，即允许的操作集不同。但具有相同的 UID(用户标识)和 GID(组标识)的两个进程将有相同的目标集和相同的保护域。

为了保存这些进程的保护域信息，系统中往往使用一个矩阵来保存这些信息。这个矩阵称为存取控制矩阵，图 10.17 表示该矩阵。矩阵的每一行表示每个进程所拥有的对系统中各个保护对象的权力。它指出了一个进程可以访问哪些对象，允许对该对象进行哪些操作，以及不允许它访问哪些对象。矩阵中的每一列则指出允许哪些进程访问该目标，以及它们被允许的操作。由于系统中有大量的保护目标，而每个进程被允许访问的目标是有限的(最小特权原则)，因此这个矩阵是一个非常稀疏的矩阵，在实现上却有些问题。例如在美国麻省理工学院有约 5000 个核准的用户和约 30 000 个联机文件，则二维矩阵就要 5000×30 000＝150 000 个元素，这将占据很大的存储空间，因此在实现时常采用两种方法。

	文件 1	…	文件 m	打印机 i
进程 A	RW		RWX	W
进程 B	R			W
⋮				

图 10.17 存取控制矩阵

1. 存取控制表

将存取控制矩阵按列或者说按目标(或文件)进行储存,并且仅储存矩阵中的非零元素(图 10.18),这可大大节省存储空间。在 UNIX 中的实现是把每个文件的存取控制表存放在一单独的盘块中,而该盘块号存于该文件的 i 节点中。在实际的 UNIX 实现时更简单,它不使用上述方法,而是对每个目标按文件、同组成员和其他成员都提供了位的保护码 *RWX*,分别表示是否允许其进行读(*R* 位)、写(*W* 位)和执行(*X* 位)。这样把每个目标的存取控制表压缩成 9 位,这使存取控制表的磁盘存储量大大减少,并把存取控制表直接放在该目标的 i 节点中。

文件 1 存取控制表
进程 A 允许读写
进程 B 仅读
文件 *m* 存取控制表
进程 A 允许读写执行

图 10.18　存取控制表

2. 权力表

将存取控制矩阵按行,或者说按进程进行储存,并且仅储存矩阵中的非零元素。该表指出了进程对哪些目标有何存取权(如图 10.19 所示)。

进程 A 权力表
对文件 1 允许读写
对文件 *m* 允许读写执行
对打印机 *i* 允许写
进程 B 权力表
对文件 1 仅读
对打印 *i* 允许写

图 10.19　权力表

对存取权力表本身的安全性和保护要更加注意,必须防止用户修改它们。因此各进程(或用户)的存取权力表必须由操作系统统一管理,放置在用户不可访问的区域内。Windows NT 的存取令牌实际上就包含该用户的存取权力表。

10.4.3　其他

以上讨论的是防止用户对数据窃取的保护,与此相关的一个领域是对数据和系统的破坏。这些带有恶意的程序包括以下几种。

• 计算机病毒。计算机病毒已成为破坏计算机正常使用的严重问题。计算机病毒是一段人为编制的程序,它附加到系统保存的一个正常的程序中。通常它引起自我复制并插入一个或多个其他程序中,并不断传播此过程。有些病毒还修改、删除文件,甚至给文件加密码,或者破坏计算机硬件,造成系统瘫痪。

- 逻辑炸弹。它是一个附加到一个由系统保存的程序中的逻辑。它检验系统中的一个条件集合是否被满足。当条件集被满足时执行一些非法功能,引起系统出现某些问题。
- 陷阱门。在程序中非法地秘密安排一个入口点,用于非法访问。
- 特洛伊木马。在一个有用的程序中非法地秘密安排一个子程序,当程序执行时导致该子程序执行。通常子程序编制者以此修改和窃取他人的文件。

在当前情况下计算机病毒给计算机用户带来了极为严重的影响。目前抵抗计算机病毒最好的办法,很难说是预防,因为实际上不大可能预防,因此对于小的个人计算机系统来说最简单而有效的方法是将硬盘重新格式化,然后再安装可靠的未感染病毒的系统软件和备份文件。而对于大的系统来说,还是首先检测系统是否被感染病毒,然后标出被感染的程序并防止它传播蔓延,最后把被感染的程序移走,再用原始盘恢复它。

人们抵抗病毒的技术已经经历了 4 个阶段,现在主要的方法是使用抗病毒的软件包产品,应该说还是很有效的。但是道高一尺,魔高一丈。人们对病毒抗争的技术将是一个专门的不断研究的领域,本书不作更多介绍。

10.4.4 文件的转储和恢复

文件系统中不论是硬件和软件都会发生损坏和错误。例如自然界的闪电,电网中电压的变化,火灾、水灾等均可造成磁盘损坏。电源中电压抖动会引起存储数据的奇偶错。粗心和不慎的操作也会引起软硬件的破坏。这些损害甚至可能危及多道程序系统的中枢部分(所有系统程序均以文件形式出现在文件系统中)。所以为使至关重要的文件系统万无一失,应对保存在辅存中的文件采取一些保险措施。这些措施中最简便的方法是“定期转储”,使一些重要的文件有多个副本,常用的转储方法有两种。

1. 全量转储

把文件存储器中的所有文件定期(如每天一次)复制到磁带上,这种方法比较简单,但有以下缺点。

(1) 转储时系统必须停止向用户开放。

(2) 很费机时,全部转储工作可能要数小时。

(3) 当发生故障时,只能恢复上次转储的信息,将丢失从上次转储后产生的新变化和增加的信息。

周期性转储的另一个优点是转储期间系统可以重新组织介质上的用户文件。例如把盘上不连续存放的文件重新构造成连续文件。

2. 增量转储

每隔一定时间,把所有被修改过的文件和新文件转储到磁带上。通常系统对这些改过的和新的文件做上标记,当用户退出时,将列有这些文件名的表传送给系统进程,由它转储这些文件。

文件被转储后，当系统出现故障时，就可以用装入的转储文件来恢复系统。

本章小结

文件系统是操作系统用户最熟悉的部分。可以认为文件是命名了的字符串的集合，或者是命名了的相关记录的集合。一个文件由文件名和扩展名两个部分组成，其扩展名通常指明了文件的相关信息。文件的逻辑结构有顺序文件（文件中所有记录按照关键字的顺序排列）、索引顺序文件（针对关键字建立索引以加快文件访问速度）、索引文件（可以根据文件中的任意一个域建立索引）和直接文件（用哈希方法加快文件访问速度）。一个文件有很多属性，所有文件的属性放在一起就构成了文件目录。早期的文件目录是一级目录结构，这种目录设计虽然简单，但是当存在多个文件的时候，就会导致文件命名的困难，并且对文件的查找效率有影响；为了缓解此问题，二级文件目录用根目录和用户子目录的方式组织文件目录。采用这种方法虽然可以缓解一级文件目录导致的问题，但是这些问题依然存在。彻底解决这些问题的是树状目录结构，并且可以让用户按照自己的想法去组织文件的组织结构。

文件空间的分配有连续分配（一个文件占据连续的存储块）、链接分配（每个存储块保存一个指针指向下一个存储块）、索引分配（用一个索引块来保存若干个存储块的块号）和 i 节点（i 节点中用直接块、一级间接块、二级间接块和三级间接块保存一个文件的所有存储块）的方法。对于磁盘的空闲空间，可以用位示图或者链接索引表来管理。

习题

10.1 说明下列术语：记录、文件、文件系统、特殊文件、目录文件、路径、文件描述符。

10.2 文件系统的功能是什么？有哪些基本操作？

10.3 文件按其用途和性质可分成几类，有何特点？

10.4 有些文件系统要求文件名在整个文件系统中是唯一的，有些系统只要求文件名在其用户的范围内是唯一的，请指出这两种方法在实现和应用这两方面有何优缺点？

10.5 什么是文件的逻辑组织？什么是文件的物理组织？文件的逻辑组织有几种形式？

10.6 文件的物理组织常见的有几种？它与文件的存取方式有什么关系？为什么？

10.7 索引顺序文件是如何组织的？举例说明。

10.8 提出多级文件目录结构的原因是什么？

10.9 在一个层次文件系统中的路径名有时可能很长，假定绝大多数对文件的访问是用户对自己文件的访问，文件系统有何种方法来减少使用冗长的路径名？

10.10 何谓文件的链接？有何作用？

10.11 文件属性包括些什么？一般文件属性如何保存？

10.12 试述什么是 i 节点，i 节点有何特点。

10.13 请说明扇区大小,磁盘块大小和片断大小的关系。

10.14 常用的磁盘空闲块管理有几种方法,简述之。

10.15 文件系统在主存中维护了哪些数据结构?

10.16 试指出I/O子系统层(与设备无关层)和字符设备驱动程序在读字符请求中如何工作?

10.17 简述识别用户身份的各种常用方法。

10.18 什么是存取控制矩阵、存取控制表和权力表?

第11章 分布式系统*

11.1 概述

11.1.1 什么是分布式系统

随着高性能和低廉价格的微型计算机的迅速发展和普及，以及人们对信息处理能力广泛和深入的需要，分布式系统正日益被人们普遍重视和使用。那么什么是分布式系统呢？

分布式系统是由多台计算机通过网络组成的系统，该系统具有以下特点：

(1) 系统中各台计算机之间的关系没有主、从之分，既没有控制整个系统的主机，也没有受控于它机的从机，同时也不是那种对称式的共享存储器紧密耦合的多机系统。所有多处理器系统(SMP)和主从式多处理器系统都不是分布式系统。

(2) 运行于系统中任意两台计算机上的进程可以使用系统提供的通信手段来交换数据。

(3) 系统的资源为所有用户所共享。每个计算机的用户不但可以使用本机的资源，也可以使用该分布式系统中其他计算机上的资源(从CPU、文件到打印机、扫描仪等)。因此分布式系统必须提供资源共享的便利。

(4) 系统中的若干台计算机可以互相协作来完成一个共同的任务，或者说一个程序可以分布于几台计算机上并行地运行。

目前分布式系统被广泛用于办公室自动化、自动控制、企业管理、银行系统、计算机教学系统等许多方面。在许多部门中，通常将个人计算机与一个大的计算中心设施相连以实现全部门的数据处理。个人计算机用来支持和处理企业内小的业务部门的具体工作和数据采集、数据处理，这些个人计算机具有十分友好的图形用户界面(GUI)，便于一般用户使用。而中心计算机则装有数据库管理和信息系统所需的公共数据库和一些复杂的软件。在地域分布上十分分散的各个人计算机之间，以及个人计算机与中心计算机之间用局域网(LAN)或广域网(WAN)连接。

从上面的叙述中可以看到，分布式系统应具备以下功能。

(1) 通信结构。

通信结构是指支持各个独立计算机联网以提供分布式应用的软件。例如，电子邮件、文件传输和远程终端的存取。这要求计算机记住用户和各个应用的身份，以便通过显式访问以实现与其他计算机的通信。每个计算机有自己独立的操作系统，但所有计算机操作系统应能支持同样的通信结构,这将使分布式系统可以使用多机种和各种不同操作系统混合的系统。

(2) 网络操作系统。

分布式系统中众多的个人计算机作为单用户工作站和一个或几个服务器,用网络连接起来,需要由网络操作系统进行管理并提供网络服务功能。不过,网络操作系统在个人计算机工作站与系统服务器之间的交互中只起到对局部操作系统的辅助作用,因为在分布式系统中,用户知道存在多个独立的计算机,并明确地与它们交互通信。

11.1.2 分布式系统的优点

在分布式系统出现以前,人们使用的计算机通常是集中式计算机系统,其特点如下。

- 往往由一台或多台大型或巨型计算机作为系统的核心部件,由专人操控。
- 所有的应用大多是企业级的应用和数据处理,如企业人事、工资管理和企业决策支持。它也支持企业内特殊部门的应用,如产品设计要使用专门的CAD软件包等特殊应用场合。
- 集中化的数据,它是涉及企业各部门的整体的数据处理。

这种集中式的数据处理系统有许多优点,机器具有很强的性能和处理能力,具有高质量的熟练的程序员和职工,从设备和软件购买以及操作上也许是经济的,对企业级管理和决策支持是有效的,对数据的保护和安全性也是十分有利的。

但是集中式系统的缺点也是十分明显的。最大的问题是集中的节点会成为整个系统处理的瓶颈,并且从整个系统的稳定性上讲,集中节点的崩溃会导致整个系统无法正常工作。

因此企业级的计算机与下层各部门的计算机在数据处理中需要互相支持。下层各部门的计算机是分散在各个现场的,因此需要将计算进行连接以支持应用,这种分布式的数据处理系统在实际生活中产生了强大的吸引力。分布式系统的优点如下:

(1) 方便使用。

分布式系统使一个部门的有关单位可以使用本地计算机,满足本地对工作和数据处理的需要,也便于管理维护本地的计算能力。

(2) 系统的强壮性和可靠性好。

分布式系统中的所有计算机都是平等的,而且都有分布式操作系统的副本。因此它不像集中式计算机系统那样,当一个部件发生故障时系统往往不能工作,其系统的强壮性和可靠性较差。在分布式系统中,一台计算机发生故障不会影响别的计算机,系统仍可继续工作,强壮性和可靠性较好。

(3) 资源便于共享。

全部门的数据、数据库和文件被集中管理和维护,但为各个业务单位的访问提供了方便的数据资源。对于昂贵的硬件资源,分布式系统也提供了共享的便利。

(4) 系统易于扩充。

分布式系统原则上可以由任意多台计算机组成,所以在分布式系统组成后,可以方便地添加若干台计算机。既不用修改软件,也不用另行设计硬件。因此分布式系统可以逐步增加计算机以扩大系统能力。

(5) 提高最终用户的生产效率。

每一台个人计算机或工作站在数据现场或用户工作地域内，为用户提供快速的响应和服务。并且分布式系统也增加了最终用户使用本地计算机的机会，并能吸引用户参与应用系统的设计。这一切将大大提高最终用户和整个部门的生产效率。

(6) 维护方便。

由于微型和个人计算机维护工作比较简单，一个分布式系统的维护工作，比一台中型或大型集中式计算机的维护工作要简单得多。

11.2 进程通信

11.2.1 进程通信的概念

在分布式系统中进程之间要实现通信需要底层操作系统为之提供一些通信原语。与单机操作系统不同的是，这些原语要按照通信协议所规定的约定和规则来实现。本节主要研究有关进程通信的各个方面，包括通信协议，在分布式环境中的客户/服务器工作模式和分布式进程通信的两种方法：消息传送和远程过程调用。

在设计分布式系统的通信机制时，应注意以下要求。

(1) 独立性和兼容性。

通信机制应与计算机平台和网络的拓扑结构无关，并允许系统动态地重新组合。

(2) 有效性。

通信机制应使得通信开销尽量地小，以保证系统的有效性。

(3) 规范性和一致性。

通信机制应以规范和一致的形式实现，方便使用且易于实现。

(4) 提供保护和出错处理能力。

在设计通信机制时，首先要解决好目标进程的定位（或寻址）和进程通信时的交互方式问题。

1. 目标进程的定位或寻址

对于一个小单位中简单的分布式系统，也许可以用最简单的按名字寻址方式，也就是为系统中的每一个进程安排一个唯一的标识，进程之间的消息通信使用进程的唯一标识来指明发送者和接收者。

但是在复杂的分布式系统中，如果采用按名寻址的方法就显得非常不便。首先，所有进程的标识都是全局性的、唯一的，用户在编制应用程序时很难保证进程的名字在全局中的唯一性；其次，操作系统必须维护一个很大的进程标识名表。这样做的开销很大，而在进程创建和撤销时都要修改进程标识名表。所以在复杂的分布式系统中往往使用与网络中类似的或者相同的方法——通过计算机来进行定位。每个计算机上有一个进程名表，为该计算机中的每一个进程分配一个在该计算机中唯一的标识名。

在网络中或分布式系统中的每一个计算机分配到的一个唯一的标识，称为 IP 地址，在网络中是由用圆点分开的 4 组数字组成的。为了便于记忆，也可以用域名来表示主机的唯

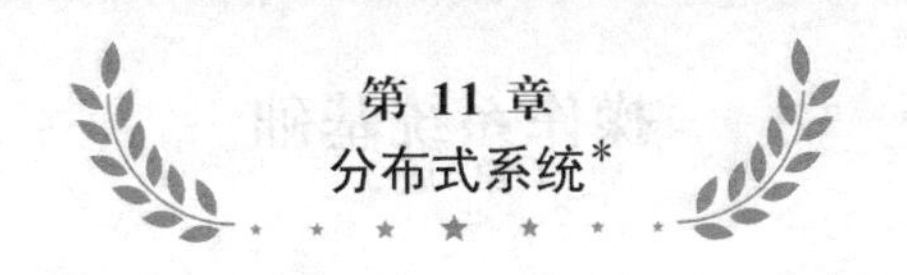

一地址。

在每个主机上进程的标识，采用信道和端口(port)的方式比用进程名来标识要更灵活和方便。一个信道有两个端口，分别为两个进程所有。持有信道端口的进程可以通过该信道将信息发给持有另一端口的进程。在一个主机上的端口都有标号，因此可以通过端口标号进行通信。进程可以用创建信道原语来获得信道的两个端口，并把端口号值给欲与之通信的进程。

使用信道和端口的好处在于：

- 操作系统只要为本机的那些建立信道的进程保存一张进程地址表(端口标号与进程目标地址对照表)。对于大多数大系统来说，信道数远低于进程数。
- 一个进程只能同与它建立信道的进程通信。这个限制对系统安全性有好处。

2. 交互方式

通信进程的发送方和接收方之间有以下两种关系。

1) 同步发送

同步发送是进程通信的传统方法，即发送方在发信后，阻塞等待直到确认接收方收到信，否则重发。

2) 异步发送

异步发送是指发送方在发出信后，并不阻塞自己等待对方回答，而是继续执行下去。这种方法比较灵活，可以提高系统的并行性，并且可以使用广播功能。所谓广播是将信发给系统中的每一个进程或有关的每一个进程。

11.2.2 TCP/IP 通信协议

前面已经说过，在分布式系统中，进程之间通信必须遵循预先规定好的约定和规则，这些约定和规则称为通信协议(Protocol)。通信协议大致上可以分为物理层和逻辑层两大层次。而在通信协议的具体实现中，根据分布式系统的复杂程度又可将物理层和逻辑层细分为若干个层次。由于分布式系统比起网络来说较为简单，所以可以使用较少的层次和功能，因此三四层就可以实现分布式系统的通信协议。但现在分布式系统的计算机之间的连接都是通过局域网(LAN)和广域网(WAN)实现的，因此它们使用网络的通信协议。

国际标准化组织于 1977 年建立了一个分委员会专门研究和制定了一个用于不同类型的计算之间进行通信的体系结构，称之为开放式系统互连(Open System Interconnection，OSI)模型。该模型一共分为 7 个层次。

(1) 物理层。

(2) 数据链路层。

(3) 网络层。

(4) 传输层。

(5) 会话层。

(6) 表示层。

(7) 应用层。

前三个层次都是属于提供网络功能的层次，又称之为通信子网。

OSI 通信协议的设计者的意图是希望 OSI 被广泛采用，从而替代其他通信协议（例如 TCP/IP），但是未能如愿，因为 7 层的结构过于复杂了，同时 TCP/IP 比 OSI 早几年推出，已被实践所认可。

TCP/IP 是由美国国防部研制的成组报文交换（packet-switched）网络的通信协议，共有 5 个相对独立的层次。

(1) 物理层。

(2) 网络存取层。

(3) 互联网(internet)层。

(4) 传输层。

(5) 应用层。

下面简要介绍各层的一些特性。

(1) 物理层。

这层包含了数据传输设备（计算机、工作站）和传输介质或网络之间的接口。该层规定了传输介质的特性和电信号的性质。

- 机械特性。包括数据传输设备和传输介质之间连接时所采用的可接插连接器的规格尺寸、连接器的引脚数以及信号线的排列情况等。
- 电气特性。规定了在物理连接器上传输比特流时线路上信号电压的大小，信号维持的时间，传输速率和距离限制等。
- 功能特性。规定了接口上各条信号线（包括数据线、控制线、同步线和地线）的功能分配和定义。
- 规程特性。定义了利用信号线进行比特流传输时使用的一组操作过程，即各信号线工作的规则和各信号时序的顺序。

(2) 网络存取层。

主要关心终端系统（End System）与其所属的网络之间的数据交换。首先，发送者计算机必须告诉网络它想传输的目标计算机地址，网络可以考虑通向目标计算机的路由。发送计算机也可以调用该层的一些服务，如优先级。该层的工作还包括将数据按规定格式（帧）组织起来进行传输。

(3) 互联网层。

如果通信双方的两个计算机的终端系统都连接在同一个网络上，那么网络存取层就可以完成存取数据和决定数据传输的路由。如果这两个终端系统属于不同的网络系统，那么数据可能要跨多个网络进行传输，这就需要使用互联网层的功能。该层使用因特网协议（Internet Protocol，IP），它提供经由多重网络的路由功能。该协议不仅在终端系统中执行，而且还需路由管理者来执行。路由管理者是一个处理器，它连接着两个网络，它的基本功能是把数据从一个网络传递给在路由上的另一个网络。

(4) 传输层。

不管交换数据的各个应用的性质有何不同，都应该保证可靠地进行数据交换，即保证数据按照发送的顺序到达目标应用，传输层为所有应用提供了可靠的传输机制，该层使用传输

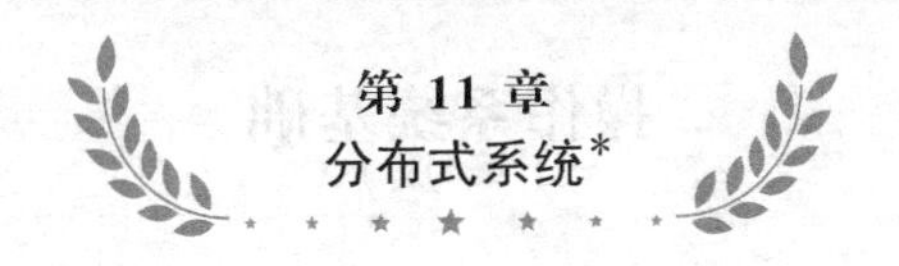

控制协议(Transport Control Protocol,TCP)。

(5) 应用层。

该层包含了支持各用户应用所需的逻辑。

以下让我们看看TCP/IP通信协议是如何工作的。图11.1表示两个主机M和N上的两个进程A和B的消息传输,并假定这两个主机分别连接在不同的网络上。与主机相连的网络称为子网(如以太网)。假定主机M上的进程A产生了一个消息数据块,要通过它的端口6发送给主机N上的进程B的端口18。进程A把消息数据块连同发送消息的指令(或原语)一起向下层提交给传输层TCP,指令(或原语)告诉TCP该消息传往主机N的端口18。传输层TCP按协议要求将该消息数据块分成若干块(例如两块)。为了控制数据传输,TCP添加一个传输头(TCP头),如图11.2所示,称为传输段(或TCP段)。传输头中包括以下信息。

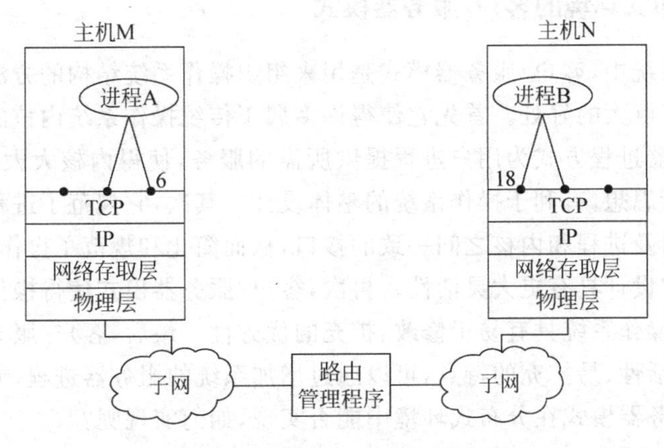

图11.1 TCP/IP通信协议的概念

- 目标端口。指出消息传输给谁。
- 序号。被递交数据可能被分成若干段,当消息数据块到达主机N时,N中的通信协议要将数据块按序号排好。
- 检查和检验。数据传输中可能出现错误,接收方通过检查和检验是否有错,若有错,请求重发。

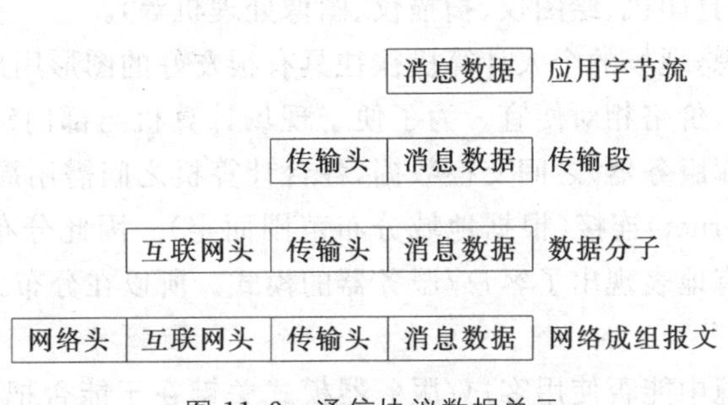

图11.2 通信协议数据单元

传输层TCP在添加了传输头、完成了必要的工作后,将数据块(传输段)连同发送消息的指令一起向下传输给互联网层IP,IP也添加一个控制信息头到数据块上,称为IP头(或互联网络头），其中包括的信息是目标主机的地址（不包括端口号）。IP 使数据块成为数据分子形式。

然后 IP 将数据块连同消息发送指令（或原语）向下传输给网络存取层，并进行跨网络的数据传输，该层也添加一个控制信息头到数据块上，其中包括以下信息。

- 目标子网地址。
- 要求提供的子网的服务功能，例如优先级功能。

该报文被传送到路由管理者 S 时，S 去掉该报文头部，并检验 IP 头。从而得到目标主机地址的信息，于是跨过主机 N 的子网将数据传输到主机 N 中。主机 N 中的通信协议的每一层都把数据块中添加的头部去掉并进行相应的处理，最后通过端口 18 把消息传给进程 B。

11.2.3 分布式环境的客户/服务器模式

在单机操作系统中，客户/服务器模式是用来组织操作系统结构的方法。这种方法给操作系统设计带来了巨大的好处。首先它使得许多属于传统操作系统内核的服务功能被移到内核之外，以服务器进程方式为用户进程提供所需的服务，使得内核大大缩小，从而实现了微内核结构的设计思想，有利于操作系统的整体设计。其次，它规范了进程之间的关系为客户/服务器关系，以及进程和内核之间一致的接口，从而简化和规范了操作系统设计，并且使操作系统的结构和设计具有更大灵活性。再次，客户/服务器模式使得操作系统设计达到高度的模块化，使得操作系统具有易于修改、扩充的优秀性。最后，客户/服务器模式使操作系统具有开放性、灵活性、易扩充的特点，可以通过增加系统的服务器进程，方便地增强系统功能。那么客户/服务器模式在分布式环境中能否实现，如何实现呢？

分布式系统是主要用于一个组织和部门内部的计算机数据处理系统。系统内的各台计算机相互协作、分工，共同完成整个部门的应用任务。因此分布式系统的组织自然而然地在产生数据和使用数据的现场使用较多的个人计算机，以支持下层具体业务部门的工作，并对数据进行初步处理。从部门整体数据处理的需要来看，一个部门的数据处理系统自然需要一个容纳全部门数据的数据库，需要具有对全部门数据进行高级和综合处理的能力。这包括具有强大功能的高级的相对昂贵的计算机，有关的软件、工具软件和所需的各种有关算法和昂贵高级的设备（如打印机、绘图仪、扫描仪、图像处理机等）。

而从经济角度考虑，现场的个人计算机往往具有很友好的图形用户界面，易学、易用、易维护，但性能相对较弱，价格相对便宜。为了便于现场计算机与部门级计算机（一般是数据库服务器或包括数据库服务器）之间交换数据，各台计算机之间需用局域网（LAN）、广域网（WAN）或互联网（internet）连接（根据地域分布范围而定）。因此分布式系统的组织、业务处理方式和性质都固有地表现出了客户/服务器的模式。所以在分布式环境中使用客户/服务器模式是有必要的。

其次在分布式环境中能否使用客户/服务器模式关键在于能否把部门的应用任务在客户机和服务器之间进行分配。一般来说，将应用任务在客户机和服务器之间进行分配的关键是如何分配客户机和服务器之间的工作，通常有三种客户/服务器的应用类型（如图 11.3 所示）。

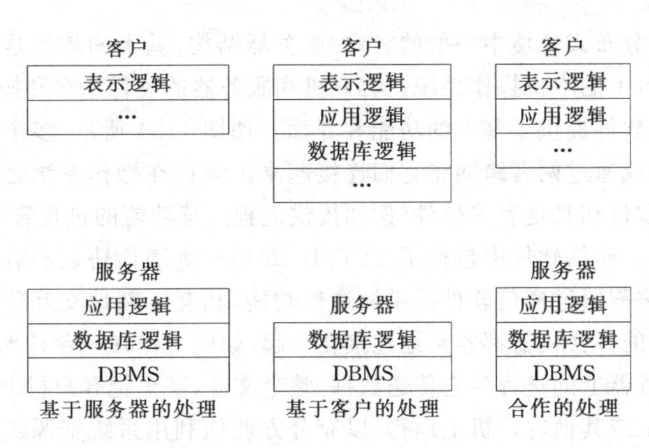

图 11.3　客户/服务器的应用类型

(1) 基于服务器的处理。

这是早期常用的客户/服务器处理配置,是最基本的一种方法。在客户方面只提供用户友好的图形界面。而应用逻辑和数据库逻辑全由服务器负责。这主要考虑在集中的中心部门便于对应用和数据库的维护和管理。但这种配置使客户机方面功能低下,对应用工作支持太差,客户机不能很好地提高生产能力。

(2) 基于客户机的处理。

所有的应用处理全集中于客户机,服务器只负责控制和管理数据库。客户机还承担对数据库的访问路径合法性检查工作,以及最好由数据库逻辑管理的一些功能也放在了客户机方面。这种配置方式使得客户机可以按用户需要来裁剪它的应用功能。

(3) 合作处理。

这种配置使得服务器既负责数据库的功能,又能按应用逻辑有效地为用户提高服务支持效能;而客户方可以提高自己的生产能力,并按最优方式执行应用。不过这种配置方式要比以上的处理方式复杂。

图 11.4 表示了客户/服务器模式在分布式环境中的实现方式。客户机多是由单用户的个人计算机或工作站组成的,它们通常具有友好的图形用户界面。而服务器为所有客户机所共享,主要是提供了数据库服务器。为了系统的强壮性和可靠性,服务器通常使用对称式多处理器系统(SMP)。

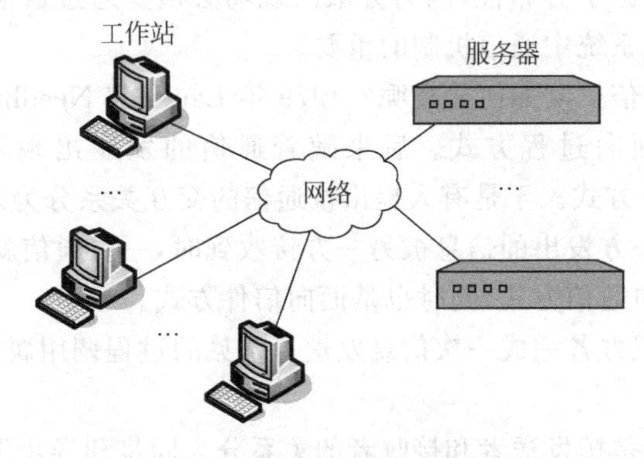

图 11.4　客户/服务器环境

图 11.5 表示在分布式环境中一般的客户/服务器结构，基本的软件是分别运行在客户机和服务器硬件平台上的本机操作系统。客户机和服务器的硬件平台和操作系统都可以是不同的，它们为上层软件提供了基本的功能和界面。如图 11.4 所示，多个客户机以及服务器用局域网、广域网或通过两者跨网将它们连接起来。运行在操作系统之上的软件是分布式操作系统的通信软件和其他有关软件(例如提供进程迁移功能的进程管理软件，完全分布式资源管理软件等)。通信软件中包括了 TCP/IP 或 OSI 等通信协议和有关通信原语。客户机和服务器上的进程通过通信软件提供的通信功能，相互不断地交互作用、交换数据、提供服务，使得系统中的每台机器都紧密地连接在一起，如同工作在一台计算机上一样。客户机进程可以要求服务器上的进程为它传送数据、整个文件，甚至把客户机上的进程及其运行环境迁移到服务器上或其他客户机上运行，以充分方便地利用系统资源或使各机器负载平衡。在通信软件之上运行的是应用逻辑。设计分布式系统的一个重要内容之一，是将应用程序的任务进行分割，有些任务交由不同的现场客户机去完成，有些由部门级的客户机或服务器来完成。因此服务器上也应包括应用逻辑，并完成部分应用功能，如与全局有关的数据的高级处理、数据维护和管理、数据保护和完全性以及决策支持等。这种应用任务的合理分配与系统的具体配置和系统设计目标有关，不能一概而论。但对应用进行合理分配以达到最优化的应用，是分布式系统追求的目标。在客户机上最高一级的软件表示逻辑，实际上是界面设计，要为用户提供友好的图形用户界面，以便于用户使用。

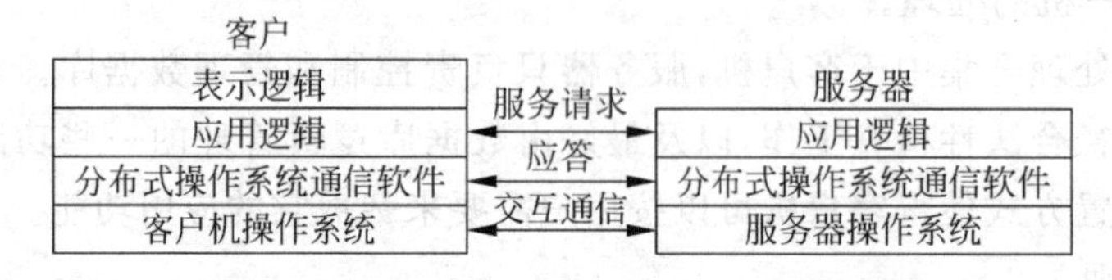

图 11.5　客户/服务器的一般结构

现今，分布式环境中还发展了 P2P(Peer to Peer)等其他模式，但客户/服务器模式依然是当前分布式系统设计的主流。

11.2.4　分布式进程通信

分布式系统具有两个根本的特性：分布性和通信性。分布性来源于应用现场在地域上的分散性；而通信性来源于分布性，因为分散的现场必须要通过通信来实现进程间的交互和合作。可见在分布式系统中通信机制的重要。

在分布式环境中通信机制如何分类呢？1979 年 Lauer 和 Needham 把通信机制归为两类：面向信件方式和面向过程方式。后来随着通信的发展出现了难以归入这两类的 Modula-2 语言的 MOD 方式。于是有人提出按通信的交互关系分为以下几种。

- 单向方式。当一方发出的信息被另一方接收到时，一次通信就完成。常见的发送和接收原语是单向通信方式，同时也是面向信件方式。
- 交互方式。指双方各完成一次信息发送。常见的过程调用属于这种方式，同时也是面向过程方式。

另外一种分类方式是按发送者和接收者的关系分为同步和异步发送方式。

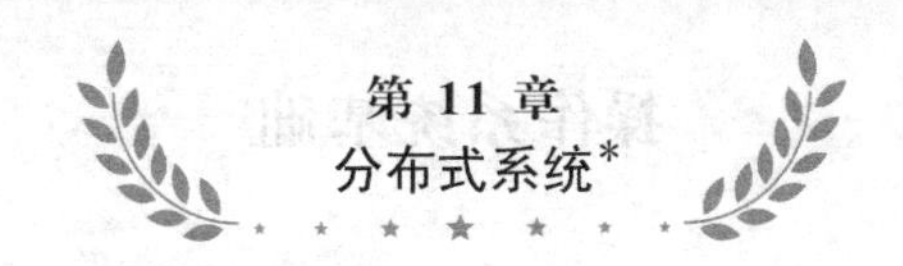

而在实际应用中，分布式系统的进程之间的通信方法通常有两种：第一种是直接使用消息传送的机制，它类似于单机系统中的进程的消息发送和接收；第二种方法称为远程过程调用(Remote Procedure Call,RPC)，它实际上是第一种方法的改进。

1. 分布式消息传送

分布式进程消息的传送可以分两种方式：异步和同步。前面已经说过，分布式环境中要实现进程通信需要分布式操作系统提供给进程一些通信的基本手段，称之为通信原语。进程通信中最基本的功能是消息的发送和消息接收，因此最基本的通信原语是：

- 异步消息发送原语 ASend (P,M)。
- 异步消息接收原语 AReceive(P,B)。
- 同步消息发送原语 SSend(P,M)。
- 同步消息接收原语 SReceive(P,B)。

其中，P 在发送消息原语中表示接收者进程的 ID 或在接收消息原语中表示发送者进程的 ID。需要提出的是，我们为叙述方便，把 P 称为进程 ID。实际上使用的是主计算机地址加端口号的标识方法。

M 表示传送的消息数据块。

B 表示接收者进程的信箱或缓冲区。

图 11.6 表示一个异步消息传送原语的示意图。在客户机方，一个进程要求服务器上的某个进程提供服务，于是它形成并产生一个消息数据块，其中包含目标进程的标识，然后调用异步消息发送原语和提供所需的参数。该原语是分布式操作系统所提供的功能，其主要工作是将消息数据块按通信协议(例如 TCP/IP 或 OSI)的层次向下传送。当数据块经过网络传送最后到达目标计算机时，又经过通信协议逐层次地向上传送到接收方的消息传送模块中接收消息的子功能模块。该模块检查消息中接收者进程的标识，并把消息放入该进程的信箱之中，然后发一个信号给该进程或唤醒它处理。图 11.6 的消息传送模块是分布式操作系统提供的进程通信原语集合。在图示的消息发送情况下，客户机进程使用消息发送原语。服务器方的进程因为正在接收消息，所以使用接收消息原语。在以后不分异步和同步通信的情况时就称发送消息原语(Send)和接收消息原语(Receive)。

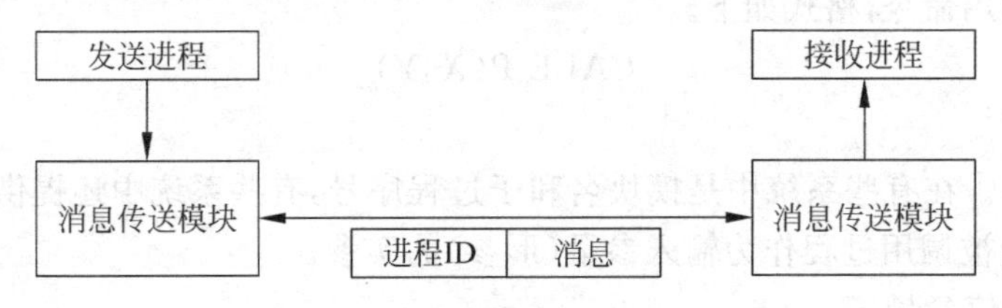

图 11.6　进程消息传送原语

在异步消息发送时，发送者进程只是把信(消息)送入接收者的信箱中，它既不要求接收方做好接收准备来接收它的消息，同时发送进程也不阻塞自己以等待对方回信。我们说过这种通信方式提高了系统的并行性和灵活性，并可以利用广播通信的功能。

同步消息发送时，发送进程要求接收者做接收准备；它往往要明确地知道接收方是否已做好接收准备,而且发送者进程在发送消息后阻塞自己以等待接收方回答。如果对方未在预定时间内返回回答信息,就认为对方没有收到消息或者消息丢失了,于是再次重发消息。

异步消息传送原语是基本的消息传送原语,可以利用异步消息传送原语来构成同步消息传送原语。

2. 远程过程调用

远程过程调用(RPC)目前在分布式系统中被广泛采用,已成为一种最普通的封装式进程通信方法。它允许不同机器上的进程使用简单的过程调用和返回的方式进行交互,即允许 A 机器上的一个进程执行时调用存在于 B 机器上的一个过程或函数,并将结果返回。但是,这个过程调用是用来访问远程服务的。这种方法之所以被广泛使用是由于以下原因。

- 过程调用方式在单机系统中已被广泛使用,因而为用户所熟悉和理解。
- 分布式系统中的远程过程调用已定义了明确的良好的远程接口。它以良好的文件形式说明,所以可以对分布式进程的调用命令在编译时进行静态检查以确认其是否有类型不匹配的错误。
- 由于远程过程调用具有一个精确定义的标准接口,所以便于自动生成应用的通信代码。
- 同样由于远程过程调用具有一个精确定义的标准接口,所以开发者编写的客户机和服务器通信模块易于移植。

远程过程说明中有两类参量,一类是输入参量,另一类是输出参量。输入参量相当于单机中一般过程的值参,输出参量在过程体中可看作一个局部变量,它的值将作为执行结果被传递给相应的实参。远程过程体中可以出现类似于 RETURN 的语句,它在远程过程中具有两个作用。

(1) 给调用者一个回答信号。

(2) 将输出参量传递给相应的实参。

如果远程过程首部说明有输出参量,则调用者必须等待输出参量的回答值。调用一个没有输出参量的远程过程不会引起调用者的等待,对于调用者来说执行一次远程过程调用相当于执行调用者自己的子程序。而对于分布式操作系统来说可不是这么简单,进程首先提出本地过程调用命令,格式如下。

$$\text{CALL P}(X,Y)$$

这里:

P 是过程名。在有些系统中是模块名和子过程序号,有些系统中还提供缺省机制。

X 是传送给被调用过程作为输入参量(形参)的实参。

Y 是返回的值参量。

图 11.7 表示了远程过程调用机制,当客户进程做出过程调用如上面的命令格式,即一个一般的过程调用命令时,客户机的分布式操作系统的过程库就知道是远程过程调用,于是一个本地的过程 P 的存根被包含在用户进程的地址空间内,或者在过程调用时动态地链接到进程地址空间。同时远程过程调用机制为该进程的调用建立一个消息,该消息包含被调用过程的标识和提供的参数。该消息通过通信协议如 TCP/IP 或 OSI 的各个层次依次向下

递交直到发送到远程的服务器。经过服务器上通信协议的各层依次向上递交到服务器的分布式操作系统的远程过程调用机制。该机器有另一个存根程序与被调用过程是相关的，当消息收到时，该存根程序就检验这个消息，并产生一个本地过程调用为 CALL P(X,Y)，并找出参数和它的堆栈等，这一切操作完全相同于一般的局部过程调用。当过程执行完成后，通过返回值参作为回答，这个回答过程又是通过远程过程调用实现的。

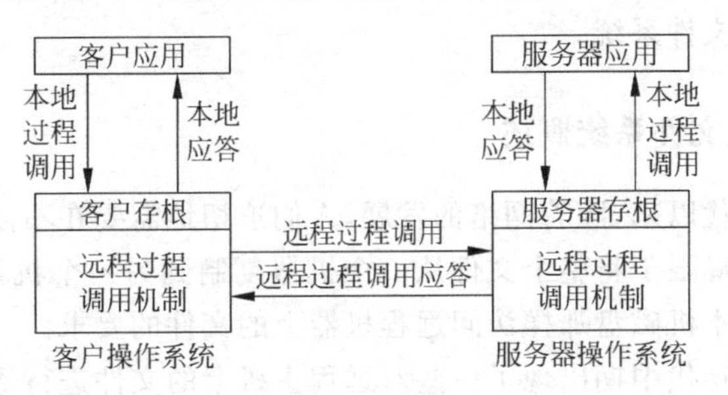

图 11.7　远程过程调用机制

在远程过程调用中存在以下几个设计问题。

1）参数传递问题

大多数程序设计语言允许将参数作为值(即值调用)进行传送，或者作为一个包含值所在位置的指针(即引用调用)进行传递。通过值的调用对于远程过程调用是十分简单的，只要简单地将参数复制成信息并发送给远程系统就可以了。但通过指针调用实现起来就困难了，因为指针中存储的是本地的一个地址，将此地址发送到接收端，此指针在接收端是无效的。因此需要系统提供统一的地址空间或使用通信的方式返回原主机取值，从而需要较大的开销。

2）参数表示问题

远程过程调用的另外一个问题是如何表示信息中的参数和结果。如果被调用过程和调用进程在同一种类型的机器上，运行相同的操作系统，采用的是同一种程序设计语言，那么参数表示的要求就可能没有什么问题。但若不是上述情况，那么表示数字和文本的方法将可能是不同的。最好的办法是为一些通用的对象，如整型数、浮点数、字符和字符串提供一个标准格式。这样，任何机器上的本地参数和标准表示只要进行相应的转换即可。

3）客户机与服务器的“链接”问题

这里所说的“链接”是指在远程过程和调用程序(进程)之间如何建立起相应的关系。当两者之间已进行了一个逻辑的连接并准备交换命令和数据时，便形成了“链接”。

非持久性的“链接”是指逻辑连接，是在远程过程调用时间内在两个进程之间建立的连接，一旦有值返回，这个连接就被解除。由于连接需要维持两端的状态信息，所以要消耗资源，而非持久的方式正是为了节省这些资源。但是采用这种非持久性的“链接”，使得建立连接时所涉及的开销不适合调用者频繁地进行远程过程调用。

持久性的“链接”。这是针对非持久性“链接”的，采用这种方式为远程过程调用所建立的连接在过程调用返回后仍维持不变，这样就克服了对远程过程调用频繁地进行调用时的多次连接。如果在一个指定周期内，在连接上没有传递活动，这个连接就终止。

11.3 分布式文件系统

分布式系统有多种资源服务器，例如数据库服务器、打印服务器和文件服务器等。限于篇幅，我们只想讨论其中之一作为代表，从操作系统本身的文件管理功能出发，本节介绍文件服务器——分布式文件系统。

11.3.1 分布式文件系统概述

从20世纪70年代以来，随着网络的发展，人们迫切地需要在不同的计算机之间共享文件。最早的解决方法局限于将整个文件从一个机器复制到另一个机器上，然而这种解决方法不能达到如同访问本机磁盘那样访问远程机器上的文件的要求。

到了20世纪80年代中期出现了一些对远程主机上的文件进行透明访问的分布式文件系统。例如Sun公司的网络文件系统（NFS）和AT&T公司的远程文件系统（RFS）。但这两个系统属于使用局域网（如Novell）的小型分布式文件系统。20世纪90年代初出现了可以在世界范围内安装的，可支持近万个客户机、几十个文件服务器的大范围进行文件共享的分布式文件系统DCE DFS。

分布式文件系统是允许通过网络来互联的，使不同机器上的用户共享文件的系统。分布式文件系统是一个软件层，有时被人误以为是分布式操作系统。实际上它不是分布式操作系统，而是被集成到主机的操作系统中，为有集中内核的分布式操作系统提供文件访问服务。它是一个能让运行它的所有主机共享的文件系统，可以管理操作系统内核和文件系统之间的通信。分布式文件系统具有以下特点。

• 网络透明性。客户访问远程文件服务器上的文件的操作如同访问本机文件的操作一样。

• 位置透明性。客户通过文件名字访问文件，但不能判断出该文件在网络中的位置。

• 位置独立性。文件的物理位置变了，但文件的名字不变。

现代分布式文件系统的体系结构特点如下。

• 基本上都使用客户/服务器模式的结构。客户是指要访问文件的计算机，而服务器便是存储文件并且允许用户访问这些文件的计算机。在有些系统中不允许某个计算机兼有双重身份，既是客户又是服务器，即客户和服务器是不同的机器。而有些系统则允许一台机器既可以是客户机又可以是服务器。

• 文件的名字空间。目前有两种方法。有些分布式文件系统提供统一的名字空间，所有客户可以使用同样的路径名来访问同一个给定的文件，另外一种方法是有些分布式文件系统允许用户将共享的文件目录子树安装到该用户的本机文件系统（如果该用户拥有这种安装的权力）。这样用户就可以自己定制文件的名字空间了。

• 远程文件的访问方法。纯粹的客户/服务器模式中，客户使用远程服务方法访问文件。每一个对文件的访问操作都是由用户发出来的，而服务器只是简单地响应客户的请求。但在有些系统中服务器提供更多的服务，它不仅响应客户的要求，而且还对客户机中的高速缓存（保存有传送过去的远程文件以及文件属性）的一致性做出

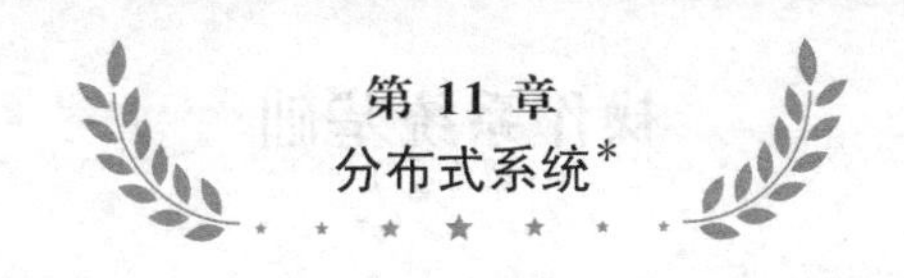

预测，一旦客户的数据变为无效时(已被修改了)它便通知客户。

大多数分布式文件系统使用远程过程调用方法(RPC)访问文件。但也有些系统使用别的远程服务方法，例如 AT&T 的远程分布式文件系统(RFS)使用流的机制。

- 有状态和无状态操作。有些系统使用有状态的服务器操作，即服务器为客户保存它在两个请求之间的状态信息，并且服务器使用这些状态信息来保证以后的请求能够正确地执行。例如一些文件操作如 Open 和 Seek 的请求是属于有状态的，因为服务器必须记住客户打开了哪一个文件以及每个打开文件的读写指针的偏移量，让客户的下一个操作能正确执行。有些系统使用无状态的服务器操作。客户的每个访问文件的请求都是自包含的，客户每次操作请求时都要求客户自己指定文件的读写指针的偏移量。服务器不为客户保存任何状态信息。

有状态服务器实现起来困难，但这种方法对客户的服务速度快，因为服务器可以利用客户的状态信息减少大量的网络信息量，但必须具备复杂的一致性维护和崩溃恢复机制。无状态服务器易于设计和实现，但是性能不高，因为传输的信息量要大。

11.3.2 分布式文件系统的组成

分布式文件系统这一层软件为系统中的客户机提供共享的文件系统，为分布式操作系统提供文件访问服务。我们知道分布式操作系统在系统中的每个主机上都有一个副本，但分布式文件系统并不是这样。它是由两部分组成的：一部分是运行在服务器上的分布式文件系统软件，一部分是运行在每个客户机上的分布式文件系统软件，分别称为分布式文件系统服务器程序代码和分布式文件系统客户机程序代码。这两部分程序代码在运行中均与本机操作系统的文件系统功能密切配合，共同起作用。需要指出的是，无论是客户机还是服务器本机操作系统的文件系统中，都包含多种文件系统，因此它们的本机文件系统是虚拟文件系统(或称多重文件系统结构框架)下包含的多种文件系统。分布式文件系统将通过虚拟文件系统(VFS)和虚拟节点(Vnode)与本机文件系统交互作用。所以分布式文件系统由服务器代码和客户机代码这两部分构成，每部分都与本机文件系统一起为分布系统中的各主机提供文件访问服务。

下面以 Sun 公司的网络文件系统(NFS)为例来看看该系统软件的具体组成。

- 网络文件系统(NFS)协议。它定义了一组客户可能向服务器发送的请求，以及请求中的参数和可能返回的应答。
- 远程过程调用(RPC)协议。它定义了客户和服务器之间所有的交互格式。客户机的每个网络文件系统的请求都是以一个 RPC 包的形式被发送的。
- 扩展数据表达(XDR)。提供了与机器无关的通过网络传输数据的方法，也就是提供一种与机器无关的共同一致的对数据(如整型数、浮点数、结构等)的定义，以便于在异构机器间传送数据。
- 网络文件系统(NFS)服务器的程序代码。负责处理所有的客户机请求，提供对输出文件系统的服务。
- 网络文件系统(NFS)客户机的程序代码。通过用户对本机文件系统的系统调用要求，在本机虚拟文件系统及其中的远程节点(Rnode 是与 Vnode 相关的)的支持下将其转换成一个远程过程调用(RPC)包,并通过向服务器发送一个或多个RPC请求,以实现客户对远程文件的所有调用。

• 安装协议。定义了为客户机安装和卸载文件系统子目录树的操作和语义。

NFS还定义了几个监管进程,这些进程有:

1) 服务器方面

一组Nfsd进程。负责监听以及响应客户机的服务请求。

Mountd进程。负责处理客户机的安装请求。

2) 客户机方面

一组Biod进程。处理各客户机的文件块的异步输入和输出。

网络锁定管理器(NLM)和网络状态监视器(NSM)。它们一起实现网络对文件锁定的功能。

网络文件系统(NFS)是一个纯粹的客户/服务器模式的体系结构,其服务器是无状态的,以远程过程调用方式实现对远程文件的访问和不同机器间的进程通信。在以上所列的组成成分中,有些仅仅局限于服务器或客户机(如不同的程序代码和不同的监管进程),而另外一些则是两者共享的,如共同需要执行的协议(协议本身是软件成分,因为协议中的约定和规则都要用软件来实现)。远程过程调用(RPC)应属于分布式操作系统的进程通信机制,并不是属于分布式文件系统的,可供分布式文件系统中的客户机和服务器双方来使用。

11.3.3 分布式文件系统的体系结构

当代分布式文件系统的体系结构基本上都是客户/服务器模式的,但各个系统在客户机和服务器中的具体实现却是不同的。本节通过几个实际系统来了解分布式文件系统的工作流程及实现方法的不同。

1. 网络文件系统

图11.8中表示网络文件系统(NFS)的体系结构和工作过程。图中表示了服务器已为该客户机输出了一个文件系统子目录树(对应于图11.8中服务器方的特定文件系统)。该文件系统子目录树是服务器应客户要求(并检查其权限)输出给客户安装的。安装的目录节点为Vnode。该Vnode成为被安装子树的根节点,称为远程节点。因为它是一个远程文件系统的节点,从第11章我们知道UNIX的虚拟文件系统是用面向对象设计技术实现的。v节点是内核中一个活动文件的基本抽象——一个对象基类。每个对象类型中包括数据域v_data和一个虚函数(操作)域,该域以指针指向虚拟文件系统的操作函数向量表。图中为远程文件系统的操作函数向量表nfs_vnops在回顾和复习了虚拟文件系统有关内容后回到网络文件系统(NSF)的请求过程。

当客户机上的进程调用系统调用来对NFS文件系统进行操作(要指出的是用户是使用本机的局部、不是远程的文件系统操作命令),那么本机的虚拟文件系统中与文件系统无关的代码部分识别出用户要访问的文件的v节点。上面已说过,当前与此v节点相关的是远程节点,并根据用户的系统调用命令从nfs_vnops找出客户所需的对NFS进行操作的函数过程。当把这过程名以及原来系统调用命令中的其他参数由虚拟文件系统传送给“NFS客

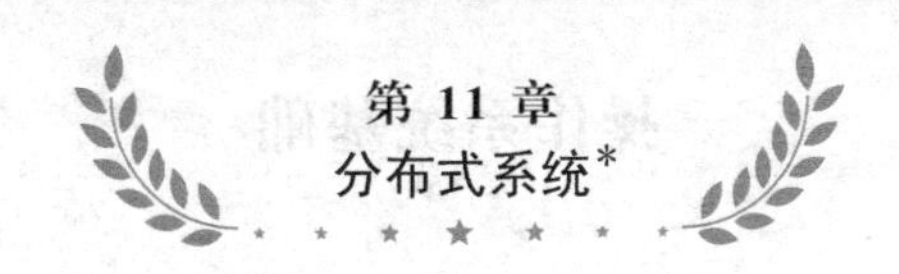

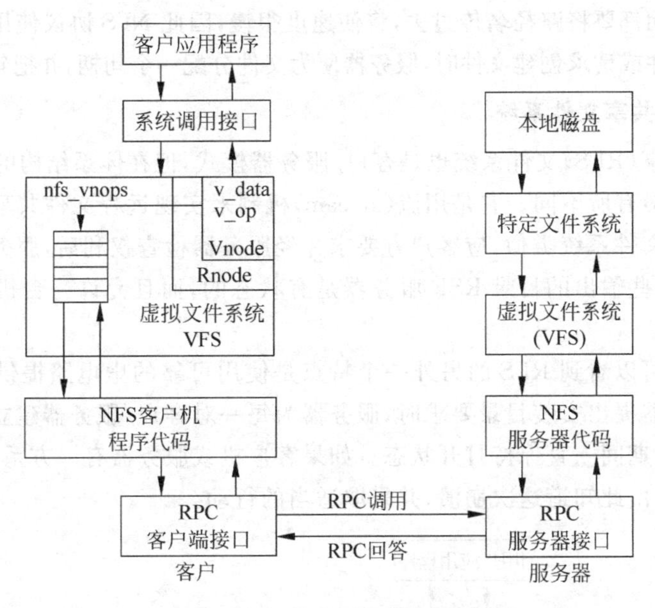

图 11.8 NFS 中的文件请求

户机程序代码”层后，该层软件首先构造远程过程调用(RPC)的调用请求包(如图 11.9 所示)，该请求包消息按通信协议的层次向下传递直到送往服务器。服务器端的通信协议各层把请求包消息向上传到“NFS 服务器代码”层和虚拟文件系统。它们识别出对应的本地文件的 v 节点，并调用相应的文件操作。在这过程中客户机端的进程在发送出了 RPC 请求消息包后就阻塞在调用点上等待服务器返回一个回答消息包。

RPC 请求调用消息
传输请求 ID
传输类型(调用)
调用的过程名
过程的版本号
要调用服务程序的特定过程
认证信息
RPC 协议的版本号
过程相关的参数

RPC 请求应答消息
传输请求 ID
传输类型(回答)
回答的状态信息
接收的状态信息
认证信息
过程相关结果

图 11.9 RPC 消息格式

最后服务器处理完毕后，将结果又传回 NFS 服务器程序代码层，它按应答消息格式(如图 11.9 所示)构造一个 RPC 回答消息，通过 RPC 接口和通信协议各层返回客户机，RPC 层接收到消息后唤醒阻塞进程，以处理远程文件访问的回答消息。

图 11.9 表示的是远程过程调用(RPC)的消息格式。其中“传输请求 ID”是客户为每个请求所建立的，便于用户判断是哪一个请求的回答消息到达了，而服务器可以按此请求 ID 来鉴别重复请求(客户重发请求造成的)。

当客户向服务器发送一个 NFS 访问请求时，它必须把要访问文件的标识作为参数传送过去。如果每次访问都要将路径名传过去，将使速度很慢，因此NFS协议使用文件句柄。当客户第一次访问文件或请求创建文件时，服务器便为文件分配一个句柄，并把句柄返回给客户。

2. 远程文件共享文件系统

远程文件共享(RFS)文件系统也是客户/服务器模式，但在体系结构的具体实现上与网络文件系统(NFS)有所不同。它是用流(stream)机制来实现远程文件共享(RFS)文件系统的框架。与网络文件系统类似，应客户方要求并经服务器检查权利后，服务器向外输出子目录树，客户安装这些输出的目录RSF服务器是有状态的，而且允许一台机器既是客户机又是服务器。

由图11.10可以看到RFS的另外一个特点是使用可靠的虚电路提供传输服务。当客户第一次向服务器提出安装目录要求时，服务器为每一对客户/服务器建立一条虚电路。虚电路在安装、操作期间一直保持打开状态。如果客户机或服务器有一方系统崩溃，虚电路便会中断，对方也可由此知道这次崩溃，并采取适当的行动。

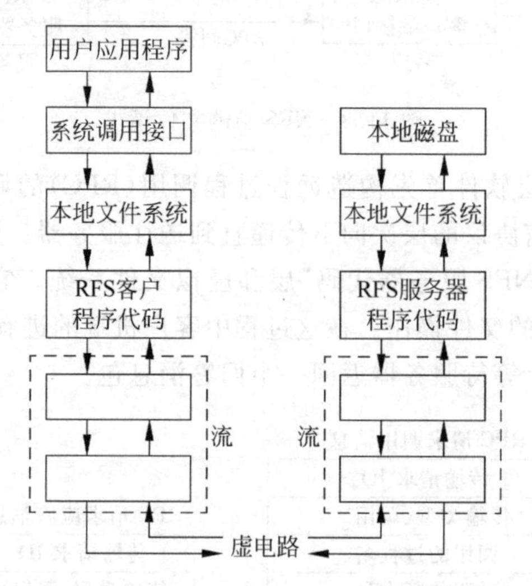

图11.10　RFS的体系结构和通信

RFS的远程文件访问请求和应答都是基于消息的，因为消息传递是流中唯一的通信方式。流支持多路复用的多个流机制，图11.10表示上行流和下行流方式传送访问请求消息和服务器回答消息的流程。RFS的虚电路机制是建立在TCP/IP通信协议之上的，因此消息在“RFS客户程序代码”层形成后由流头下行送到传输控制协议层(TCP)后，又下行送到因特网协议(IP)层，就直接从诸如以太网，令牌环网或Novell网上传送出去。服务器上的通信过程和回答消息的传送是类似的，在此不再赘述。

关于分布式文件系统的体系结构基本上都采用客户/服务器模式。具体实现我们介绍了使用远程过程调用(RPC)和流(stream)两种机制。但在现有系统中，以使用远程过程调用方法的居多。

11.3.4　客户机高速缓存和一致性

如果客户的每一个I/O操作都需要远程访问，对远程文件的每一次访问都要通过网络进行。那么分布式文件系统的性能就会变得令人难以忍受。因此为了维护系统合理的吞吐量和较好的系统性能，在客户端必须使用某种形式的高速缓存。目前在分布式系统中的高速缓存大致有以下的实现特点。

- 客户机要缓存的数据包括远程文件数据块和文件属性两个方面的数据。
- 文件数据块缓存在磁盘缓冲区中。
- 文件属性缓存在“远程节点”(Rnode)中(或称为远程文件控制块中，不同系统对文件属性数据块的称呼不尽相同)。
- 对远程文件的缓存，通常是将整个文件读过来，但对于大于 64KB 的文件，则每次传回 64KB 块进行缓存。

有些系统中，远程文件共享本地块文件高速缓冲区，并从本地块文件缓冲区中预留一部分给远程文件缓冲使用。预留以外部分两者均可以使用。有些系统则把远程文件块数据缓存在磁盘上，文件属性缓存在主存中。

客户机提供缓冲区来缓存远程文件和块数据之后，最主要的问题在于必须维护客户缓冲区中的数据与服务器中数据的一致性并防止客户使用过期的无效数据。各系统对维护数据一致性的措施很不相同。下面介绍两个系统的措施作为参考。

(1) 网络文件系统(NFS)对一致性采取以下做法。

客户机在其操作系统内核中的远程节点(Rnode)中，维护一个过期时间，这个时间规定了文件属性的缓存期限。过了这个过期时间要访问文件属性，客户就要重新从服务器加载这些文件属性。一般情况下客户每 60s 或更短时间要重新从服务器读取。

- 对文件数据块，客户检查文件修改时间从服务器读取后有没有变化，以此来检查缓存的一致性。
- 对修改文件者的要求如下。对服务器来说要求其同步写(对本地缓冲区中副本和磁盘上的数据同步修改)，对客户机修改者可以随便延迟写。所以客户机对整个数据块采用异步写(发出写请求给服务器，但并不阻塞等待服务器的回答)，而对部分数据块则延迟一段时间再写。大多数 UNIX 每 30s 或在文件关闭后将延迟写的内容写回服务器。客户机的监管进程 biod 专门负责这类写操作。

(2) 远程文件共享(RFS)文件系统的一致性采取以下做法。

回调与废除机制。当客户从服务器上将文件数据块取回时，服务器提供一个与数据有关的回调，回调可以保证数据是有效的。如果另外一个客户修改了此文件并且将改变写回服务器，则服务器通知所有持有该文件回调的客户，称为回调废除。客户根据自己的需要决定是否重新从服务器读取数据。RFS 对文件属性也使用同样的回调机制。

11.4 分布式系统中的互斥与死锁

在分布式系统中资源的管理方法有两种。

一种是分布式集中管理，每个资源均由本地主机唯一的一个管理者管理。每个资源管理者对所管资源进行分配和去分配工作，类似于单机中的集中管理方式。它们之间不同的只是当本地资源管理者不能满足一个申请者要求时，它帮助申请者去向其他资源管理者申请。在分布式集中管理模式下的互斥和死锁问题及其解决办法也与集中管理模式类似，采取单机系统中的同步互斥和死锁检测等有关算法，不再赘述。

另一种资源管理方法是资源的完全分布管理，每个资源由位于不同节点上的资源管理者共同来管。每个资源管理者在决定分配资源前，必须和其他资源管理者协商。对于那些由各计算机共享的、互斥使用的临界资源都采用这种管理模式。为了能在分布式系统中实现共享、互斥使用，必须设计一套算法，以便各资源管理者按此算法来共同协商资源的分配。该算法应满足以下条件。

(1) 应保证每个资源在任何时候最多被一个进程所占有，即保证互斥分配。

(2) 不应使有些进程长期或无限期等待，即不应产生饥饿和死锁情况。

(3) 各资源管理者在协商中处于平等地位。

在单机系统中临界资源的互斥使用有很多方法解决，例如可以用硬件 Test and Set 指令对锁变量 lock 上锁，或者对信号量 Sem 执行 Wait (Sem) 和 Signal (Sem)(即以前常使用的 P，V 操作)原语，既简单又有效。在分布式系统中这些方法都不适用了，因为分布式系统中各计算机没有公共存储区，各进程无法通过公用变量 lock 和 Sem 来进行通信。在分布式系统中只支持进程间通过网络传递消息，而不支持通过公用变量通信。

在单机系统中对临界资源的分配和等待往往采用 FIFO 方法进行排队，那么分布式系统也可以把资源分给先提出申请的进程。但是如何判定进程的先后呢？进程分散在不同的主机上，系统中没有一个公共的时钟。各机器虽有自己的时钟，但由于时钟漂移，它们的数值并不一致。再者进程之间通过网络通信联系，时间消息通过网络传输有延迟，也就是资源管理者接到进程申请的时间要晚于进程提出申请的时间。很可能几个在不同主机上的进程同时向资源管理者提出申请，可是资源管理者先接到的申请的提出(申请)时间可能晚于后接到的申请的提出(申请)时间，因为它们在网络传输中的延迟时间会有很大差异。因此我们首先面临一个为事件(指发送申请消息和接到申请消息)定序的问题。

11.4.1 逻辑钟和逻辑时

在本节中将给出一些关于逻辑钟、逻辑时及事件顺序的一些定义和断言。

定义一　逻辑钟是一个把系统中的事件映射到一个正整数集合上的函数 C，并满足：若事件 a 先于事件 b，则 $C(a)<C(b)$。其中 $C(a)$ 和 $C(b)$ 分别为事件 a 和事件 b 所对应的逻辑钟函数值，我们称这个函数值为相应事件的逻辑时。

定义二　逻辑钟函数 C 为：

(1) 对进程 P 的非接收信件事件 p_i，若 p_i 是 P 的第 1 个事件，则

$$C(p_i) = 1$$

若 p_j 是 P 的第 j 个事件，p_j-1 是 P 的第 $j-1$ 个事件，则

$$C(p_j) = C(p_{j-1}) + 1$$

(2) 对进程 P 的接收信件事件 p_r，若 p_r 是 P 的第一个事件，q_s 是进程 Q 发这封信的事件，则

$$C(p_r) = 1 + C(q_s)$$

(3) 若进程 P 的第 r 个接收信件事件是 p_r，第 $r-1$ 个接收信件事件是 p_{r-1}，进程 Q 发送信件的事件是 q_s，该事件导致了进程 P 的接信事件 p_r，则

$$C(p_r)=1+\max\{C(p_{r-1}),C(q_s)\}$$

对定义二我们可用语言说明如下。

(1) 表示进程的第一个事件将其逻辑时置为 1，每发生一个新的事件就在原来逻辑时上加 1。

(2) 表示进程在接收第一封信件时的逻辑时，是发这封信的进程在发信时的逻辑时基础上加 1 得到的。但如果接收的不是第一封信，则进程的逻辑时是在该进程接收前一信的逻辑时，和发信进程在发本封信的逻辑时中选大者，然后再加 1。

定义三　对于由 $n+1$ 个进程组成的系统中的任意两个事件 a 和 b，如果下式成立

$$C(a)\cdot n+i<C(b)\cdot n+j$$

则说 a 前于 b，记为 $a\rightarrow b$。

其中 i 和 j 分别为发生事件 a 和 b 的进程的编号($1\leqslant i,j\leqslant n+1$)。

因此在分布式系统中事件定序如下：

我们说进程 P_i 的事件 x 领先于进程 P_j 的事件 y，如果以下关系成立。

(1) $C(x)<C(y)$ 或者

(2) $C(x)=C(y)$ 并且 $i<j$。

这里所说的事件均指进程之间消息通信相关的事件，指发送一个申请访问资源的信件或回答的信件等事件。

11.4.2　时间戳算法(Lamport 算法)

有了上面对逻辑钟、逻辑时和事件定序的定义，在分布式系统中按请求的先后次序为进程分配对互斥资源的访问，其数据结构如下。

在分布式系统的每个节点中维持一个数据结构(不妨假定每个节点中只有一个进程)用来记录从每个节点的进程接收的信息以及本节点的进程最近产生的访问请求信息。Lamport 把这个数据结构称为队列。实际上它是一个数组，系统中所有节点在其中均占有一项，数组下标也就是节点的编号($1\sim N$)。每个数组元素包括三个数据项：消息类型，发送请求消息的逻辑时钟值——逻辑时 T，节点序号。

消息类型如下：

- Request。请求访问资源。
- Reply。同意请求进程访问的回答消息。
- Release。占有资源的进程在释放资源时发送给各进程的消息。

因此第 i 个节点的数组元素可以表示为

$$q[i]=(\text{Release},T_i,i),i=1,\cdots,N$$

该算法描述如下。

(1) 当进程 P_i 要求访问资源时，它发送一个广播信件(Request，T_i，i)给所有节点的进程，其中的逻辑时是提出申请时的逻辑时。进程 P_i 把此信件放入它自己的数组的 $q[i]$ 表目中。

(2) 当其他节点进程 P_j 接收到信件(Request，T_i，i)时，它将按如下规则进行。

① 若 P_j 当前正在临界段内，它将延迟到它离开临界段时再发送回答信件给 P_i。

② 若 P_j 并不等待进入临界段(并不想访问该资源)，则它给申请进程 P_i 发送回答信件(Reply，T_j，j)同意申请者访问。

③ 若 P_j 正等待进入临界段，而且收到的请求访问信件的逻辑时均在 P，申请信件之后，于是 P_j 先不发送回答信件给其他进程，只是把 P_i 请求信件放在它自己的数组的 $q[i]$ 表目中。

④ 若 P_j 正等待进入临界段，而收到的请求信件的逻辑时 T_i 先于 P_j 的申请的逻辑时 T_j，于是 P_j 把 P_i 的申请放入它自己的数组的 $q[i]$ 表目中，并发信件(Reply，T_j，j)给进程 P_i，同意访问。

(3) 进程 P_i 收到了所有进程的回答消息，同意它访问，则它可以访问资源(进入临界段)。

(4) 当进程 P_i 离开临界段时，它释放资源并发送 Reply 消息给所有请求者。

可以证明此算法保证了互斥访问，且不会产生死锁和饥饿现象。

如果对该算法做进一步改进，其所需要的通信量是 $n-1$ 封和 $3(n-1)$ 封之间。

11.4.3 令牌传送算法

令牌传送算法是一种通信量更小的分布式同步算法，该算法由以下规则组成。

(1) 该算法使用两个数据结构。一个是被传递的令牌(token)，另一个是请求(request)数组。令牌也是一个数组。请求数组是每个进程一个，记录各进程申请资源状况信息的一个表格。当它发申请信时，或者接到其他进程发来的申请信时，就记录下该进程已处于申请资源状态，并将信中所附的时间戳记录下来。当接到该进程发来的第二封申请信时，第一封信的时间戳就不再保留。令牌数组从其结构上来说与请求数组相同。

(2) 只有令牌持有者才能获得资源。在任何时候系统中有且只有一个进程持有令牌。

(3) 申请资源时，如果该进程不持有令牌，则它向其他进程广播申请信件，信中需附上当时的时间戳。

(4) 如果令牌持有者不是申请者，并且它不再使用资源，则当申请数组中记录有申请者时，就按算法选择一个具有最小时间戳的申请者(或其他方便的算法)，将令牌传送给它，并附上自己的申请数组中保存的所有进程使用资源的状况信息(是否申请资源，以及最大的时间戳)于令牌中。

(5) 收到令牌的进程根据令牌中附有的各进程的申请状况信息，对自己的申请数组中各个进程的状况进行修改，从而成为令牌持有者，并进入它的临界段使用临界资源。

(6) 每次使用互斥资源后，将自己的状态改为非申请资源状态，然后做规则(4)。

在分布式系统中无论是在资源分配还是在进程通信中均容易发生死锁。在单机系统中使用的预防死锁的方法在分布式中同样可以使用。在分布式系统中的死锁检测比较困难，因为一个死锁可能涉及各个分布的资源，因此需要系统中所有进程合作实现死锁的检测，系统开销很大。

11.5 进程迁移

11.5.1 进程迁移的原因

所谓进程迁移是指由进程原来运行的机器(称为源机器)向想要移往的机器(称为目标机器)传送足够数量的有关进程的状态信息,使进程能在另一机器上执行。在分布式系统中如果遇到以下情况,可能进行进程迁移。

1. 平衡计数器的负载

为了改善整体性能,提高系统的吞吐量,可以将进程或线程从负载重的机器上移到负载轻的机器上。

2. 通信性能的改善

为了减少进程间交互的通信代价,可将频繁交互的各进程移到同一个节点上。或者当一个进程正在对某一个或一组文件进行数据分析时,若文件的尺寸大于进程尺寸,最好将进程移到数据所在机器。

3. 避免机器发生预期故障所带来的损失

一个系统中预先通知它可能会由若干故障而停止运行。因此为减少损失,而把一些已长时间运行的进程迁移到其他系统上继续运行。

4. 利用机器专有功能

把希望使用某专门功能的进程由一个主机移到另一个主机中去运行。

但是进程迁移的开销一般比较大,而且不是所有的机器之间都可以进行进程迁移的。在进行进程迁移的源机器和目标机器之中都应有支持进程迁移功能的程序代码。

11.5.2 进程迁移机制

进程迁移工作必须由源机器的分布式操作系统来实施,并要得到目标机器操作系统的密切协同,一起来完成进程迁移工作。

一般来说,如果实施进程迁移的目的是为了使用或获得某专门的特定资源,那么当进程申请该资源时,操作系统接到进程申请后就可以启动迁移。由于这种迁移是出于进程申请使用该资源引起的,因此我们说进程迁移是由进程启动的。

除此之外的迁移情况,无论是出于平衡系统负载,还是改善通信性能,或是为了避免预期故障发生所带来的损失,所有这些迁移完全由操作系统中监管系统性能的监管进程所决定。因此可以说这些进程迁移是由系统启动的。

那么当一个进程被迁移时,都需要迁移哪些信息呢?做些什么工作呢?

- 首先当一个进程被迁移时,需要撤销源机器上的进程,并在目标机器上创建它。因为这是一个进程的移动,而不是进程映像的复制。因此需要将进程映像(至少是进程控制块(PCB))移到目标机器上去。
- 这个进程可能正与其他进程进行通信,例如发送了消息、信号,因此对这些连接必须进行修改。

- 也许需要迁移进程的整个地址空间。这样做的好处是源系统不再需要记录和跟踪进程的剩余部分，也便于迁移进程在目标系统上顺利工作。因此当进程的地址空间不很大时，这是一个最好的迁移进程的方法。但当进程地址空间非常大，而且迁移后的进程只需要其中的一小部分时，这样迁移整个地址空间的做法也许付出的代价太高，不见得合算。
- 仅迁移进程在主存中的那部分地址空间，进程在虚拟地址空间的那些其他部分当需要时再进行传输，以使传输信息量最小。但是做出这种决定时还要考虑使通信次数和对源机器上的文件系统的远程文件访问次数减少。也就是说，不光要考虑传输的信息量，还要考虑传输次数的开销。
- 为了使进程能继续正确运行，在整个进程生命期内，源系统必须维持进程的页表或段表等实体。源机器应提供远程页的支持。
- 对于打开文件的迁移与地址空间类似。如果被打开的文件是和被迁移进程在同一个源机器中，而且已由该进程锁住进行互斥访问的，那么应与进程一起迁移。但如果进程是临时性迁移，文件是在迁移返回后再用的，那就不必迁移该文件。

本章小结

分布式系统是由多台计算机通过计算机网络组成的系统。大部分的分布式系统采用客户/服务器模式，通信系统是分布式系统创建的基础。分布式系统为了在分布式系统中实现通信，可以采用直接消息传递机制（利用 send 和 receive），也可以采用远程过程调用机制（一台机器上运行的进程可以调用另一台机器上的过程，并将执行结果返回）。分布式文件系统是分布式系统最广泛的应用，网络文件系统（NFS）和远程文件共享文件系统（RFS）是两个实例。

由于分布式系统中的资源是共享的，因此必须要解决资源的互斥使用并解决死锁问题，而各个事件发生的顺序需要确定。逻辑时钟定义了分布式系统中各个事件的顺序，Lamport 时间戳算法是此领域中的知名算法，用于实现资源的互斥访问；另一个算法是令牌传送算法。

在分布式系统中，可以通过进程迁移的方法实现负载均衡，并改善通信性能，提升某些具有特定功能计算节点的利用率。但是由于将一个执行的进程从一台机器上迁移到另一台机器上并保证其可以继续运行需要其应用的资源、运行环境等一起迁移，从而导致其复杂度和开销都很大，因此在实际应用中，是否采用进程迁移，在进程迁移的时候是否迁移已经工作的进程都是需要斟酌的问题。

习题

11.1　什么是分布式计算机系统？它有哪些优点？

11.2　分布式操作系统有哪些特点？

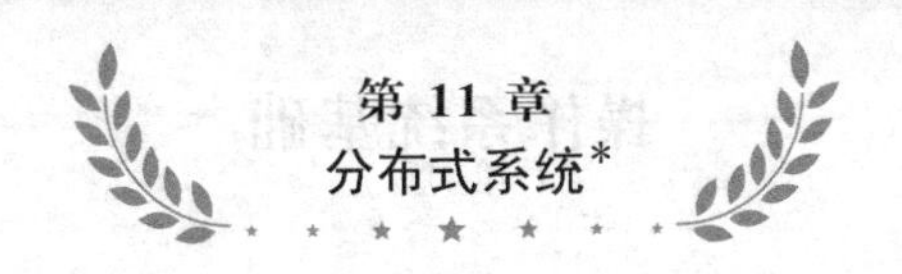

第 11 章 分布式系统*

11.3　单机和分布式环境中的进程通信特性有何不同？在分布式环境主要使用哪两种通信方法？

11.4　在分布式系统中的资源管理有哪两种方式？阐述其特点。

11.5　在进程通信中使用信道和端口机制有什么好处？

11.6　比较交互通信(同步通信)方式和异步通信方式的优劣。

11.7　什么叫做通信协议，简述 TCP/IP 协议。

11.8　请指出在分布式环境中客户/服务器模式的三种应用类型的特点和优劣。

11.9　什么叫分布式文件系统？有何特点？

11.10　简述分布式文件系统的组成。

11.11　客户机的文件高速缓存有何特点？它是如何实现数据一致性的？

11.12　什么叫逻辑时针和逻辑时以及事件定序方法？

11.13　简述完全分布式资源分配的时间戳算法。

11.14　简述完全分布式资源分配的令牌传送算法。

11.15　何谓进程迁移？引起进程迁移的原因是什么？

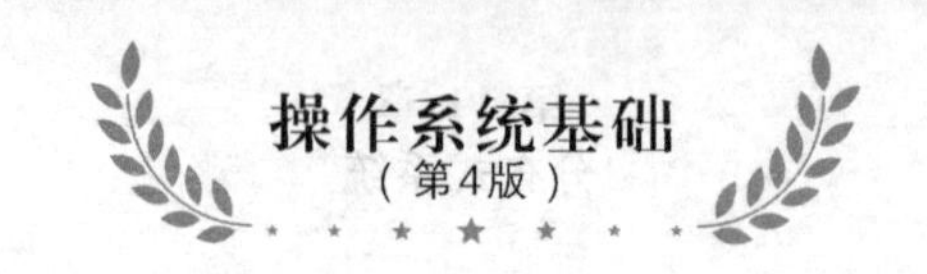

第 12 章 Windows NT 操作系统*

12.1 Windows NT 操作系统概述

Windows 操作系统源于著名的、由微软公司开发的第一代 IBM 个人计算机操作系统 MS-DOS。它的最早版本 DOS1.0 于 1981 年 8 月面世，是一个很小的操作系统，只有 4000 行汇编语言代码。1983 年，IBM 推出了基于硬盘的 PC XT 时，微软公司为它开发了 DOS 2.0 版本，当时它的文件系统只有一个目录，最多只能支持 64 个文件。1984 年 IBM 提出了 PC AT，微软公司为它开发了 DOS 3.0。当时 PC AT 是基于 Intel 80286 的，它具有强大的功能，扩充的主存和存储保护等特点。为了充分利用硬件的能力，微软公司相继开发出了 DOS 3.1(1984 年)，DOS 3.3(1987 年)。

由于当时 80486 和奔腾芯片提供了强大功能，微软公司自 20 世纪 80 年代初就致力于开发图形用户界面(GUI)，并于 1990 年推出第一个版本 Windows 3.0。之后，微软公司于 1993 年推出了 32 位操作系统 WindowsNT，在当时引起轰动效应。WindowsNT 是用 C 和 C++(少部分用汇编语言)语言编写的通用操作系统。它采用图形用户界面技术、支持多操作系统运行环境、对称多处理、内置网络功能、多重文件系统与异步 I/O，以及采用面向对象的软件开发技术等，在当时来看具有较高的性能。1993 年推出的是其第一个版本 Windows NT 3.1。在经过了几个 NT 3.x 版本之后，微软公司推出了 Windows NT 4.0。Windows NT 4.0 的主要变化在于：使用 Windows 9.5 作为 Windows NT 4.0 的用户界面，在 Windows NT 3.x 中运行在用户模式的某些 Win32 子系统被移入内核执行体中。

1998 年微软公司推出了 Windows NT 5.0，它与 Windows NT 4.0 在内部结构上没有变化，但着重增加了对分布式系统的功能和服务的支持。Windows NT 5.0 新特性的核心成分是活动目录(Active Directory)，它是一个分布式的目录，可以把一个任意对象的名字映射为关于这个对象的任一信息类型。

Microsoft Windows 2000(微软 Windows 操作系统 2000，简称 Win2k)，是由微软公司发行于 1999 年年底的 Windows NT 系列的 32 位 Windows 操作系统。Windows 2000 是一个可中断的、图形化的面向商业环境的操作系统，为单一处理器或对称多处理器的 32 位 Intel x86 电脑而设计。Windows 2000 大大提高了系统的可靠性和可用性，减少了宕机的可能性，提供了可靠的软件开发手段、增强了系统功能。通过结构的修改，操作系统的稳定性得到了增强。结构的修改主要集中在保护操作系统的内核和共享内存上面，包括内核模式的写保护，这有助于阻止错误的代码干涉操作系统的工作；Windows 文件保护，阻止新的软件安装替代基本的系统文件；Windows 2000 使用驱动程序数字签名来识别驱动程序，并且在用户将要安装没有数字签名的驱动程序时对用户提出警告。

Windows XP 是继 Windows 2000 后出现的 Windows 系列的操作系统，它的内核是 Windows NT 5.1，亦是微软首个面向消费者而基于 Windows NT 架构的操作系统。它包含了 Windows 2000 所有相对高效率及安全稳定的性质，但也有 Windows ME 的多媒体功能。但是，它不再支持某些 DOS 程序。Windows XP 引入了数个新特色，包括更快的启动与休眠过程、提供更加友好的用户界面、快速切换用户、远程桌面功能允许用户通过网络远程连接一台运行 Windows XP 的机器操作应用程序、文档、打印机和设备、支持多数 DSL 调制解调器以及无线网络连接。Windows XP 的后续操作系统是 Windows Vista、Windows 7 等。

12.2 Windows NT 的系统模型

Windows NT 没有单纯地使用某一种体系结构，它的设计融合了分层操作系统和客户/服务器(微内核)操作系统的特点，核心态组件的设计使用面向对象的分析与设计原则，采用整体式的实现。同时，Windows NT 通过硬件机制实现了核心态以及用户态两个特权级别。对性能影响很大的操作系统组件运行在核心态，这使得其更高效、稳定。

1. 客户/服务器模型

像其他许多操作系统一样，Windows NT 通过硬件机制实现了核心态(管态，Kernel Mode)以及用户态(目态，User Mode)两个特权级别。当操作系统状态为前者时，CPU 处于特权模式，可以执行任何指令，并且可以改变状态。而在后面一个状态下，CPU 处于非特权(较低特权级)模式，只能执行非特权指令。一般来说，操作系统中那些至关重要的代码都运行在核心态，而用户程序一般都运行在用户态。当用户程序使用了特权指令后，操作系统就能借助于硬件提供的保护机制剥夺用户程序的控制权并做出相应处理。

在 WindowsNT 中，只有那些对性能影响很大的操作系统组件才在核心态下运行，这些组件可以和硬件交互，组件之间也可以交互。例如，内存管理器、高速缓存管理器、对象及安全管理器、网络协议、文件系统和所有线程和进程管理，都运行在核心态。因为核心态和用户态的区分，应用程序不能直接访问操作系统特权代码和数据，所有操作系统组件都受到了保护，以免被错误的应用程序侵扰。

2. 对象模型

Windows NT 的核心态组件使用了面向对象设计原则。例如，它们不能直接访问某个数据结构中由单独组件维护的消息，这些组件只能使用外部的接口传送参数并访问或修改这些数据。但是 Windows NT 并不是一个严格的面向对象系统，出于可移植性以及效率因素的考虑，大部分代码不是用某种面向对象语言写成的，它使用 C 语言并采用基于 C 语言的对象实现。操作系统使用对象模型有以下优点：操作系统访问和操纵其资源是一致的(通过对象句柄)，所有对象采用同样的保护方法，因此简化了安全措施。

3. 对称多处理的支持

多处理模式是指一台计算机中具有两个以上的处理机，可同时执行，每个处理机上同时可有一进程（或线程）在执行。对称多处理系统（Symmetric Multi-Processing，SMP）允许操作系统在任何一个处理机上运行，即各处理机平等。它们既可执行操作系统又可执行用户进程，共同负责管理系统主存、外设和其他资源，各处理机共用主存。

Windows NT 支持 SMP。在 SMP 中不存在主处理器，操作系统和用户线程能被安排在任一处理器上运行；所有的处理器共享一个内存空间。这种模型与"非对称多处理"（Asymmetric Multi-Processing，ASMP）形成对比，后者只能在某个特定处理器上执行操作系统代码，而其他处理器只能运行用户代码。Windows NT 能在多个处理器上运行，在不同的处理器中，每一个线程基本上都可以同时执行。

如图 12.1 所示，Windows NT 分为用户态和核心态两部分。粗线上部代表用户进程。为了防止用户应用程序访问或更改重要的操作系统数据，计算机的处理器支持两种模式：用户态和核心态。用户应用程序代码在用户态下运行，操作系统代码（如系统服务和设备驱动程序）在核心态下运行。操作系统软件的特权级别高于应用程序软件，这样，处理器就为操作系统的设计者提供了一个必要的基础，保证了应用程序的不当行为在总体上不会破坏系统的稳定性。大量的 Windows 操作系统代码在核心态运行，所以一定要仔细地设计和测试这些代码以确保它们不会破坏系统的安全性。

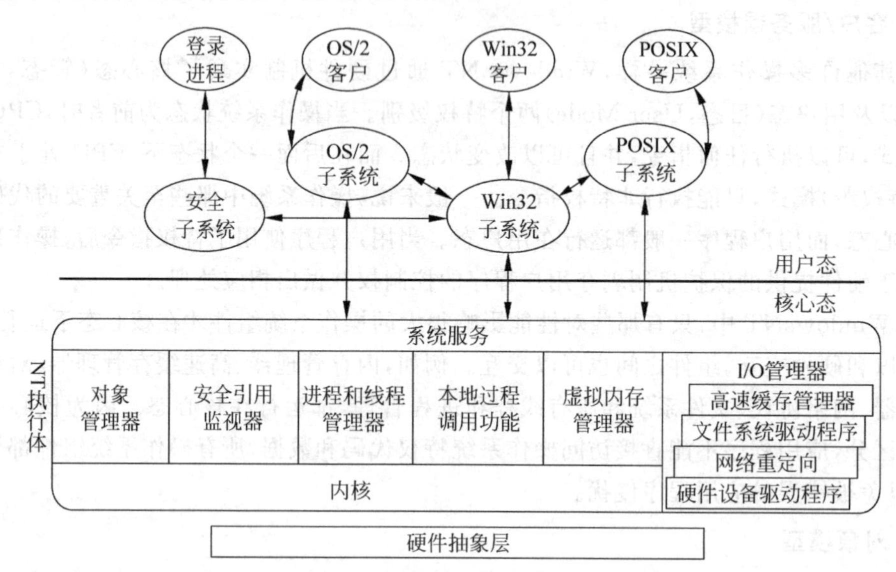

图 12.1 Windows NT 的组成

（1）用户态组件，包括以下 4 种基本类型。

① 系统支持进程（System Support Process），例如登录进程和会话管理器。

② 服务进程（Service Process），它们是 Windows NT 的服务，例如事件日志等。Microsoft SQL Server 和 Microsoft Exchange Server 等服务器应用程序包含服务进程。

③ 环境子系统，将基本的执行体系统服务的某些子集以特定的形态展示给应用程序，它们向应用程序提供操作系统功能调用接口。由于函数调用不能在不同子系统之间混用，

因此每一个可执行的映像都受限于唯一的子系统。共有三种环境子系统：POSIX、OS/2 和 Win32(OS/2 只能用于 x86 系统)。

④ 用户应用程序可以是 Win32、Windows 3.1、MS-DOS、POSIX 或 OS/2 等类型之一。

服务进程和应用程序是不能直接调用操作系统服务的，它们必须通过子系统动态链接库(Subsystem DLLs)和系统交互。子系统动态链接库的作用就是将文档化函数(公开的调用接口)转换为适当的 Windows NT 内部系统调用。

(2) 核心态组件，包括以下几个组件。

① 内核(kernel)。包含了最低级的操作系统功能，例如线程调度、中断和异常调度、多处理器同步等。同时它也提供了执行体，用来实现高级结构的一组例程和基本对象。内核始终运行在核心态，代码精简，可移植性好。除了中断服务例程(Interrupt Service Routine, ISR)，正在运行的线程不能抢先内核。

② 执行体。包含基本的操作系统服务，例如对象管理、内存管理器、进程和线程管理器的创建及终止、安全管理、I/O 系统、高速缓存管理。

对象管理负责创建、管理以及删除执行体对象和用于代表操作系统资源的抽象数据类型，例如进程、线程和各种同步对象。同时进行对象的控制，包括内核进程对象、异步过程调用(Asynchronous Procedure Call, APC)对象、延迟过程调用(Deferred Procedure Call, DPC)对象和几个由 I/O 系统使用的对象，例如中断对象。而且调度程序对象集合负责同步操作并影响线程调度。调度程序对象包括内核线程、互斥体(Mutex)、事件(Event)、内核事件对、信号量(Semaphore)、定时器和可等待定时器。

安全管理中的安全引用监视器在本地计算机上执行安全策略。它保护了操作系统资源执行运行时对象的保护和监视、I/O 以及进程间的通信。

I/O 系统执行独立于设备的输入/输出，并为进一步处理调用适当的设备驱动程序。

高速缓存管理器通过将最近引用的磁盘数据驻留在主内存中来提高文件 I/O 的性能，并且通过在把更新数据发送到磁盘之前将它们在内存中保存一个短的时间来延缓磁盘的写操作，这样就可以实现快速访问。

本地过程调用(Local Procedure Call, LPC)机制，在同一台计算机上的客户进程和服务进程之间传递信息。LPC 是一个灵活的、经过优化的“远程过程调用”(Remote Procedure Call, RPC)版本。

③ 硬件抽象层(Hardware Abstraction Layer, HAL)。HAL 是一个核心态模块(HAL.DLL)，它为运行 Windows NT 的硬件平台提供低级接口。HAL 隐藏各种与硬件有关的细节，例如 I/O 接口、中断控制器以及多处理器通信机制等，将内核、设备驱动程序以及执行体同硬件分隔开来，实现多种硬件平台上的可移植性。

④ 设备驱动程序(Device Drivers)。包括文件系统和硬件设备驱动程序等，其中硬件设备驱动程序将用户的 I/O 函数调用转换为对特定硬件设备的 I/O 请求。而文件系统驱动程序接收面向文件的 I/O 请求，并把它们转化为对特殊设备的 I/O 请求。过滤器驱动程序截取 I/O 并在传递 I/O 到下一层之前执行某些特定处理。I/O 管理程序的层次如图 12.2 所示。

⑤ 图形引擎包含了实现图形用户界面(Graphical User Interface, GUI)的基本函数。

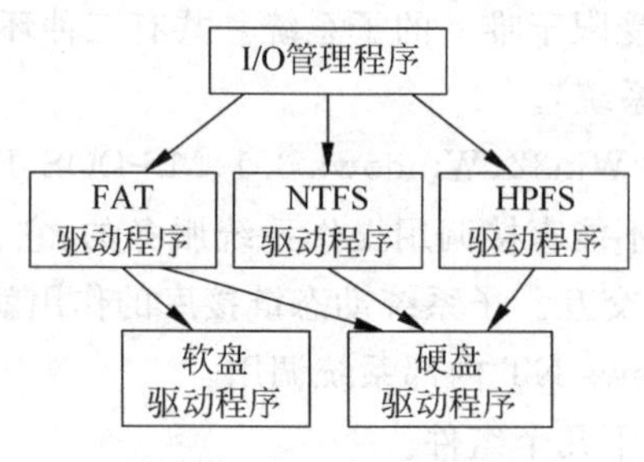

图 12.2　I/O 管理程序的层次

12.3　Windows NT 的基元成分

12.3.1　对象

1. 对象的概念

对象是个抽象的数据结构，在执行体中，可共享资源（包括进程、线程、文件、共享内存等）都作为对象来实现。对象是数据和有关操作的封装体，包括数据、数据的属性以及可以对数据进行的操作。只要对象对外提供的服务（操作方式）不变，对象内部实现的修改就不会影响使用它的外部程序。具有相同特性的对象可以归为一个对象类。

Windows NT 广泛使用对象来表示共享的系统资源。但它并不是一个面向对象的系统，C 语言不是面向对象的程序设计语言。表 12.1 列出了执行体中定义的对象类（可理解为资源类），执行体中定义的对象类有进程、线程、区域、文件、事件、事件对、信息量、时间器、对象目录、简要表、符号连接、关键字、端口、存取令牌、多用户终端程序。

表 12.1　执行体中定义的对象类

对　象　类	定　义　于	描　　述
进程	进程管理程序	进程管理的任务是创建与终止进程和线程
线程	进程管理程序	进程的一个可执行项
区域	主存管理程序	共享主存的一个区域
文件	I/O 管理程序	一个打开文件或者 I/O 设备的实例
事件	执行体支持服务	系统事件已发生的通告
事件对	执行体支持服务	通告已把一个信息拷贝给 Win32 或者反向拷贝已经发生
信息量	执行体支持服务	使用资源的线程计数器
时间器	执行体支持服务	记录已用时间的计数器
对象目录	对象管理程序	一个对象名的管理方法
简要表	执行体支持服务	测量执行时间分布的计数器
符号链接	对象管理程序	间接访问对象名的方法
关键字	配置管理程序	数据库中访问记录的索引
端口	本地过程调用	进程间传递信息的终点
存取令牌	安全子系统	登录用户信息的安全 ID
多用户终端程序	执行体支持服务	对 Win32 和 OS 提供环境互斥

执行体实现以下两种对象。

(1) 执行体对象。由执行体的各组成部件实现的对象,能被子系统或执行体创建和修改,其对象类列于表 12.1 中。

(2) 内核对象。由内核实现的一个更基本的对象集合,称为控制对象集合,包括内核过程对象、异步过程调用对象、延迟过程调用对象、中断对象、电源通知对象、电源状态对象、调度程序对象等。这些对象对用户态的进程和线程来说是不可见的,它们仅在 Windows NT 执行体内创建和使用。内核对象提供了仅能由操作系统的内核来完成的基本功能(如改变系统时间表的能力等)。很多执行体对象包含一个或多个内核对象。

除此之外,用户进程和子系统也可以创建它们所需的对象类(如窗口、菜单等)。

在 Windows NT 中每个对象由以下两部分组成。

(1) 对象头。对象头中包含的信息列于表 12.2 中,其中的信息是由对象管理程序控制的,并用来管理对象。

表 12.2　标准对象头属性

对象名	使对象对共享进程可见
对象目录	提供对象名层次结构
安全描述体	决定谁能使用该对象和对它做什么
配额账	列出进程打开对象句柄被征收的资源账
打开句柄计数器	记录该对象句柄被打开的次数
打开句柄数据库	列出打开该对象句柄的进程
永久/暂时状态	该对象不用时可否被删除
内核/用户模式	指出该对象在用户态是否可行
对象类型指针	指出对象类型

(2) 对象体。

由执行体各组成部件控制自己创建的对象的对象体,对象体的格式和内容随对象类的不同而不同。对象体中列出的各对象类的属性如表 12.3 所示。

表 12.3　标准类属性

对象名	使对象对共享进程可见
存取类型	指一个线程可请求的存取类型(读、写、终止、挂起)
同步能力	线程是否能等待该类
可分页/不可分页	该类对象可否被换出主存
方法	对象管理程序自动调用的一个或多个程序过程

2. 关于 Windows NT 的对象

Windows NT 操作系统以对象方式来管理进程和线程。表 12.1 列出了执行体对象,本节进一步说明以下两类对象。

1) 执行体创建和管理的对象

不妨把表 12.1 中的对象分一下类,那么执行体创建以下对象类型:事件对象、互斥对象、信号量对象、文件对象、文件映射对象、管道对象、进程对象、线程对象。

所有表 12.1 中的对象可以通过调用不同的 win32 函数产生,例如用户进程调用 Create FileMapping 函数让系统为其生成一个文件映射对象,于是该函数将为进程分配一块存储区(或者共享主存区),把磁盘文件与该主存块相联系。一旦文件被映射,进程就可以通过该主存块快速访问(或几个进程共享)该文件。最后函数返回一个对象句柄给进程。以后进程可以把这个对象作为参数传送给别的函数,对该文件映射对象进行操作。

2) Win32 子系统创建并维护的对象

除执行体对象外,在应用程序中还可以使用其他类型的对象。这些对象由 Win32 子系统创建和维护,与 Windows NT 执行体无关。这些对象有菜单、窗口、鼠标、光标、图标、刷子、字体等。

对于执行体创建和管理的对象,如果已经存在,则任何进程的线程都可以打开它(需要先进行安全性检查)。系统将为这个已经存在的对象增加使用计数,并把该对象句柄返回给要打开该对象的线程。当某线程不再使用某个对象时,可以调用 Close Handle 函数关闭它。但该函数只是把该对象的使用计数减 1。如果使用计数减为零,系统就会释放该对象所占的主存(对象数据结构空间)。

12.3.2 进程

1. Windows NT 进程的概念

在 Windows NT 中,进程被定义为表示操作系统所要做的工作,是操作系统用于组织其必须完成的诸项工作的一种手段。Windows NT 中进程由以下 4 个部分组成。

(1) 一个可执行的程序,它定义了初始代码和数据。

(2) 一个私有地址空间,即进程虚拟地址空间。

(3) 系统资源,由操作系统分给进程,并且是进程执行时所必需的一个资源集合。由于资源是用对象表示的,所以进程的资源集用局限于进程的对象表来描述。

(4) 至少有一个执行线程。

进程的概念是大家所熟悉的,因此主要研究 Windows NT 的进程概念与传统操作系统的进程概念有何不同,其主要不同点如下。

① 进程是作为对象来实现的,因此从广义角度上来说,进程也是可共享的资源(多个用户进程可共享服务器进程提供的服务)。Windows NT 定义了一个进程对象类,第 4 章表 4.1 列出了进程对象类的对象体所包含的属性。它定义了进程对象的数据及其属性和施加于其上的操作(服务)。但是细心的读者可能会发现,描述进程组成的两个主要部分:进程地址空间和局限于进程的对象表未包括在表 4.1 中。其原因是这两部分是附属的,是用户态进程不能修改的、不可见的。

② 进程要求一个独特的组成成分,至少有一个执行线程。

③ 进程的组成中没有进程控制块(PCB)。那么有关进程的信息登记在哪里呢?在进程对象的对象体中以及局限于进程的对象表中。

④ 传统的操作系统中,进程竞争处理器是参与处理器调度的基本单位。但在 Windows NT 中的进程,不是处理机调度的基本单位,所以没有必要区分进程的状态(不是进程没有某种状态的变化,而是没有必要去对它进行区分)。

⑤ 一个进程可以有多个线程在其地址空间内执行。

⑥ 进程是由进程创建的。每当用户的应用程序启动时,相应的环境子系统进程调用执行体的进程管理程序为之建立一个进程,并返回一个句柄。然后进程管理程序又调用对象管理程序为之建立一个进程对象。

当系统启动时,系统为每一环境子系统建立一个服务器进程。

⑦ 进程管理程序不维护进程的父/子或其他关系。

⑧ 进程和线程都具有内含的同步机制。

在 Windows NT 中进程是个保护单位,进程又是资源分配单位,同时进程又可以创建执行体对象和 Win32 对象,图 12.3 表示了进程和其资源的关系。

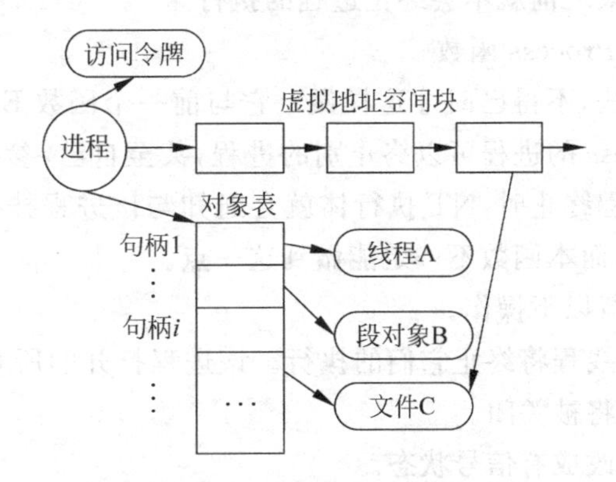

图 12.3 进程和其资源的关系

首先每个进程都有一个安全性访问令牌,称为进程的基本令牌。当用户第一次登录时,Windows NT 为用户建立了访问令牌,其中包括用户的安全性 ID。每个进程在它建立和运行时都有该访问令牌的副本,用以验证访问的合法性和访问权限及方式。

进程还有若干块安排给它的虚拟地址空间块,另外进程还包括一个对象表。

下面讨论创建和终止进程的过程。

2. 进程的创建

一个进程是在另一个进程(例如 Program Manager)中的线程调用 Create Process 函数时生成的。调用此函数时,系统为新的进程生成一个 4GB 的虚拟地址空间,然后系统为这个进程创建一个主线程。主线程将执行 C Runtime 启动代码,其中会调用 Win Main 函数。如果系统创建成功则返回一个 True。下面给出在调用 Create Process 时几个主要的参数。

- Ipsz Image Name。指明待运行的可执行文件名,并认为该文件在当前目录中。
- Ipsz Command Line。指出存放命令行参数的地址。这是传送给新进程的。当启动新进程时,它的 Win Main 就会收到此地址参数。
- Ipsa Process、Ipsa Thread。说明新进程对象及其主线程对象的安全属性。

当进程 P_1 通过调用该创建进程(Create Process)函数生成进程 P_2 时,系统为新进程 P_2 进程对象和主线程对象分配空间,并把这些对象句柄返回给进程 P_1。于是进程 P_1 可以利用这些句柄操纵这个新进程对象和线程对象。每一个被创建进程分到一个唯一的 ID。

当一个新进程继承父进程的句柄后,可以如同自己创建的对象那样使用这些句柄。但创建进程时可以说明是否让新进程有继承权，如允许继承，则该进程对象的使用计数应增1。

3. 终止进程

终止进程可以用以下两种方式。

1）调用 Exit Process 函数

这是最常见的方法。当进程中有一个线程调用 Exit Process 函数时，就会使进程终止执行。该函数不需要返回什么值。该进程中其他运行线程也随着进程的终止而终止。不过以上只是用户在用 C 或者 C++ 编写的程序中的情况。在 Windows NT 的实际情况是进程只要在所有运行线程结束之前就不会终止进程的执行。

2）调用 Terminate Process 函数

一般不要用这种方法，不得已时才这样做。它与前一个函数 Exit Process 的最大区别是调用 Terminate Process 的进程可以终止别的进程，甚至自己，参数是要被终止进程对象的句柄。由于一般当进程终止时，NT 执行体就会通知与该进程挂接的所有 DLL 程序，告诉它们该进程将被终止，而本函数不一定能做到这一点。

当进程结束时将进行以下操作。

- 该进程中的所有线程将终止它们的执行。该进程打开的所有 Win32 子系统对象句柄和执行体句柄将被关闭。
- 该进程对象状态改成有信号状态。
- 该进程的状态从活动状态(STILL_ACTIVE)改成相应的退出码。

在进程终止时，与它相应的该进程对象不会自动释放，除非所有指向该对象的外部指针都已经关闭。该进程以前分配到的代码和所有资源都将从主存中撤出。

12.3.3 线程

1. 线程的概念

线程是进程内的一个执行单元，是进程内的一个可调度实体。

若把进程理解为操作系统所做的作业，则线程表示完成该作业的许多可能的子任务之一。实际上，在用户的应用活动中，多任务情况经常出现。例如，一个用户使用屏幕编辑程序进行某项目的开发工作，操作系统将这个编辑程序的调用表示为一个进程。假设在编辑过程中用户要求搞清某数据的组成及其属性，从而查找项目的数据字典，这是一个子任务；周期性地保存一个编辑文档，这又是一个子任务；编辑程序本身也是个子任务……这些子任务均可表示为编辑进程中独立的线程，并且它们可以并发地进行操作。

一个线程有以下 4 个基本组成部分。

(1) 一个唯一的标识符，即客户 ID。

(2) 描述处理机状态的一组寄存器内容。

(3) 两个栈：用户栈和核心栈，分别在用户态和核心态下执行时使用。

(4) 一个私用存储区。

Windows NT 为什么要引进线程这一概念，到底有什么好处？主要目的是要有效地实现并行性。多进程的方式虽然也可以实现并行性，但采用线程比采用进程实现并行性更方便、更有效。以UNIX为例，当一个进程创建一个子进程时，系统必须把父进程地址空间的所有内容复制到子进程的地址空间中去。对大地址空间来说，这样的操作是很费时的，更何况两个进程还要建立共享数据。如果采用多线程就好得多，因为这些线程共享进程的同一地址空间、对象句柄及其他资源，所以没有用进程来实现并行性所带来的缺点。此外，还有以下优点。

(1) 通过线程可方便有效地实现并行性，进程可创建多线程执行同一程序的不同部分，如一个编译进程可创建预处理线程和编译线程这样两个线程。

(2) 创建线程比创建进程快，开销少，除栈和寄存器内容外，所有线程共享同一主存。

(3) 创建多线程，对客户同时提出请求回答十分便利，因服务器程序只被装入主存一次，故可使多客户同时提出服务请求，再分别由一独立的服务器线程通过执行适当的服务器功能，并行为客户进行处理。

Windows NT 的线程有哪些优点呢？

(1) 线程也是作为对象来实现的，定义了线程对象类，如第4章中表4.2所示。

(2) 每个进程创建时只有一个线程，需要时这个线程可以创建其他线程。

(3) 线程调用系统服务是采用陷入(trap)方式。

2. 产生线程

上节说过，创建进程函数同时为新进程产生一个主线程。不过如果这个主线程要求再生成其他线程，如何产生呢？线程可以调用 Create Thread()函数产生线程。所以线程是由其他线程产生的。产生线程函数的主要参数有以下几种。

- 指出其安全属性的参数，可缺省。
- 指出所需堆栈大小的参数，缺省值为1MB。
- 指出新进程开始执行时代码所在函数的地址。

每个被创建线程被分给一个唯一的线程ID，放在其进程的 Process-Information 中。

3. 终止线程

终止线程的方法有三种。

(1) 自然死亡。当线程从函数中返回时，就会自然死亡，函数返回的值就是线程的退出码。

(2) 杀死自己。如果线程中调用了 Exit Thread()函数，就可以杀死自己。该函数为调用者线程设置了退出码后，就终止执行该线程。

(3) 被其他线程杀死。当某个线程调用了函数 Terminate Thread()时，该函数就结束由调用参数所指出的线程。这种方法也应是不得已时才使用的。

当线程自然死亡或者自杀时，该线程的堆栈就被撤销。同样线程被终止时，系统将通知所有挂接在这个线程拥有者进程上的DLL过程，该线程将被终止。

线程终止时，将进行以下操作。

- 关闭该线程所属的 Win32 对象句柄(大多数可被创建的对象属于创建它们的进程。不过有一些对象如窗口、加速键等，可以属于线程)。

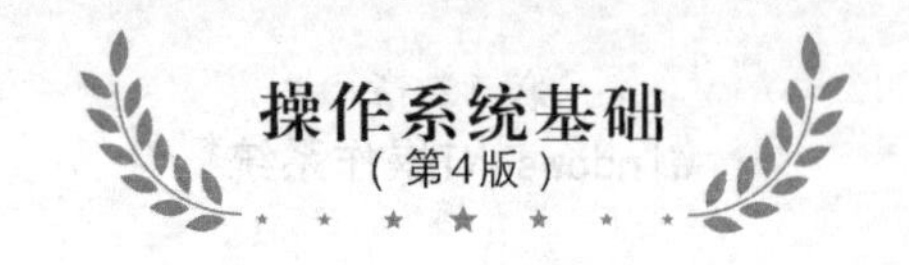

• 该线程状态变成带信号状态。

• 该线程状态从活动状态(STILL_ACTIVE)变成相应的退出码。

• 若该线程是进程的最后一个活动线程,则终止进程。

当线程终止时,相应的线程对象不会自动释放,除非指向该对象的外部指针都已经关闭。

4. 查看系统中进程和线程

Win32 提供了两个实用程序。

(1) Postat.exe。可以列出系统中所有正在运行的进程和线程的 ID、优先级数、每个进程下面所属的线程列表,包括线程 ID 和优先级数、线程的状态和等待的原因。

(2) Pview。列出进程自开始执行所用的 CPU 时间,在特权态(执行体代码)和用户态所花费时间的比例。

12.3.4 进程管理程序

Windows NT 执行体的进程管理程序的任务是创建与终止进程和线程、挂起线程的执行、存储和检索进程和线程的信息。下面主要考察其创建进程和线程的功能。

众所周知,Windows NT 是支持多种操作系统的运行环境。这一功能是通过环境子系统实现的,而环境子系统实现这个功能需要完成两个主要任务。一个是模拟子系统客户应用程序的运行环境;另一个重要任务是实现客户应用程序所要求的、适应原环境(如 UNIX)的进程结构。这既包括进程本身的结构,也包括进程之间的关系。

所以进程结构实际上有本机进程结构和各环境中的进程结构之分。Windows NT 执行体的进程管理程序创建和维护的是本机进程结构。由本机进程转换到环境子系统的进程结构,这是由环境子系统来实现的。

于是在 Windows NT 中进程和线程的创建过程如下。

(1) 客户进程用创建进程原语(如 POSIX 子系统的 fork()或 Win32 子系统的 Create Process())创建进程。

(2) 客户进程发消息给相应的服务器进程(某环境子系统)。

(3) 服务器进程调用 Windows NT 执行体的进程管理程序为之创建一个 Windows NT 本机进程。在此过程中,进程管理程序调用 Windows NT 执行体的对象管理程序为该进程创建一个进程对象。

(4) 进程创建后(请注意,Windows NT 把进程创建视为对象创建,仅此而已),进程管理程序返回一个句柄给进程对象。

(5) 环境子系统取得该句柄,并生成客户应用程序期望的适合本环境的返回值。

(6) 环境子系统又调用进程管理程序为已创建的新进程创建一个线程。

总的来说,Windows NT 执行体中的进程只不过是对象管理程序所创建和删除的对象。从这个意义上来说,进程管理程序的主要工作是定义了存放在进程对象的对象体中的属性,并提供检索和改变这些属性的系统服务。

进程管理程序允许不同的环境子系统以不同的初始属性来创建进程。

12.4 Windows NT 的线程状态及调度

12.4.1 线程状态转换

一个线程生命期的状态是变化的，它在任何一个时刻的状态是 6 种状态之一。当一个线程创建一个新的线程时，这个线程就开始了它的“生命期”，一旦被初始化，便将经历以下 6 种状态。

(1) 就绪状态。线程已具备执行的条件，等待 CPU 执行，调度程序仅从就绪线程池中挑选线程进入备用状态。

(2) 备用状态。被调度程序选定为某一特定处理机的下一个执行对象。当条件适合时(该处理器成为可用)，调度程序为该线程执行描述表切换。系统中每个处理器上只能有一个处于备用状态的线程。

(3) 运行状态。一旦调度程序对线程执行完描述表切换，线程就进入运行状态。

(4) 等待状态。若存在以下情况，线程将进入等待状态(线程等待同步对象、因 I/O 而等待，环境子系统导致线程将自己挂起)。当线程的等待状态结束(如同步对象已成为有信号状态)，就变为就绪状态。

(5) 转换状态。若线程已准备好执行，但由于资源成为不可用(如其内核栈所在页被换出了主存)从而成为转换状态。当资源成为可用时，线程便由转换状态成为就绪状态。

(6) 终止状态。线程完成它的执行。

线程 6 种状态的变化及其变化原因如图 12.4 所示。

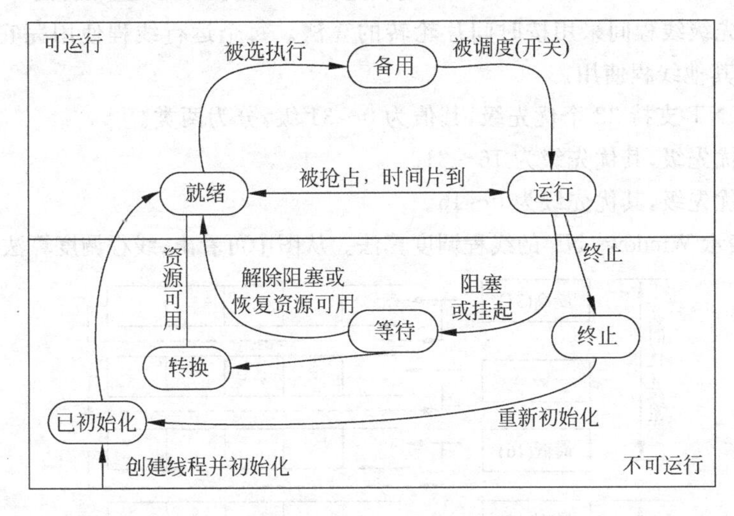

图 12.4 线程状态及其转换

从图 12.4 可以看出，一个线程或者是处于可运行状态，又称为活动状态(图中上半部分状态)，或者处于不可运行状态又称为非活动状态(图中下半部分状态)。在状态转换中要进行描述表切换。

12.4.2 内核调度程序

内核调度程序的主要功能是选择一个适当的线程到处理器上执行，并进行描述表切换。引起调度程序重新调度的时机有以下几种。

(1) 一个线程进入就绪状态。

(2) 线程时间片结束或者线程终止时。

(3) 线程优先级改变。

(4) 正在运行的线程改变了其亲和处理器。

线程的描述表和描述表切换的过程随处理器结构的不同而不同。典型的描述表切换要求保存原执行线程现场并装入新执行线程的现场数据，这些数据是指：

(1) 程序计数器(PC)。

(2) 处理器状态寄存器(PSW)。

(3) 其他寄存器内容。

(4) 用户和内核栈指针(线程的两个栈)。

(5) 线程运行的地址空间指针(进程页表目录)。

1. 单处理器调度算法

Windows NT 的调度算法基于以下两点。

(1) 基于线程优先级的可抢占的调度算法，调度程序按线程的优先级调度线程的执行顺序，先调度高优先级的线程。当一个新创建的线程，或者又变为就绪状态的线程的优先级高于当前运行线程的优先级时，高优先级线程抢占运行线程的处理器运行。

(2) 同优先级线程间采用按时间片轮转的算法。每个运行线程使用完它的时间片后，让出处理器给其他线程使用。

Windows NT 支持 32 个优先级，其值为 0～31 级，分为两类。

(1) 实时优先级，其优先级为 16～31。

(2) 可变优先级，其优先级为 0～15。

图 12.5 表示 Windows NT 的线程调度算法。从图中可看出，线程调度算法分为两部分。

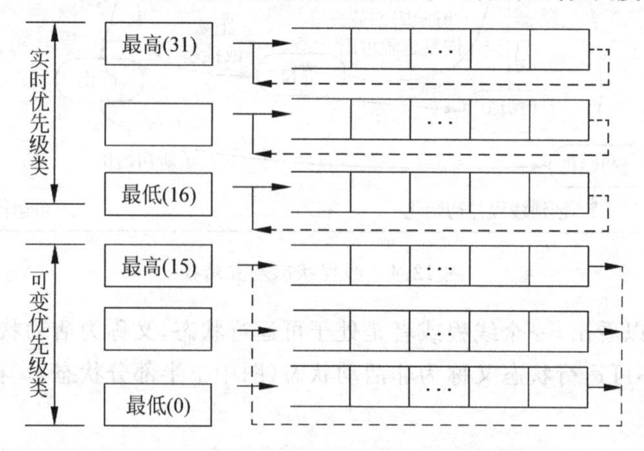

图 12.5　Windows NT 的线程调度算法

1）实时优先级类

其算法有以下特点。

- 所有线程具有固定优先级，而且其优先级不改变。
- 所有位于优先级队列的活动线程按时间片轮转。
- 当高优先级队列非空时，首先从最高优先级队列选取线程到CPU上运行。当上一个优先级队列为空时，才到下一个优先级队列中挑选运行线程。

2）可变优先级类

其算法有以下特点。

- 线程的优先级在开始时是赋给它的初始值。但在线程的生命期内，它的优先级可动态改变，可以增高或者降低其优先级。但该类线程的优先级不能高于实时优先级。
- 活动线程在每一个优先级队列中是按先进先出算法排队的。
- 活动线程如果是由于用完时间片而被中断（时钟中断）的，则降低其优先级，进入低优先级队列。如果是由于I/O而被中断的，则提高其优先级。内核执行体对因等待用户而产生交互作用（键盘、鼠标和显示操作）的线程，要比等待其他I/O操作（如磁盘I/O）的线程，给予其优先级更大的提高。也就是系统倾向于照顾I/O类型的线程，更照顾与用户进行交互作用的线程。

2. 多处理器调度

如果是个多处理器系统，那么内核调度程序如何调度活动线程运行呢？其算法如下。

- 如果系统中有 N 个处理器，那么调度程序选择具有最高优先级的 $N-1$ 个活动线程，排他性地在 $N-1$ 个处理器上执行（每个处理器的调度算法同前）。剩下的一个处理器给其他的低优先级线程所共享。
- Windows NT在多处理器系统使用软亲和（Soft Affinity）策略。用软件方法使一个线程能继续在原来的CPU上执行，因为这便于线程利用其在该CPU的高速缓冲区中的数据和指令，提高执行效率。所以当一个活动线程被调度执行时，发现CPU不是它的亲和处理器集合，则软件使该线程继续等待，并调度其他线程来执行。

12.4.3 进程和线程的优先级

1. 进程的优先级

Windows NT支持4种不同的优先级类：空闲、普通、高和实时。用户在调用“创建一个进程”（Create Process）函数时，可使用表12.4中的标志参数为进程分配一个优先级类。

表12.4 进程优先级

类	创建进程时的优先级类标志参数	级　别
空闲(Idle)	IDLE_PRIORITY_CLASS	4
普通(Normal)	NORMAL_PRIORITY_CLASS	9/7
高(High)	HIGH_PRIORITY_CLASS	13
实时(Real_time)	REALTIME_PRIORITY_CLASS	24

因此进程优先级类为空闲的进程，其所创建线程的优先级数为 4。

创建进程时的缺省优先级类为“普通”，但如果父进程是空闲优先级类，则子进程的优先级类在缺省情况下，也是空闲优先级类。

在普通优先级上运行的进程有两个不同的级别：9 或者 7。当进程在前台运行时，其优先级为 9，在后台执行时，它的优先为 7。进程由后台变为前台时，优先级也由 7 升为 9。反之，则降低为 7 。

空闲优先级非常适合系统中用于监视系统状态（如周期显示主存使用状况和空闲块数量）和监视用户操作的屏幕保护程序等不很紧要的系统应用程序，而高优先级类只在很需要时才使用。

进程可以通过调用“建立优先级类”（SetPriority_Class）函数来改变自己的优先级类。该函数仅包含两个参数：进程对象的句柄和 4 个优先级类标志参数。也就是说只要符合函数调用的安全性权限，就可以把进程改为 4 种优先级类的任何一种。

2. 线程的相对优先级

当线程被创建后，它以所属进程的优先级运行。在一个进程内可以通过调用“建立线程优先级”（Set Thread Priority）函数改变线程相对于进程的优先级。该函数只有两个参数，一个是待修改优先级的线程对象的句柄和相对优先级参数，表 12.5 给出了相对优先级参数及其含义。

表 12.5　线程的相对优先级

相对优先级参数	含　义
THREAD_PRORITY_LOWEST	比进程优先级小 2
THREAD_PRORITY_BELOW_NORMAL	比进程优先级小 1
THREAD_PRORITY_NORMAL	与进程优先级相同
THREAD_PRORITY_ABOVE_NORMAL	比进程优先级大 1
THREAD_PRORITY_HIGHEST	比进程优先级大 2

除以上优先级参数外，还有两个特殊标志。

- THREAD_PRORITY_IDLE。当进程为非实时优先级类时，置其线程优先级为 1。当进程为实时优先级类时，则置其线程优先级为 16。
- THREAD_PRORITY_TIME_CRITICAL。当进程为非实时优先级类时，置其优先级为 15。当进程为实时优先级类时，则置其线程优先级为 31。

12.5　Windows NT 的同步对象

12.5.1　线程同步概述

Windows NT 提供了若干种同步对象来同步线程。这些对象包括以下 9 种：进程、线程、文件、控制台输入、文件变化通知、互斥量、信号量、事件、可等待时钟。每个对象在任何时刻都处于两种状态中的一种：有信号态或无信号态。一个线程与某一个同步对象取得同步的方法，是等待该同步对象成为有信号状态。

一个线程等待一个同步对象成为有信号状态的方法通常有两种方法：阻塞睡眠和忙等待。在 Windows NT 中的线程同步主要是使用睡眠等待的办法，就是线程阻塞自己以等待同步对象成为有信号状态。

线程用于阻塞自己以等待同步对象的函数主要有以下几种。

(1) Wait For Single Object。该函数有两个参数：等待的对象句柄和愿意等多长时间(单位为 ms)。返回值为下列值之一(给出值的含义)。

- 对象成为有信号状态。
- 在等待时间内成为有信号状态。
- 对象是个互斥量，由于被释放而成为有信号状态。
- 出错。

(2) Wait For Multiple Object。它与上面的函数类似，只是它或者等待多个对象，或者等待一个列表对象中的某一个成为有信号状态。

以上两个函数是主要函数，除此之外，还有以下函数可使线程挂起。

(3) Sleep。该函数只有一个参数，挂起多长时间(单位是 ms)。该函数用来挂起自己，直到所要求的时间量到达。

(4) Msg Wait For Multiple Object。该函数是线程用来挂起自己以等待消息。它与(2)中给出的“等待多个对象”函数类似。

(5) Wait For Input Idle。该函数有两个参数：进程句柄和等待多长时间(单位是 ms)。该函数是线程用来挂起自己，以等待参数中指出的进程中创建的应用程序第一个窗口的线程不再有输入为止。主要用于父进程产生一个子进程来做一些工作。子进程被创建后要初始化，父进程得知子进程已经完全初始化的唯一方法是父进程等到子进程不再处理任何输入。

(6) 异步文件 I/O。当线程启动一次文件 I/O，而线程并不等待 I/O 而停止工作，它继续执行它的工作，称为异步 I/O。当线程执行的工作(通常为创建一个窗口，初始化数据结构)完成后，可以挂起自己等待异步 I/O 完成。

12.5.2 用 Windows NT 对象同步

前面我们已经列出了 Windows NT 用以同步线程的对象。其中列出的前 4 种对象的作用主要并不是为了同步，而是有专门的用途，但可以用来协助线程同步。

例如进程对象，如果线程有一个进程对象的句柄，该线程除了利用 Win32 函数来对进程进行操作(如改变优先类，取得进程退出码等)外，线程可以使用进程对象句柄来使自己与该进程的终止同步。这是在实际应用中经常需要处理的情况。

线程对象的句柄也同样用于两个目的，使用文件句柄对文件进行读或写，也可以设置线程使之与一个异步文件 I/O 操作的完成同步。

而控制台输入对象与文件对象非常类似。基于控制台的应用程序可以用该对象的句柄来从应用程序的输入缓冲区中读取输入。同时线程可以用该对象句柄将自己置于睡眠，直到控制台输入完成才可以进行处理。

后面所列的5个对象,互斥量、信号量、事件、文件变化通知和可等待时钟,完全是为了实现线程同步这一目的而设置的。在Win32中有一些函数用于这些对象的创建、打开和关闭,以及利用这些对象来同步线程。这些对象不再有其他操作可以执行。

线程如何利用这些同步对象来同步线程呢?线程同步的基本方法是对于以上同步对象调用函数Wait For Single Object和Wait For Multiple Object。对于进程和线程同步对象来说,这两个函数什么也不做。当进程和线程同步对象变成有信号状态时,它们就一直保持有信号状态,并使得所有等待的线程都唤醒起来继续执行。

对于互斥量,信号量和自动重置(auto_reset)事件对象,这两个函数的调用将使这些同步对象变成无信号状态。一旦这些对象变成有信号状态,就使一个等待线程被唤醒而该对象被重置为无信号状态。其他等待线程继续睡眠。信号量略有不同之处在于它允许几个线程同时被唤醒。

文件变化通知对象主要用于关心文件系统有变化通知的那些线程,所以不作介绍。而可等待时钟主要用于在某一个确定时间和某个时间间隔时发一个信号的形式来实现线程同步。以下简单介绍互斥量、信号量和事件这三个同步对象在Windows NT中的操作函数,以供参考。

1. 互斥量

互斥量用于同步多个进程对数据的互斥访问。要使用互斥量,一个进程必须首先用Create_Mutex(创建互斥量)函数创建该互斥量。该函数的参数有以下几种。

- 安全性属性(包括不可访问,仅读、读写等访问权限规定)。
- 说明创建者是否成为该对象的拥有者。
- 指出该互斥量名字所在的地址。

返回值是这个新互斥量的特定进程的句柄。

互斥量对象的打开操作主要是用互斥量名字来获得该互斥量的句柄的。该函数是OpenMutex(),主要参数是互斥量名字,返回值是一个标识该互斥量的特定进程的句柄。

当线程得到该互斥量所有权,访问并使用完数据后,不再需要访问此数据结构,于是线程调用ReleaseMutex()函数释放互斥量。此函数只有一个参数就是互斥量对象的句柄,该函数的作用只是把互斥量对象从无信号状态变为有信号状态,使得一个等待线程被唤醒。

2. 信号量

信号量是一个与之相联系的资源计数,它可以允许多个线程同时获得对数据的访问。要使用一个信号量,首先要创建信号量,进程调用函数CreateSemaphore()(创建信号量)来创建信号量,该函数的参数有:安全性属性说明,信号量初始引用计数,信号量最大引用计数,信号量名字字符串。

进程调用“创建信号量”函数的返回值为信号量对象的句柄。

进程也可以通过使用信号量名字来调用OpenSemaphore(打开信号量)函数以得到信号量对象的句柄。

进程要想释放信号量可以使用ReleaseSemaphore()函数。该函数的参数是:信号量对象的句柄,释放该信号量的数据等。该函数可以用大于1的整数(进程释放该信号量的数量)

来改变信号量的引用计数。但是一个进程每对信号量对象调用一次 WaitForSingleObject()将使得信号量引用计数减 1,如果进程要求两个信号量资源,就必须调用两次"等待单个对象"函数,而不能通过一次调用而要求得到两个信号量资源,释放时可以通过一次调用"释放信号量"函数来释放两个信号量资源。

3. 事件

互斥量和信号量通常用来控制进程对数据的访问。而事件是用来发信号的,表示某一个操作已经完成。

有两种不同类型的事件对象。

(1) 人工重置(manual_reset)事件。用于向若干线程同时发信号表示某个操作已经完成。

(2) 自动重置(auto_reset)事件。用于向单个线程发信号表示某个操作已经完成。

使用事件对象必须先创建事件对象,进程调用 CreateEvent(创建事件)函数来创建事件对象。该函数的参数有:安全性属性说明,标志位为 1 用以说明要创建的是人工重置事件还是自动重置事件,标志位为 2 指示事件被初始化为有信号状态还是无信号状态、事件对象名字。

该函数返回的是标识该事件的特定进程的句柄。

进程也可以用事件对象名字来调用(关闭事件)函数以关闭事件。

事件最常用于一个线程进行初始化时,或者一个线程执行完成时,它给另一个(或一些)线程发信号让它(或它们)完成剩下的工作。例如,一个进程中的两个线程可以通过事件来同步。当一个线程从文件中读数据到主存缓冲区中时,每当数据读入完成,该线程就发信号(将事件置为有信号状态)给另一个线程告诉它可以处理数据了。当后者完成了对数据的处理时,它可能需要再次给前一个线程发信号再让它从文件中读入下一数据块。

人工重置事件可能用于这样一种情况。可能有若干线程全都在等待同一事件发生,例如一个线程正在修改一个文件,而若干线程正等待从修改文件中读取数据进行不同的处理。当修改线程正在修改时,把文件置成无信号状态,当修改完成时,就把事件置为有信号状态,即发信号给所有等待线程,完成后面的工作。

12.6 虚拟存储管理

Windows NT 中,操作系统利用虚拟内存管理技术来维护地址空间映像,每个进程分配一个 4GB 的虚拟地址空间。运行在用户态的应用程序,不能直接访问物理内存地址;而运行在核心态的驱动程序,能将虚拟地址空间映射为物理地址空间,从而访问物理内存地址。

12.6.1 进程的虚拟地址空间

虚拟内存(Virtual Memory,VM)管理程序是 Windows NT 执行体的主要组成部件之一,其环境子系统所提供的任何内存的管理能力是建立在虚拟内存管理程序基础上的,并采用请求分页的虚拟存储管理技术。

Windows NT 内存结构是在线性地址空间上基于 32 位寻址的虚拟内存系统。进程的虚拟地址空间是进程的线程可以使用的地址集。运行时,需要 VM 管理程序的协作。VM 为每个进程提供 4GB 虚拟地址空间。进程 4GB 的地址空间被等分成两个部分。虚拟地址空间高地址的 2GB 空间保留给系统使用,而低地址的 2B 空间才是用户存储区,可被用户态和核心态的线程访问,如图 12.6 所示。

系统区又分为三部分,最上部的固定页面区(称为非页交换区)用以存放永不被换出内存的页面,这些页面存放系统中需常驻内存的代码(如实现页面调度的代码)。而第二部分称为页交换区,用于存放常驻内存的系统代码和数据。第三部分称为直接映射区,是比较特殊的,首先这一区域的寻址是由硬件直接变换的;其次这些页面常驻内存,永不"失效"。因此,存取这一区域的数据特别快,用于存放 Windows NT 内核中需频繁使用、响应速度快的代码,如调度线程执行的代码。

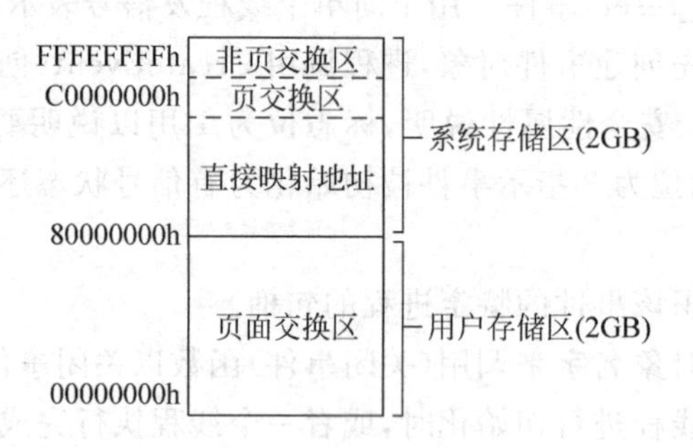

图 12.6 虚拟地址空间

12.6.2 虚拟分页

Windows NT 的地址转换机构采用二级页表机构。第一级表叫页目录,每个进程有一个,含 1024 个表目。采用二级页表结构,是为了减少每个进程的页表所占用的内存空间,如图 12.7 所示。

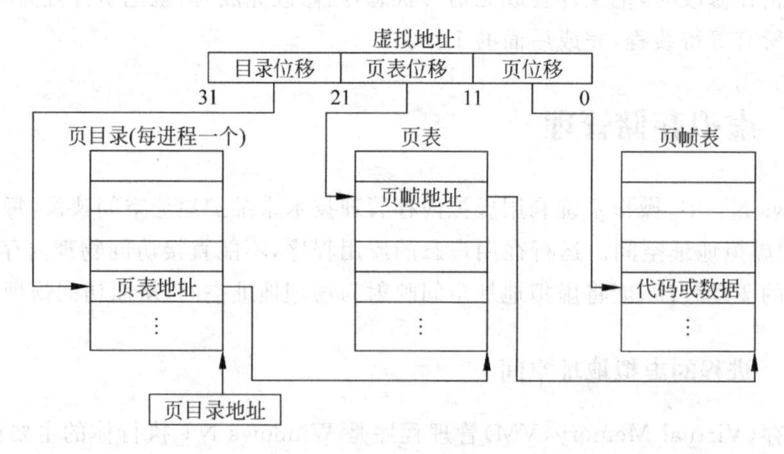

图 12.7 二级页表结构

第12章 Windows NT操作系统*

1. Windows NT 虚拟分页的使用步骤

在 Windows NT 中,页的大小依赖于所使用的硬件平台,因为它可以运行在不同的硬件平台上,即页的大小依赖于所使用的 CPU 类型;Intel 和 MIPS 处理器使用 4KB 大小的页;而 Alpha 处理器使用 8KB 大小的页。所以用户可以通过调用 GetSystemInfo 函数来确定你的机器所使用的页的大小。

使用虚拟主存要分为两个步骤。

(1) 要保留一个地址空间。用户可以调用 Virtual Alloc(虚拟地址空间)函数保留一个地址空间。这个函数只是为用户在用户的虚拟地址空间(2GB)中保留一个地址空间。比如要求保留 8MB 地址空间,但虚存此时并未为用户分配存储空间,如果应用程序此时要访问保留的地址空间就会导致访问出错。Windows NT 要求用户在请求分配一块存储块空间前,先保留一个地址空间,首先用户要表明自己要多大一块主存,这便于节省主存和磁盘空间,以留给其他用户使用。

(2) 使用这个保留的地址空间。用户让操作系统自己分配物理存储空间,然后把该存储空间映射到(1)中所留出的地址空间。分配物理存储空间的操作称为提交主存(Committing Memory)。用户请求提交主存时仍然调用 Win32 的 VirtualAlloc 函数,这个函数在不同调用中的功能不同,关键是使用的参数有些不同。

保留地址空间时,函数 VirtualAlloc 的参数如下。

- IpAddress。指向一个虚拟地址,是用户要求在地址空间中保留的地址空间的基地址(当用户没有特殊要求时,多数情况下设为 NULL,让系统随便在哪儿留出一个地址空间。系统会从保存的空闲地址空间记录中选择一个分配),并以 64KB 为一个分配单位,如果用户给出的基地址不符合 64KB 的边界,系统就会自动向前对齐以把用户的基地址包括在内。
- dwSize。保留的地址空间的大小(字节数)。这个参数系统也要自动以 64KB 对齐。由于系统此时并未真正提交任何主存,只是保留地址空间,所以操作很快。
- flAllocationType。这是分配类型的参数,在保留地址空间调用中,该参数设置为 MEM_RESERVE 标志。
- flProtect。保护信息分为页面不可访问、页面仅读、页面读写。

该函数返回一个指针,指向被保留地址空间的起始地址。

提交主存时,主要应把参数 flAllocationType 设置为 MEM_RESERVE 标志。而参数 IpAddress 的设置表明用户想从保留地址空间的什么地方开始提交存储空间。而参数 dwSize 是用户要求提交的存储空间大小(字节数)。用户不必要求一次提交整个保留的地址空间。存储提交的分配以页为单位,所以分配地址与分配空间大小,系统都会自动地调整为与页面大小对齐。保护信息参数与上面相同,保护属性赋予整个页。

释放地址空间:当进程不再需要被提交的主存或者保留的地址空间时,就要调用 VirtualFree(释放虚拟存储)函数,其使用的参数是 IpAddress,指出待释放区域的基地址;dwSize,指出待释放区域的大小(字节数);dwFreeType,为释放类型标志,包括两种。①MEM_DECOMMIT,用于释放提交,仍保留预留出的保留地址空间。②MEM_RELEASE,用于释放保留的地址空间。

2. 堆主存管理

在16位Windows中用一个全局堆和一个局部堆来管理主存。全局堆包括系统中所有可用的主存。当一个应用程序被装入主存时，它的代码段所占用的空间就是从全局堆中分配得到的。每个应用程序又从全局堆中分配一个64KB的数据段。这个数据段包含了该应用程序的局部堆，应用程序从局部堆中申请主存。为了更有效地使用主存，许多开发者被迫实现自己的主存分配策略，从全局堆中分配大块主存。

Windows NT向下兼容，仍然保留堆主存管理。但在Win32中已不存在以上问题。在Win32中，当执行进程时，系统为各进程生成一个缺省堆，如图12.8所示。这个堆只能被该进程访问。在进程初始化时，每个进程会获得自己的句柄表。这些堆句柄实际上指向一个已经存在的句柄表。该句柄只能被拥有该堆的进程使用，不能和其他进程共享一块主存区域，只有唯一一个共享主存的方法——主存映射文件(Memory-mapped Files)。

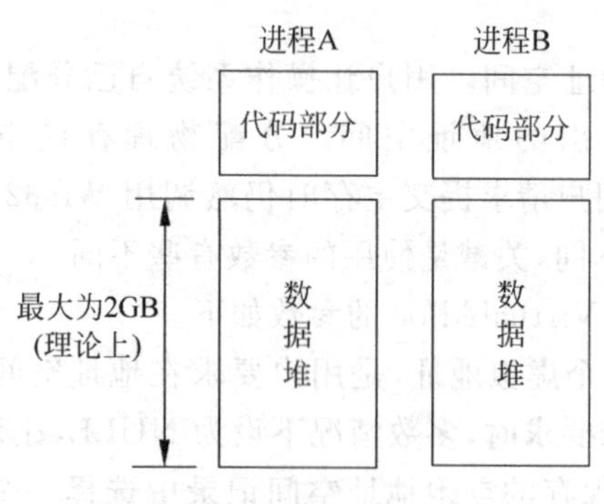

图12.8　进程的缺省堆

初始化进程时为每个进程分配了一个缺省的堆，那么应用程序还需要创建自己的堆吗？一般来说，在Windows NT中对多个堆不那么需要，但在某些特定情况下还是有用的，具体如下。

(1) 应用程序中的保护。例如一个应用程序中有两个函数分别处理两个较大的数据结构，链接表和二叉树，放在一个存储区中。如果一个函数出错，就会导致两个交错存放(由于动态分配主存块的原因)的数据结构出现被覆盖和修改的错误。如果为两个数据结构生成不同的堆，就易于保护。

(2) 更有效的主存管理。因为在一个堆中分配同样大小的对象，可以管理得更加有效，Win32中的堆管理函数最适合管理小的对象。这样的函数好用，速度很快。当对象变得很大，或小对象的大数组时，堆管理的效率就不佳，以使用虚拟分页为好。

(3) 到达局部访问的效能。在分页系统中无论是页架映射为虚页或者从磁盘交换区中与主存交换页，都会损失执行效率。所以，能使对主存的访问只局限于一个很小的地址空间，就可以使主存与磁盘交换区的页面切换的可能性减少。

在Win32中提供的堆管理函数包括以下几种。

(1) 创建堆。当用户要创建堆时调用HeapCreate(创建堆)函数，该函数的参数如下。

- dwInitialSize。初始化分配给堆的大小(字节数)。

• dwMaximum Size。这个堆可以扩充的最大数量(字节数)。

• flOptions。创建堆时使用的标志。

函数返回值是新建堆的句柄。

(2) GetProcessHeap 函数。用来返回在进程初启时系统为进程自动建立的句柄,以便在调用函数时使用。

(3) 分配主存。进程要从堆中分配主存时调用 HeapAlloc 函数,该函数的参数如下。

• hHeap。对象的句柄。

• dwFlags。影响分配的标志。

• dwBytes。从堆中分配主存的大小(字节数)。

调用成功即返回该主存块的地址。用该函数分配得到的主存是固定的,系统为堆维护一个主存管理的数据结构。

(4) 返回主存块大小。主存块分配完毕后,进程调用 HeapSize 函数返回主存块的实际大小。

(5) 堆主存重新分配。进程一开始申请的一块主存可能在实际使用时显得太大或者太小,可以调用 HeapReAlloc 函数重新分配,其参数有以下几种。

• hHeap。堆对象的句柄。

• dwFlags。修改主存块大小的标志。

• dwBytes。要分配堆的字节数。

• IpMem。待修改大小的主存块的当前地址。

返回的是调整以后的主存块地址。

(6) 释放堆主存块。当进程不再需要某个主存块时,可以调用 HeapFree 函数把它释放。参数是堆对象句柄、主存块的地址和标志。

(7) 撤销堆。当进程不再需要堆时,可调用 HeapDestroy 函数撤销堆,参数是堆对象句柄。

12.6.3 页面调度策略和工作集

1. 页面调度策略

页面调度策略包括取页策略、置页策略和淘汰(置换)策略。

Windows NT 的取页策略分为两种,一种是按进程的需要"请求取页",另一种是提前取页。提前取页采取集群方法把一些页面提前装入主存。集群方法提前取页的意思是,当一个线程在发生缺页时,不仅把它需要的那一页装入主存,而且还把该页附近的一些页也一起装入。这样做的主要依据就是程序行为的局部性。因此采取提前装入取页会减少缺页次数,尤其在一个线程开始执行时,请求取页会造成频繁缺页,降低系统的性能。而集群方法提前取页可使缺页情况大大减少。

置页策略是指把虚页放入主存的哪个页帧,这个问题在线性存储结构中比较简单,只要找到一个未分配的页帧即可。

置换(淘汰)策略,是为每个进程分配一个固定数量的页面(但可动态调整这个数量),当发生缺页中断时,在本进程的范围内进行替换。在 Windows NT 中采用了局部置换策略,而且采用先进先出(FIFO)页面置换算法，即把在主存中驻留时间最长的页面淘汰出去，采用这种方法的出发点是算法实现简单。

置换策略或淘汰策略有以下两个要点。

(1) 采用局部置换策略，它为每一个进程分配一个固定数量的页面(但可动态地调整这个数量)。发生缺页时，在本地进程的范围内替换页。

(2) 使用的置换算法是FIFO，即把驻留时间最长的页面淘汰出去。采用FIFO算法的出发点是该算法实现起来很简单。

2. 工作集

Windows NT的虚拟存储管理程序为每一个进程分配固定数量的页面，并且可动态地调整这个数量。那么这个数量如何确定？又如何动态调整呢？这个数量就用每个进程的工作集来确定，并且根据主存的负荷和进程的缺页情况动态地调整其工作集，具体做法是这样的。一个进程在创建时就指定了一个最小工作集，该工作集大小是保证进程运行时应在主存中的页面的数量。在主存负荷不太大(页面不太满)时，虚拟内存(VM)管理程序允许进程拥有尽可能多的页面作为其最大工作集。但当主存负荷发生变化时，如空闲页面不多了，虚存管理程序使用“自动调整工作集”的技术来增加主存中可用的自由页面。方法是检查主存中的每一个进程，将它当前的工作集大小与其最小工作集进行比较。如果大于最小值，则从它们的工作集中移去一些页面作为主存自由页面，并可为其他进程所使用。若主存自由页面仍然太小，则继续这样做，直到每个进程的工作集都达到最小值为止。本方法要求VM跟踪每个进程当前的页面。

当每个工作集已达到最小值的进程时，虚存管理程序跟踪该进程的缺页数量，根据内存中自由页面的数量适当增加其工作集大小。

12.6.4 页架状态和页架数据结构

主存中的页架可以有以下6种状态之一。

(1) 有效状态。某进程正在使用该页。

(2) 清零状态。页架处于空闲状态并已被清零。

(3) 空闲状态。页架空闲但尚未被清零。

(4) 备用状态。页架从工作集中移出了，页表表目已将其记为无效状态。但有一个过渡标识。当进程缺页并且需要该页内容时，不必从盘上读入主存，只需重新将该页分给它，并置为有效即可。

(5) 修改状态。类似于备用状态，只是该页中的数据已被修改(写操作)过，并且该页上的内容尚未被写入磁盘的该虚页中去。

(6) 坏页状态。该页架产生了奇偶校验错或者其他硬件错，不能再用。

在传统的操作系统中，为虚页分配页架时要查找自由页架表，该表是主要的数据结构之一。而在本系统中是将所有相同状态(除有效状态外)的页架均用链指针链接在一起而形成空闲表、清零表、备用表、修改表和坏页表并作为页架分配数据结构。如果某进程需要一个清零页架，就从清零表中取出第一页。若该表为空，则从空闲表中取来第一页清零后分给它。如果两类表均为空,则使用备用表中的页。当以上三类表中的页架数低于最小允许值时,就把修改状态的页中的内容写回盘后将其移入备用表队列。如果修改表中的页面也太少,就调整各进程工作集的大小。

VM 为了提高性能,采用了惰性(lazy)技术,尽可能地避免不必要的费时的操作,只有当需要时才执行这些操作。一个已修改过的页面移出进程工作集之后,并不立即写回盘,而是先放入备用表中以备该进程再次需要,直到必要时才写回盘。

12.6.5 主存映射文件和视图

1. 主存映射文件的概念

几乎每一个进程都必须和文件打交道。而所有操作系统对文件的访问方式都是一样的,首先调用 Openfile()函数打开文件,然后调用 Readfile、Writefile 或 SearchPath 等函数来读、写或者查找文件,以进行顺序或者随机的文件 I/O 操作。每一次 I/O 操作都需要一次系统服务调用(随机访问时两次),这需要不小的开销。除此之外还要采用缓冲算法,在文件不同部分进行读取和写入。因此在 Windows NT 和其他当代操作系统中都提供主存映射文件技术。

主存映射文件技术允许进程分配一块虚拟地址空间与某磁盘文件关联,然后将文件映射到该地址空间后,进程可对该文件方便地进行访问。图 12.9 表示两个进程在使用主存映射文件和不使用主存映射文件时的不同情况。

图 12.9(a)表示的是一般不使用主存映射文件技术时的情况。首先需要进行一次磁盘读操作将页面读入磁盘缓冲区,然后每个进程都需要进行一次主存复制将在缓冲区中的文件复制到自己的地址空间。主存中有该页面的多个副本(缓冲区中有一个,每个进程的地址空间中都有一个,共三个副本),而且每个进程都需要执行一个读文件(Read File)的系统服务调用。

图 12.9(b)表示的是使用了主存映射文件技术的情况,它具有明显的优点。

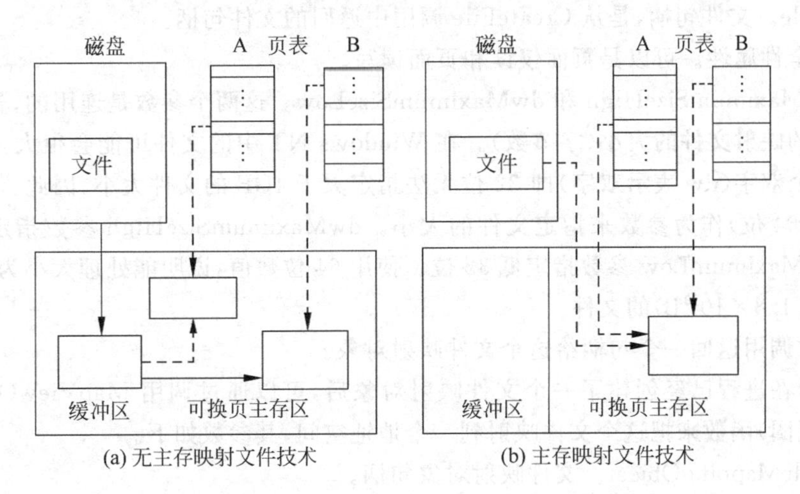

图 12.9 两个进程读取同一个文件

(1) 在图 12.9(a)中需要两次读文件(一次读缓冲区,一次从缓冲区中读到进程地址空间)操作,而现在仅需要一次读操作。

(2) 在建立了映射以后,就不再需要通过系统调用 Read 和 Write 来读写数据,这大大降低了开销。

(3) 主存中仅有页面的一个副本。省去了两次主存复制操作并节省了主存空间。

在 Windows NT 中主存映射文件适用于三种场合。

(1) 在 Windows NT 内部,使用主存映射文件方法来装入可执行文件(EXE)和动态链接库(DLL)文件。

(2) 进程使用主存映射文件存取磁盘上的数据文件。

(3) 多个进程可以使用主存映射文件技术来共享主存中的数据块。

2. 主存映射文件的使用

在 Windows NT 中映射文件的第一步是打开文件,所有进程通过调用 CreateFile 函数(建立一个文件)来打开文件。文件调用的主要参数有以下几种。

- IpFileName。要打开的文件名。
- dwDesiredAccess。访问模式,有普通读(GENERIC_READ)、普通写(GENERIC_WRITE)或者两者的并集。
- dwShareMode,如何与其他进程共享,当值
  - 为 0 时,不与其他进程共享。
  - Shared_Read 表示允许其他进程读共享。
  - Shared_Write 表示允许其他进程写共享。
  - 以上两者的并,表示允许其他进程读共享和写共享此文件。

还有很多参数不再细述。该函数返回一个文件句柄。

第二步是当文件句柄返回后,用户可以调用 CreateFileMapping(建立文件映射)函数创建一个文件映射对象,其参数有以下几种。

- hFile。文件句柄,是从 CreateFile 调用中返回的文件句柄。
- 安全性属性。可以是页面仅读和页面读写。
- dwMaximumSizeHigh 和 dwMaximumSizeLow。这两个参数是连用的,告诉系统建立的映射文件的大小(字节数)。在 Windows NT 中的文件可能会很大,大于 4GB。一个双字(dw 表示双字)即 32 位无法指定大于 4GB 的文件大小,因此,使用两个双字(64 位)作为参数来指定文件的大小。dwMaximumSizeHigh 参数指定高 32 位,dwMaximumLow 参数指定低 32 位。使用 64 位数值,说明能处理大小为 180 亿 GB(或 1.8×10^{19} B)的文件。

该函数调用返回一个句柄给这个文件映射对象。

第三步在进程已经创建了一个文件映射对象后,可以通过调用 MapViewOfFile(映射一个文件视图)函数来把这个文件映射到一个地址空间,其参数如下。

- hFileMappingObject。文件映射对象句柄。
- dwDesiredAccess。指出访问方式,包括仅读和读/写。
- dwFileOffsetHigh 和 dwFileOffsetLow。这两个参数联合使用,告诉操作系统在映

射文件中哪个字节应作为第一个字节被映射到地址空间范围。

- dwNumberOfBytesToMap。指明视图应保留的虚拟地址空间大小(字节数)。应注意该参数是双字类型,32 位,因为视图大小不能大于 2GB。

段对象如图 12.10 所示。

对象类属	段
对象体的属性	最大尺寸 页面保护 页面调度/映像文件 基本段/非基本段
服务	创建段 打开段 扩展段 映像/废除映像视图 查询段

图 12.10　段对象

3. 视图

在 Windows NT 的 Win32 中用“段对象”作为文件映射对象。所谓段对象代表一个可由两个或者更多进程共享的主存区域。一个进程中的一个线程可创建一个段对象,并给它其他名字——对象名,以便其他进程中的线程能打开这个段对象的句柄。打开段对象的一个句柄后,线程就能把这个段或者该段中的若干部分映像到它们自己的虚拟地址空间中去,这样就实现了共享(查找对象名以得到对象的信息由对象管理程序负责)。

Windows NT 允许一个映射文件对象可以相当大(甚至达到 1.8×10^{19}B)。有时某进程只需要映射文件的一部分。进程所需的那部分叫做该映射文件的一个视图(view)。一个视图提供了进入这个共享的主存区的一个窗口,不同进程可以映像一个文件对象的不同视图。

用映像一个文件对象的一些视图可以使进程访问一些很大的主存,否则该进程也许就没有足够的虚拟地址空间(进程虚拟机地址空间为 2GB,而文件对象可以远大于此)来映像它们了。例如某公司可能有一个很大的含有职工数据的数据库,该数据库程序创建一个文件对象来包含整个职工数据库。当一个用户进程查询该数据库时,该数据库程序就把该文件对象的视图映像到进程的虚拟地址空间并从中获得数据。查找完该视图,然后映像该文件对象的另一个视图……实际上 Windows NT 通过文件对象和视图的方法每次给一个区域“开一个窗口”,从而可以从数据库的每一部分获得数据,而又不会超出进程虚拟地址空间。Windows NT 虚存管理程序通过文件对象的不同视图方法,能使进程像在主存中访问一个大数组(视图类似于数组元素子集)那样存取该文件。这被称为映像文件 I/O 活动。当发生缺页时,VM 管理程序就自动把该页放入主存,可进行像正常的页面调度那样的操作。Windows NT 执行体使用映像文件把可执行图像装入主存,这对多媒体应用情况十分有利。

Win32 应用程序可使用映像文件方便地完成随机输入/输出到大文件的操作。方法是该应用程序创建 Win32 映像文件对象以包含该文件,然后读写到文件的随机主存区中,VM

管理程序在文件所需部分自动分页。

在使用视图把文件的一部分映射到主存时，必须在分配粒度范围内，这个范围是指被保留的地址空间的最小值。在大多数 CPU 上是 64KB。

12.7 输入输出系统

传统上一直认为输入输出(或者设备管理)系统是操作系统设计中最为逊色的领域。确实，负责具体进行输入输出的设备是如此地五花八门、种类繁多，小到传感器、鼠标，大到磁盘、磁带、绘图仪、甚至航天器、人造卫星，它们的性能全然不同。以常规的 I/O 设备为例，按其各种特性，有字符设备与块设备的不同，有独占设备与共享设备的不同……，总之，从数据格式、数据组织到使用方法方面都有很大差别。因此过去的操作系统设计者们感到，面对如此众多的特定方法，难以规范化。

Windows NT 采用和强调了软件工程中抽象的原则，在设计中全力找出各种事物的共同性，用一致的模型、方法和界面来规范化，如用客户/服务器模型规范各用户进程之间的关系。尤其突出的是，在寻找事物共同性的指导思想下，建立起了广义的资源概念，并统一地用对象模型来描述并规范化(当然也在共同性前提下注意个性)。这就使系统复杂性降低，界面和操作一致，交互容易，方便而有效。同样，Windows NT 在输入输出设计方面建立起了一个统一一致的高层界面——I/O 设备的虚拟界面——即把所有读写操作看成直接送往虚拟文件的字节流。

12.7.1 输入输出系统的结构

12.4 节中已经指出 I/O 系统是个层次模型，其结构如图 12.1 和图 12.2 所示。从图 12.1 可以看出，Windows NT 的 I/O 系统由一组负责处理各种设施的输入和输出部件构成。这些构成 I/O 系统层次关系的部件有以下几种。

(1) I/O 管理程序(I/O Manager)。

它实现与设备无关的输入输出，并建立了执行体的 I/O 模型，它并不进行实际的 I/O 处理。它的主要工作是：①建立一个代表 I/O 操作的 I/O 请求包(I/ORequest Packet，IRP)，把 IRP 传送给适当的驱动程序并在 I/O 完成后处理其结果，最后撤销 IRP。②与此相反，驱动程序接收 IRP，执行 IRP 规定的操作，并在完成后将 IRP 传回 I/O 管理程序或通过驱动程序再传到另一驱动程序，以求进一步的处理。③管理 I/O 请求要用的缓冲区。

(2) 文件系统。

它们也被当成设备驱动程序看待，接收面向文件的 I/O 请求，将之翻译成针对某特定设备的 I/O 请求。

Windows NT 支持多种文件系统，包括 DOS 的 FAT 文件系统，OS/2 的高性能文件系统(HPFS)，CD-ROM 文件系统(CDFS)，以及 NTFS 文件系统。

(3) 高速缓冲存储管理程序(Cache Manager)。

管理高速缓冲存储器，并在主存、磁盘和高速缓存之间进行信息块的调度，以改善系统性能和系统文件 I/O 的功能。

(4) 设备驱动程序(Device Driver)。

它们直接对特定物理设备或者网络进行输入输出操作。设备驱动程接收上层传来的I/O操作请求包(IRP),执行IRP指定的操作,然后将结果返回上层,或者通过I/O管理程序将它传送给另一个驱动程序做进一步处理。

(5) 网络重定向器(Network Redirector)和网络服务器(Network Server)。

它们是文件系统驱动器。通过它们可以访问在LAN Manager网络上的文件。重定向器接收对远程文件的请求,并将它们定向到位于其他机器上的LAN Manager服务器。

12.7.2 统一的驱动程序模型

I/O系统由5个类型的部件组成。该结构中有4类驱动程序:文件系统、缓冲存储管理器、设备驱动器、网络重定向器。要把这4类功能和特性均不同的部件组合在一起,并建成一个一体化的统一系统,必须要进行高层的抽象,以建立一个统一的逻辑模型。

Windows NT建立的逻辑模型吸收了UNIX I/O系统的概念,认为"所有的读写数据都可以看成直接送往虚拟文件的字节流"。虚拟文件用文件描述符表示,处理虚拟文件就像处理一个真正的文件。由操作系统判定这个虚拟文件究竟是设备、管道、网络还是磁盘上真正的文件。由此建立起一个统一的驱动程序模型。

它有以下特点。

(1) 所有的驱动程序是统一的结构,用同一方式建立,表现出相同的外貌。

(2) 每个驱动程序都由标准的成套(或组合)的部件组成。这些部件有:

- 一个初始化程序。
- 一组调度程序。
- 一个启动I/O的程序。
- 一个中断服务程序,处理设备中断。
- 一个中断服务DPC(延迟过程调用)程序。
- 一个完成例程。当底层驱动程序完成一个IRP处理时,通知分层驱动程序。
- 一个撤销I/O例程。如果一个I/O操作可撤销,驱动程序可定义一个或多个撤销例程。
- 一个卸载例程。释放资源以便驱动程序卸出主存。
- 一个出错记录例程。

(3) 每个驱动程序都是一个独立的部件,可由动态链接库(DLL)动态地装入和卸出操作系统。

(4) I/O系统是包驱动。所有的I/O请求,都表示为一个一致的形式,叫做I/O请求包(IRP)。每个IRP是一个数据结构,用以控制在每一步骤上如何处理I/O操作。

(5) IRP由两部分组成。一个称作头部的固定部分和一个或多个栈存储单元。

头部包含的信息是请求类型和大小、请求同步I/O还是异步I/O、缓冲区I/O的缓冲区指针、请求进展过程中变动的状态信息等。栈存储单元包含一个功能代码,功能定义的参数(如写调度程序)以及指向调用程序文件对象的指针。

(6) 处理方式由驱动程序接收IRP、执行IRP指定的操作,并在完成操作后,将IRP传回管理程序或者通过 I/O 管理程序再调用其他驱动程序以求进一步处理。

12.7.3 异步 I/O 操作和 I/O 请求处理过程

在大多数操作系统中，都是采用输入输出同步操作的，这是什么意思呢？当用户程序调用一个 I/O 服务时，程序等待传输完成（即等待 I/O 设备在完成数据传输后返回给程序一个状态码）后，立即存取这些数据再进行下面的处理，这称为同步操作。在单用户的机器上，程序等待时，处理器空闲。对现代高速处理器来说，往往因一个 I/O 请求耽误了几千条代码的执行，这是很可惜的。而异步操作服务是允许应用程序在发出 I/O 请求后，在设备传输数据的同时，应用程序继续可以进行其他工作，如在屏幕上编辑程序或画某个图形等。因此当调用 Windows NT 执行体的 I/O 服务时，开发人员必须选择是同步操作还是异步操作。一般来说，对于快速操作或者可预测时间的操作，使用 I/O 同步操作有效。而对于需要很长时间或者无法确定所需时间的操作，采用异步 I/O 是有利的。

I/O 请求的处理过程随采用的是同步操作还是异步操作而略有不同。

同步 I/O 操作过程可分为以下三个步骤进行。

(1) 按用户要求，I/O 管理程序为之形成 IRP，并把它传送给驱动程序，由驱动程序完成 I/O 操作（如果 I/O 请求是对大容量的设备，如光盘驱动器、磁盘驱动器、磁带驱动器和网络服务器等，则使用分层处理模型，如图 12.2 所示）。如果请求是对面向字节的设备，如打印机、键盘、视频监视器和鼠标器等，则可以用单层独立处理。但多层驱动程序比单层驱动程序使用得更普遍。多层处理时，IRP 首先传送文件驱动程序。单层处理时，IRP 传送设备驱动程序，驱动程序启动 I/O 操作（假定此时为单层处理）。

(2) 设备完成 I/O 操作后，发中断请求，设备驱动程序中的中断处理程序进行相应的中断处理。

(3) I/O 管理程序完成 I/O 请求。

在大多数操作系统中，同步 I/O 是标准的，Windows NT 除了提供同步 I/O 外，还提供异步 I/O，允许子系统选用同步 I/O 或异步 I/O，并根据它的应用程序接口操作的不同，为客户应用程序提供不同类型的 I/O。

异步 I/O 请求的处理是在上述的(1)、(2)之间增加一步，即 I/O 管理程序将控制返回发出 I/O 请求的用户调用程序。这样，调用程序可以在 I/O 系统处理(2)、(3)的同时继续执行其他工作。但调用程序为了知道何时数据传输已经完成，它必须和(3)的完成同步。

12.7.4 映像文件 I/O

映像文件 I/O 是指把驻留在盘上的文件看成虚拟主存中的一部分，程序可把文件作为一个大数组来存取而无须缓冲数据和执行磁盘 I/O。映像文件 I/O 在执行图像操作以及大量文件 I/O 时，能提高执行速度。因为映像文件 I/O 是向主存写入，这自然要比写磁盘快得多，而且虚存管理程序还优化了磁盘的存取。

12.8 Windows NT的内装网络

12.8.1 Windows NT内装网络的特色

Windows NT网络是内装网络，它把网络软件作为执行体的I/O系统中的一个组件嵌入系统内部(即网络功能包含于操作系统中)，其特点有：

① Windows NT的网络软件不是作为操作系统的一个附加层来运行的，而是作为Windows NT执行体的I/O系统中的一个组件而嵌入系统内部的，这使得Windows NT无须安装其他网络软件，即可为用户提供资源共享和各种网络功能。

② Windows NT中的网络组件可以直接利用Windows NT内部的系统功能，属于内装网络，提供方便的建立和运行分布式应用程序的机制，并具有良好的开放性。

12.8.2 Windows NT内装网络的体系结构

低4层统称为通信子网，驻留在高三层的软件称为通信子网的用户。

Windows NT网络中作为内装网络的两个主要部件是转发程序和服务程序。

(1) 转发程序也称重定向程序，用于客户方。它解释网络I/O请求并生成对下层协议的调用，以实现网络的I/O功能。转发程序作为客户方，执行SMB(Server Message Block)协议，与服务器方的服务程序同处于会话层。转发程序也可以访问远程节点上的文件，命名管道和打印机，以实现网络的资源共享。

(2) 服务程序的主要功能是接收网络传输驱动程序发来的I/O请求，执行这些请求，然后将结果通过网络送回。服务程序作为驱动程序可以存在于Windows NT执行体内，并可调用高速缓冲管理程序直接优化它所要传送的数据。

位于应用层的"命名管道"是Net BIOS的更高层接口，它在两个系统之间提供一个抽象的、可靠的和易于使用的数据通路。

命名管道是支持客户/服务器应用的重要机制。

邮件槽则用于支持网络邮件功能。

重定向器用于解释网络I/O请求并生成对下层协议的调用，以实现网络I/O功能，它用于客户/服务器的SMB的客户方，与SMB服务器方的服务器同处于会话层。该层是实现文件共享、打印机共享等功能的最顶层的系统界面。为支持重定向器和服务器，定义了统一的传输界面(Transport Driver Interface，TDI)。

传输层和网络层是由传输驱动模块(或称协议)构成的。Windows NT包含以下传输驱动模块。

- NetBEUI。用于提供图中的NetBIOS界面。
- TCP/IP。它是UNIX网络中的传输层与网络层协议，它可以使Windows NT访问Internet以及建立在TCP/IP协议上的分布式应用系统。

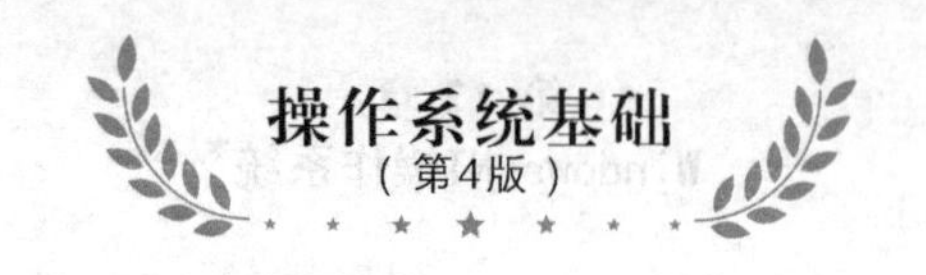

此外，已开发的和正在开发的传输驱动模块有：

- Novell 的 IPX/SPX。
- DEC 的 DECnet。
- Apple 的 Apple Talk。
- Xerox 的 XNS。

有了上述传输驱动模块，Windows NT 网络就可以与其他厂商的网络产品实现互联。

在链路层上定义了 NDIS(network driver interface specification)，供其他硬件厂商开发其网络硬件驱动器。

12.9 对象管理程序

对象管理程序的主要功能是创建、管理、删除用来表示操作系统资源的对象，操作系统通过对象管理程序对资源进行统一的管理，使用共同的代码操控它们。

进程、线程和执行体的其他部件在需要时可创建对象。Windows NT 的对象管理程序在接到创建对象的系统服务后，要做以下工作。

- 为对象分配主存。
- 给对象一个附加安全描述体，以指出允许谁使用对象以及谁被允许进行操作。
- 创建和维护对象目录表目。
- 创建一个对象句柄并返回调用者。

Windows NT 对对象的管理、组织和操作的模型是基于文件系统的模型。对于对象管理的一个主要方面是对对象名空间的管理。每个对象有对象名，对象名是供共享进程查询对象的句柄使用的。为了管理对象名空间，对象管理程序维护一个对象目录系统，每个对象在对象目录中均有相应的表目，整个对象目录是个树状结构。树的根用反斜杠"\"表示。叶节点是对象，中间节点是对象目录名。对象目录也是个对象，其内容如图 12.11 所示。对象名空间对所有进程都是可知的、可访问的。一个进程在创建对象或者打开对象句柄时指定对象名，此后进程使用对象句柄访问对象，它比使用对象名要快(因为可以跳过查找对象名工作)。对象句柄是一个指向由进程指定的对象表(该对象表是进程资源集的描述，对象表表目序号为句柄)的索引。对象表的表目包含认可的存取权限，由该进程创建的进程能够继承对象的句柄信息，以及指向对象的指针。当一个进程打开一个共享对象的句柄时还需指出它的操作类型。对象管理程序根据对象的安全描述体审查是否允许该进程使用以及是否允许其进行此类操作。

对象名空间类似文件系统的符号名空间。访问一个对象也使用路径名，路径名的表示方法也与文件系统相同。而且也允许一个对象目录(中间节点)与其他分支上的某个对象(叶节点)进行符号链接，以便于访问。

Windows NT 也提供对象名空间的安装和卸载。

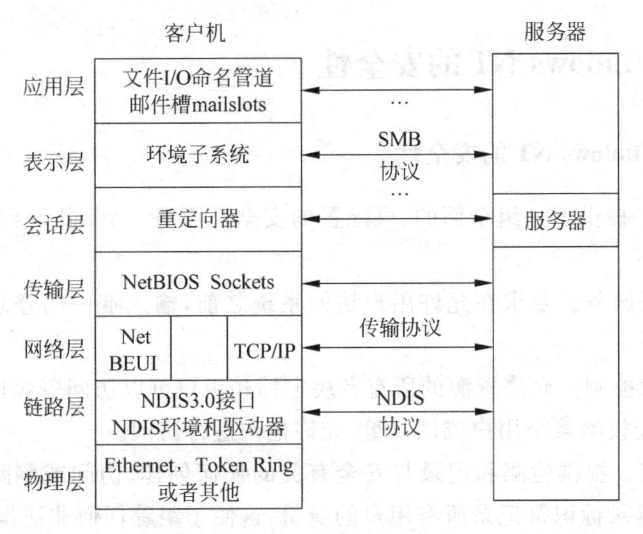

图 12.11 网络协议体系与模型

12.10 本地过程调用

Windows NT 的客户进程与服务器进程之间的通信采用消息传送,而消息的传送必须经过执行体的本地过程调用(LPC)。LPC 提供了三种不同的消息传递方法。

(1) 将消息传给和服务器相连的端口对象。

(2) 将消息指针传给与服务器进程相连的端口对象,并把消息存放在共享的主存区域中。

(3) 通过一个共享主存区域将消息传给一个特定的服务器。

其中,第(1)种办法适合传送大消息。当客户进程要传送大于 256 字节的消息时,就必须通过共享的主存区域进行。消息大小受进程所分得的主存配额的限制。消息传送过程如下。当客户进程要传送大消息时,就由它自己创建一个称为主存区域的对象——主存共享的对象,LPC 机制使得该地址空间对客户进程和服务器进程均可见,然后客户进程把大消息存放在该主存区域对象中,再向服务器进程端口对象的消息队列传送一个小消息,指出所传送消息的大小和消息所在的地址指针。第(3)种办法针对一个子系统(服务器进程)可能有许多个通信端口的情况,限于篇幅不再加以探讨。

由于客户进程每次对服务器进程的服务申请都必须使用消息通信机制,所以消息传递机制的实现效率对整个系统的性能有很大的影响。消息通信中的主要问题是消息传送需要切换运行线程的环境。一次消息传送至少需要两次切换。为减少开销,设计者采取了许多措施使消息传送尽量减少(如成批处理客户的 API 调用),为提高效率甚至使用了汇编语言。

12.11 Windows NT的安全性

12.11.1 Windows NT的安全性

Windows NT提供了一组全面的、可配置的安全性服务。Windows NT的安全性服务及其基本特征如下。

（1）安全登录服务。要求在允许用户访问系统之前，输入唯一的登录标识符和密码来标识自己。

（2）自选存取控制。允许资源的所有者决定哪些用户可以访问资源以及如何处理这些资源。属主可以授权给某个用户或用户组，允许他们进行访问。

（3）安全审核。提供检测和记录与安全有关的任何创建、访问或删除系统资源的事件或尝试的功能。登录标识符记录所有用户的身份，这便于跟踪任何非法操作的用户。

（4）内存保护。防止非法进程访问其他进程专用的虚拟内存。它保证当物理内存页面分配给某个用户进程前被重新初始化，保证这一页绝对不含其进程的脏数据。

12.11.2 存取令牌和安全描述体

当一个用户在Windows NT系统注册被接受时，系统为该用户建立一个进程，并且为之建立一个存取令牌与该进程对象关联。前面已经说过，当进程要使用资源时，存取令牌作为进程的正式标识卡。图12.12表示存取令牌的结构，其内容包括以下几点。

安全性ID(SID)
用户组SID
特权
缺省属性
缺省ACL

图12.12 存取令牌

- 安全性ID(Security ID,SID)。在网络所有机器中唯一标识一个用户的安全标识符(SID)，它相当于一个用户的登录名。
- 组SID。用户所属的用户组的一张列表，作为组存取控制的标识。每个用户组有一个唯一的用户组SID标识，访问一个对象时可以根据用户组SID，个人的SID或者两者的结合。
- 特权。用户可以调用的与安全性有关的系统服务列表（例如创建令牌、设置备份特权等系统服务）。多数用户没有特权。
- 缺省的拥存者。该域说明进程创建的新对象的属主是谁。
- 缺省ACL（缺省存取控制表）。说明该对象被用户创建时初始的存取控制表，以后用户也可以用其他的存取控制表代替它。

存取令牌与每个进程关联，而与每个对象关联的是安全描述体。安全描述体主要是一

张存取控制表,它指出不同的用户和用户组对该对象的访问权限。图 12.13 表示对象的安全描述体结构,其中,

标志位
属主
系统存取控制表 SACL
系统存取控制表 SACL

图 12.13 安全描述体

- 标志位(flag)。定义一个安全描述体的类型和内容。标志位指出该描述体是 SACL 还是 DACL,在描述体中的指针是相对地址还是绝对地址,以及在网络中传送时它所要求的相关描述体。
- 属主。指出该对象的属主,它可以是单个的用户或者用户组的 SID。属主一般可以在该安全描述上执行任何操作,有权改变 DACL 的内容。
- 系统存取控制列表(SACL),指出在该对象上执行什么类型的操作将产生验证信息。一个进程在其存取令牌中有相应的对 SACL 的读和写特权才能执行这些操作,以防止非法操作。
- 离散存取控制表(Discretionary ACL,DACL),指出哪些用户和用户组可以访问该对象和执行什么操作,它由一个存取控制实体(Access Control Entries,ACE)列表组成。

在对象的安全描述体中,主要是存取控制表。图 12.14 表示的是存取控制表的结构,它是由一个整个存取控制表的头部和多个存取控制实体组成的,每个实体中主要包括以下内容。

ACL 头部
ACE 头部
Mask 域
SID
ACE 头部
Mask 域
SID
…

图 12.14 安全描述体

- Mask 域。32 位,用于说明该 SID 对该对象的访问权限,它包括多种访问类型:普通访问类型和特殊对象(如事件对象等)的访问类型的权限。
- SID 指单个用户或者用户组的 SID。

本章小结

Windows NT 是由客户/服务器模型、对象模型和对称多处理模型组合而成的。其结构分为系统用户态和系统核心态两部分。核心态处于特权处理器方式下,用户态处于非特权

处理器方式下。用户态部分由客户进程和服务器进程构成。核心态部分包括对象管理程序、安全调用监视、进程管理程序、本地过程调用、虚拟内存管理、内核、硬件抽象层、I/O 系统等。硬件抽象层实现了上层软件与硬件的分离。内核层使用调度对象和控制对象，实现系统的同步和控制活动。内核对执行体隐藏其余硬件的差别。

Windows NT 是一个多线程操作系统，进程、线程和 Windows NT 执行体的其他部件在需要时可创建对象。执行体对进程和线程、对象、I/O、虚拟内存、安全、即插即用设备、本地构成调用等方面进行管理。环境子系统使 Windows 2000 可以仿真多个不同的操作系统。Windows NT 采用面向对象的概念，用对象来表示操作系统资源，并通过对象管理程序对资源进行统一的管理，使用共同的代码操控它们。

在 Windows NT 中，操作系统利用虚拟内存管理技术来维护地址空间映像，能将虚拟地址空间映射为物理地址空间，从而使得用户程序能够访问物理内存地址。Windows NT 的 I/O 系统是个层次模型，由一组负责处理各种设施的输入和输出部件构成。Windows NT 的内装网络可为用户提供资源共享和各种网络功能，并提供了一组全面的、可配置的安全性服务，采用了登录进程和安全子系统、存取令牌、存取控制表、主存保护等措施增强系统的安全性。

习题

12.1 Windows NT 的设计目标是什么？其系统模型有何特点？

12.2 举例说明 Windows NT 上客户/服务器是如何工作的。

12.3 画图说明 Windows NT 线程的调度状态及其转换条件。

12.4 Windows NT 的进程有哪些特点？

12.5 Windows NT 的线程由哪几部分组成？有何特点？线程是否由进程创建？线程又是如何终止的？

12.6 在 Windows NT 中，是由进程创建对象，还是由线程创建，或者是其他方式，请给予说明并举例。

12.7 Windows NT 有几类优先级？空闲优先级用于什么场合？

12.8 Windows NT 有几种同步对象？线程如何与同步对象取得同步？

12.9 画图说明 Windows NT 虚拟地址空间的划分。

12.10 举例说明 Windows NT 虚拟地址到物理地址的变换过程。

12.11 试述 Windows NT 的页面调度策略和工作集概念。

12.12 Windows NT 的页架有几种状态？其含义分别是什么？

12.13 Windows NT 中的输入/输出系统都包括哪些部分？有哪些特点？

12.14 Windows NT 中的输入/输出管理程序主要做些什么？

12.15 Windows NT 中的驱动程序由哪些主要的标准部件构成？对块设备和字符设备的数据传输有哪些区别？

第13章 Linux操作系统*

Linux操作系统是目前发展最快的操作系统，从1991年诞生到现在的二十多年间，Linux操作系统在服务器、嵌入式等方面获得了长足的发展，并在个人操作系统方面有着大范围的应用，这主要得益于其开放性。本章对Linux操作系统进行简要介绍，主要包括Linux的发展历史、特点和系统架构，Linux的进程管理、内存管理、文件管理和设备管理等。

13.1 Linux操作系统概述

13.1.1 Linux的诞生和发展

Linux的诞生和发展与个人计算机的发展历程紧密相关，特别是随着Intel i386个人计算机的发展而逐步成熟。在1981年之前没有个人计算机，计算机是大型企业和政府部门才能使用的昂贵设备。IBM公司在1981年推出了个人计算机即IBM PC，从而推动了个人计算机的发展和普及。

早在20世纪70年代计算机还没有普及的时候，计算机上的主要操作系统就是UNIX。最早的计算机网络系统也是采用了UNIX。虽然这种操作系统性能不错，功能也很完备，但由于采用命令行方式操作及平台价格昂贵，限制了它的普及和应用，多为专业人员使用。

1991年正在芬兰首都赫尔辛基大学读书的学生、年仅21岁的Linus Torvalds萌发了自己开发操作系统的念头。他以UNIX为样本开发出了自己的操作系统Linux。这种新的操作系统在使用命令上几乎与UNIX一样。但是它的最大优点是开源，可以用廉价的PC运行。Linus Torvalds把他写的Linux操作系统的源代码放到了互联网上，吸引了大批程序员对这个操作系统软件进行修改、补充和完善。借助于互联网，Linux得到了迅速改进、传播和普及。

13.1.2 Linux的版本

要在Linux环境下进行程序设计，首先要选择合适的Linux发行版本和Linux内核，也就是选择一款适合自己的Linux操作系统。下面我们主要介绍一下Linux内核版本的选择。

内核是Linux操作系统最重要的部分，从最初的0.95版本到目前的2.6.28.4版本，Linux内核开发经过了近二十年的时间，其架构已经十分稳定。

对于初学者，有关内核要记住的最重要的事是：带奇数的内核版本（即 2.3、2.5、2.7 等）是实验性的开发版内核。稳定的发行版内核的版本号是偶数（即 2.4、2.6、2.8 等）。因此，在安装 Linux 操作系统的时候，最好不要采用发行版本号中小版本号是奇数的内核，因为开发中的版本没有经过比较完善的测试，有一些 bug 是未知的，有可能造成使用中不必要的麻烦。

具体来讲，Linux 内核的编号采用以下编号形式：主版本号，次版本号，主补丁号，次补丁号。例如，2.6.26.3 各数字的含义如下。

- 第一个数字 2 是主版本号，表示第 2 大版本。
- 第二个数字 6 是次版本号，有两个含义：既表示是 Linux 内核大版本的第 6 个小版本，同时因为 6 是偶数又表示为发布版本（奇数表示测试版）。
- 第三个数字 26 是主版本补丁号，表示指定小版本的第 26 个补丁包。
- 第四个数字 3 是次版本补丁号，表示次补丁号的第 3 个小补丁。

我们通常所说的 Linux，指的是 GNU/Linux，即采用 Linux 内核的 GNU 操作系统。GNU 代表 GNU's Not UNIX。它既是一个操作系统，又是一种规范。然而一个完整的操作系统不仅仅是内核而已。所以许多个人、组织和企业开发了基于 GNU/Linux 的 Linux 发行版。迄今为止，流行的 Linux 发行版包括 Ubuntu、openSUSE、Fedora、Debian、PC LinuxOS、Slackware Linux、FreeBSD 等。

典型的 Linux 发行版包含 Linux 内核，但还包含许多应用程序和工具。总的说来，Linux 发行版中出现的许多系统级别和用户级别的工具都来自自由软件基金会（Free Software Foundation，FSF）的 GNU 项目。

GNU 通用公共许可证（简称 GPL）是由自由软件基金会发行的用于计算机软件的一种许可证制度。GPL 最初是由 Richard Stallman 为 GNU 计划而撰写的。目前，GNU 通行证被绝大多数的 GNU 程序和超过半数的自由软件采用。GPL 授予程序的接受方下述权利，即 GPL 所倡导的“自由”：可以以任何目的运行所购买的程序；在得到程序代码的前提下，可以以学习为目的，对源程序进行修改；可以对复制件进行再发行；对所购买的程序进行改进，并进行公开发布。

POSIX（Portable Operating System Interface for Computing Systems）是由 IEEE 和 ISO/IEC 开发的一套标准。POSIX 标准是对 UNIX 操作系统经验和实践的总结，对调用操作系统的服务接口进行了标准化，保证所编制的应用程序在源代码一级可以在多种操作系统上进行移植。

13.1.3 Linux 内核的组成

Linux 采用模块化程序设计方法，其内核由若干功能相对独立的程序模块组成。其主要优点在于对内核功能的增加和修改十分方便，而且任何一个模块的改动都不会影响其他模块的功能。Linux 的内核主要由 5 个子系统组成：进程调度、内存管理、虚拟文件系统、网络接口、进程间通信。下面依次介绍这 5 个子系统。

1. 进程调度

Linux 下的进程调度有三种策略：SCHED_OTHER、SCHED_FIFO 和 SCHED_RR。

(1) SCHED_OTHER是针对普通进程的时间片轮转调度策略。

(2) SCHED_FIFO是针对运行的实时性要求比较高、运行时间短的进程调度策略。

(3) SCHED_RR是针对实时性要求比较高、运行时间比较长的进程调度策略。这种策略与SCHED_OTHER策略类似,只不过SCHED_RR进程的优先级要高得多。

由于存在多种调度方式,Linux进程调度采用的是"有条件可剥夺"的调度方式。普通进程中采用的是SCHED_OTHER的时间片轮循方式,实时进程可以剥夺普通进程。如果普通进程在用户空间运行,则普通进程立即停止运行,将资源让给实时进程;如果普通进程运行在内核空间,需要等系统调用返回用户空间后方可剥夺资源。

2. 内存管理

在Linux系统中,内存管理的主要概念是虚拟内存。虚拟内存可以让进程拥有比实际物理内存更大的内存,可以是实际内存的很多倍。每个进程的虚拟内存有不同的地址空间,多个进程的虚拟内存不会冲突。

3. 虚拟文件系统

在Linux下支持多种文件系统,如ext、ext2、minix、msdos、vfat、ntfs、proc、smb、ncp、iso9660、sysv、hpfs、affs等。并隐藏了各种硬件的具体细节,为所有的设备提供了统一的接口,并提供了多达数10种不同的文件系统的支持。

4. 网络接口

网络接口(NET)提供了对各种网络标准的存取和各种网络硬件的支持。网络接口可分为网络协议和网络驱动程序。网络协议部分负责实现每一种可能的网络传输协议。网络设备驱动程序负责与硬件设备通信,每一种可能的硬件设备都有相应的设备驱动程序。Linux支持的网络设备多种多样,目前几乎所有网络设备都有驱动程序。

5. 进程间通信

Linux操作系统支持多进程,进程之间需要进行通信才能完成控制、协同工作等功能,Linux下的进程间通信方式主要有管道方式、信号方式、消息队列方式、共享内存和套接字等方法。

这几个子系统之间的关系如图13.1所示。进程调度与内存管理两个子系统互相依赖。在多道程序环境下,程序要运行必须为之创建进程,而创建进程的第一件事情,就是将程序和数据装入内存。而进程间通信子系统要依赖内存管理支持共享内存通信机制,这种机制允许两个进程除了拥有自己的私有空间外,还可以存取共同的内存区域。虚拟文件系统利用网络接口支持网络文件系统,也利用内存管理支持RAMDISK设备。内存管理利用虚拟文件系统支持交换,交换进程(swapd)定期由调度程序调度,这也是内存管理依赖于进程调度的唯一原因。当一个进程存取的内存映射被换出时,内存管理向文件系统发出请求,同时,挂起当前正在运行的进程。

除了这些依赖关系外,内核中的所有子系统还要依赖于一些共同的资源。这些资源包括所有子系统都用到的过程。例如,分配和释放内存空间的过程,打印警告或错误信息的过程,还有系统的调试例程等。

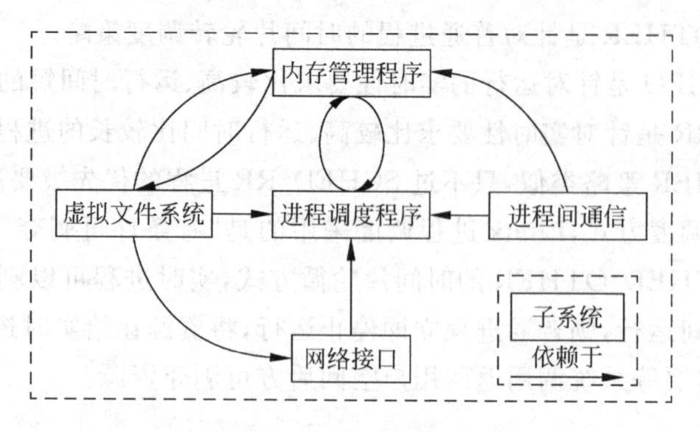

图 13.1 Linux 内核组成

13.1.4 Linux 的特点

Linux 操作系统在短短的几年之内得到了非常迅猛的发展，这与 Linux 具有的良好特性是分不开的。Linux 包含了 UNIX 的全部功能和特性。简单地说，Linux 具有以下主要特性。

1. 开放性

开放性是指 Linux 系统遵循世界标准规范，特别是遵循开放系统互连(OSI)国际标准。凡遵循国际标准所开发的硬件和软件，都能彼此兼容，可方便地实现互连。

2. 多用户、多任务

多用户是指系统资源可以被不同用户各自拥有使用，即每个用户对自己的资源(例如文件、设备)有特定的权限，互不影响。Linux 和 UNIX 都具有多用户的特性。同时，支持计算机同时执行多个程序，而且各个程序的运行互相独立。

3. 提供了丰富的网络功能

完善的内置网络是 Linux 的一大特点。Linux 免费提供了大量支持 Internet 的软件。Linux 不仅允许进行文件和程序的传输，它还为系统管理员和技术人员提供了访问其他系统的窗口。

4. 可靠的系统安全

Linux 采取了许多安全技术措施，包括对读、写进行权限控制、带保护的子系统、审计跟踪、核心授权等，这为网络多用户环境中的用户提供了必要的安全保障。

5. 良好的可移植性

Linux 是一种可移植的操作系统，能够在从微型计算机到大型计算机的任何环境中和任何平台上运行。可移植性为运行 Linux 的不同计算机平台与其他任何机器进行准确而有效的通信提供了手段，不需要另外增加特殊的和昂贵的通信接口。

6. 设备独立性

设备独立性是指操作系统把所有外部设备统一当成文件来看待，只要安装它们的驱动程序,任何用户都可以像使用文件一样,操纵、使用这些设备,而不必知道它们的具体存在形式。

Linux 是具有设备独立性的操作系统,它的内核具有高度适应能力,随着更多的程序员加入 Linux 编程,会有更多硬件设备加入各种 Linux 内核和发行版本中。另外,由于用户可以免费得到 Linux 的内核源代码,因此,用户可以修改内核源代码,以便适应新增加的外部设备。

13.2 Linux 进程管理

13.2.1 Linux 进程概述

1. Linux 进程的组成

Linux 进程由正文段(text)、用户数据段(user segment)和系统堆栈段组成。其中,正文段是存放进程要执行的指令代码。Linux 中正文段具有只读属性。用户数据段是进程运行过程中处理数据的集合,它们是进程直接进行操作的所有数据,包括进程运行时处理的数据段和进程使用的堆栈。系统堆栈段存放关于一个进程的状态和运行环境的所有数据。这些数据只能由内核访问和使用。在系统数据段中包括进程控制块(PCB)。

在 Linux 中,PCB 是一个名为 task_struct 的结构体,称为任务结构体。

2. 任务结构体的主要内容

任务结构体 task_struct 定义在源代码的 include/linux/sched.h 下,它的主要成员的功能和作用说明如下。

(1) 进程的状态和标志:state 和 flags。

(2) 进程的标识:pid、uid、gid 等。

(3) 进程的族亲关系:p_opptr、p_pptr、p_cptr、p_vsptr、p_osptr。

(4) 进程间的链接信息:next_task、prev_task、next_run、prev_run。

(5) 进程的调度信息:countcr、priority、rt_priotity、policy。

(6) 进程的时间信息:start_time、utime、stime、cutime、cstime、timeout。表示定时器的成员项。it_real_value、it_real_incr、it_virt_value、it_virt_ incr、it_prof_value、it_prof_ incr、real_timer。

(7) 进程的虚拟内存信息:mm、ldt、saved_kernel_stack、kernel_stack_page。

(8) 进程的文件信息:fs、file。

(9) 与进程通信有关的信息:singnal、blocked、sig、exit_signal、semundo、semsleeping。

为了管理系统中所有的进程,系统在内核空间设置了一个指针数组 task[],该数组的每一个元素指向任务结构体 task_struct,所以 task[]数组又称 task 向量。

task 数组的大小决定了系统中容纳进程的最大数量。在 Linux 内核源代码 kernel/sched.c 中 task 数组的定义如下。

```
struct task_struct * task[NR_TASKS] = {&init_task};
```

其中符号常量NR_TASKS决定了数组的大小，在include/linux/task.h中，它的默认值被定义为512。task[]数组的第一个指针指向一个名字为init_task的结构体，它是系统初始化进程init的任务结构体。

为了记录系统中实际存在的进程数，系统定义了一个全局变量nr_tasks，其值随系统中存在的进程数目而变化。在kernel/fork.c中，它的定义及初始化如下。

```
int nr_tasks = 1;
```

Linux把所有进程的任务结构相互连成一个双向循环链表，其首节点就是init的任务结构体init_task。这个双向链表是通过任务结构体中的两个成员项指针相互链接而成的。

```
struct task_struct * next_task;        /* 指向后一个任务结构体的指针 */
struct task_struct * prev_task;        /* 指向前一个任务结构体的指针 */
```

13.2.2 Linux进程的状态

Linux中的进程状态分为5种，每个进程在系统中所处的状态记录在它的任务结构体的成员项state中。进程状态用符号常量表示，定义在/include/linux/sched.h中，具体含义如下。

#define TASK_RUNNING 0 可运行态(运行态、就绪态)

#define TASK_INTERRUPTIBLE 1 可中断的等待态

#define TASK_UNINTERRUPTIBLE 2 不可中断的等待态

#define TASK_ZOMBLE 3 僵死态

#define TASK_STOPPED 4 暂停态

(1) 可运行态(Running)。表明该进程已经做好了运行的准备，具体来讲又包含两个状态，要么在CPU上运行，要么已做好准备，随时可以被调度器选中执行。Linux中把所有处于运行、就绪状态的进程链接成一个双向链表，称为可运行队列(run_queue)。

(2) 可中断的等待态(Interruptible)。可中断的等待态的进程可以由信号(signal)来解除其等待态，收到信号后进程进入可运行态。

(3) 不可中断的等待状态(Uninterruptible)，一般都直接或间接在等待硬件条件(如外部I/O设备)，只能用特定的方式来解除其等待状态，例如用wakeup()。

处于等待态的进程根据其等待的事件排在不同的等待队列中。Linux中等待队列是由一个wait_queue结构体组成的单向循环链表。该结构体定义在include/linux/wait.h中，如下所示。

```
struct wait_queue {
struct task_struct * task;          /* 指向一个等待态的进程的任务结构体 */
struct wait_queue * next;           /* 指向下一个 wait_queue 结构体 */
}
```

(4) 暂停态(Stopped)。进程由于需要接受某种特殊处理而暂时停止运行所处的状态。通常，进程在接收到外部进程的某个信号(SIGSTOP、SIGSTP、SIGTTOU)后进入暂停态。

通常正在接受调试的进程就处于暂停态。

(5) 僵死态(Zombie)。进程的运行已经结束,但是由于某种原因它的进程结构体仍在系统中。

Linux 2.4 中,进程状态转换如图 13.2 所示。

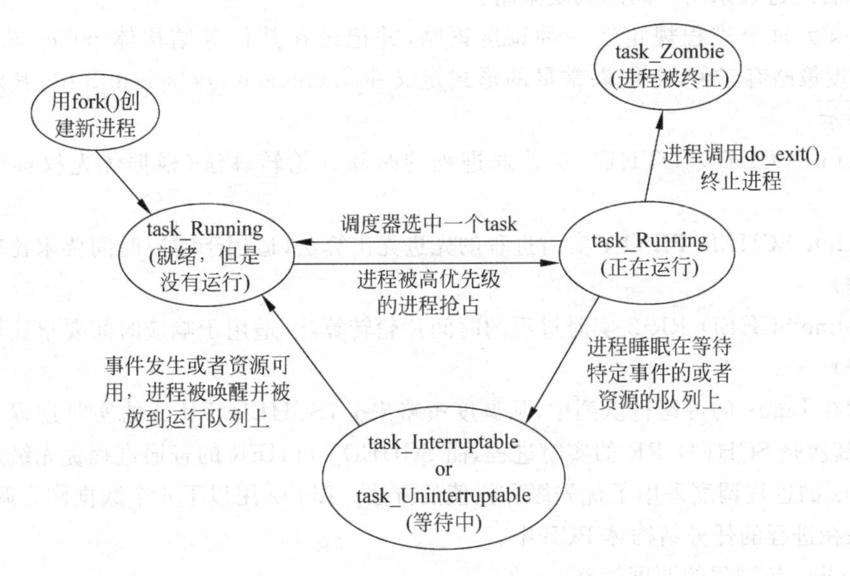

图 13.2　Linux 进程状态转换图

13.2.3　Linux 进程的标识

Linux 进程的标识是系统识别进程的依据,也是进程访问设备和文件时的凭证。Linux 为每个进程设置多种标识,不同标识的用途不同,记录在 task_struct 中,具体如下。

- int pid。进程标识号。Linux 的 pid 的长度为 16 位,最大值为 32 767。pid 按照进程创建的先后顺序依次赋予进程,即前面进程的 pid 值加 1。当达到最大值时,重复使用已经撤销进程的 pid。
- unsigned short uid,gid。用户标识号,组标识号。Linux 把文件的所有用户分为三类:所有者、同组用户、其他用户。
- unsigned short euid,egid。用户有效标识号,组有效标识号。一般情况下 euid= uid;egid= gid;fsuid= uid;fsgid= gid;euid 和 egid:在进程企图访问特权数据或代码时,系统内核需要检查进程的有效标识 euid 和 egid。需要其他进程服务时,这两个值将变为服务进程的 uid 和 gid。
- unsigned short suid,sgid。用户备份标识号、组备份标识号。
- unsigned short fsuid,fsgid。用户文件标识号、组文件标识号。在进程企图访问文件时,系统内核需要检查进程的文件标识 fsuid,fsgid。需要其他进程服务时,这两个值将变为服务进程的 uid 和 gid。

13.2.4 Linux进程的调度

Linux中的进程分为普通进程和实时进程。实时进程的优先级高于普通进程，并对实时进程和普通进程采用不同的调度策略。

Linux为每个进程规定了一种调度策略，并记录在其任务结构体policy成员项中。Linux调度策略有三种，它们以常量的形式定义在/include/linux/sched.h中，其定义及意义如下所示。

#define SCHED_OTHER 0 普通进程的时间片轮转算法（根据优先权选择下一个进程）

#define SCHED_FIFO 1 实时进程的先进先出算法（适用于响应时间要求比较严格的短小进程）

#define SCHED_RR 2 实时进程的时间片轮转算法（适用于响应时间要求比较严格的较大进程）

因此在Linux的可运行队列中，从调度策略来分，SCHED_FIFO的实时进程具有最高优先级，其次是SCHED_RR的实时进程，而SCHED_OTHER的普通进程优先级最低。

Linux的进程调度采用了优先级和权值的方法。Linux用以下4个数据作为调度依据，它们记录在进程的任务结构体PCB中。

- policy是进程的调度策略。
- priority是普通进程的优先级。它是0～70的数，数值越大优先级越高。priority除表示进程的优先级，还表示分配给进程使用CPU的时间片。
- rt_priority是实时进程的优先级。策略为SCHED_FIFO的实时进程的rt_priority大于SCHED_ RR实时进程。
- counter中存放的是进程还需要使用CPU运行时间的计数值，它是动态变化的，它的初始值就是priority。

因为普通进程和实时进程在同一个可运行队列中，为了保证实时进程优于普通进程执行，Linux采用了加权处理的方法。在进程调度过程中，每次选取下一个运行进程时，调度程序首先给可运行队列的每个进程赋予一个权值（weight）。普通进程的权值就是它的counter值，而实时进程的权值是它的rt_priority值加1000。

同时，Linux使用内核函数goodness()对进程进行加权处理，它的源程序在/kernel/sched.c中。

由于实时进程的优先级大于普通进程的优先级，故只有当可运行队列的所有实时进程都运行完成后，普通进程才能得到运行。

因此，Linux普通进程的优先级由priority和counter共同决定。在进程运行过程中priority保持不变，体现了进程的静态优先级概念；而counter不断减少，体现了进程的动态优先级。采用动态优先级的方法，使得一个进程占用CPU的时间越长，counter的值就越小。这样使得每个进程都可以公平地分配到CPU。

Linux进程调度是由schedule()函数完成的。该函数定义在/kernel/sched.c中。执行该函数的情况可以分为两种。一种是在某些系统调用函数中直接调用schedule()；另一种是在系统运行过程中，通过检查调度标志而执行该函数。进程调度标志是一个名为 need_resched 的全局变量，当它的值为 1 时，表明需要执行调度函数。

下面介绍几种需要执行进程调度的时机。

1）进程状态发生变化时

由于 Linux 进程状态不断发生变化，在下列状态转换时需要执行进程调度。

(1) 当前进程进入等待状态。例如，运行态的进程可以通过执行系统调用 sleep_on() 主动放弃 CPU 而进入等待状态。

(2) 运行态下的进程运行结束后。一般通过调用内核函数 do_exit()终止运行进程并转入僵死状态。

(3) 使用 wake_up_process()将处于等待状态的进程唤醒，然后将它置于可运行状态。

(4) 当一个进程的程序接受调试时。调试进程向被调试进程发送 SIGSTOP 信号，被调试进程处理该信号时调用内核函数 do_signal()。

(5) 当被调试的进程接收到调试进程发送的 SIGCONT 信号时，执行 send_sig()，并且使用 wake_up_process()解除被调试进程的暂停态而重新进入可运行态。

2）当前进程时间片用完时

在进程时间片运行完时，需要将 CPU 重新分配给下一个被选中的进程，这个过程是在时钟中断中实现的。在时钟中断处理程序中调用了内核函数 update_process_times()，它用于更新进程的各个时间信息。

3）进程从系统调用返回用户态时

当进程从系统调用返回用户态时，需要执行内核的汇编例程 ret_from_sys_call，其中包括对 need_resched 标志进行检测的指令。当 need_resched＝1 时，就转移到 reschedule。

4）中断处理后，进程返回用户态时同 3，当中断处理结束后，也需要执行内核的汇编例程 ret_from_sys_call。

13.2.5 Linux 进程的创建和撤销

在系统加电启动后，系统只有一个进程，它就是由系统创建的初始进程，又称 init 进程。init 进程的任务结构体名字为 init_task。init 进程是系统中所有进程的祖先进程，进程标识号(PID)为 1。

为表示 Linux 进程的族亲关系，在每个进程的任务结构体中设置了 5 个成员项指针。

```
struct task_struct *p_opptr    /*指向祖先进程任务结构体指针*/
struct task_struct *p_pptr     /*指向父进程任务结构体指针*/
struct task_struct *p_cptr     /*指向子进程任务结构体指针*/
struct task_struct *p_ysptr    /*指向弟进程任务结构体指针*/
struct task_struct *p_osptr    /*指向兄进程任务结构体指针*/
```

Linux 中，除 init 进程是启动时由系统创建的，其他进程都是由当前进程使用系统调用 fork()和 clone()创建的。

一个进程使用 fork()建立子进程后，让子进程执行另外一个程序的方法是通过使用 exec()系统调用。为节省资源，Linux 采用“写时复制”技术，所以子进程在创建时是共享父进程的正文段和数据段，但是在执行 exec()时，子进程将建立自己的虚拟空间，并把参数指定的可执行程序映像装入子进程的虚拟空间，这时就形成了子进程自己的正文段和数据段。

进程终止有两种情况。一种是进程完成自身的任务而自动终止，这可以通过使用系统调用 exit()显示终止进程；也可以通过执行到程序 main()的结尾而隐式地终止进程。另一种是进程被内核强制终止，如进程运行出现致命错误，或者收到不能处理的信号时。

13.3 Linux 的存储管理

13.3.1 Linux 的虚拟存储空间

我们知道，计算机系统的地址结构决定了虚拟内存空间的大小，在 Linux 操作系统中，虚拟地址用 32 个二进制位表示。因此，系统向每个进程提供的虚拟地址空间的大小为 2^{32}B=4GB。Linux 内核将这 4GB 的空间分为用户空间和内核空间两个部分。0x00000000～0xBFFFFFFF 的 3GB 为用户和内核共同访问空间，称为“用户空间”；剩余的 1GB 由内核独享，用户态无法访问，称为“系统空间”。操作系统内核的代码和数据等被映射到内核区。进程的可执行映像(代码和数据)映射到虚拟内存的用户区。进程虚拟内存内核区的访问权限设置为 0 级，用户区为 3 级。内核访问虚存的权限为 0 级，而进程的访问权限为 3 级。

同时，Linux 内核又把虚拟地址空间划分成若分区，在每个分区上再进行分页。

任务结构体 task_struct 中的 struct mm_struct * mm 用来管理已分配给该进程的逻辑地址空间(虚拟地址空间)，即每个进程的虚拟内存由一个 mm_struct 结构代表。同时，每一个连续的线性地址区间由一个 vm_area_struct 管理，简称 vma。那么，为什么 Linux 内核要将虚拟地址空间划分为一个个的 VMA 呢？我们知道，一个进程通常由代码段、数据段、堆栈段等组成。我们可以用不同的分区来存放不同的内容，每个区域中的信息可以具有相同的访问权限(例如，都只能读、写等)，这样有利于进行存储保护和共享。

因此，每个 vm_area_struct 描述了一个虚拟内存区域的起点和终点、进程对内存的访问权限以及一个对内存的操作例程集。

vm_area_struct 结构体定义在/include/linux/mm.h 中，定义如下。

```
struct vm_area_struct { struct mm_struct * vm_mm; unsigned long vm_start;
unsigned long vm_end; pgprot_t vm_page_prot; unsigned short vm_flags; short vm_avl_height;
struct vm_area_struct * vm_avl_left;
struct vm_area_struct * vm_avl_right;
struct vm_area_struct * vm_next;
struct vm_area_struct * vm_next_share;
struct vm_area_struct * vm_prev_share;
struct vm_operations_struct * vm_ops;
unsigned long vm_offset;
struct inode * vm_inode;
unsigned long vm_pte;
};
```

其主要字段的含义如下。

(1) vm_mm 指针指向进程的 mm_struct 结构体。

(2) vm_start 和 vm_end 表示虚拟区域的开始和终止地址。

(3) vm_flags 表示虚存区域的操作特性，VM_READ 表示虚存区域允许读取；VM_WRITE 表示虚存区域允许写入；VM_EXEC 表示虚存区域允许执行；VM_SHARED 表示虚存区域允许多个进程共享；VM_GROWSDOWN 表示虚存区域可以向下延伸；VM_GROWSUP 表示虚存区域可以向上延伸；VM_SHM 表示虚存区域是共享存储器的一部分；VM_LOCKED 表示虚存区域可以加锁；VM_STACK_FLAGS 表示虚存区域作为堆栈使用。

(4) vm_page_prot 表示虚存区域页面的保护特性。

(5) vm_inode 表示若虚存区域映射的是磁盘文件或设备文件的内容，则 vm_inode 指向这个文件的 inode 结构体，否则 vm_inode 为 NULL。

(6) vm_offset 表示该区域的内容相对于文件起始位置的偏移量，或相对于共享内存首地址的偏移量。

(7) 所有 vm_area_struct 结构体链接成一个单向链表，vm_next 指向下一个 vm_area_struct 结构体。链表的首地址由 mm_struct 中的成员项 mmap 指出。

(8) vm_ops 表示指向 vm_operations_struct 结构体的指针。该结构体包含指向各种操作函数的指针。

(9) 所有 vm_area_struct 结构体组成一个 avl 树。

(10) vm_next_share 和 vm_prev_share 表示把有关的 vm_area_struct 结合成一个共享内存时使用的双向链表。

mm 中的 vma 按地址排序，并由线性链表连接起来，当 vma 的数量相当大的时候启用 avl 树，与线性链表同时管理 vma 以提高访问效率，随着 vma 的动态改变，vma 之间存在归并和拆分等操作。

13.3.2 Linux 的地址映射

Linux 内核采用虚拟页式存储管理策略，采用三级映射机制实现从线性地址到物理地址的映射。其中 PGD 为页面目录，PMD 为中间目录，PT 为页表，具体的映射过程如下。

(1) 从 CR3 寄存器中找到 PGD 基地址；

(2) 以线性地址的最高位段为下标，在 PGD 中找到指向 PMD 的指针；

(3) 以线性地址的次位段为下标，在 PMD 中找到指向 PT 的指针；

(4) 同理，在 PT 中找到指向页面的指针；

(5) 线性地址的最后位段，为在此页中的偏移量，这样就完成了从线性地址到物理地址的映射过程。

32 位的计算机如 Intel 的 x86 采用段页式的两级映射机制，而 64 位的微处理器采用三级分页。对于传统的 32 位平台，Linux 采用让 PMD(中间目录)全零来消除中间目录域，这样就把 Linux 逻辑上的三级映射模型落实到 x86 结构物理上的二级映射，从而保证了 Linux 对多种硬件平台的支持。

13.3.3 Linux 物理内存的管理

内存管理程序通过映射机制把用户程序的虚拟地址映射到物理地址。当用户程序运行时，如果发现程序中要用的虚地址没有对应的物理内存，就发出缺页请求中断。如果有空闲的内存可供分配，就请求分配内存(于是用到了内存的分配和回收)，并把正在使用的物理页记录在缓存中(使用了缓存机制)。如果没有足够的内存可供分配，那么就调用交换机制，腾出一部分内存。另外，在地址映射中要通过 TLB(后援存储器)来寻找物理页；交换机制中也要用到交换缓存，并且把物理页内容交换到交换文件中，也要修改页表来映射文件地址。

Linux 采用页作为物理内存管理的基本单位，其采用的标准的页面大小为 4KB。内核使用页描述符来跟踪管理物理内存，每个物理页面都用一个页描述符表示。页描述符用 struct page 的结构描述，所有物理页面的描述符，组织在 mem_map 的数组中，page 结构则是对物理页面进行描述的一个数据结构。

mem_map 数组与物理内存的对应关系如图 13.3 所示。

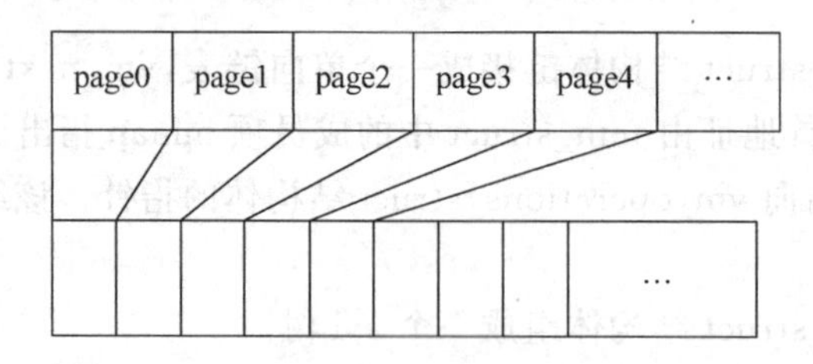

图 13.3　mem_map 数组与物理内存的对应关系

13.3.4 页面分配算法

Linux 物理内存分配和回收的基本单位是物理页，并采用著名的伙伴(Buddy)算法来解决内存碎片问题。

1. Buddy System 算法原理及其分配过程

Buddy System 是一种经典的内存管理算法。在 UNIX 和 Linux 操作系统中都有用到。其作用是减少存储空间中的空洞、减少碎片、增加利用率。我们知道避免内存外碎片的方法有两种。第一种是利用分页单元把一组非连续的空闲页框映射到连续的线性地址区间。第二种是开发适当的技术来记录现存的空闲连续页框块的情况，以尽量避免为满足对小块的请求而把大块的空闲块进行分割。Linux 内核选择第二种避免方法，并用 Buddy 算法加以实现。

满足以下条件的两个块称为伙伴：两个块的大小相同且两个块的物理地址连续。伙伴算法把满足以上条件的两个空块合并为一个块，如果合并后的块还可以跟相邻的块进行合并，那么该算法就继续合并。

Linux 伙伴算法的基本原理是：将所有空闲页框分组为 11 个块链表，每组中块的大小是 2 的幂次方个页框，例如，第 0 组中块的大小都为 2^0(1 个页框)，第 1 组中块的大小为都为 2^1(2 个页框)，以此类推，第 9 组中块的大小都为 2^9(512 个页框)。也就是说，每一组中块的大小是相同的，且这些同样大小的块形成一个链表。这样，每个块链表分别包含1、2、4、8、16、32、64、128、256、512、1024个连续的页框(即$2^0 \sim 2^{10}$)，每个块的第一个页框的物理地址是该块大小的整数倍。如大小为16个页框的块，其起始地址是16×2^{12}的倍数。

接下来，我们举例说明伙伴算法的分配过程。

假设要求分配的物理块大小为128个页面，伙伴算法先在大小为128个页面的链表中查找，看是否有这样一个空闲块。如果有，就直接分配；如果没有，该算法会查找下一个更大的块，即在块大小为256个页面的链表中查找一个空闲块。如果存在这样的空闲块，内核就把这256个页面分为两等份，一份分配出去，另一份插入到大小为128个页面的链表中。如果在大小为256个页面的链表中也没有找到空闲页块，就继续找更大的块，即512个页面的块。如果存在这样的块，内核就从512个页面的块中分出128个页面满足请求，然后从384个页面中取出256个页面插入块大小为256个页面的链表中。然后把剩余的128个页面插入块大小为128个页面的链表中。

回收过程相反。

Linux使用了三个Zone，每个Zone由一个自己的伙伴系统来管理。

- ZONE_DMA 包含可以用来执行DMA操作的内存。
- ZONE_NORMAL 包含可以正常映射到虚拟地址的内存区域。
- ZONE_HIGHMEM 包含永久映射到内核地址空间的内存区域。

2. Slab分配器

Linux内核在运行过程中，常常会使用一些内核的数据结构(对象)。例如，当进程的某个线程第一次打开一个文件的时候，内核需要为该文件分配一个称为file的数据结构；当该文件被最终关闭的时候，内核必须释放此文件所关联的file数据结构。因此，在Linux系统中所用到的对象如file、inode、task_struct等，经常会涉及大量对象的重复生成、使用和释放问题。这些对象在生成时，所包括的成员属性值都赋值成确定的数值，并且在使用完毕、释放结构前，属性又恢复为未使用前的状态。同时，这些对象都很小，如果能够用合适的方法使得在对象前后两次被使用时，在同一块内存，或同一类内存空间，且保留基本的数据结构，就可以大大提高效率。

因此，为了满足内核对小内存块管理的需要，Linux系统采用了一种被称为Slab分配器的技术。Slab分配器的核心思想就是“存储池”的运用。内存片段(小块内存)被看作对象，当被使用完后，并不直接释放而是被缓存到“存储池”里，留作下次使用，从而避免了频繁创建与销毁对象所带来的额外负载。

下面我们描述Linux内核Slab内存分配器的基本思想。

Slab分配器为每种使用的内核对象建立单独的缓冲区。由于Linux内核已经采用了伙伴系统(Buddy System)管理物理内存页框，因此Slab分配器直接工作于伙伴系统之上。每种缓冲区由多个Slab组成，每个Slab就是一组连续的物理内存页框，被划分成了固定数目的对象。根据对象大小的不同，缺省情况下一个Slab最多可以由1024个物理内存页框构成。但是，出于对齐等其他方面的要求，Slab中分配给对象的内存可能大于用户要求的对象实际大小，会造成一定的内存浪费。

Slab中的对象有两种状态：已分配或空闲。为了有效地管理，根据已分配对象的数目，

Slab 可以动态地处于下面 3 种缓冲区相应的队列中。

Full 队列表示此时该 Slab 中没有空闲对象。

Partial 队列表示此时该 Slab 中既有已分配的对象,也有空闲对象。

Empty 队列表示此时该 Slab 中全是空闲对象。

3. Slub 分配器的设计原理

但是,随着大规模多处理器系统和 NUMA 系统的广泛应用,Slab 分配器逐渐暴露出自身的严重不足,描述如下。

- 较多复杂的队列管理。在 Slab 分配器中存在众多的队列,例如,针对处理器的本地对象缓存队列,Slab 中空闲对象队列,每个 Slab 处于一个特定状态的队列中,甚至缓冲区控制结构也处于一个队列之中。有效地管理这些不同的队列是一件费力且复杂的工作。
- Slab 管理数据和队列的存储开销比较大。缓冲区内存回收比较复杂。
- 对 NUMA 的支持非常复杂。调试功能比较难于使用。

为了解决以上 Slab 分配器的不足之处,内核开发人员 Christoph Lameter 在 Linux 内核 2.6.22 版本中引入一种新的解决方案:Slub 分配器。Slub 分配器的特点是简化设计理念,同时保留 Slab 分配器的基本思想是:每个缓冲区由多个小的 Slab 组成,每个 Slub 包含固定数目的对象。Slub 分配器简化了 kmem_cache,Slab 等相关的管理数据结构,摒弃了 Slab 分配器中众多的队列概念,并针对多处理器、NUMA 系统进行优化,从而提高了性能和可扩展性并降低了内存的浪费。为了保证内核其他模块能够无缝地迁移到 Slub 分配器,Slub 还保留了原有 Slab 分配器所有的接口 API 函数。详细介绍请查阅相关文献。

13.3.5 缺页中断

一旦一个可执行映像映射到了一个进程的虚拟内存中,它就可以开始执行了。但是,因为开始时只有可执行映像的一小部分装入了系统的物理内存中,所以不久进程就会访问一些不在物理内存中的虚拟内存页。当一个进程访问了一个还没有有效页表项的虚拟地址时(即页表项的 present 位为 0),处理器就会产生缺页中断,通知操作系统,并将出现缺页的虚存地址(在 CR2 寄存器中)和缺页时访问虚存的模式一并传递给 Linux 的缺页中断服务程序。

中断服务流程描述如下。

- 根据控制寄存器 CR2 传递的缺页的虚拟地址,找到用来表示出现缺页的虚拟存储区的 vm_area_struct 结构。
- 如果没有找到与缺页相对应的 vm_area_struct 结构,就说明进程访问了一个非法存储区,Linux 向进程发送信号 SIGSEGV。
- 接着检测缺页时访问模式是否合法。如果进程对该页的访问超越权限,例如试图对只允许读操作的页面进行写操作,系统也将向该进程发送一个信号,通知进程的存储访问出错。
- 如果 Linux 认为此缺页中断是合法的,它将处理此次中断。

- Linux 还必须区分页面是在交换文件中还是作为文件映像的一部分存在于磁盘中。它依据检查缺页的页表来区分。如果页表的入口是无效的,但非空,就说明页面在交换文件中。
- 最后,Linux 调入所需的页面并更新进程的页表。

接下来,我们描述页面置换过程。当一个进程需要把一个虚拟内存页面装入物理内存而又没有空闲的物理内存时,操作系统必须将一个现在不用的页面从物理内存中置换出去,以便为将要装入的虚拟内存页腾出空间。

13.3.6 缓存和刷新机制

为了更好地发挥系统性能,Linux 采用了一系列和内存管理相关的高速缓存机制。

(1) 缓冲区高速缓存。包含了从设备中读取的数据块或写入设备的数据块。缓冲区高速缓存由设备标识号和块进行索引,因此可以快速找到数据块。如果数据可以在缓冲区的高速缓存中找到,就不需要从物理块设备上读取,从而加快了访问速度。

(2) 页高速缓存。这一高速缓存用来加速对磁盘上的映像和数据的访问,它用来缓存某个文件的逻辑内容,并通过文件 VFS 索引节点和偏移量访问。当某页被从磁盘读到物理内存时,就缓存在页高速缓存。

(3) 交换高速缓存。用于多个进程共享的页面被换出到交换区的情况。当页面交换到交换文件之后,如果有进程再次访问,它就被重新调入内存。

13.4 Linux 文件管理

13.4.1 Linux 虚拟文件系统概述

Linux 文件系统具有强大的功能,除了自己的文件系统 EXT2,还支持多种其他操作系统的文件系统,如 NTFS、minix、msdos、vfat,并支持跨文件系统的文件操作。这是因为有虚拟文件系统的存在。Linux 的虚拟文件系统(Virtual File System,VFS)屏蔽了各种文件系统的差别,为处理各种不同文件系统提供了统一的接口。在 VFS 管理下,Linux 不但能够读写各种不同的文件系统,而且还实现了这些文件系统相互之间的访问。

虚拟文件系统是 Linux 内核中的一个软件抽象层。用于给用户空间的程序提供文件系统接口;同时,它也提供了内核中的一个抽象功能,允许不同的文件系统共存。系统中所有的文件系统不但依赖 VFS 共存,而且也依靠 VFS 协同工作。它通过一些数据结构及其方法向实际的文件系统如 ext2、vfat 提供接口机制,即通过使用同一套文件 I/O 系统调用即可对 Linux 中的任意文件进行操作而无须考虑其所在的具体文件系统格式;更进一步,对文件的操作可以跨文件系统执行。例如,用户可以使用 cp 命令从 vfat 文件系统格式的硬盘复制数据到 ext3 文件系统格式的硬盘;而这样的操作涉及两个不同的文件系统。

为了能够支持各种实际文件系统,VFS 定义了所有文件系统都支持的基本的、概念上的接口和数据结构;同时实际文件系统也提供 VFS 所期望的接口和数据结构,将自身的诸如文件、目录等概念在形式上与 VFS 的定义保持一致。换句话说,一个实际的文件系统想要被 Linux 支持，就必须提供一个符合 VFS 标准的接口，才能与 VFS 协同工作。实际文件系统在统一的接口和数据结构下隐藏了具体的实现细节，所以在 VFS 层和内核的其他部分看来，所有文件系统都是相同的。图 13.4 示意了 VFS 在内核中与实际的文件系统的协同关系。

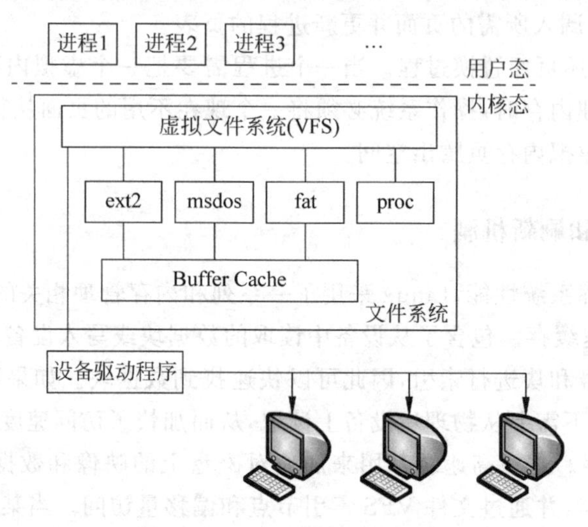

图 13.4　Linux 虚拟文件系统

需要注意的是，VFS 并不是一种实际的文件系统，ext2 等物理文件系统是存在于外存空间的，而 VFS 仅存在于内存。它在系统启动时建立，在系统关闭时消失，而物理文件系统则是长期存在于外存的。同时，在 VFS 中包含着向物理文件系统转换的一系列数据结构，如 VFS 超级块、VFS 的 inode 等。

VFS 依靠几个主要的数据结构和一些辅助的数据结构来描述其结构信息，主要由 VFS 超级块、VFS inode 和文件操作函数指针等组成。这些数据结构表现得就像是对象。每个主要对象中都包含由操作函数表构成的操作对象，这些操作对象描述了内核针对这几个主要对象可以进行的操作。通过 VFS 可以转换到各种不同的物理文件系统，所以 VFS 的数据结构必须兼容于各种文件系统的相应数据结构。下面逐一进行介绍。

13.4.2　VFS 超级块

超级块是文件系统中描述整体组织和结构的信息体。VFS 把不同文件系统中的整体组织和结构信息，进行抽象后形成了兼顾不同文件系统的统一的超级块结构。VFS 中建立的超级块称为 VFS 超级块。VFS 超级块是在文件系统安装时由系统在内存中建立的。Linux 对于每种已安装的文件系统，在内存中都有与其对应的 VFS 超级块。VFS 超级块中的数据主要来自该文件系统的超级块。每次一个实际的文件系统被安装时，内核就会从磁盘的特定位置读取一些控制信息来填充内存中的超级块对象。超级块通过其结构中的一个域 s_type 记录它所属的文件系统类型。

VFS 超级块是一个定义为 super_block 的结构，其定义如下。

```
struct super_block {
    kdev_t s_dev;                    /* 物理文件系统所在设备的设备号 */
```

```
    unsigned long s_blocksize;            /* 文件系统物理组织的块大小,字节为单位 */
    unsigned char s_blocksize_bits;       /* 块长度值的位(bit)数 */
    unsigned char s_lock;                 /* 锁定标志,若置位则拒绝其他进程对该超级块的访问 */
    unsigned char s_rd_only;              /* 只读标志,若置位,则该超级块禁写 */
    unsigned char s_dirt;                 /* 修改标志,若置位表示该超级块已修改过 */
    struct file_system_type * s_type;     /* 指向文件系统 file_system_type 结构体 */
    struct super_operations *s_op;        /* 指向该文件系统的超级块操作函数的集合 */
    struct dquot_operations *dq_op;       /* 指向该文件系统的限额操作函数的集合 */
    unsigned long s_flags;                /* 超级块标志 */
    unsigned long s_magic;                /* 该文件系统特有的标志数 */
    unsigned long s_time;                 /* 时间信息 */
    struct inode * s_covered;             /* 指向该文件系统安装目录 inode 的指针 */
    struct inode * s_mounted;             /* 指向该文件系统第一个 inode 的指针 */
    struct wait_queue * s_wait;           /* 指向该超级块等待队列的指针 */
    union {                               /* 联合体,其成员项是各种文件系统超级块的内存映像 */
        struct minix_sb_info minix_sb;
        struct ext_sb_info ext_sb;
        struct ext2_sb_info ext2_sb;
        struct hpfs_sb_info hpfs_sb;
        struct msdos_sb_info msdos_sb;
        struct isofs_sb_info isofs_sb;
        struct nfs_sb_info nfs_sb;
        struct xiafs_sb_info xiafs_sb;
        struct sysv_sb_info sysv_sb;
        struct affs_sb_info affs_sb;
        struct ufs_sb_info ufs_sb;
        void *generic_sbp;
    } u;
};
```

(1) 文件系统的组织信息。如设备号 s_dev、块大小 s_blocksize、块位数 s_blocksize_bits、文件系统署名 s_magic 等。

(2) 文件系统的注册和安装信息。s_type 指向注册链表中该文件系统的 file_system_type 结构体；s_covered 是指向文件系统树状结构中安装目录 inode 的指针；s_mounted 是安装到 Linux 中的文件系统根目录 inode 的指针。

(3) 超级块的属性信息。超级块的各种标志,如超级块标志 s_flags 、锁定标志 s_lock、禁写标志 s_rd_only 、修改标志 s_dirt 等。

(4) 文件系统特有的信息。由联合体 u 的各个成员项表示。它们是各种文件系统的超级块在内存中的映像,如 EXT2 文件系统的 ext2_sb_info 结构。u 表示的是各种文件系统的个性信息。

13.4.3 VFS 索引节点对象

索引节点对象存储了文件的相关信息,代表了存储设备上的一个实际的物理文件。当一个文件首次被访问时,内核会在内存中组装相应的索引节点对象,以便向内核提供对一个文件进行操作时所必需的全部信息。这些信息一部分存储在磁盘特定位置,另一部分是在加载时动态填充的。

Linux 以 ext2 作为基本的文件系统，所以它的虚拟文件系统中也设置了 inode 结构，为了区别物理文件系统的 inode，把 VFS 中的 inode 称为 VFS inode。文件系统的 inode 在外存中，并且是长期存在的，VFS inode 在内存中，它仅在需要时才建立，不再需要时撤销。inode 的定义如下。

```
struct inode {
    kdev_t    i_dev;                             /* 主设备号 */
    unsigned long  i_ino;                        /* 外存的 inode 号 */
    umode_t    i_mode;                           /* 文件类型和访问权限 */
    nlink_t    i_nlink;                          /* 该文件的链接数 */
    uid_t    i_uid;                              /* 文件所有者的用户标识 */
    gid_t    i_gid;                              /* 文件的用户组标识 */
    kdev_t    i_rdev;                            /* 次设备号 */
    off_t    i_size;                             /* 文件长度,以字节为单位 */
    time_t    i_atime;                           /* 文件最后一次访问时间 */
    time_t    i_mtime;                           /* 文件最后一次修改时间 */
    time_t    i_ctime;                           /* 文件创建时间 */
    unsigned long  i_blksize;                    /* 块尺寸,以字节为单位 */
    unsigned long  i_blocks;                     /* 文件的块数 */
    unsigned long  i_version;                    /* 文件版本号 */
    unsigned long  i_nrpages;                    /* 文件在内存中占用的页面数 */
    struct semaphore i_sem;                      /* 文件同步操作用的信号量 */
    struct inode_operations * i_op;              /* 指向 inode 操作函数入口表的指针 */
    struct super_block * i_sb;                   /* 指向该文件系统的 VFS 超级块 */
    struct wait_queue * i_wait;                  /* 文件同步操作用等待队列 */
    struct file_lock * i_flock;                  /* 指向文件锁定链表的指针 */
    struct vm_area_struct * i_mmap;              /* 文件使用的虚存区域 */
    struct page * i_pages;                       /* 指向文件占用内存页面 page 结构体链表 */
    struct dquot * i_dquot[MAXQUOTAS];
    struct inode * i_next, * i_prev;             /* inode 链表指针 */
    struct inode * i_hash_next, * i_hash_prev;   /* inode hash 链表指针 */
    struct inode * i_bound_to, * i_bound_by;
    struct inode * i_mount;                      /* 指向该文件系统根目录 inode 的指针 */
    unsigned long i_count;                       /* 使用该 inode 的进程计数 */
    unsigned short i_flags;                      /* 该文件系统的超级块标志 */
    unsigned short i_writecount;                 /* 写计数 */
    unsigned char i_lock;                        /* 对该 inode 的锁定标志 */
    unsigned char i_dirt;                        /* 该 inode 的修改标志 */
    unsigned char i_pipe;                        /* 该 inode 表示管道文件 */
    unsigned char i_sock;                        /* 该 inode 表示套接字 */
    unsigned char i_seek;                        /* 未使用 */
    unsigned char i_update;                      /* inode 更新标志 */
    unsigned char i_condemned;
    union {                                      /* 各种文件系统特有的信息 */
        struct pipe_inode_info pipe_i;
        struct minix_inode_info minix_i;
        struct ext_inode_info ext_i;
```

```
        struct ext2_inode_info ext2_i;
        struct hpfs_inode_info hpfs_i;
        struct msdos_inode_info msdos_i;
        struct umsdos_inode_info umsdos_i;
        struct iso_inode_info isofs_i;
        struct nfs_inode_info nfs_i;
        struct xiafs_inode_info xiafs_i;
        struct sysv_inode_info sysv_i;
        struct affs_inode_info affs_i;
        struct ufs_inode_info ufs_i;
        struct socket socket_i;
        void * generic_ip;
    } u;
};
```

VFS 的 inode 是设备上的文件或目录的 inode 在内存中的统一映像,并且在 u 中给出了不同文件系统特有的信息。这些特有信息是各种文件系统的 inode 在内存中的映像,如 inode. u. ext2_i 就是 EXT2 的 inode 在内存中的映像,即 ext2_inode_info 结构。

VFS 的 inode 与某个文件的对应关系是通过设备号 i_dev 与 inode 号 i_ino 建立的,它们唯一地指定了某个设备上的一个文件或目录。

i_lock 表示该 inode 被锁定,禁止对它的访问。i_flock 表示该 inode 对应的文件被锁定。i_flock 是一个指向 file_lock 结构链表的指针,该链表指出了一系列被锁定的文件。

VFS 的 inode 组成一个双向链表,全局变量 first_inode 指向链表的表头。inode 结构体通过 i_next 和 i_prev 加入该链表中。在这个链表中,空闲的 inode 总是从表头加入的,而占用的 inode 总是从表尾加入的。

系统还设置了一些管理 VFS inode 的全局变量,如 max_inodes 给定了 inode 的最大数量; nr_inodes 表示当前使用的 inode 数量,nr_free_inodes 表示空闲的 inode 数量。

在 VFS 中配备了对 inode 进行各种操作的函数,这些操作函数实质上是一个面向各种不同文件系统进行操作的转换接口。VFS 提供的 inode 操作函数在 inode_operations 结构中,它们由一系列对 inode 进行操作的函数指针组成,inode 结构体中的 i_op 指向 inode_operations 结构。不同文件系统配备了自己的一整套 inode 操作函数。函数的入口地址记录在各自的 inode_operations 结构体中,相关操作定义如下。

```
struct inode_operations {
struct file_operations * default_file_ops;
int ( * create) (struct inode * ,const char * , int, int, struct inode ** );
int ( * lookup) (struct inode * ,const char * , int, struct inode ** );
int ( * link) (struct inode * ,struct inode * ,const char * , int);
int ( * unlink) (struct inode * ,const char * , int);
int ( * symlink) (struct inode * ,const char * , int, const char * );
int ( * mkdir) (struct inode * ,const char * , int, int);
int ( * rmdir) (struct inode * ,const char * , int);
int ( * mknod) (struct inode * ,const char * , int, int, int);
int ( * rename) (struct inode * ,const char * , int, struct inode * ,const char * , int, int);
```

```
int ( * readlink) (struct inode * ,char * ,int);
int ( * follow_link) (struct inode * ,struct inode * ,int,int,struct inode ** );
int ( * readpage) (struct inode * , struct page * );
int ( * writepage) (struct inode * , struct page * );
int ( * bmap) (struct inode * ,int);
void ( * truncate) (struct inode * );
int ( * permission) (struct inode * , int);
int ( * smap) (struct inode * ,int);
};
```

(1) default_file_ops 指向结构体 file_operations,其中集合了对打开的文件进行各种操作的函数指针。

(2) create (dir,name,len,mode,res_inode)为文件创建函数,在指定的目录中建立一个文件的目录项。dir 指定文件建立的目录位置,name 为文件名,len 为文件名长度,mode 指定文件的类型和访问权限。参数 res_inode 返回新建 inode 的地址。

(3) lookup (dir,name,len,res_inode)为文件搜索函数,在 dir 目录中搜索名字为 name、长度为 len 的文件。参数 res_inode 返回其 inode 地址。若不存在该文件,则返回值为 ENOTDIR。

(4) link(oldinode,dir,name,len)为文件链接函数,用于文件的硬链接。把 oldinode 对应的文件与 dir 中名字为 name、长度为 len 的文件进行硬链接。

(5) unlink(dir,name,len)为文件链接撤销函数,从 dir 中删除名字为 name、长度为 len 的链接文件。

(6) symlink(dir,name,len,symname)为符号链接函数,在 dir 中建立符号名字为 name、长度为 len 的符号链接。symname 指定了符号链接目标的路径。

(7) mkdir(dir,name,len,mode)为目录创建函数,在 dir 中建立名字为 name、名字长度为 len、访问权限属性为 mode 的子目录。

(8) rmdir(dir,name,len)为目录删除函数,从 dir 中删除名字为 name、名字长度为 len 的子目录。

(9) mknod(dir,name,len,mode,rdev)为 inode 创建函数,用于在 dir 目录中创建设备文件。name 为创建的文件名,len 为文件名长度,mode 为文件的访问权限属性,rdev 为特殊文件对应的设备号。

(10) rename(odir,oname,olen,ndir,nname,nlen)为文件重命名函数,odir、oname、olen 指定了文件的原目录、名字和名字长度,ndir、nname、nlen 指定了文件的新目录、新名字和名字长度。

(11) readlink(inode,buf,bufsize)为读符号链接函数,在 inode 中读取符号链接的文件路径,写入 buf 指向的缓冲区内,缓冲区长度为 bufsize。

(12) follow_link(dir,inode,flag,mode,res_inode)为符号链接搜索函数,在 dir 中搜索属性为 mode、标志为 flag 的符号链接的 inode 文件,找到后,由参数 res_inode 返回 inode 号。

(13) readpage(inode,page)为读取文件页面函数,读取 inode 对应的文件在内存 page

页面中的内容。

(14) writepage(inode,page)为写文件页面函数,向 inode 对应的文件在内存的 page 页面中写入数据。

(15) bmap(inode,block)为数据块映射函数,得到 inode 中与逻辑块号 block 对应的物理块号。

(16) truncate(inode)为文件长度变更函数,改变 inode 文件的长度。调用前,在 inode 结构体的 i_size 中置入文件长度。

(17) permission(inode,perm)为访问权限检验函数。检验进程对文件 inode 是否具有 perm 指定的访问权限。

(18) smap(inode,sector)为扇区映射函数,与数据块映射函数 bmap()类似,但该函数是面向磁盘扇区的操作,主要用于 ms-dos 文件系统。

13.4.4 目录项对象

Linux 的目录是一个驻留在磁盘上的文件,称为目录文件。系统对目录文件的处理方法与一般文件相同。目录由若干目录项组成,每个目录项对应目录中的一个文件。在一般操作系统的文件系统中,目录项由文件名和属性、位置、大小、建立或修改时间、访问权限等文件控制信息组成。Linux 继承了 UNIX,把文件名和文件控制信息分开管理,文件控制信息单独组成一个称为 i 节点(inode)的结构体,如图 13.5 所示。inode 实质上是一个由系统管理的"目录项"。每个文件对应一个 inode,它们有唯一的编号,称为 inode 号。Linux 的目录项只由两部分组成:文件名和 inode 号。

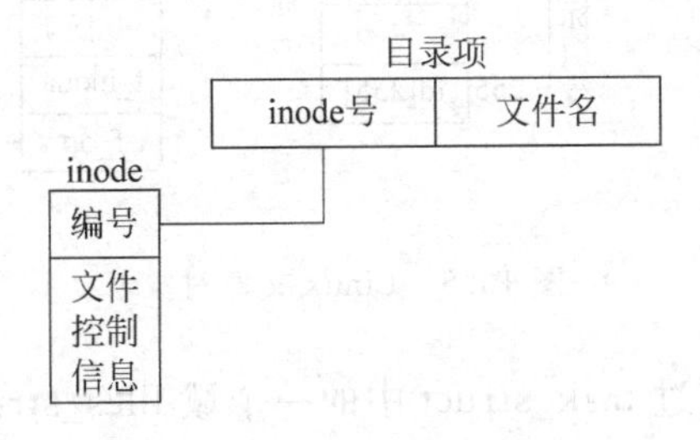

图 13.5 Linux 文件系统的目录项

引入目录项的概念主要是出于方便查找文件的目的。一个路径的各个组成部分,不管是目录还是普通文件,都是一个目录项对象,如在路径/home/source/test.c 中,目录/、home、source 和文件 test.c 都对应一个目录项对象。不同于前面的两个对象,目录项对象没有对应的磁盘数据结构,VFS 在遍历路径名的过程中将它们逐个地解析成目录项对象。

在 EXT2 中,目录是一个特殊的文件,称为目录文件。在目录文件中,目录项是 ext2_dir_entry 结构体,它们前后连接成一个类似链表的形式。

```
struct ext2_dir_entry {
    __u32     inode;                    /* inode 号 */
    __u16 rec_len;                      /* 目录项长度 */
```

```
    __u16 name_len;                    /* 文件名长度 */
    char    name[EXT2_NAME_LEN];       /* 文件名 */
};
```

其中,EXT2_NAME_LEN 的值定义为 255。

13.4.5 文件对象

文件对象是已打开的文件在内存中的表示,主要用于建立进程和磁盘上的文件的对应关系。因为多个进程可以同时打开和操作同一个文件,所以同一个文件也可能存在多个对应的文件对象。文件对象仅仅在进程观点上代表已经打开的文件,它反过来指向目录项对象(反过来指向索引节点)。一个文件对应的文件对象可能不是唯一的,但是其对应的索引节点和目录项对象无疑是唯一的。它们之间的关系如图 13.6 所示。

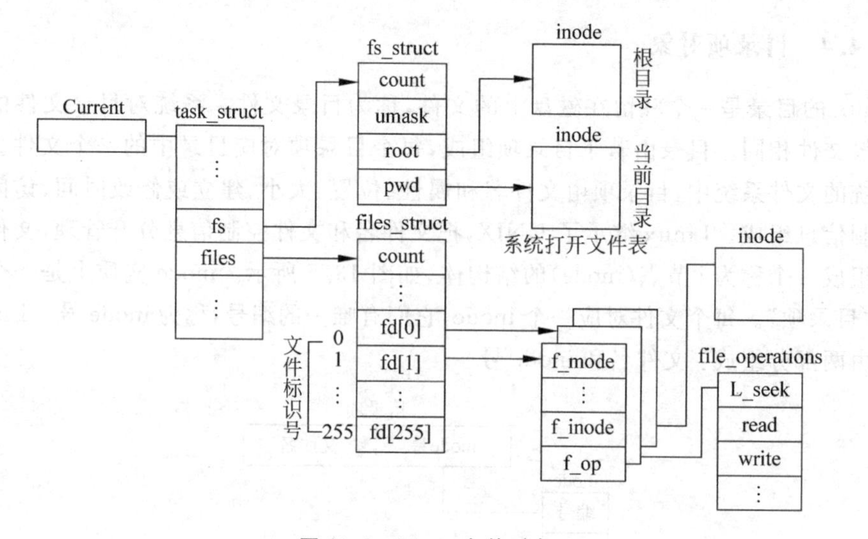

图 13.6 Linux 文件对象

从图 13.6 可知,进程通过 task_struct 中的一个域 files_struct files 来了解它当前所打开的文件对象;而我们通常所说的文件描述符其实是进程打开的文件对象数组的索引值。文件对象通过域 f_dentry 找到它对应的 dentry 对象,再由 dentry 对象的域 d_inode 找到它对应的索引节点,这样就建立了文件对象与实际的物理文件的关联。最后,还有很重要的一点是,文件对象所对应的文件操作函数列表是通过索引节点的域 i_fop 得到的。

13.5 EXT 文件系统

每种操作系统都有自己独特的文件系统,如 MS-DOS 文件系统、UNIX 文件系统等。文件系统包括了文件的组织结构、处理文件的数据结构、操作文件的方法等。Linux 最初引进了 Minix 文件系统。Minix 文件系统有较大的局限性。1992 年 4 月推出 EXT (EXTended File System)。1993 年推出了 EXT2 文件系统。EXT2 已经成为 Linux 的标准文件系统。Linux 还支持多种其他操作系统的文件系统，例如 MINIX、EXT2、HPFS、MS-DOS、UMSDOS、ISO、NFS、SYSV、AFFS、UFS、EFS 等达二十几种。Linux 的虚拟文件系统(VFS)屏蔽了各种文件系统的差别，为处理各种不同文件系统提供了统一的接口。

13.5.1 EXT2/EXT3/EXT4 文件系统的特点

Linux 缺省情况下使用的文件系统为 EXT2。EXT2 文件系统的确高效稳定。但是，随着 Linux 系统在关键业务中的应用，Linux 文件系统的弱点也渐渐显露出来了。由于 EXT2 文件系统是非日志文件系统，这对关键行业的应用是一个致命的弱点。EXT3 文件系统是直接从 EXT2 文件系统发展而来的，它是一种日志式文件系统(Journal File System)，是对 EXT2 系统的扩展，它兼容 EXT2。它的最大特色是会将整个磁盘的写入动作完整记录在磁盘的某个区域上，以便有需要时可以回溯追踪。具体而言，EXT3 日志文件系统的特点如下。

(1) 高可用性。系统使用了 EXT3 文件系统后，即使在非正常关机后，系统也不需要检查文件系统。宕机发生后，恢复 EXT3 文件系统的时间只要数十秒钟。

(2) 数据的完整性。EXT3 文件系统能够极大地提高文件系统的完整性，避免了意外宕机对文件系统的破坏。在保证数据完整性方面，EXT3 文件系统有两种模式可供选择。其中之一就是"同时保持文件系统及数据的一致性"模式。采用这种方式，用户将不会再看到由于非正常关机而存储在磁盘上的垃圾文件。

(3) 文件系统的速度。尽管使用 EXT3 文件系统时，有时在存储数据时可能要多次写数据，但是，从总体上看来，EXT3 比 EXT2 的性能还要好一些。这是因为 EXT3 的日志功能对磁盘的驱动器读写头进行了优化。所以，文件系统的读写性能较之 EXT2 文件系统来说，性能并没有降低。

(4) 数据转换。由 EXT2 文件系统转换成 EXT3 文件系统非常容易，只要简单地键入两条命令即可完成整个转换过程，用户不用花时间备份、恢复、格式化分区等。用一个 EXT3 文件系统提供的小工具 tune2fs，可以将 EXT2 文件系统轻松地转换为 EXT3 日志文件系统。另外，EXT3 文件系统可以不经任何更改直接加载成为 EXT2 文件系统。

(5) 多种日志模式。EXT3 有多种日志模式，一种工作模式是对所有的文件数据及 metadata(定义文件系统中数据的数据，即数据的数据)进行日志记录(data=journal 模式)；另一种工作模式则是只对 metadata 记录日志，而不对数据进行日志记录，也即所谓的 data=ordered 或者 data=writeback 模式。系统管理人员可以根据系统的实际工作要求，在系统的工作速度与文件数据的一致性之间作出选择。

EXT4 是 Linux 文件系统的一次革命。EXT3 相对于 EXT2 的改进主要在于日志方面，但是 EXT4 相对于 EXT3 的改进是更深层次的，是文件系统数据结构方面的优化，使其成为一个更加高效的、优秀的、可靠的文件系统，它具有如下特点。

(1) 任何 EXT3 文件系统都可以轻松地迁移到 EXT4 文件系统，只需要在只读模式下运行几条命令，就可以避免格式化硬盘、重装操作系统和软件环境的困扰。这种升级方法不会损害到硬盘上的数据和文档，因为 EXT4 仅会在新的数据上使用，而基本不会改动原有数据。

(2) EXT4 支持更大的文件系统和文件大小。EXT3 支持最大 16TB 的文件系统，2TB 的文件大小。EXT4 则支持最大 1EB 的文件系统，16TB 的文件大小。上述这个特性是由于 EXT4 采用了 48 位寻址。

(3) 子目录可扩展性。目前的 EXT3 中，单个目录下子目录数目的上限是 32 000 个。而在 EXT4 中打破了这种限制，可以创建无限多个子目录。

(4) Extents 机制。EXT4 引入了一个新的概念，叫做 Extents。一个 Extents 是一个地址连续的数据块的集合。比如一个 100MB 的文件将被分配给一个单独的 Extents，这样就不用像 EXT3 那样新增 25 600 个数据块的记录(一个数据块是 4KB)。而超大型文件会被分解在多个 Extents 里。Extents 的实现提高了文件系统的性能，减少了文件碎片。

(5) 多块分配。在 EXT3 中的块分配器存在一定缺陷，那就是它一次只能够分配一个数据块(4KB)，这就意味着，如果系统需要向磁盘中写入 100MB 的数据，就需要调用块分配器 25 600 次，而且由于块分配器无法获知总的分配块数，所以也无法对分配空间和分配位置进行优化。在 EXT4 中，使用了"多块分配器"，即一次调用可以分配多个数据块，这种机制提高了系统的性能，而且使得分配器有了充足的优化空间。

(6) 延迟分配。延迟分配(Delayed Allocation)技术是指尽可能地积累更多的数据块再分配出去，而传统的文件系统则会尽快地将数据块分配出去，如 EXT3 等。这项特性会和 Extents 特性以及多块分配特性相结合，使得磁盘 I/O 性能得到显著提高。

(7) 日志校验。EXT4 提供校验日志数据的功能，可以查看其潜在的错误。而且，EXT4 还会将 EXT3 日志机制中的"两阶段提交"动作合并为一个步骤，这种改进将使文件系统的操作性能提升 20%。这就是 EXT4 在日志机制方面对可靠度和性能的双重提升。

(8) 更大的 i 节点。EXT3 支持自定义 i 节点大小，但是默认的 i 节点大小是 128 字节，EXT4 将默认大小提升到 256 字节。增加的空间用来存储更多的节点信息，这样有利于提升磁盘性能。

(9) i 节点预留机制。当新建一个目录时，若干 i 节点会被预留下来，等新的文件在此目录中创建时，这些预留的 i 节点就可以立即被使用。文件的建立和删除将变得更加高效。

13.5.2 EXT2 文件系统的磁盘结构

EXT2 文件系统把所使用的逻辑分区划分成块组(Block Group)，并从 0 开始依次编号。每个块组中包含若干数据块，数据块中就是目录或文件内容。块组中包含几个用于管理和控制的信息块：超级块、组描述符表、块位图、inode 位图和 inode 表。EXT2 文件系统的磁盘结构如图 13.7 所示。

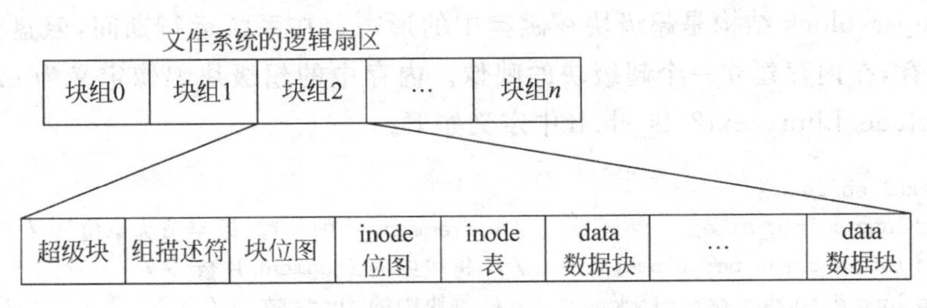

图 13.7　EXT2 文件系统结构

13.5.3　EXT2 超级块

超级块是用来描述 EXT2 文件系统整体信息的数据结构，主要描述文件系统的目录和文件的静态分布情况，以及描述文件系统各种组成结构的尺寸、数量等。超级块对于文件系统的维护是至关重要的。超级块位于每个块组的最前面，每个块组中包含的超级块内容是相同的。在系统运行期间，需要把超级块复制到内存的系统缓冲区内。只需把块组 0 的超级块读入内存，其他块组的超级块作为备份。

在 Linux 中，EXT2 超级块定义为 ext2_super_block 结构。

```
struct ext2_super_block {
        __u32   s_inodes_count;           /* 索引节点总数 */
        __u32   s_blocks_count;           /* 文件系统的块数 */
        __u32   s_r_blocks_count;         /* 保留给内核使用的块数 */
        __u32   s_free_blocks_count;      /* 空闲块计数器 */
        __u32   s_free_inodes_count;      /* 空闲索引节点计数器 */
        __u32   s_first_data_block;       /* 第一个数据块的块号 */
        __u32   s_log_block_size;         /* 块大小 */

s_log_frag_size; 片(fragment)长度
s_blocks_per_group; 每个块组包含的块数
s_frags_per_group; 每个块组包含的片数
s_inodes_per_group; 每个块组包含的 inode 数
s_mtime; 安装时间
s_wtime; 最后一次写入时间
s_mnt_count; 安装计数,每安装一次其值增 1
s_max_mnt_count; 安装最大数,达到此数将显示警告信息
s_magic; 文件系统署名,EXT2 为 0xEF53
s_state; 文件系统状态
s_errors; 出错时文件系统的动作
s_minor_rev_level; 改版标志
s_lastcheck; 最后一次文件系统检测时间
s_checkinterval; 两次检测相隔的最大时间间隔
s_creator_os; 可以使用该文件系统的操作系统 ID
s_rev_level; 版本标志,系统以此识别是否支持某些属性
s_def_resuid; 可以使用保留块的默认用户 ID
s_def_resgid; 可以使用保留块的默认用户组 ID
        };
```

ext2_super_block 结构是超级块在磁盘中的形态。在系统运行期间，磁盘上的超级块要被读入内存，在内存建立一个超级块的映像。内存中的超级块映像定义为 ext2_sb_info 结构，在/include/Linux/ext2_fs_sb.h 中定义如下。

```
struct ext2_sb_info {
unsigned long s_frag_size;              /* fragment 片的长度,以字节为单位 */
unsigned long s_frags_per_block;        /* 每块中的 fragment 片数 */
unsigned long s_inodes_per_block;       /* 每块中的 inode 数 */
unsigned long s_frags_per_group;        /* 每一块组中的 fragment 数 */
unsigned long s_blocks_per_group;       /* 每一块组中的块数 */
unsigned long s_inodes_per_group;       /* 每一块组中的 inode 数 */
unsigned long s_itb_per_group;          /* 每一块组中 inode 表占用的块数 */
unsigned long s_db_per_group;           /* 每一块组中描述符占用的块数 */
unsigned long s_desc_per_block;         /* 每一块组中描述符数 */
unsigned long s_groups_count;           /* 整个文件系统中的块组数 */
struct buffer_head * s_sbh;             /* 指向内存中包含超级块的缓冲区的指针 */
struct ext2_super_block * s_es;         /* 指向缓冲区中超级块的指针 */
struct buffer_head ** s_group_desc;     /* 指向缓冲区组描述符数组的指针 */
struct buffer_head ** s_group_desc;     /* 指向缓冲区组描述符数组的指针 */
unsigned short s_loaded_inode_bitmaps;  /* 装入缓冲区的 inode 位图块数 */
unsigned short s_loaded_block_bitmaps;  /* 装入缓冲区的块位图块数 */
unsigned long s_inode_bitmap_number[EXT2_MAX_GROUP_LOADED];
                                        /* inode 位图数组 */
struct buffer_head * s_inode_bitmap[EXT2_MAX_GROUP_LOADED];
                                        /* inode 位图指针数组 */
unsigned long s_block_bitmap_number[EXT2_MAX_GROUP_LOADED];
                                        /* 块位图数组 */
struct buffer_head * s_block_bitmap[EXT2_MAX_GROUP_LOADED];
                                        /* 块位图指针数组 */
int s_rename_lock;                      /* 重命名时的锁信号量 */
struct wait_queue * s_rename_wait;      /* 重命名时的等待队列指针 */
unsigned long s_mount_opt;              /* 安装选项 */
unsigned short s_resuid;                /* 可以使用保留块的用户 ID */
unsigned short s_resgid;                /* 可以使用保留块的用户组 ID */
unsigned short s_mount_state;           /* 超级用户使用的安装选项 */
unsigned short s_pad;                   /* 填充 */
int s_addr_per_block_bits;              /* 块地址(编号)的位(bit)数 */
int s_desc_per_block_bits;              /* 块描述符的位(bit)数 */
int s_inode_size;                       /* inode 长度 */
int s_first_ino;                        /* 第一个 inode 号 */
};
```

13.5.4 组描述符

组描述符表的每个表项是一个组描述符。组描述符是一个 ext2_group_desc 结构，用来描述一个块组的有关信息，定义在/include/Linux/ext2_fs.h 中。

```
struct ext2_group_desc
```

```
{
    __u32  bg_block_bitmap;          /* 本组中块位图的位置 */
    __u32  bg_inode_bitmap;          /* 本组中 inode 位图的位置 */
    __u32  bg_inode_table;           /* 本组中 inode 表的位 */
    __u16  bg_free_blocks_count;     /* 本组中空闲块数 */
    __u16  bg_free_inodes_count;     /* 本组中空闲 inode 数 */
    __u16  bg_used_dirs_count;       /* 本组中所含目录数 */
    __u16  bg_pad;                   /* 填充 */
    __u32  bg_reserved[3];           /* 保留 */
};
```

Linux 的组描述符为 32 字节，每一个块组有一个组描述符。所有的组描述符集中在一起依次存放，形成组描述符表，其组成如图 13.8 所示。描述符表中组描述符的顺序与块组在磁盘上的顺序对应。组描述符可能占用多个物理块。具有相同内容的组描述符表放在每个块组中作为备份。

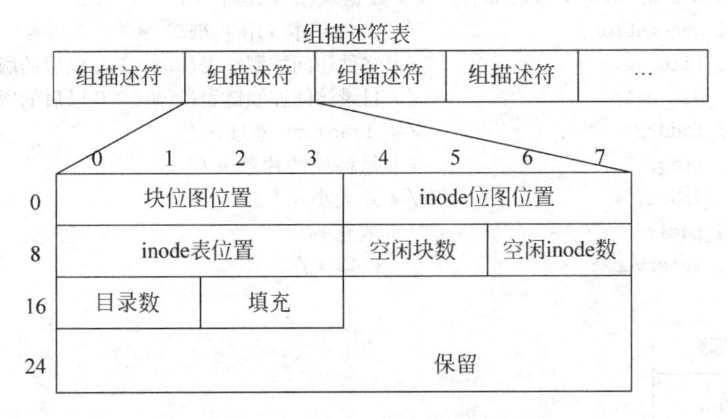

图 13.8　EXT2 文件系统描述符

13.5.5　块位图

EXT2 文件系统中数据块的使用状况由块位图来描述。每个块组都有一个块位图，位于组描述符表之后，用来描述本块组中数据块的使用状况。块位图的每一位(bit)表示一个数据块的使用情况，为 1 表示对应的数据块已占用，为 0 表示数据块空闲。各位(bit)的顺序与块组中数据块的顺序一致。块位图一般占用一个逻辑块。EXT2 块位图装入一个高速缓存中。高速缓存容纳 EXT2_MAX_GROUP_LOAD 个块位图，该值目前定义为 8。系统采用类似 LRU 的算法管理高速缓存。

在超级块的内存映像 ext2_sb_info 结构中，s_loaded_block_bitmaps 表示装入高速缓存的块位图的数目。s_block_bitmap_number[]存放装入高速缓存的块位图的块组号。s_block_bitmap[]数组中是相应块位图在高速缓存的地址。

13.5.6　EXT2 文件系统 inode 结构

EXT2 文件系统中的每个文件由一个 inode 描述，且只能由一个 inode 描述。在 Linux

中EXT2文件系统的inode定义为struct ext2_inode，如图13.9所示，定义在/include/linux/ext2_fs.h中。

```
struct ext2_inode {
    __le16  i_mode;                     /* 文件类型和访问权限 */
    __le16  i_uid;                      /* 文件所有者用户 ID */
    __le32  i_size;                     /* 文件大小,以字节为单位 */
    __le32  i_atime;                    /* 文件最后一次访问时间 */
    __le32  i_ctime;                    /* 该 inode 最后修改时间 */
    __le32  i_mtime;                    /* 文件内容最后修改时间 */
    __le32  i_dtime;                    /* 文件删除时间 */
    __le16  i_gid;                      /* 文件的用户组标识 gid */
    __le16  i_links_count;              /* 文件的链接数 */
    __le32  i_blocks;                   /* 文件所占块数(每块 512 字节) */
    __le32  i_flags;                    /* 文件标志 (属性) */
    __le32  i_block[EXT2_N_BLOCKS];     /* 数据块指针数组 */
    __le32  i_generation;               /* 文件版本 (用于 NFS) */
    __le32  i_file_acl;                 /* 文件访问控制链表(Linux 2.0 以后的版本不再使用) */
    __le32  i_dir_acl;                  /* 目录访问控制链表(Linux 2.0 以后的版本不再使用) */
    __le32  i_faddr;                    /* fragment 地址 */
    __u8    i_frag;                     /* 每块中的片数 */
            i_fsize;                    /* 片大小 */
            i_pad1;                     /* 填充 */
            i_reserved2;                /* 保留 */
```

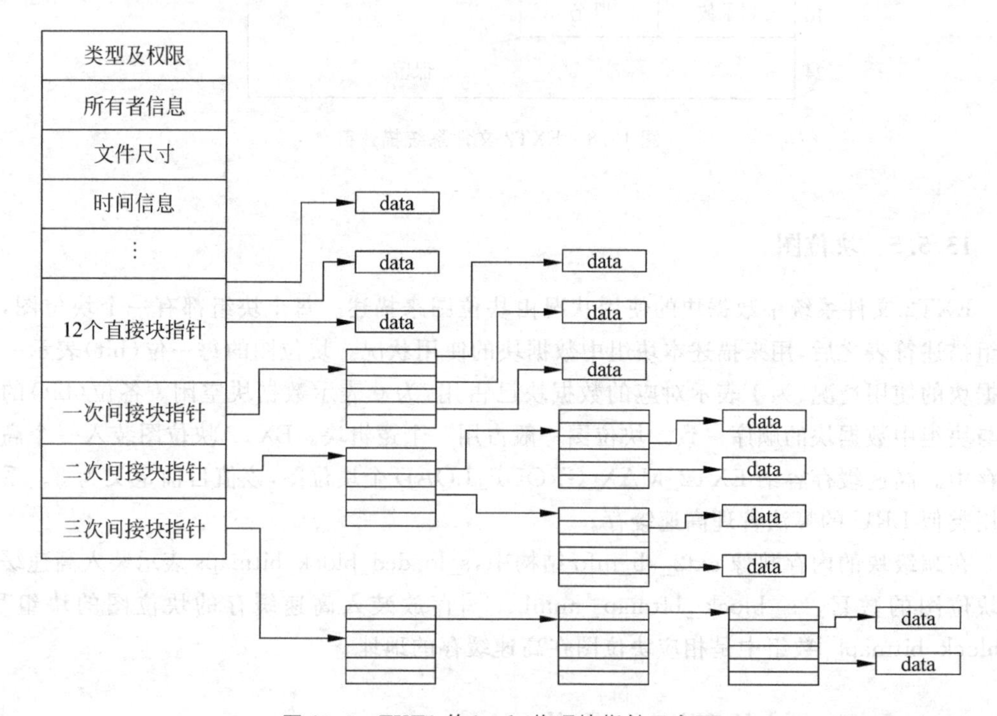

图13.9　EXT2的inode物理块指针示意图

其中：

(1) i_mode 指定了 inode 文件的类型和访问权限。

S_IFREG　普通文件

S_IFBLK　块设备文件

S_IFDIR　目录文件

S_IFCHR　字符设备文件 FIFO 文件

S_IFLNK　符号链接文件

S_ISUID　访问权限设定为用户 ID

S_ISGID　访问权限设定为用户组 ID

(2) i_block[]指针数组，指向文件内容所在的数据块。

i_block[]数组共有 15 个指针，前 12 个指针直接指向数据块，称为直接块指针。第 13 个元素是一次间接块指针。第 14 个元素是二次间接块指针。第 15 个元素是三次间接块指针。

(3) i_flags 是文件属性的标志。

EXT2_SECRM_FL　完全删除标志

EXT2_UNRM_FL　可恢复删除标志

EXT2_COMPR_FL　文件压缩标志

EXT2_SYNC_FL　同步更新标志

EXT2_IMMUTABLE_FL　不允许修改标志

EXT2_APPEND_FL　追加写标志

EXT2_NODUMP_FL　非转储标志

EXT2_NOATIME_FL　不变更文件访问时间 atime

值得注意的是，EXT2 文件系统的 inode 与文件一起存放在外存，在系统运行时，把 EXT2 的 inode 写入内存建立映像，该内存映像定义为 ext2_inode_info 结构，且被定义在 include/linux/ext2_fs_i.h 中，如下所示。

```
struct ext2_inode_info {
    __u32  i_data[15];              /* 数据块指针数组 */
    __u32  i_flags;                 /* 文件标志(属性) */
    __u32  i_faddr;                 /* fragment (片)地址 */
    __u8   i_frag_no;               /* fragment (片)号 */
    __u8   i_frag_size;             /* fragment (片)大小 */
    __u16  i_osync;                 /* 同步标志 */
    __u32  i_file_acl;              /* 文件访问控制链表 */
    __u32  i_dir_acl;               /* 目录访问控制链表 */
    __u32  i_dtime;                 /* 文件删除时间 */
    __u32  i_version;               /* 文件版本 */
    __u32  i_block_group;           /* inode 所在块组号 */
    __u32  i_next_alloc_block;      /* 下一个要分配的块 */
    __u32  i_next_alloc_goal;       /* 下一个要分配的对象 */
    __u32  i_prealloc_block;        /* 预留块首地址 */
```

```
    __u32  i_prealloc_count;          /* 预留计数 */
    int    i_new_inode:1;             /* 标志,是否为新分配的 inode */
};
```

一个块组中所有文件的inode形成了inode表。表项的序号就是inode号。inode表存放在块组中所有数据块之前。inode表在块组中要占用几个逻辑块由超级块中s_inodes_per_group给出。inode位图反映了inode表中各个表项的使用情况,它的一位(bit)表示inode表的一个表项,若某位为1表示对应的表项已占用,为0表示表项空闲。inode位图也装入一个高速缓存中。

在ext2_sb_info结构中,

s_loaded_inode_bitmaps表示装入高速缓存的inode位图的数目。

s_block_inode_number[]表示装入高速缓存的inode位图的块组号。

s_inode_bitmap[]表示相应inode位图在高速缓存中的地址。

两个数组大小为EXT2_MAX_GROUP_LOAD(当前值为8)。

在EXT2中,目录是一个特殊的文件,称为目录文件。

在目录文件中,目录项是ext2_dir_entry结构体,它们前后连接成一个类似链表的形式。

```
struct ext2_dir_entry {
    __u32     inode;                  /* inode号 */
    __u16 rec_len;                    /* 目录项长度 */
    __u16 name_len;                   /* 文件名长度 */
    char      name[EXT2_NAME_LEN];    /* 文件名 */
};
```

其中,EXT2_NAME_LEN的值定义为255。

13.5.7 Linux文件系统的控制

1. 文件系统的注册

Linux可以支持众多类型的文件系统,但是Linux支持的文件系统必须注册后才能使用,文件系统不再使用时应予以注销。其中,向系统内核注册有两种方式,一种是在系统引导时在VFS中注册,在系统关闭时注销。另一种是把文件系统作为可装卸模块,在安装时在VFS中注册,并在模块卸载时注销。

可以根据文件系统所在的物理介质和数据在物理介质上的组织方式来区分不同的文件系统类型。file_system_type结构用于描述具体的文件系统的类型信息。被Linux支持的文件系统,都有且仅有一个file_system_type结构而不管它有零个或多个实例被安装到系统中。每安装一个文件系统,就对应有一个超级块和安装点。超级块通过它的一个域s_type指向其对应的具体的文件系统类型。

当进行文件系统的注册时,每个注册的文件系统登记在file_system_type结构体中,file_system_type结构体组成一个链表,称为注册链表,链表的表头由全局变量file_system给出,如图13.10所示。file_system_type结构体的定义如下。

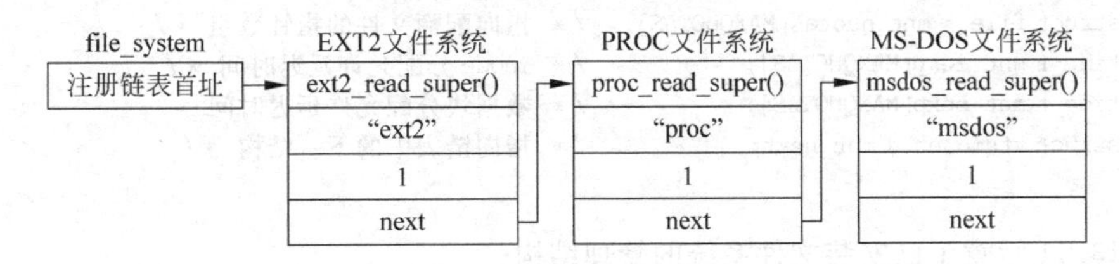

图 13.10 Linux 注册链表

```
struct file_system_type {
    struct super_block * ( * read_super) (struct super_block * , void * , int);
    const char * name;
    int requires_dev;
    struct file_system_type * next;
};
```

例如，对于 EXT2 文件系统，

```
static struct file_system_type ext2_fs_type = {
        ext2_read_super, "ext2", 1, NULL
};
```

文件系统的注册是通过内核提供的文件系统初始化函数实现的。

```
init_ext2_fs()                    /* ext2 文件系统初始化函数 */
init_minix_fs()                   /* minix 文件系统初始化函数 */
init_msdos_fs()                   /* msdos 文件系统初始化函数 */
init_proc_fs()                    /* proc 文件系统初始化函数 */
init_sysv_fs()                    /* sysv 文件系统初始化函数 */
```

2. 文件系统的安装与卸载

文件系统除在 VFS 中注册，还必须安装到系统中。要安装的文件系统必须已经存在于外存磁盘空间上，每个文件系统占用一个独立的磁盘分区，并且具有各自的树状层次结构。由于 EXT2 是 Linux 的标准文件系统，所以系统把 EXT2 文件系统的磁盘分区作为系统的根文件系统。EXT2 以外的文件系统则安装在根文件系统下的某个目录下，成为系统树状结构中的一个分枝。Linux 文件系统的树状层次结构中用于安装其他文件系统的目录称为安装点或安装目录。

每当一个文件系统被实际安装，就有一个 vfsmount 结构体被创建，这个结构体对应一个安装点。已安装的文件系统用一个 vfsmount 结构进行描述。

```
struct vfsmount
{
   kdev_t mnt_dev;                    /* 文件系统所在设备的设备号 */
   char * mnt_devname;                /* 设备名,如/dev/dsk/hda1 */
   char * mnt_dirname;                /* 安装点的目录名 */
   unsigned int mnt_flags;            /* 设备标志 */
   struct semaphore mnt_sem;          /* 对设备 I/O 操作时的信号量 */
   struct super_block * mnt_sb;       /* 指向超级块的指针 */
```

```
    struct file * mnt_quotas[MAXQUOTAS];   /* 指向配额文件的指针数组 */
    time_t mnt_iexp[MAXQUOTAS];            /* inode 分配允许延迟时间 */
    time_t mnt_bexp[MAXQUOTAS];            /* 数据块分配允许延迟时间 */
    struct vfsmount * mnt_next;            /* 指向链表中的下一结构 */
};
```

图 13.11 示意了已安装文件系统的管理结构。

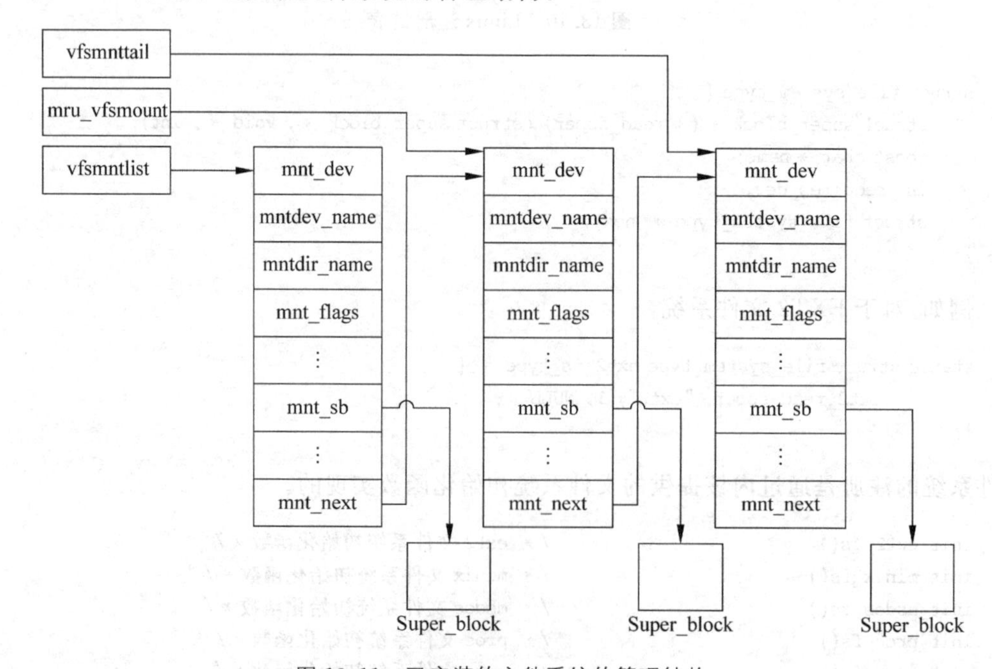

图 13.11　已安装的文件系统的管理结构

总的来说,安装过程的主要工作是:创建安装点对象、将其挂接到根文件系统的指定安装点下、初始化超级块对象从而获得文件系统的基本信息和相关操作。

当卸载某个文件系统时,必须首先检查文件系统是否可卸载。如果文件系统中的目录或文件正在使用,则 VFS 索引节点缓冲区中可能包含对应的 VFS 索引节点。内核根据文件系统所在设备的标识符,检查在索引节点缓冲区中是否有来自该文件系统的 VFS 索引节点,如果有且使用计数大于 0,则该文件系统不能被卸载;否则,查看对应的 VFS 超级块的标志,如果为"脏",则必须将超级块信息写回磁盘。上述过程结束后,才可以释放对应的 VFS 超级块,vfsmount 数据将从 vfsmntlist 链表中断开并被释放,从而卸载了整个文件系统。

3. 文件系统的相关操作

在系统运行中,VFS 要建立、撤销一些 VFS inode,还要对 VFS 超级块进行一些必要的操作。这些操作由一系列操作函数实现。在 VFS 超级块中,s_op 是一个指向 super_operations 结构的指针,super_operations 中包含着一系列的操作函数指针,即这些操作函数的入口地址。每种文件系统 VFS 超级块指向的 super_operations 中记载的是该文件系统的操作函数的入口地址。只需使用它们各自的超级块成员项 s_op,以统一的函数调用形式 s_op→read_inode()就可以分别调用它们各自的读 inode 操作函数。

```
struct super_operations {
    void ( * read_inode) (struct inode * );
    int ( * notify_change) (struct inode * , struct iattr * );
    void ( * write_inode) (struct inode * );
    void ( * put_inode) (struct inode * );
    void ( * put_super) (struct super_block * );
    void ( * write_super) (struct super_block * );
    void ( * statfs) (struct super_block * , struct statfs * , int);
    int ( * remount_fs) (struct super_block * , int * , char * );
};
```

read_inode(inode)。当 VFS 在系统中建立一个新的 VFS inode 时，则调用该函数从外存中读取一个文件或目录的 inode 的相关值来填充它。

notify_change(inode,iattr)。该函数主要是对 NFS(网络文件系统)执行的操作。当 inode 的属性改变时，调用该函数通知外部的计算机系统。iattr 指向 iattr 结构体，其中记载着变更的数据。

write_inode(inode)。当 VFS inode 的内容发生变动时，调用此函数把它写回外存对应的 inode 中。

put_inode(inode)。调用该函数撤销某个 VFS inode。

put_super(sb)。当某个文件系统卸载时，调用该函数撤销其超级块，同时释放与超级块有关的高速缓存空间。然后，把该超级块的成员项 s_dev 置零，表明该超级块已撤销。以后建立新超级块时可以再次使用它。

write_super(sb)。当 VFS 超级块的内容发生变化时，调用该函数把 VFS 超级块的内容写回外存中保存。

statfs(sb,statsbuf,bufsize)。调用该函数可以得到文件系统的某些统计信息。参数 statsbuf 指向一个 statfs 结构体，函数执行中把文件系统的统计信息填入该结构体中。当函数返回时，从 statfs 结构体中可以统计有关信息。statfs 结构与硬件有关。

remount_fs(sb,flags,data)。在重新安装文件系统时需要调用该函数。

13.6 Linux 设备管理

Linux 系统中，把 I/O 设备都当作文件来处理，称它们为设备文件，用户通过文件系统提供标准的系统调用可在设备上进行打开、关闭、读取或写入操作。但是，与普通文件和目录文件不同，进程访问设备时，不是通过文件系统去访问磁盘分区中的数据块，而是通过文件系统调用设备驱动程序去启动硬件设备。

13.6.1 Linux 设备管理概述

在 Linux 系统中，用户是通过文件系统与设备接口对设备进行管理的。所有设备都作为特殊文件，从而在设备管理中具有下列特性。

- 每个设备都对应文件系统中的一个索引节点(inode)，都有一个文件名。
- 应用程序通常可以通过系统调用 open()函数打开设备文件，建立起与目标设备的连接。
- 对设备的使用类似于对文件的存取。
- 设备驱动程序都是系统内核的一部分，它们必须为系统内核或者它们的子系统提供一个标准的接口。
- 设备驱动程序使用一些标准的内核服务，如内存分配等。

当用户进程发出 I/O 请求时，系统将请求处理的权限放在文件系统，文件系统通过驱动程序提供的接口将任务下放到驱动程序。驱动程序根据需要，对设备控制器进行操作，设备控制器再去控制设备本身进行 I/O 操作。

Linux 中设备被分为三类，块设备、字符设备和网络设备。

字符设备是以字符为单位输入输出数据的设备，一般不需要使用缓冲区就可直接对它进行读写，通常只允许按顺序访问，如打印机、键盘，终端等。字符设备有自己的 inode 节点(如/dev/tty1，/dev/pl0 等)。找到了字符设备的索引节点，就可以得到对应的设备驱动程序，实现对设备的访问。

块设备是以一定大小的数据块为单位输入输出数据的，一般要使用缓冲区在设备与内存之间传送数据。通常是指诸如磁盘、内存、Flash 等可以容纳文件系统的存储设备。将数据按可寻址的块为单位进行处理，可以随机访问。

网络设备是通过通信网络传输数据的设备，一般指与通信网络连接的网络适配器(网卡)等。Linux 使用套接字(socket)以文件 I/O 方式提供对网络数据的访问。由于数据传输的特殊性，无法把网络设备纳入文件系统进行统一管理。因此，在 Linux 的文件系统中，没有与网络设备相对应的索引节点。网络接口设备通常指的是硬件设备，但有时也可能是一个软件设备(如回环接口 loopback)，它们由内核中网络子系统驱动，负责发送和接收数据包。它们的数据传送往往不是面向流的，因此很难将它们映射到一个文件系统的节点上。

那么如何区分设备文件与普通文件以及目录文件呢？在索引节点的文件类型和访问权限(i_mode)字段里，把“文件类型”设置为“字符”或者“块”，由此表明它们不是普通文件，也不是目录文件，而是设备文件。

13.6.2 Linux I/O 子系统的设计

现在我们来了解一下 Linux I/O 子系统的设计方法。正如前所述，Linux 系统采用设备文件统一管理 I/O 设备。系统中的每个设备都与一个特殊文件相关联，从而将硬件设备的特性及管理细节对用户隐藏起来，实现用户程序与设备的无关性。

1. 设备驱动程序与内核间的接口

Linux 利用一种通用的方法来对所有的 I/O 设备进行控制，从而完成数据的输入和输出操作，即设计了一个统一而简单的输入/输出系统调用接口。设备驱动程序都是系统内核的一部分，它们必须为系统内核或者它们的子系统提供一个标准的接口。设备驱动程序也使用一些标准的内核服务，如内存分配等。Linux 设备驱动程序与外界的接口可以划分为以下三个部分：

(1) 驱动程序与操作系统内核的接口。这部分通过数据结构 file_operation 来实现。

(2) 驱动程序与系统引导的接口。这部分利用驱动程序可以实现对设备的初始化。

(3) 驱动程序与设备的接口。这部分描述了驱动程序如何与设备进行交互，它与具体的设备密切相关。

2. 设备访问过程

对设备的使用类似于对文件的存取，因此，

(1) 应用程序通常可以通过系统调用 open()函数打开设备文件，获得文件描述符即 fd，建立起与目标设备的连接。

(2) 文件描述符即 fd 是系统调用与设备驱动程序的接口。在操作时，内核通过 fd 找到代表该文件的 struct file 结构，得到打开文件的 i 节点。

(3) 在 i 节点中检查文件类型，如果是设备(块或字符)文件，则从索引节点中提取主设备号和次设备号，再通过主设备号定位块或者字符设备转换表中相应的设备驱动程序。

(4) 再根据用户发出的系统调用的功能，进一步确定应该调用哪一个操作函数，并确定传递的参数，启动该函数。

13.6.3 Linux 的字符设备管理

在 Linux 中，用户对打印机、终端等字符设备的访问都是使用标准文件系统的系统调用来完成的，如打开(open)、读(read)、写(write)等。

Linux 为了对字符设备进行管理，设置了以下一些数据结构。

1. device_struct 结构

每个已经安装并被初始化的设备，Linux 都为其建立一个 device_struct 结构，它的定义如下。

```
struct device_struct{
const char * name;                    /* 登记该设备的设备驱动程序名字 */
struct file_operations * fops;  /指向设备驱动程序定义的文件操作表file_operation,完成指定
的设备操作 */
}
static struct device_struct chrdevs[MAX_CHRDEV];
```

根据 device_struct 结构，我们就可以知道该字符设备使用的是哪个设备驱动程序，对该设备能够做哪些操作了。

2. chrdevs 结构数组

chrdevs 是一个结构数组，它里面的每个元素都是一个 device_struct 结构。

在系统进行初始化时，字符设备将被初始化，它的设备驱动程序将被添加到 chrdevs 中，从而将其注册到 Linux 内核中。具体做法是：在 chrdevs 中找到一个空表目，将该设备驱动程序名字填入 name 字段；将该设备的 file_operations 结构地址，填入 * fops 字段。然后，Linux 把 chrdevs 数组元素的下标视为这个字符设备的主设备号，记入该设备文件对应

的 inode 中。这样，从设备文件的 inode，就可以得到设备的主设备号；以设备的主设备号为索引，去查找 chrdevs 数组，可以得到该设备的 device_struct 结构；由该设备的 device_struct 结构，可以知道应该使用的驱动程序，以及对设备应执行的操作。

以后，当访问某台设备时，首先必须在 chrdevs 数组中找到该设备的驱动程序，然后控制权转交给设备驱动程序，由设备驱动程序再调用相应的驱动程序函数执行。字符设备驱动程序数据结构如图 13.12 所示。

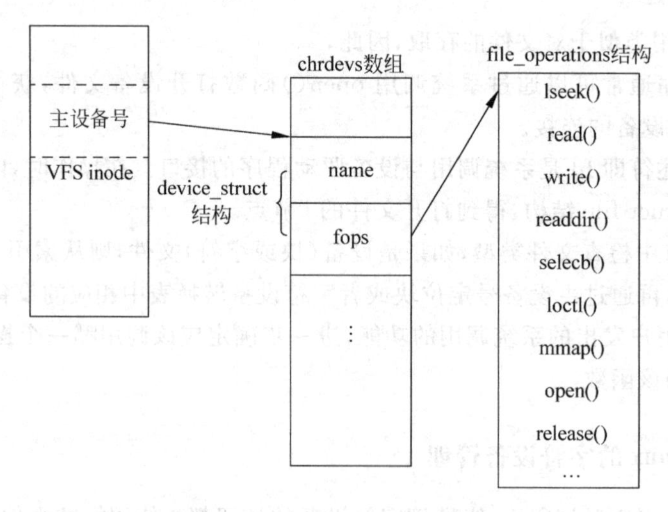

图 13.12　字符设备驱动程序数据结构

13.6.4　Linux 的块设备管理

块是指在一次 I/O 操作中传输的一批字节，一个块的字节数必须是 2 的整数次幂，块的大小必须是磁盘扇区的整数倍。在 Linux 中，用户对磁盘、磁带等设备的访问都是使用标准文件系统的系统调用来完成的，如打开(open)、读(read)、写(write)等。

Linux 为了对块设备进行管理，设置了以下一些数据结构。

1. device_struct 结构

每个已经安装并被初始化的设备，Linux 都为其建立一个 device_struct 结构，它的定义如下。

```
struct device_struct{
const char * name;                          /* 登记该设备的设备驱动程序名字 */
struct file_operations * fops;   /* 指向设备驱动程序定义的文件操作表(block_device_operations),完成指定的设备操作; 在 block_device_operations 中定义了可对文件进行操作的程序入口 */
}
```

2. blkdevs 结构数组

blkdevs 是一个结构数组，它里面的每个元素都是一个 device_struct 结构。

在系统进行初始化时，块设备将被初始化，它的设备驱动程序将被添加到 blkdevs 数组中,从而将其注册到Linux内核中。具体做法是:在blkdevs中找到一个空表目,将该设备驱动程序的名字填入name字段。将该设备的block_device_operations结构地址填入*fops字段。然后,Linux把blkdevs数组元素的下标视为这个字符设备的主设备号,记入该设备文件对应的inode中。这样,从设备文件的inode,就可以得到设备的主设备号。以设备的主设备号为索引,去查找blkdevs数组,可以得到该设备的device_struct结构;由该设备的device_struct结构,可以知道应该使用的驱动程序,以及对设备应执行的操作。

以后,当访问某台设备时,它首先必须在blkdevs中找到该设备的驱动程序,然后控制权转交给设备驱动程序,由设备驱动程序再调用相应的驱动程序函数执行。块设备驱动程序数据结构如图13.13所示。

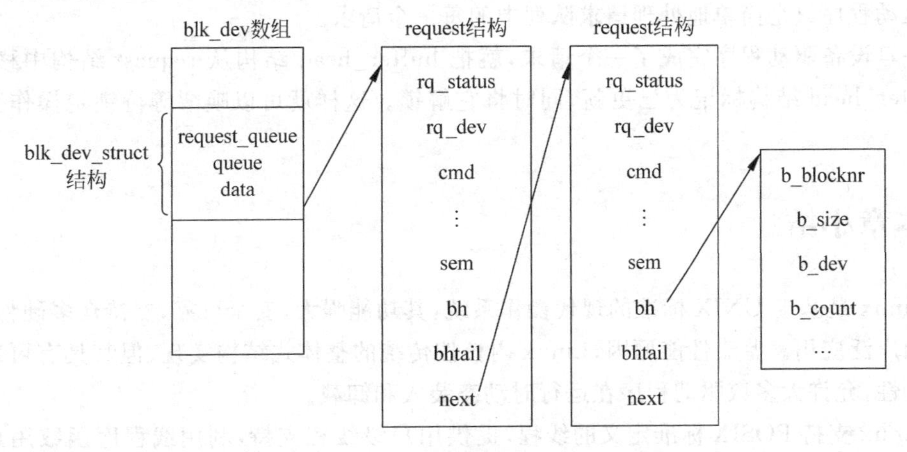

图13.13　块设备驱动程序数据结构

13.6.5　缓冲区与buffer结构

由于块设备是以块为单位传送数据的,设备与内存之间的数据传送必须经过缓冲区。当对设备读写时,首先把数据置于缓冲区内,应用程序需要的数据由系统在缓冲区内读写。只有在缓冲区内已没有要读的数据,或缓冲区已满而无写入的空间时,才启动设备控制器进行设备与缓冲区之间的数据交换。设备与缓冲区的数据交换是通过blk_dev[]数组实现的。

内核对块设备的操作要使用缓冲区。因此,每一个块设备驱动程序必须既向缓冲区提供接口,也提供一般的文件操作接口。每一个块设备都在blk_dev数组中有一个blk_dev_struct结构的记录。为了把各种块设备的操作请求队列有效地组织起来,内核中设置了一个结构数组blk_dev,该数组中的元素类型是blk_dev_struct结构。每一个块设备都在blk_dev数组中有一个blk_dev_struct结构的记录。每个块设备对应数组中的一项,数组的下标值与主设备号对应。

数据结构blk_dev_struct包括以下几个部分。

- request_queue是指向请求数据结构链表的指针,每一个请求数据结构都代表一个来自缓冲区的请求。

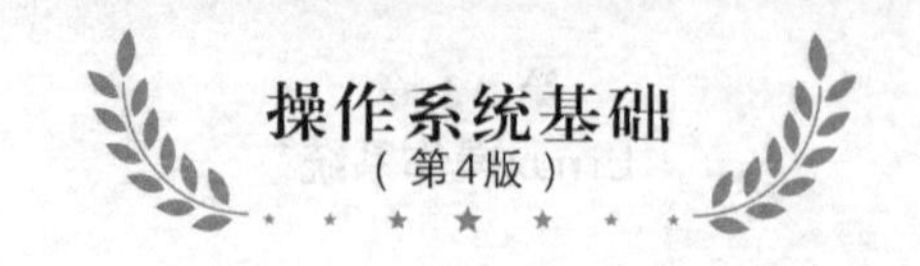

• queue 是函数指针。

• data 是辅助信息,帮助找到特定设备的请求队列。

当 queue 不为 0 时,还要使用该结构中的另一个指针 data 来提供辅助信息。帮助该函数找到特定设备的请求队列。每一个请求数据结构都代表一个来自缓冲区的请求。

每当缓冲区希望与一个在系统中注册的块设备交换数据时,它都会在 blk_dev_struct 中添加一个请求数据结构。每个 request 结构对应一个缓冲区对设备的读写请求。每一个请求都有一个指针指向一个或者多个 buffer_head 数据结构,每一个 buffer_head 结构都是一个读写数据块的请求。每一个请求结构都在一个静态链表 all_requests 中。如果请求添加到了一个空的请求链表中,就调用设备驱动程序的请求函数来开始处理请求队列。否则,设备驱动程序只是简单地处理请求队列中的每一个请求。

一旦设备驱动程序完成了一个请求,就把 buffer_head 结构从 request 结构中移走,并把 buffer_head 结构标记为已更新,同时将它解锁。这样就可以唤醒等待锁定操作完成的进程。

本章小结

Linux 是基于 UNIX 标准的现代操作系统,其功能强大,安全可靠,支持众多硬件平台,已得到广泛应用。鉴于性能原因,Linux 内核按传统的整体式结构实现,但其具有可装载模块的特性,允许大多数驱动程序在运行时动态装入和卸载。

Linux 支持 POSIX 标准定义的线程,提供用户级线程支持,利用线程库函数用户可以方便地创建、调度、撤销线程,也可以实现线程间的通信,还可以将用户级线程映射为内核级线程,由内核调度执行。

Linux 是多进程多线程的操作系统,具有三种不同的调度策略。总体上讲,是以动态优先级为基础的调度。

Linux 文件系统是层次结构和目录树结构,它通过引入虚拟文件系统支持众多的文件系统类型,并将不同文件系统的实现细节隐藏起来。Linux 虚拟文件系统是由 VFS 超级块、VFS inode 及相应的操作函数组成的。通过 VFS 超级块可以映射到某一实际文件系统的超级块,通过 VFS inode 可以映射到某一实际文件系统的 inode。一个实际的文件系统要想被 Linux 支持,必须编写符合 VFS 接口的操作函数。Linux 默认的文件系统是 EXT2、EXT3/EXT4,采用块组结构,由超级块、组描述符、块位图、inode 位图、inode 表和数据区组成。由超级块管理整个文件系统,通过组描述符表连接各个块组,找到对应文件的 inode,完成对文件的操作。

Linux 内存管理采用请求分页技术,并利用三级页表方式实现地址映射,对物理内存的分配采用伙伴算法,以便逻辑上连续的页面在内存中也是连续的,减少内存碎片。Linux 系统的地址映射主要通过三个数据结构来完成:一个是 mm_struct,一个是 vm_area_structs,还有一个是 page。三个结构分别处于不同的层次,最高的是 mm_struct,其次是 vm_area_structs,page 处在最低层。

Linux 将设备作为文件来处理,通过调用文件接口完成与设备无关的部分。Linux 的设备驱动程序是系统内核的一部分，提供了与内核的接口以及与设备的接口，设备驱动程序完成了与设备相关的部分。同时，Linux 的 I/O 子系统利用可装载模块结构支持设备驱动程序的动态装载。

习题

13.1 简述 Linux 操作系统的特点。

13.2 在 Linux 操作系统中，进程的状态有几种？各状态间是如何转换的？

13.3 Linux 操作系统中，与进程管理相关的数据结构有哪些？简述各数据结构的作用。

13.4 在 Linux 操作系统中，页面管理、内存区管理、非连续存储区管理之间的关系是怎样的？

13.5 Linux 操作系统对物理内存的管理方式有哪几种，各使用了什么算法？

13.6 Linux 采用页面作为内存管理的基本单位，采用的标准页面大小为 4KB，请说明取 4KB 大小的页面有什么好处？

13.7 Linux 解决内存碎片问题的伙伴算法的原理是什么？请举例说明。

13.8 Linux 系统如何实现地址映射？

13.9 Linux 系统如何分配物理页？

13.10 Linux 的 Slab 内存分配模式的基本思想是什么？

13.11 什么是虚拟文件系统(VFS)，为什么要引入 VFS？

13.12 Linux 设备管理的主要特点是什么？

13.13 Linux 把外部设备分为哪几类？它们的物理特性有何不同？它们的作用有何不同？

13.14 Linux 操作系统内核与设备驱动程序的接口是什么？它起什么作用？

参考文献

[1] Abraham Silberschatz,Peter Baer Galvin,Greg Gagne. 操作系统概念(第 8 版). 郑扣根,译. 北京：高等教育出版社,2007.

[2] William Stallings. 操作系统精髓与设计原理(第 7 版). 陈向群,陈渝,译. 北京：电子工业出版社,2012.

[3] Andrew S Tenenbaum. 现代操作系统(第 3 版). 陈向群,马洪兵,译. 北京：机械工业出版社,2009.

[4] 孙钟秀,费翔林,骆斌,谢立. 操作系统教程(第 4 版). 北京：高等教育出版社,2008.

[5] Andrew S Tenenbaum. 分布式系统原理与范型(第 2 版). 北京：清华大学出版社,2008.

[6] 汤小丹,梁红兵,哲凤屏,汤子瀛. 计算机操作系统(第 3 版). 西安：西安电子科技大学出版社,2001.

[7] 张尧学,史美林,张高. 计算机操作系统教程 (第 3 版). 北京：清华大学出版社,2006.

[8] 孟庆昌. 操作系统原理. 北京：机械工业出版社,2010.

[9] 张红光. 操作系统原理与设计. 北京：机械工业出版社,2009.

[10] 罗宇. 操作系统(第 3 版). 北京：电子工业出版社,2011.

[11] 潘爱民. Windows 内核原理与实现. 北京：电子工业出版社,2013.

[12] Randal E Bryant,David R O'Hallaron. 深入理解计算机系统(第 2 版). 龚奕利,雷迎春,译. 北京：机械工业出版社,2011.

[13] Robert Love. Linux 内核设计与实现(第 3 版). 陈莉君,康华,译. 北京：机械工业出版社,2011.

[14] 蒋静,徐志伟. 操作系统原理・技术与编程. 北京：机械工业出版社,2004.

[15] 河秦,王洪涛. Linux 2.6 内核标准教程. 北京：人民邮电出版社,2008.

[16] 李善平,刘文峰,李程远,等. Linux 内核 2.4 版源代码分析大全. 北京：机械工业出版社,2002.

[17] 陈莉君. 深入分析 Linux 内核源代码. 北京：人民邮电出版社,2002.

[18] 毛德操,胡希明. Linux 内核源代码情景分析(上下册). 杭州：浙江大学出版,2001.